电网消防安全管理与智能消防系统

辽宁成飞伟业电力设备工程有限公司　组织编写

刘志宇　主　编

U0238153

中国水利水电出版社
www.waterpub.com.cn
·北京·

内 容 提 要

本书以 2019 年 5 月 5 日起施行的《中华人民共和国消防法》为红线，以《火力发电厂与变电站设计防火标准》（GB 50229—2019）为指导，以《电力设备典型消防规程》（DL 5027—2015）为框架，从电力生产现场消防工作实际出发，组织电网企业和消防器材生产企业从事消防工作的管理人员、消防工程师、专职消防员、志愿消防员以及从事消防工作的专家学者共同编写。全书共分两篇。第一篇为电网企业消防安全管理，主要内容包括消防基础知识、消防安全管理责任制、消防安全管理、电网企业动火管理、电网消防安全管理实务、电力电缆防火技术和措施、电网企业消防设施和消防器材。第二篇为智能消防系统，主要内容包括消防系统、火灾自动报警系统、自动喷水灭火系统、智能消防应急照明和疏散指示系统、无人值守变电站消防报警及处置系统、变电站消防标准化。

本书可供电网企业消防施工、安装、监理、维护人员阅读，也可供防火设计人员、消防产品制造销售人员参考，还可作为高等院校有关专业师生的教学参考书。

图书在版编目（C I P）数据

电网消防安全管理与智能消防系统 / 刘志宇主编 ；
辽宁成飞伟业电力设备工程有限公司组织编写. -- 北京：
中国水利水电出版社，2020.2
ISBN 978-7-5170-8330-6

Ⅰ．①电… Ⅱ．①刘… ②辽… Ⅲ．①电力工业－消
防管理－安全管理 Ⅳ．①TM08

中国版本图书馆CIP数据核字(2019)第296172号

书　　名	**电网消防安全管理与智能消防系统** DIANWANG XIAOFANG ANQUAN GUANLI YU ZHINENG XIAOFANG XITONG
作　　者	辽宁成飞伟业电力设备工程有限公司　组织编写 刘志宇　主编
出版发行	中国水利水电出版社 （北京市海淀区玉渊潭南路 1 号 D 座　100038） 网址：www.waterpub.com.cn E-mail：sales@waterpub.com.cn 电话：(010) 68367658（营销中心）
经　　售	北京科水图书销售中心（零售） 电话：(010) 88383994、63202643、68545874 全国各地新华书店和相关出版物销售网点
排　　版	中国水利水电出版社微机排版中心
印　　刷	北京印匠彩色印刷有限公司
规　　格	184mm×260mm　16 开本　27.5 印张　669 千字
版　　次	2020 年 2 月第 1 版　2020 年 2 月第 1 次印刷
定　　价	**178.00 元**

《电网消防安全管理与智能消防系统》
编 写 人 员 名 单

主　编	刘志宇			
副主编	唱友义	洪　鹤	刘志力	王　涛	吴　同
参编人员	王　刚	曲　妍	苏　红	田庆阳	李　刚
	张志强	邱庆春	徐博宇	张文广	郭海波
	尚尔震	王宇鹏	李　岩	赵志远	李　林
	丁　力	郑　楠	邢　云	王　超	雷志鹏
	回嵩杉	李建宇	范广良	翟　兴	陈荣玉
	徐　峥	李保军	宫向东	王宝良	闫　韬
	李天赐	寇宇峰	于　皓	卢　懿	张雨辰
	白　天	王选良	袁彤哲	吴传玺	关　松
	赵美格	胡　强	祁世海	周贵勇	朱锐超
	李耀夫	刘骁眸	赵　星	弓　强	李作川
	王荣军	肖芝民	王　华	贺添铭	黄哲洙
	王　剑	任　杰	丛　岩	刘璟明	狄　威
	陈　翀	赵　成	罗　函	郭海波	姜　辉
	季寿斌	曾　凯	陈丛阳	厉　昂	谢天才
	刘利忠	王　超	张玖野	冯国庆	张　炬
	李秉辉	鲍玺辰	宿奎东	胡宇先	唐　昕
	关潇濛				

前言

改革开放以来，我国电力建设开启了新篇章。经过近 40 年的快速发展，电网规模、发电装机容量和发电量均居世界首位，电力工业技术水平跻身世界先进行列。新技术、新方法、新工艺和新材料的应用取得明显进步，信息化水平得到显著提升。广大电力工程技术人员在近 40 年的工程实践中解决了许多关键性的技术难题，积累了大量成功的经验，我国的电力系统无论从装备还是运行管理都有了质的飞跃。

随着社会经济建设的快速发展、物质财富的急剧增多，人们物质文化生活水平随之迅速提高。同时，由于新能源、新材料、新设备的广泛开发利用，使得火灾发生的频率越来越高，所造成的损失越来越无法估量。消防安全事业的发展是国民经济的重要组成部分，它是衡量一个国家、一座城市乃至一个单位现代文明程度的重要标志之一。因此，作为一项科学性、技术性、群众性和专业性要求都很高的工作，消防安全知识需要越来越多的人掌握和了解。为了适应消防安全管理的需要，特别是作为国民经济和社会发展的基础产业和公用事业的电网经营单位，必须保证不发生危害安全、经济供电的火灾。为此，我们在总结中华人民共和国成立以来，特别是 2000 年以后电网企业的消防设计施工、运行管理经验的基础上，充分吸收 21 世纪国际上电网建设成熟的消防技术，广泛收集电网企业消防设施的成功案例编写了本书，以期对提高电网消防实际水平，保证电网人身和财产安全，促进消防管理标准化、规范化起到指导作用。

本书以实用性为主，按照最新法律法规和相关规范、标准的内容规定，结合电力工业特别是电网经营单位的自身特点，以工艺系统或建筑物为基本单元，分别论述了各个系统的防火、灭火要求和规定。本书以 2019 年 4 月 23 日第十三届全国人民代表大会常务委员会第十次会议修订，以中华人民共和国主席令第二十九号发布，自 2019 年 5 月 5 日起施行的《中华人民共和国消防法》为红线，以《火力发电厂与变电站设计防火标准》（GB 50229—2019）为指导，以《电力设备典型消防规程》（DL 5027—2015）为框架，从电力生产现场消防工作实际出发，组织电网企业和消防器材生产企业从事消防工作的管理人员、消防工程师、专职消防员、志愿消防员以及从事消防工作的专家学者共同编写。全书共分两篇。第一篇为电网企业消防安全管理，主要内容包括消防基础知识、消防安全管理责任制、消防安全管理、电网企业动火管理、电网消防安全管理实务、电力电缆防火技术和措施、电网企业消防设施和消防器材。第二篇为智能消防系统，主要内容包括消防系统、火灾自动报警系统、自动喷水灭火系统、智能消防应急照明和疏散指示系统、无人值守变电站消防报警及处置系统、变电站消防标准化。

本书在编写过程中参考了大量的文献资料，以及部分消防产品企业的技术报告，并引用了部分内容，在此谨向文献资料的作者表示衷心感谢。

本书可供电网企业防火、灭火及火灾自动报警等系统设计人员、消防队员、电气设备运行维护人员阅读，可以满足电力生产现场消防工作的要求。本书也可作为火力发电厂、大中型企业及其他相关行业从事消防救援人员的参考书，还可供高等院校相关专业师生参考。

消防技术发展迅速，管理模式也有待完善，由于作者水平有限，时间紧促，书中定有疏漏不妥之处，恳请广大读者批评指正。

作者

2019 年 10 月

目录

第二篇 智能消防系统

第一篇

电网企业消防安全管理

第一章

消 防 基 础 知 识

第一节　物质燃烧与火灾

一、物质燃烧

（一）火

火是一种以释放热量并伴有烟、火焰或两者兼有为特征的燃烧现象。

在人类发展的历史长河中，火，燃尽了茹毛饮血的历史；火，点燃了现代社会的辉煌。人类为了得到火，编织了无数的神话故事。

（二）燃烧及燃烧必须具备的条件

1. 燃烧

燃烧是指可燃物与氧化剂作用发生的放热反应，通常伴有火焰、发光或发烟现象。

2. 燃烧的必要条件

物质燃烧过程的发生和发展，必须具备可燃物、氧化剂和温度（引火源）这三个必要条件，而且只有这三个条件同时具备，才可能发生燃烧现象。无论缺少哪一个条件，燃烧都不能发生。但也不是说只要上述三个条件同时存在，就必然发生燃烧现象，还必须是在这三个因素相互作用时才能发生燃烧。

（三）燃烧的 5 个阶段

燃烧现象也可以说燃烧的生命周期分为以下 5 个阶段：

（1）燃烧初起阶段。

（2）燃烧发展阶段。

（3）猛烈燃烧阶段。

（4）燃烧下降阶段。

（5）燃烧熄灭阶段。

二、火灾的分类

物质燃烧并不代表是火灾，火给人类带来文明进步、光明和温暖，有时火是人类的朋友，有时火是人类的敌人。在各种灾害中，火灾是最经常、最普遍地威胁公众安全和社会发展的主要灾害之一。

人类能够对火进行利用和控制，是文明进步的一个重要标志，所以说人类使用火的历史与同火灾作斗争的历史是相伴相生的。人们在用火的同时，不断总结火灾发生的规律，尽可能地减少火灾及其对人类造成的危害。在遇到火灾时，人们需要安全、尽快地逃生。

（一）GB 50140—2005 分类法

《建筑灭火器配置设计规范》（GB 50140—2005）根据燃烧物质及其特性，将火灾划分为 A、B、C、D、E 5 类。

1. A 类火灾

A 类火灾是指含碳固体可燃物，如木材、棉、毛、麻、纸张等物质的火灾。

2．B 类火灾

B 类火灾是指甲、乙、丙类液体，如汽油、煤油、柴油、甲醇、乙醚、丙酮等物质的火灾。

3．C 类火灾

C 类火灾是指可燃气体，如煤气、液化石油气、天然气、甲烷、丙烷、乙炔、氢气等燃烧的火灾。

4．D 类火灾

D 类火灾是指可燃金属，如钾、钠、镁、钛、锂、铝镁合金等燃烧的火灾。

5．E 类火灾

E 类火灾是指带电物体和精密仪器等物质燃烧的火灾。

（二）GB/T 4968—2008 分类法

《火灾分类》（GB/T 4968—2008）根据可燃物的类型和燃烧特性，将火灾分为 A、B、C、D、E、F 6 类。

1．A 类火灾

A 类火灾是指固体物质火灾，这种物质通常具有有机物质性质，一般在燃烧时能产生灼热的余烬，如木材、干草、煤炭、棉、毛、麻、纸张、塑料（燃烧后有灰烬）等火灾。

2．B 类火灾

B 类火灾是指液体或可熔化的固体物质火灾，如煤油、柴油、原油、甲醇、乙醇、沥青、石蜡等火灾。

3．C 类火灾

C 类火灾是指气体火灾，如煤气、天然气、甲烷、乙烷、丙烷、氢气等火灾。

4．D 类火灾

D 类火灾是指金属火灾，如钾、钠、镁、钛、锆、锂、铝镁合金等火灾。

5．E 类火灾

E 类火灾是指带电火灾，如物体带电燃烧的火灾。

6．F 类火灾

F 类火灾是指烹饪器具内的烹饪物（如动植物油脂）火灾。

三、火灾的等级标准

根据 2007 年 6 月 26 日公安部下发的《关于调整火灾等级标准的通知》，新的火灾等级标准由原来的特大火灾、重大火灾、一般火灾三个等级调整为特别重大火灾、重大火灾、较大火灾和一般火灾 4 个等级。

（一）特别重大火灾

特别重大火灾是指造成 30 人以上死亡，或 100 人以上重伤，或 1 亿元以上直接财产损失的火灾。

（二）重大火灾

重大火灾是指造成 10 人以上、30 人以下死亡，或 50 人以上、100 人以下重伤，或 5000 万元以上、1 亿元以下直接财产损失的火灾。

（三）较大火灾

较大火灾是指 3 人以上、10 人以下死亡，或 10 人以上、50 人以下重伤，或 1000 万元以上、5000 万元以下直接财产损失的火灾。

（四）一般火灾

一般火灾是指 3 人以下死亡，或 10 人以下重伤，或 1000 万元以下直接财产损失的火灾（注："以上"包括本数，"以下"不包括本数）。

四、火灾事故处理的"四不放过"原则

对发生的火灾事故，要采取"四不放过"原则。

（1）事故原因没有查清不放过。

（2）事故责任者和广大群众没有受到教育不放过。

（3）事故没有制定出防范措施不放过。

（4）事故责任人员没有受到处理不放过。

第二节 消 防 工 作

一、灭火方法与防火方法

（一）灭火方法

1. 冷却灭火法

即根据可燃物质发生燃烧时，必须达到一定的温度这个条件，将灭火剂直接喷洒在燃烧的物质上，使可燃物的温度降低到燃点以下，从而使燃烧停止。

2. 隔离灭火法

即将已着火物体与附近的可燃物隔离或疏散开，从而使燃烧停止。

3. 窒息灭火法

即采取适当措施防止空气流入燃烧区，使燃烧物质缺乏或断绝氧气而熄灭。

4. 抑制灭火法

使燃烧过程中产生的游离基消失，形成稳定分子，从而使燃烧反应停止。消防工作中常采用此方法灭火，常使用的灭火器有干粉灭火器、1211 灭火器等。

（二）防火方法

一切防火措施都是为了防止产生燃烧的条件，防止燃烧条件互相结合、互相作用。

1. 控制可燃物

可燃物是燃烧过程的物质基础，所以对可燃物质的使用要谨慎小心。在选材时，尽量用难燃或不燃的材料代替可燃材料。具体措施包括用水泥代替木料建筑房屋，用防

火漆浸涂可燃物以提高耐火性能；对于具有火灾、爆炸危险性的厂房，采用抽风或通风方法以降低可燃气体、蒸汽和粉尘在空气中的浓度；凡是能发生相互作用的物品，要分开存放等。

2. 隔绝空气

具体措施包括使用易燃易爆物的生产过程应在密封的设备内进行，对有异常危险的生产，可充装惰性气体保护；隔绝空气储存某些化学危险品，如金属钠存于煤油中，黄磷存于水中，二硫化碳用水封闭存放等。

3. 清除着火源

具体措施包括采取隔离火源、控制温度、接地、避雷、安装防爆灯、遮挡阳光等，防止可燃物遇明火或温度升高而起火。

4. 阻止火势、爆炸波的蔓延

为阻止火势、爆炸波的蔓延，就要防止新的燃烧条件形成，从而防止火灾扩大，减少火灾损失。具体措施包括在可燃气体管路上安装阻火器、安全水封；机车、轮船、汽车、推土机的排烟和排气系统戴防火帽；在压力容器设备上安装防爆膜、安全阀；在建筑物之间留防火间距，筑防火墙等。

二、消防

（一）消防的含义

消防是指包括防火与灭火在内的同火灾做斗争的一种专项工作。此特定的词义，是从历史上逐渐演变来的。我国古代并没有消防一词，当时是多采用"火禁""火政""防火与救火""放水"等词或词组。唐代时期叫"火政"，其方针是："防为上，戒为下，救次之"。消防一词是清朝末年由日本传到我国的。当初，它的含义是消除与预防火灾、水患等灾害。后来约定俗成，专指消除与预防火灾，简称消防，才具有现代人们所共知的词义，并沿用至今。因此，消防具有两个意思：消——救火，防——防火，消防是火灾预防和灭火救援的统称。有组织参与灭火救援的人员和队伍，人们习惯称为消防员和消防队。

（二）消防日、消防报警电话和消防徽章

1. 消防日

我国将每年的 11 月 9 日定为消防日。11 月 9 日刚入初冬，冬季风干物燥是火灾多发季节，是我国紧锣密鼓开展冬季防火的重要时节。公安部于 1992 年将每年的 11 月 9 日定为全国消防日。

2. 消防报警电话

119 是我国的火灾报警电话号码，与消防日暗合。"1"也读作**"幺"**，跟"要"字同音，"119"就是有火情"要要救"的意思。

美国的火警电话是 911，并不是发生"9·11"事件后才确定的。2001 年之前 911 就是美国的紧急救援电话，而不只是火警电话。美国选用 911 的原因是当打电话求助时，因某种原因而看不清老式电话机拨号盘，911 这三个数字是最不用看清楚而最容易拨到的号

码。911 是报警电话，类似于我国的 110。我国目前也正在进行 110、119、120、122 电话的整合，将来只剩一个 110 应急救援电话号码。

3. 消防徽章

根据中共中央《深化党和国家机构改革方案》，公安消防部队、武警森林部队退出现役，成建制划归应急管理部，组建国家综合性消防救援队伍。自 2018 年 10 月 10 日零时起，至国家综合性消防救援队伍制式服装配发前，原公安消防部队、武警森林部队和警种学院人员停止使用武警部队制式服装和标识服饰，统一穿着无武警标识的作训服，并在作训服左兜盖上方佩戴消防救援队伍身份标识牌。2018 年 10 月 9 日，公安消防部队移交应急管理部交接仪式正式举行，50 年的消防现役史即将告一段落了，随之而来的是全新的应急管理部消防局。消防部队改革转隶以后，主要由原来的现役体制向更加专业化、职业化发展。中华人民共和国应急管理部消防局，承担救灾救助工作，还要针对各种特殊灾害，打造出若干个特勤队、攻坚组、专业队，成为现代化、专业化、职业化的综合应急救援主力军和国家队，来满足各种复杂的特殊灾害救援的需要。

图 1-1-2-1　中国消防徽章

应急管理部同时发布了国家综合性消防救援队伍人员标识牌式样及佩戴规则。标识牌由应急管理部统一制作，配发对象为在编在职干部、队员和消防专业院校学员。凡不在配发范围内的人员，一律不得佩戴消防救援队伍人员标识牌。消防救援队伍管理指挥干部、专业技术干部、高等专科学校学员佩戴干部标识牌，消防救援队伍队员、消防员学校学员佩戴队员标识牌。中国消防徽章，即应急管理部消防局徽标，如图 1-1-2-1 所示。中文部分是"中国消防救援"，英文部分是"CHINA FIRE AND RESCUE"。FIRE 在英语里有好多意思，这里指火灾；RESCUE 在英语里有拯救、救助、救济等意思。

三、消防工作的方针和原则

（一）消防工作的方针

我国消防工作的方针是：预防为主、防消结合。这一方针不仅是人民群众长期同火灾作斗争的经验总结，而且也正确反映了消防工作的客观规律，体现了防和消的辩证关系。重点强调单位全面负责消防的安全责任，这是《中华人民共和国消防法》明确规定的。

（1）预防为主。要在同火灾的斗争中，把预防火灾的工作作为重点，放在首位，防患于未然。

（2）防消结合。在做好预防工作的同时，把"消"作为"防"的一部分，辅助预防不足的措施，使防和消的工作紧密结合为一体。

（二）消防工作的原则

我国消防工作的原则是：政府统一领导、部门依法监管、单位全面负责、公民积极参与。各单位都应按照这一原则，做好单位的消防安全工作。

单位全面负责就是："谁主管、谁负责"。简要来说，就是一个地区、一个单位的消防安全工作，要由本地区、本系统、本单位自己负责，谁主管哪项工作，就要对哪项工作中的消防安全负责。"谁主管、谁负责"的原则是国务院办公厅于1987年3月21日《关于制止重大火灾事故的通知》中提出来的。

　　单位全面负责还包括"谁主办、谁负责""谁在岗、谁负责"的原则。

　　1. "谁主管、谁负责"原则

　　"谁主管、谁负责"的基本意思是，谁主管哪项工作，谁就对那项工作中的消防安全负责，即一个单位的主要负责人要对本单位的消防安全工作全面负责，是当然的消防安全责任人。分管其他工作的领导和各业务部门，要对分管业务范围内的消防安全工作负责。

　　2. 依靠群众的原则

　　消防工作是一项具有广泛群众性的工作，只有依靠群众，调动广大群众的积极性，才能使消防工作社会化。消防安全管理工作的基础是做好群众工作，要采取各种方式方法，向群众普及消防知识，提高群众的消防意识和防灾抗灾能力。要组织群众中的骨干，建立义务消防组织，开展群众性的防火、灭火工作。

　　3. 依法管理的原则

　　依法管理就是单位的领导和主管或职能部门依照国家立法机关和行政机关制定颁发的法律、法规、规章，对消防安全事务进行管理。要依照法规办事，加强对职工群众的遵纪守法教育，对违反消防管理的行为和火灾事故责任者严肃追究，认真处理。

　　消防法规不仅具有引导、教育、评价、调整人们行为的规范作用，而且具有制裁、惩罚违法行为的强制作用。因此，任何单位都应组织群众学习消防法规，从本单位的实际出发，依照法规的基本要求，制定相应的消防管理规章制度或工作规程，并严格执行，做到有法必依，执法必严，违法必究，使消防安全管理走上法制的轨道。

　　4. 科学管理的原则

　　科学管理就是运用管理科学的理论，规范管理系统的机构设置、管理程序、方法、途径、程度、工作方法等，从而有效地实施管理，提高管理效率。消防安全管理要实行科学管理，使之科学化、规范化。消防安全管理只有按照客观规律办事，才能富有成效。首先，必须遵循火灾发生、发展的规律；要知道火灾发生的因素随着经济的发展，生产、技术领域的扩大和物质生活的提高而增加的规律；火灾成因与人们心理和行为相关的规律；火灾的发生与行业、季节、时间相关的规律等。其次，要学习和运用管理科学的理论和方法提高工作效率和管理水平，并与实践经验有机地结合起来。还要逐步采用现代化的技术手段和管理手段，以取得最佳的管理效果。

　　5. 综合治理的原则

　　消防安全管理在其管理方式、运用管理手段、管理所涉及的要素以及管理的内容上都表现出较强的综合性质。消防管理不能单靠哪一个部门，只使用某一种手段，要与行业的、单位的整体管理统一起来；管理中不仅要运用行政手段，还要运用法律的、经济的、技术的和思想教育的手段进行治理；管理中要考虑各种有关安全的要素，即对人、物、事、时间、信息等进行综合治理。

四、消防工作的性质、特点和任务

（一）消防工作的性质

消防工作是人类在同火灾做斗争的过程中，逐步形成和发展起来的一项专门工作，它是由国家行政管理部门管辖的社会安全保障性质的措施。消防工作是一项社会性很强的工作，只有依靠全社会的力量，在全社会成员的关心、重视、支持、参与下才能搞好。消防管理已渗透到人类生产生活的一切领域之中，从而决定了消防工作的社会性；消防安全管理涉及各行各业，乃至千家万户，在生产、工作和生活过程中，人们对消防安全管理稍有疏漏，对生产一时失神、失控、失误，就有可能酿成火灾，这就决定了消防工作的经常性；纵观多年来火灾事故教训，尽管致灾原因复杂，但可以看出绝大多数火灾乃源于一人一事一时之误，这使我们进一步明确了一条真理，只有人民群众的广泛积极参与，才能控制、消除火灾事故的发生，这又决定了消防工作的群众性。

（二）消防工作的特点

消防工作具有广泛的社会性、群众性，是一项专业性很强的工作，涉及各行各业、千家万户乃至每个家庭和个人，它同时又是一项知识性、科学性很强的工作，与科学技术息息相关。消防工作具有社会性、经常性、行政性和技术性等特点。

（三）消防工作的任务

消防工作的任务是保卫社会主义现代化建设，保护公共财产和公民生命财产的安全。

第三节　2019年新版《消防法》

一、《中华人民共和国消防法》的制定和修订历程

《中华人民共和国消防法》（以下简称《消防法》）于1998年4月29日第九届全国人民代表大会常务委员会第二次会议通过，并以主席令形式首次颁布。于2008年10月28日第十一届全国人民代表大会常务委员会第五次会议修订一次，于2019年4月23日第十三届全国人民代表大会常务委员会第十次会议修订第二次。中华人民共和国主席习近平2019年4月23日签发中华人民共和国主席令第二十九号予以发布，自公布之日起施行。

2019年版《消防法》共有7章74条。内容包括第一章总则，第二章火灾预防，第三章消防组织，第四章灭火救援，第五章监督检查，第六章法律责任，第七章附则。

《消防法》总则中指出：制定消防法的目的是为了预防火灾和减少火灾危害，加强应急救援工作，保护人身、财产安全，维护公共安全，制定本法。消防工作贯彻预防为主、防消结合的方针，按照政府统一领导、部门依法监管、单位全面负责、公民积极参与的原则，实行消防安全责任制，建立健全社会化的消防工作网络。2018年成立应急管理部，将原公安部管理的消防工作成建制移交给应急管理部，因此由国务院应急管理部门对全国

的消防工作实施监督管理。应急管理部门及消防救援机构应当加强消防法律、法规的宣传，并督促、指导、协助有关单位做好消防宣传教育工作。县级以上地方人民政府应急管理部门对本行政区域内的消防工作实施监督管理，并由本级人民政府消防救援机构负责实施。军事设施的消防工作，由其主管单位监督管理，消防救援机构协助；矿井地下部分、核电厂、海上石油天然气设施的消防工作，由其主管单位监督管理。

《消防法》规定：任何单位和个人都有维护消防安全、保护消防设施、预防火灾、报告火警的义务，任何单位和成年人都有参加有组织的灭火工作的义务。各级人民政府应当组织开展经常性的消防宣传教育，提高公民的消防安全意识。机关、团体、企业、事业等单位，应当加强对本单位人员的消防宣传教育。村民委员会、居民委员会应当协助人民政府以及公安机关、应急管理等部门，加强消防宣传教育。国家鼓励、支持消防科学研究和技术创新，推广使用先进的消防和应急救援技术、设备；鼓励、支持社会力量开展消防公益活动。对在消防工作中有突出贡献的单位和个人，应当按照国家有关规定给予表彰和奖励。

二、火灾预防

（一）消防安全规划与布局

（1）地方各级人民政府应当将包括消防安全布局、消防站、消防供水、消防通信、消防车通道、消防装备等内容的消防规划纳入城乡规划，并负责组织实施。城乡消防安全布局不符合消防安全要求的，应当调整、完善；公共消防设施、消防装备不足或者不适应实际需要的，应当增建、改建、配置或者进行技术改造。

（2）建设工程的消防设计、施工必须符合国家工程建设消防技术标准。建设、设计、施工、工程监理等单位依法对建设工程的消防设计、施工质量负责。

（3）对按照国家工程建设消防技术标准需要进行消防设计的建设工程，实行建设工程消防设计审查验收制度。

（二）消防安全检查

（1）依法应当进行消防验收的建设工程，未经消防验收或者消防验收不合格的，禁止投入使用；其他建设工程经依法抽查不合格的，应当停止使用。

（2）公众聚集场所在投入使用、营业前，建设单位或者使用单位应当向场所所在地的县级以上地方人民政府消防救援机构申请消防安全检查。消防救援机构应当自受理申请之日起十个工作日内，根据消防技术标准和管理规定，对该场所进行消防安全检查。未经消防安全检查或者经检查不符合消防安全要求的，不得投入使用、营业。

（三）消防安全职责

机关、团体、企业、事业等单位的主要负责人是本单位的消防安全责任人。机关、团体、企业、事业等单位应履行的消防安全职责如下：

（1）落实消防安全责任制，制定本单位的消防安全制度、消防安全操作规程，制定灭火和应急疏散预案。

（2）按照国家标准、行业标准配置消防设施、器材，设置消防安全标志，并定期组织检验、维修，确保完好有效。

（3）对建筑消防设施每年至少进行一次全面检测，确保完好有效，检测记录应当完整准确，存档备查。

（4）保障疏散通道、安全出口、消防车通道畅通，保证防火防烟分区、防火间距符合消防技术标准。

（5）组织防火检查，及时消除火灾隐患。

（6）组织进行有针对性的消防演练。

（7）法律、法规规定的其他消防安全职责。

（四）消防安全重点单位安全职责

消防安全重点单位是指发生火灾可能性较大以及发生火灾可能造成重大的人身伤亡或者财产损失的单位。本行政区域内的消防安全重点单位除应当履行一般单位的安全职责外，还应履行下列消防安全职责：

（1）确定消防安全管理人，组织实施本单位的消防安全管理工作。

（2）建立消防档案，确定消防安全重点部位，设置防火标志，实行严格管理。

（3）实行每日防火巡查，并建立巡查记录。

（4）对职工进行岗前消防安全培训，定期组织消防安全培训和消防演练。

（五）大型群众活动消防规定

举办大型群众性活动，承办人应当依法向公安机关申请安全许可，制定灭火和应急疏散预案并组织演练，明确消防安全责任分工，确定消防安全管理人员，保持消防设施和消防器材配置齐全、完好有效，保证疏散通道、安全出口、疏散指示标志、应急照明和消防车通道符合消防技术标准和管理规定。

（六）明火作业消防规定

（1）禁止在具有火灾、爆炸危险的场所吸烟、使用明火。因施工等特殊情况需要使用明火作业的，应当按照规定事先办理审批手续，采取相应的消防安全措施；作业人员应当遵守消防安全规定。

（2）进行电焊、气焊等具有火灾危险作业的人员和自动消防系统的操作人员，必须持证上岗，并遵守消防安全操作规程。

（七）易燃易爆生产储存运输规定

（1）生产、储存、装卸易燃易爆危险品的工厂、仓库和专用车站、码头的设置，应当符合消防技术标准。易燃易爆气体和液体的充装站、供应站、调压站，应当设置在符合消防安全要求的位置，并符合防火防爆要求。

（2）已经设置的生产、储存、装卸易燃易爆危险品的工厂、仓库和专用车站、码头，易燃易爆气体和液体的充装站、供应站、调压站，不再符合前款规定的，地方人民政府应当组织、协调有关部门、单位限期解决，消除安全隐患。

（3）生产、储存、运输、销售、使用、销毁易燃易爆危险品，必须执行消防技术标准和管理规定。

（4）进入生产、储存易燃易爆危险品的场所，必须执行消防安全规定。禁止非法携带易燃易爆危险品进入公共场所或者乘坐公共交通工具。

（5）储存可燃物资仓库的管理，必须执行消防技术标准和管理规定。

（八）消防产品

（1）消防产品必须符合国家标准；没有国家标准的，必须符合行业标准。禁止生产、销售或者使用不合格的消防产品以及国家明令淘汰的消防产品。

（2）依法实行强制性产品认证的消防产品，由具有法定资质的认证机构按照国家标准、行业标准的强制性要求认证合格后，方可生产、销售、使用。实行强制性产品认证的消防产品目录，由国务院产品质量监督部门会同国务院应急管理部门制定并公布。消防产品，是指专门用于火灾预防、灭火救援和火灾防护、避难、逃生的产品。

（3）新研制的尚未制定国家标准、行业标准的消防产品，应当按照国务院产品质量监督部门会同国务院应急管理部门规定的办法，经技术鉴定符合消防安全要求的，方可生产、销售、使用。

（4）依照规定经强制性产品认证合格或者技术鉴定合格的消防产品，国务院应急管理部门消防机构应当予以公布。

（5）产品质量监督部门、工商行政管理部门、消防救援机构应当按照各自职责加强对消防产品质量的监督检查。

（九）装修电器燃具产品

（1）建筑构件、建筑材料和室内装修、装饰材料的防火性能必须符合国家标准；没有国家标准的，必须符合行业标准。

（2）人员密集场所室内装修、装饰，应当按照消防技术标准的要求，使用不燃、难燃材料。

（3）电器产品、燃气用具的产品标准，应当符合消防安全的要求。

（4）电器产品、燃气用具的安装、使用及其线路、管路的设计、敷设、维护保养、检测，必须符合消防技术标准和管理规定。

（十）消防设施与消防器材

（1）任何单位、个人不得损坏、挪用或者擅自拆除、停用消防设施、器材，不得埋压、圈占、遮挡消火栓或者占用防火间距，不得占用、堵塞、封闭疏散通道、安全出口、消防车通道。人员密集场所的门窗不得设置影响逃生和灭火救援的障碍物。

（2）负责公共消防设施维护管理的单位，应当保持消防供水、消防通信、消防车通道等公共消防设施的完好有效。在修建道路以及停电、停水、截断通信线路时有可能影响消防队灭火救援的，有关单位必须事先通知当地消防救援机构。

三、消防组织

（一）消防组织的多种形式

各级人民政府应当加强消防组织建设，根据经济社会发展的需要，建立多种形式的消防组织，加强消防技术人才培养，增强火灾预防、扑救和应急救援的能力。

（1）县级以上地方人民政府应当按照国家规定建立国家综合性消防救援队、专职消防队，并按照国家标准配备消防装备，承担火灾扑救工作。

（2）乡镇人民政府应当根据当地经济发展和消防工作的需要，建立专职消防队、志愿消防队，承担火灾扑救工作。

（3）国家综合性消防救援队、专职消防队按照国家规定承担重大灾害事故和其他以抢救人员生命为主的应急救援工作。

（4）国家综合性消防救援队、专职消防队应当充分发挥火灾扑救和应急救援专业力量的骨干作用；按照国家规定，组织实施专业技能训练，配备并维护保养装备器材，提高火灾扑救和应急救援的能力。

（二）单位专职消防队

专职消防队的建立，应当符合国家有关规定，并报当地消防救援机构验收。专职消防队的队员依法享受社会保险和福利待遇，承担本单位的火灾扑救工作。

下列单位应当建立单位专职消防队：

（1）大型核设施单位、大型发电厂、民用机场、主要港口。

（2）生产、储存易燃易爆危险品的大型企业。

（3）储备可燃的重要物资的大型仓库、基地。

（4）上述三项规定以外的火灾危险性较大、距离国家综合性消防救援队较远的其他大型企业。

（5）距离国家综合性消防救援队较远、被列为全国重点文物保护单位的古建筑群的管理单位。

（三）志愿消防队

（1）机关、团体、企业、事业等单位以及村民委员会、居民委员会根据需要，建立志愿消防队等多种形式的消防组织，开展群众性自防自救工作。

（2）消防救援机构应当对专职消防队、志愿消防队等消防组织进行业务指导；根据扑救火灾的需要，可以调动指挥专职消防队参加火灾扑救工作。

四、灭火救援

（一）制订应急预案、建立应急反应和处置机制

县级以上地方人民政府应当组织有关部门针对本行政区域内的火灾特点制订应急预案，建立应急反应和处置机制，为火灾扑救和应急救援工作提供人员、装备等保障。

（二）报警

任何人发现火灾都应当立即报警。任何单位、个人都应当无偿为报警提供便利，不得阻拦报警。严禁谎报火警。

（三）火灾扑救

（1）人员密集场所发生火灾，该场所的现场工作人员应当立即组织、引导在场人员疏散。

（2）任何单位发生火灾，必须立即组织力量扑救。邻近单位应当给予支援。

（3）消防队接到火警，必须立即赶赴火灾现场，救助遇险人员，排除险情，扑灭火灾。

（4）消防救援机构统一组织和指挥火灾现场扑救，应当优先保障遇险人员的生命安全。

（5）根据火灾的紧急需要，有关地方人民政府应当组织人员、调集所需物资支援灭火。

（四）火灾现场总指挥权限

火灾现场总指挥根据扑救火灾的需要，有权决定下列事项：

（1）使用各种水源。

（2）截断电力、可燃气体和可燃液体的输送，限制用火用电。

（3）划定警戒区，实行局部交通管制。

（4）利用邻近建筑物和有关设施。

（5）为了抢救人员和重要物资，防止火势蔓延，拆除或者破损毗邻火灾现场的建筑物、构筑物或者设施等。

（6）调动供水、供电、供气、通信、医疗救护、交通运输、环境保护等有关单位协助灭火救援。

（五）火灾调查

（1）消防救援机构有权根据需要封闭火灾现场，负责调查火灾原因，统计火灾损失。

（2）火灾扑灭后，发生火灾的单位和相关人员应当按照消防救援机构的要求保护现场，接受事故调查，如实提供与火灾有关的情况。

（3）消防救援机构根据火灾现场勘验、调查情况和有关的检验、鉴定意见，及时制作火灾事故认定书，作为处理火灾事故的证据。

五、监督检查

（一）政府部门

（1）地方各级人民政府应当落实消防工作责任制，对本级人民政府有关部门履行消防安全职责的情况进行监督检查。

（2）县级以上地方人民政府有关部门应当根据本系统的特点，有针对性地开展消防安全检查，及时督促整改火灾隐患。

（二）消防救援机构和公安派出所

（1）消防救援机构应当对机关、团体、企业、事业等单位遵守消防法律、法规的情况依法进行监督检查。

（2）公安派出所可以负责日常消防监督检查、开展消防宣传教育。

（3）消防救援机构、公安派出所的工作人员进行消防监督检查，应当出示证件。

（4）消防救援机构在消防监督检查中发现火灾隐患的，应当通知有关单位或者个人立即采取措施消除隐患；不及时消除隐患可能严重威胁公共安全的，消防救援机构应当依照规定对危险部位或者场所采取临时查封措施。

（5）消防救援机构在消防监督检查中发现城乡消防安全布局、公共消防设施不符合消防安全要求，或者发现本地区存在影响公共安全的重大火灾隐患的，应当由应急管理部门书面报告本级人民政府。

（6）接到报告的人民政府应当及时核实情况，组织或者责成有关部门、单位采取措施，予以整改。

（7）住房和城乡建设主管部门、消防救援机构及其工作人员应当按照法定的职权和程序进行消防设计审查、消防验收、备案抽查和消防安全检查，做到公正、严格、文明、高效。

六、法律责任

（一）罚款

单位违反《消防法》规定，有下列行为之一的，责令改正，处五千元以上五万元以下罚款：

（1）消防设施、器材或者消防安全标志的配置、设置不符合国家标准、行业标准，或者未保持完好有效的。消防设施是指火灾自动报警系统、自动灭火系统、消火栓系统、防烟排烟系统以及应急广播和应急照明、安全疏散设施等。

（2）损坏、挪用或者擅自拆除、停用消防设施、器材的。

（3）占用、堵塞、封闭疏散通道、安全出口或者有其他妨碍安全疏散行为的。

（4）埋压、圈占、遮挡消火栓或者占用防火间距的。

（5）占用、堵塞、封闭消防车通道，妨碍消防车通行的。

（6）人员密集场所在门窗上设置影响逃生和灭火救援的障碍物的。

（7）对火灾隐患经消防救援机构通知后不及时采取措施消除的。

（二）罚款并拘留

违反《消防法》规定，有下列行为之一的，处警告或者五百元以下罚款；情节严重的，处五日以下拘留：

（1）违反消防安全规定进入生产、储存易燃易爆危险品场所的。

（2）违反规定使用明火作业或者在具有火灾、爆炸危险的场所吸烟、使用明火的。

（三）拘留并罚款

违反消防法规定，有下列行为之一，尚不构成犯罪的，处十日以上十五日以下拘留，可以并处五百元以下罚款；情节较轻的，处警告或者五百元以下罚款：

（1）指使或者强令他人违反消防安全规定，冒险作业的。

（2）过失引起火灾的。

（3）在火灾发生后阻拦报警，或者负有报告职责的人员不及时报警的。

（4）扰乱火灾现场秩序，或者拒不执行火灾现场指挥员指挥，影响灭火救援的。

（5）故意破坏或者伪造火灾现场的。

（6）擅自拆封或者使用被消防救援机构查封的场所、部位的。

（四）拘留

人员密集场所发生火灾，该场所的现场工作人员不履行组织、引导在场人员疏散的义务，情节严重，尚不构成犯罪的，处五日以上十日以下拘留。

人员密集场所是指公众聚集场所，医院的门诊楼、病房楼，学校的教学楼、图书馆、食堂和集体宿舍，养老院，福利院，托儿所，幼儿园，公共图书馆的阅览室，公共展览馆、博物馆的展示厅，劳动密集型企业的生产加工车间和员工集体宿舍，旅游、宗教活动场所等。

公众聚集场所是指宾馆、饭店、商场、集贸市场、客运车站候车室、客运码头候船厅、民用机场航站楼、体育场馆、会堂以及公共娱乐场所等。

（五）刑事责任

违反《消防法》规定，构成犯罪的，依法追究刑事责任。

七、贯彻执行《消防法》

（一）"四知道、五熟悉"要求

1. "四知道"

知道单位基本情况、地址、电话等，知道单位重点防火部位，知道单位防火负责人，知道单位志愿消防组织。

2. "五熟悉"

熟悉单位消防水源、道路、设施，熟悉单位的建筑情况，熟悉单位工艺流程，熟悉火灾危险性程度，熟悉单位的防范措施。

（二）消防工作"四懂、四会"的内容

1. "四懂"

一懂本岗位生产经营过程中的火灾危险性；二懂本岗位生产经营过程中的防火措施；三懂本岗位生产经营过程中的灭火方法；四懂组织疏散逃生的方法。

"四懂"的目的是要求每个在岗职工，不但要懂得生产技术和经营管理，而且还必须把本岗位生产、经营、工作中的火灾危险性搞清楚，还要懂得本岗位有哪些预防火灾的措施、具体办法、具体条文、具体内容，自觉地在本岗位生产、经营、工作中严格执行。在做好本岗位防火工作的基础上，万一本岗位发生了火灾，能采用有针对性的灭火方法，即什么物质着火，采用什么方法扑救，而且会使用消防器材，发生火灾知道怎样组织疏散人员安全逃生。

2. "四会"

一会报火警（火警电话 119）；二会使用消防器材；三会扑救初起火灾；四会逃生自救。

"四会"的目的是要求：①发生火灾时除利用身边就近的灭火器材进行灭火外，能迅速向应急管理消防队报火警；②对单位所配备的消防器材，每个员工都要学会正确的使用方法，做到道理上会讲、拿起来会用，同时要搞清楚每种消防器材的功能；③要求每个在岗员工都要会扑救初起火灾，因为初起阶段是扑灭火灾的最佳时机，初起时火源面积不大，火焰放出的辐射热小，烟和气体的对流速度比较缓慢，只要灭火方法得当，比较容易扑灭，甚至一个灭火器、一盆水、一锹土就能解决，从而避免火灾带来的损失；④逃生穿过浓烟时，切不可迎烟雾直立身体行走，要用湿毛巾、手帕或撕碎衣服捂住口，人的身体尽量贴近地面，弯腰低位或用手足爬行寻找安全出口。

（三）遇到火情报警须知

1. 用电话拨打"119"报警

（1）报警时，要讲清楚起火单位、村镇名称和所处城区、街巷、门牌号码；要讲清楚是什么东西着火，火势大小，是否有人被围困，有无爆炸危险品等情况；要讲清楚报警人的姓名、单位和所用的电话号码。注意倾听消防队询问情况，并准确、简洁地给予回答，待对方明确说明时方可挂断电话。

（2）报警后立即派人到单位门口、街道交叉路口迎候消防车，并带领消防车迅速赶到火场。

2. 向周围群众报警

（1）在人员相对集中的场所，如工厂车间、办公楼、居民宿舍区等，可用大声呼喊和敲打发出声响器具的方法报警。

（2）向群众报警时，应尽量使群众明白什么地方、什么东西着火，是通知人们前来灭火还是紧急疏散逃生。向灭火人员指明起火点的位置，向需要疏散人员指明疏散逃生的通道和方向。

第二章

消防安全管理责任制

第一节 安全生产委员会消防安全责任制

一、安全生产委员会的组成

单位应成立安全生产委员会，履行消防安全职责。安全生产委员会是单位的安全生产领导机构。单位的有关人员应按其工作职责，熟悉《电力设备典型消防规程》（DL 5027—2015）的有关部分并结合消防知识每年考试一次。电力设备及其相关设施的消防安全管理除应符合该规程外，尚应符合国家现行有关标准的规定。《电力设备典型消防规程》（DL 5027—2015）就是为了规范电力设备及其相关设施的消防安全管理，预防火灾和减少火灾危害，保障人身、电力设备和电网安全而制定的。该规程规定了电力设备及其相关设施的防火和灭火措施，以及消防安全管理要求，适用于发电单位、电网经营单位，以及非电力单位使用电力设备的消防安全管理。电力设计、安装、施工、调试、生产应符合该规程的有关要求，但该规程不适用于核能发电单位。

二、安全生产委员会的任务

1. 组织贯彻落实国家消防法规

组织贯彻落实国家有关消防安全的法律、法规、标准和规定（可简称"消防法规"），建立健全消防安全责任制和规章制度，对实情况进行监督、考核。安全生产委员会是单位消防安全工作的领导机构，其中重要工作就是组织贯彻落实国家有关消防安全的法律、法规和标准规程，建立健全覆盖单位的消防安全责任制和规制度，做到消防安全责任无盲区、消防工作有标准，关键是抓好落实，这是保障消防安全的核心要素。

2. 建立消防安全保证体系和监督体系

建立消防安全保证体系和监督体系，督促两个体系各司其职。明确消防工作归口管理职能部门（可简称"消防管理部门"）和消防安全监督部门（可简称"安监部门"），确保消防管理和安监部门的人员配置与其承担的职责相适应。其中消防安全保证体系是保障单位消防安全的主导力量；消防安全监督体系主要行使监督职责，以促进保证体系规范工作，在共同作用下确保单位的消防安全。消防工作归口管理职能部门是《消防安全管理规定》第十五条要求设置或确定的。消防管理部门和消防安全监督部门是做好单位消防安全工作的关键部门，应确保配置的力量与其承担的职责相适应。

三、安全生产委员会的职责

安全生产委员会是单位消防安全工作的领导机构，消防安全是单位安全生产的重要组成部分，单位安全生产委员会应履行消防安全职责。

（1）制定本单位的消防安全目标并组织落实，定期研究本单位的消防安全工作。应根据消防法规、政府部门和上级的要求，结合单位实际情况，制定本单位年度消防安全目标并组织落实，应定期分析、研究本单位的消防安全形势，据此部署阶段性或全年的消防工作。

（2）深入现场，了解单位的消防安全情况，推广消防先进管理经验和先进技术，对存在的重大或共性问题进行分析，制订针对性的整改措施，并督促措施的落实。安全生产委员会成员要深入基层、现场，了解单位消防安全情况，确保决策的针对性、有效性和及时性。

（3）组织或参与火灾事故调查。火灾事故的调查，以公安消防部门结论为依据，单位可以组织内部调查，也可争取参与公安消防部门组织的火灾事故调查。

（4）对消防安全做出贡献者给予表扬或奖励；对负有事故责任者，给予批评或处罚。对在消防安全方面做出贡献者应给予表扬或奖励，这是对作出成绩的单位、集体和个人的肯定，也是弘扬先进，促进单位的消防安全工作；对负有事故责任者，给予批评或处罚，是教育，也起到警示作用。

第二节　消防安全责任人消防安全责任制

一、消防安全责任人的资格

法人单位的法定代表人或者非法人单位的主要负责人是单位的消防安全责任人，对本单位的消防安全工作全面负责。《消防法》第十六条和《机关、团体、企业事业单位消防安全管理规定》第七条均对此有明确要求。

二、消防安全责任人的任务

（1）贯彻执行消防法规，保障单位消防安全符合规定，掌握本单位的消防安全情况。

（2）将消防工作与本单位的生产、科研、经营、管理等活动统筹安排，批准实施年度消防工作计划。

（3）确定本单位消防安全管理人。

三、消防安全责任人的职责

消防安全责任人对本单位的消防安全工作全面负责。

（1）为本单位的消防安全提供必要的经费和组织保障。

（2）确定逐级防安全责任，批准实施安全管理制度和保障消防安全的操作规程。

（3）组织防火检查，督促落实火灾隐患整改，及时处理涉及消防安全的重大问题。

（4）根据消防法规的规定，建立专职消防队，志愿消防队。

（5）组织制定符合本单位实际的灭火和应急疏散预案，并实施演练。

（6）发生火灾事做到四不放过，即火灾事故原因不清不放过，责任者和应受育者没有受到教育不放过，没有采取整改措施不放过，责任人员未受到处理不放过。

第三节 消防安全管理人消防安全责任制

一、消防安全管理人的资格

消防安全管理人是对本单位消防安全责任人负责的分管消防安全工作的单位领导。

二、消防安全管理人的任务

（1）制订年度消防工作计划，组织实施日常消防安全管理工作。
（2）组织制订消防安全管理制度和保障消防安全的操作规程，并检查督促其落实。
（3）拟订消防安全工作的资金投入和组织保障方案。

三、消防安全管理人的职责

消防安全管理人对单位的消防安全责任人负责。
（1）组织实施防火检查和火灾隐患整改工作。
（2）组织实施对本单位消防设施、灭火器材和消防安全标志维护保养，确保其完好有效，确保疏散通道和安全出口畅通。
（3）组织管理专职消防队和志愿消防队。
（4）组织对员工进行消防知识的宣传教育和技能培训，组织灭火和应急疏散预案的实施和演练。
（5）单位消防安全责任人委托的其他消防安全管理工作。
（6）应定期向消防安全责任人报告消防安全情况，及时报告涉及消防安全的重大问题。

第四节 消防管理部门消防安全责任制

一、消防管理部门的任务

（1）贯彻执行消防法规、本单位消防安全管理制度。
（2）拟订逐级消防安全责任制及其消防安全管理制度。
（3）指导、督促各相关部门制定和执行各岗位消防安全职责、消防安全操作规程、消防设施运行和检修规程等制度，以及制定发电厂厂房、车间、变电站、换流站、调度楼、控制楼、油罐区等重要场所及重点部位的灭火和应急疏散预案。

（4）定期向消防安全管理人报告消防安全情况，及时报告涉及消防安全的重大问题。

（5）拟订年度消防管理工作计划。

（6）拟订消防知识、技能的宣传教育和培训计划，经批准后组织实施。

二、消防管理部门的职责

（1）负责消防安全标志设置，负责或指导、督促有关部门做好消防设施、器材配置、检验、维修、保养等管理工作，确保完好有效。

（2）管理专职消防队和志愿消防队。根据消防法规、公安消防部门的规定和实际情况配备专职消防员和消防装备器材，组织实施专业技能训练，维护保养装备器材。

（3）确定消防安全重点部位，建立消防档案。

（4）将消防费用纳入年度预算管理，确保消防安全资金的落实，包括消防安全设施、器材、教育培训资金，以及兑现奖惩等。

（5）督促有关部门凡新建、改建、扩建工程的消防设施必须与主体设备（项目）做到"三同时"，即同时设计、同时施工、同时投入生产或使用。

（6）指导、督促有关部门确保疏散通道、安全出口、消防车通道畅通，保证防火防烟分区、防火间距符合消防标准。

（7）指导、督促有关部门按照要求组织发电厂厂房、车间、变电站、换流站、调度楼、控制楼、油罐区等重要场所及重点部位的灭火和应急疏散演练。

（8）指导、督促有关部门实行每月防火检查，每日防火巡查；建立检查和巡查记录，及时消除消防安全隐患。

（9）发生火灾时，立即组织实施灭火和应急疏散预案。

第五节　安监部门消防安全责任制

一、安监部门消防安全专责人的资格

消防安全是安监部门的一项重要工作，可设一名或多名消防安全专责人，最好由取得消防工程师证的人员担任。

注册消防工程师是指经考试取得相应级别消防工程师资格证书，并依法注册后，从事消防技术咨询、消防安全评估、消防安全管理、消防安全技术培训、消防设施检测、火灾事故技术分析、消防设施维护、消防安全监测、消防安全检查等消防安全技术工作的专业技术人员。注册消防工程师分为一级注册消防工程师和二级注册消防工程师。

1. 二级注册消防工程师资格考试报名条件

（1）取得消防工程专业中专学历，从事消防安全技术工作满 3 年；或者取得消防工相关专业中专学历，从事消防安全技术工作满 4 年。

（2）取得消防工程专业大学专科学历，从事消防安全技术工作满 2 年；或者取得消防工程相关专业大学专科学历，从事消防安全技术工作满 3 年。

（3）取得消防工程专业大学本科学历或者学位，从事消防安全技术工作满 1 年；或者取得消防工程相关专业大学本科学历或者学位，从事消防安全技术工作满 2 年。

（4）取得其他专业相应学历或者学位的人员，其从事消防安全技术工作年限相应增加 1 年。

2．一级注册消防工程师资格考试报名条件

（1）取得消防工程专业大学专科学历，工作满 6 年，其中从事消防安全技术工作满 4 年；或者取得消防工程相关专业大学专科学历，工作满 7 年，其中从事消防安全技术工作满 5 年。

（2）取得消防工程专业大学本科学历或者学位，工作满 4 年，其中从事消防安全技术工作满 3 年；或者取得消防工程相关专业大学本科学历，工作满 5 年，其中从事消防安全技术工作满 4 年。

（3）取得含消防工程专业在内的双学士学位或者研究生班毕业，工作满 3 年，其中从事消防安全技术工作满 2 年；或者取得消防工程相关专业在内的双学士学位或者研究生班毕业，工作满 4 年，其中从事消防安全技术工作满 3 年。

（4）取得消防工程专业硕士学历或者学位，工作满 2 年，其中从事消防安全技术工作满 1 年；或者取得消防工程相关专业硕士学历或者学位，工作满 3 年，其中从事消防安全技术工作满 2 年。

（5）取得消防工程专业博士学历或者学位，从事消防安全技术工作满 1 年；或者取得消防工程相关专业博士学历或者学位，从事消防安全技术工作满 2 年。

（6）取得其他专业相应学历或者学位的人员，其工作年限和从事消防安全技术工作年限均相应增加 1 年。

3．考试科目

注册消防工程师资格实行全国统一大纲、统一命题、统一组织的考试制度，考试原则上每年举行一次。注册消防工程师资格考试辅导教材共三册，含《消防安全技术实务》《消防安全技术综合能力》《消防安全案例分析》，一级、二级资格考试考生均适用。

二、安监部门消防安全的任务

（1）熟悉国家有关消防法规及公安消防部门的工作要求。

（2）熟悉本单位消防安全管理制度，并对贯彻落实情况进行监督。

三、安监部门消防安全的职责

（1）拟订年度消防安全监督工作计划，制定消防安全监督制度。

（2）组织消防安全监督检查，建立消防安全检查、消防安全隐患和处理情况记录，督促隐患整改。

（3）定期向消防安全管理人报告消防安全情况，及时报告涉及消防安全的重大问题。

（4）对各级、各岗位消防安全责任制等制度的落实情况进行监督考核。

（5）协助应急管理消防部门对火灾事故的调查。

第六节　志愿消防员消防安全责任制

一、志愿消防员的资格

（1）志愿消防员的人数不应少于职工总数的 10％，重点部位不应少于该部位人数的 50％，且人员分布要均匀。

（2）志愿消防员年龄，男性一般不超过 55 岁、女性一般不超过 45 岁，能行使职责工作。

（3）根据志愿消防人员变动、身体和年龄等情况要及时进行调整或补充，并公布。

二、志愿消防员的任务

（1）掌握各类消防设施、消防器材和正压式消防空气呼吸器等的适用范围和使用方法。

（2）熟知相关的灭火和应急疏散预案，发生火灾时能熟练扑救初起火灾、组织引导人员安全疏散及进行应急救援。

（3）根据工作安排负责一级、二级动火作业的现场消防监护工作。

三、志愿消防员的职责

志愿消防员是单位消防的主要力量，是灭火和应急疏散的重要参与人员。

（1）志愿消防队在企业安全委员会指导下开展工作。

（2）熟悉企业的消防重点部位，企业的平面和立体建筑结构，道路设施，水、电源布局，熟悉消防设施和消防器材的使用方法及摆放位置，并做好消防器材日常维护保养工作，使其时刻处于备战状态。

（3）积极参加单位组织的消防知识培训和消防实战演练，学习有关消防知识，掌握消防灭火器、消防栓、手动报警、"119" 报警的使用方法和程序等。

（4）积极参加防火安全宣传教育工作，提高防火意识，负责普及消防安全常识和防火灭火知识，做到本单位工作人员人人会使用灭火器材扑救初起火灾。

（5）随时向领导报告本部门存放易燃易爆化学品的种类和数量，保证各种危险品的存放符合防火安全要求。

第七节　专职消防员消防安全责任制

一、专职消防员的资格

专职消防员指的是以消防为其日常工作的人员。专职消防队接受本单位和应急管理消防部门的管理，其专业方面的要求应主要根据消防法规、原公安消防部门现应急管理消防部门的规定和实际情况确定，其中包括配备专职消防员和消防装备器材。《消防法》第三十九条规定，下列单位应当建立单位专职消防队，承担本单位的火灾扑救工作。

（1）大型核设施单位、大型发电厂、民用机场、主要港口。

（2）生产、储存易燃易爆危险品的大型企业。

（3）储备可燃的重要物资的大型仓库、基地。

（4）第一项、第二项、第三项规定以外的火灾危险性较大、距离公安消防队较远的其他大型企业。

（5）距离公安消防队较远、被列为全国重点文物保护单位的古建筑群的管理单位。

专职消防员是相对志愿消防员而言的。由于消防员的主要任务是抢救和解除火险，因此不是时间固定且需多人长期值班等候的工作。因此，志愿消防员正好可以满足遇到火警时能够一呼百应，但在平时又不占据编制的要求。但是，消防队里依然有许多工作需要一些固定的人员维持，包括外勤和内务，如随时待命的少部分人员、专职消防培训人员、消防车驾驶员、办公室火警电话守候人员等，他们都是专职消防员。

二、专职消防员的任务

单位专职消防员是单位发生火灾时扑救火灾的主要力量。

（1）承担责任区消防安全宣传教育培训，普及消防知识。

（2）定期进行防火检查，督促有关单位和个人落实防火责任制，及时消除火灾隐患。

（3）建立防火检查档案，按照国家规定设置防火标志。

（4）掌握责任区域的道路、消防水源、消防安全重点单位、重点部位等情况，建立相应的消防业务资料档案。

（5）制定消防安全重点单位、重点部位的事故处置和灭火作战预案，定期组织演练。

（6）指导培训义务消防队。

（7）扑救火灾，保护火灾现场，协助有关部门调查火灾原因、处理火灾事故。

（8）定期向应急管理消防机构报告消防工作情况。

三、专职消防员的职责

（1）应按照有关要求接受岗前培训和在岗培训。

（2）熟知单位灭火和应急疏散预案，参加消防活动和进行灭火训练，发生火灾时能熟练扑救火灾、组织引导人员安全疏散。

（3）做好消防装备、器材检查、保养和管理，保证其完好有效。

（4）政府部门规定的其他职责。

第八节　工程项目应具备的消防申报、审核、验收资料

一、消防工程验收的重要意义

消防设施是快速、有效灭火的重要设施，必须与主体设备（项目）同时设计、同时施工、同时投入生产或使用。有关负责设计、基建、验收等部门分别负责把关，重点把好验收关。没有达到消防要求，没有通过验收，该主体设备（项目）不能投入生产或使用。该项工作主要由本单位基建部门负责，消防管理部门应做好督促工作。

二、消防工程设计的审核资料

（1）新建、改建、扩建工程项目消防工程设计应填写建筑工程设计消防审核申报表、建筑内部装修防火审核申报表等表格。

（2）提交新建、改建、扩建建筑工程立项批文、规划许可证、总平面图、消防设计说明，建筑平面图、立面图、剖面图，全套室内、外消防系统设计图纸（含水、电、暖、通风、空调、火灾自动报警、自动灭火、防烟、排烟设施图）。图纸必须有设计证号、设计单位名称及设计人员、审核人员的签名，盖设计专用章。

三、消防工程竣工验收资料

建设单位应当组织土建、内装修、电气、通风、消防设施、防排烟等施工单位代表及技术人员和监理公司等相关人员配合验收工作，并介绍工程相关情况。新建、改建、扩建工程项目消防工程竣工验收资料包括以下内容。

（1）建设项目批准文件。

（2）建设工厂规划许可证。

（3）消防审核意见书。

（4）电气消防检测报告。

（5）消防设施技术检测报告。

（6）建筑工程涉及消防产品的各项资料包括消防产品 3C 认证证书或消防产品型式认可证书，以及国家级消防产品质检中心检验合格的且在有效期内的型式检验报告、产品合格证（产品出厂检验报告）。

（7）建筑工程设计消防验收申报表。

（8）竣工验收报告。

（9）建筑工程消防概况。

（10）其他需要准备的资料。

第三章

消防安全管理

第一节　消防安全管理制度

一、消防安全管理制度的主要内容

消防安全管理制度主要包括《消防安全管理规定》第十八条的要求，电缆防火管理、消防设施运行、检修规程等制度，以及结合电力单位实际制定的规定，还应根据单位机构调整、设备增减、变动等情况及时修改完善制度。

（1）各级和各岗位消防安全职责、消防安全责任制考核、动火管理、消防安全操作规定、消防设施运行规程、消防设施检修规程。

（2）电缆、电缆间、电缆通道防火管理，消防设施与主体设备或项目同时设计、同时施工、同时投产管理，消防安全重点部位管理。

（3）消防安全教育培训，防火巡查、检查，消防控制室值班管理，消防设施、器材管理，火灾隐患整改，用火、用电安全管理。

（4）易燃易爆危险物品和场所防火防爆管理，专职和志愿消防队管理，疏散、安全出口、消防车通道管理，燃气和电气设备的检查和管理（包括防雷、防静电）。

（5）消防安全工作考评和奖惩，灭火和应急疏散预案以及演练。

（6）根据有关规定和单位实际需要制定其他消防安全管理制度。

单位应建立健全消防档案管理制度，消防档案应当包括消防安全基本情况和消防安全管理情况。消防档案应当翔实，全面反映单位消防工作的基本情况，并附有必要的图表，根据情况变化及时更新，并应对消防档案统一保管。

二、消防安全档案管理

1. 建立消防档案的重要意义

消防档案是消防管理的一种文献管理，有的有现时使用价值，有的有历史价值，对于研究消防发展趋势，研究火灾发生的规律和特点，进而研究消防科学技术和火灾对策具有重要意义。为了总结经验，加强消防管理工作，必须重视消防档案的建设，充分发挥其作用。

（1）消防档案是消防重点单位的"户口簿"，它记载着重点单位的概貌和有关消防资料，便于消防监督机关熟悉情况，做到心中有数。

（2）消防档案是重点单位消防情况的历史记录，在平时它可以用来考察重点单位对消防安全工作重视的程度；在发生火灾时，它可以为追查火因，处理责任者提供佐证材料，还可以研究防火技术和灭火战术提供第一手资料。

（3）消防档案是培养消防管理人员的好材料。消防管理人员分管重点单位的消防工作，首先翻阅防火档案，再到实地查看，可以较快地熟悉情况，开展工作。

（4）消防档案是考核消防管理人员工作的一种凭证，也反映消防管理人员工作进展情况、业务水平和工作能力，为奖励、提职、晋级、提供考核材料。

2. 建立防火档案的方法、步骤

（1）首先依据《中华人民共和国消防法》第十六条和公安部第 61 号令第十三条的规定，以"四大""六个方面"为依据确定建立消防档案的重点对象。

（2）训练消防管理人员，可以把他们集中起来，利用一段时间加以训练，使他们了解消防档案的格式，熟悉各项要求，学会填写方法，明确注意事项。

（3）分期分批建立档案。由消防管理人员按照预定的计划，深入重点单位，在消防负责人或专兼职消防干部的协同下按照实际情况，逐项填写档案，最后由消防部门检查验收。

3. 消防档案的内容

《消防安全管理规定》第四十一条要求，消防安全重点单位应当建立健全消防档案。第四十二条要求，消防安全基本情况应当包括：单位基本概况和消防安全重点部位情况，建筑物或者场所施工、使用或者开业前的消防设计审核、消防验收以及消防安全检查的文件、资料，消防管理组织机构和各级消防安全责任人，消防安全制度，消防设施、灭火器材情况，专职消防队、志愿消防队人员及其消防装备配备情况，与消防安全有关的重点工种人员情况，新增消防产品、防火材料的合格证明材料，灭火和应急疏散预案。

《消防安全管理规定》第四十三条要求，消防安全管理情况应当包括：公安（应急）消防机构填发的各种法律文书，消防设施定期检查记录，自动消防设施全面检查测试的报告以及维修保养的记录，火灾隐患及其整改情况记录，防火检查、巡查记录，有关燃气、电气设备检测（包括防雷和防静电）等记录资料，消防安全培训记录，灭火和应急疏散预案的演练记录，火灾情况记录，消防奖惩情况记录。

（1）单位的基本情况。包括名称、地址、电话号码、防火负责人，保卫部门、安全技术部门和上级主管部门，生产经营性质和规模，生产、储存中的火灾危险性，平面图、建筑物耐火等级、水源、通道等。

（2）各种消防情况的登记表。包括重点部位、易燃易爆物品、固定火源、重大隐患、特种人员、防火制度、消防设备、火灾火警情况登记表。

（3）消防工作情况记录。包括上级指示、工作计划、火险隐患整改通知书、防火检查记录、情况报告、火灾事故报表以及其他有关消防工作事项。

4. 消防档案的保管和使用

消防档案的份数可结合当地实际情况适当增减。一般来说，单位、消防主管部门、安全技术部门、上级主管部门、当地公安消防监督部门应各掌握一份。为便于查找、使用，按重点单位的类别分类编号确定保密级别。安全技术部门可以集中管理，分散使用，也可由消防管理人员单独保管。

消防管理人员下基层单位时可以携带档案，以便核对过去检查发现问题的整改情况，对新发现的问题，随时记录下来，对已经变化了的情况适时加以补充、更正。发生火灾时，可向调查组和司法部门提供有关档案内容，作为追查火灾原因、处理责任者的考证材料。公安消防监督机关可根据消防档案，综合分析重点单存在的问题，研究措施，做出工作部署，或者向上级主管部门请示汇报，以便及时解决存在的问题，确保安全。单位和安全技术部门要把消防档案作为一项基础业务建设，不断改进和完善消防档案的形式和内容，把消防档案管好用活，为保卫企业的生产建设和发展服务。

第二节　消防安全重点单位和重点部位

一、消防安全重点单位

（一）消防安全重点单位的确定

发电单位和电网经营单位是消防安全重点单位，应严格管理。

《中华人民共和国消防法》第十六条规定，县级以上地方各级人民政府公安机关消防机构应当将发生火灾可能性较大以及一旦发生火灾可能造成人身重大伤亡或者财产重大损失的单位，确定为本行政区域内消防安全重点单位，报本级人民政府备案。确定消防重点单位的依据是"四大""六个方面"。

1. "四大"

（1）火灾危险性大。

（2）发生火灾后损失大。

（3）发生火灾后伤亡大。

（4）社会影响大。

2. "六个方面"

（1）重要的厂矿企业、基建工地、交通通信枢纽。

（2）粮、棉、油、百货等物资集中的仓库、堆场。

（3）生产、储存化工、石油等易燃易爆物品的单位。

（4）政府首脑机关、外宾住地、重要的科学研究单位、事业单位。

（5）文物建筑、图书馆、档案馆、陈列馆等单位。

（6）易燃建筑密集区和经常集聚大量人员等重要场所。

（二）消防安全重点单位的类别

根据《中华人民共和国消防法》第十六条的规定，消防安全重点单位如下：

（1）商场、市场、宾馆、饭店、体育馆、会堂、公共娱乐场所等公众聚集场所。

（2）车站、机场、码头、广播电台、电视台和邮电、通信枢纽等重要场所。

（3）政府首脑机关。

（4）重要的科研单位、大专院校、医院。

（5）高层办公楼、商住楼、综合楼等公共建筑。

（6）图书馆、档案馆、展览馆、博物馆以及重要的文物古建筑。

（7）地下铁道以及其他地下公共建筑。

（8）粮、棉、木材、百货等物资集中的大型仓库、堆场。

（9）发电厂（站）、地区供电系统变电站。

（10）城市燃气、燃油供应厂（站），大中型油库、危险品库，石油化工等易燃易爆物品生产、储存和销售单位。

（11）国家和省级重点工程以及其他大型工程的施工现场。

（12）其他重要场所和工业企业。

二、消防安全重点部位

（一）消防安全重点部位的确定

消防安全重点部位一般根据以下六个方面确定：

（1）容易发生火灾的部位。如化工生产车间，清洗、烘烤、熬炼、电气焊接操作车间，化验室，汽车库，化学物品仓库，易燃可燃液体和可燃助燃气体罐（站）、火工生产车间等。

（2）发生火灾影响全局的部位。如发电厂、变电站、配电站（室）、通信设备机房、电子计算机房、生产控制室、燃气（油）锅炉房、档案室、图书资料室等。

（3）对国家有重大意义的重点项目和引进的成套先进技术设备。

（4）物资财富集中的部位。如储藏室、货场、金库、试验室、科研中心室等。

（5）人员集中的部位。如机关内部礼堂或俱乐部、娱乐场所、商场、食堂、幼儿园、集体宿舍、医院病房等。

（6）农村乡镇的粮棉加工厂、乡镇企业、烤烟楼、农机库、电机房、牲畜棚等。

（二）电力生产企业消防安全重点部位的类别

（1）油罐区（包括燃油库、绝缘油库、透平油库），制氢站、供氢站，发电机、变压器等注油设备，电缆间以及电缆通道，调度室、控制室、集控室、计算机房、通信机房，风力发电机机组、机舱及塔筒。

（2）换流站阀厅、电子设备间、铅酸蓄电池室、天然气调压站、储氨站、液化气站、乙炔站、档案室、油处理室、生物质发电厂秸秆仓库或堆场、易燃易爆物品存放场所。

（3）发生火灾可能严重危及人身、电力设备和电网安全以及对消防安全有重大影响的部位。

（三）重大火灾隐患的整改

（1）重大火灾隐患是指凡有引起火灾或爆炸危险，并会造成重大经济损失和伤亡事故的状态和行为。

（2）重大火灾隐患的特征是隐患的程度严重，其危害范围大，需要单位整改或困难大无力整改，需要其主管部门或政府有关部门协商解决。

（3）对重大火灾隐患，如建筑布局、建筑防火条件、消防通道和水源、设备、防爆安全装置工艺布置、通信设施、厂（库）址不当等重要问题，因条件所限，短期整改不了的，应将整改的必要性和根据，如何整改的意见以重大火灾隐患限期整改通知书的形式，按照问题归属分别纳入城乡建设规划、单位改扩建规划、工艺改造计划、安全设施的发展计划，以求有计划地逐步解决。但在未解决之前，必须采取临时措施以保证安全。对这种火灾隐患，应急消防机构要建立重大火灾隐患档案，其内容包括重大火险立案报告表和审批表、重大火险检查记录、重大火险部位平面图、现场照片、整改通知书、整改办法以及临时措施、重大火险销案报告表和审批表。本单位由于条件所限，无力解决的火险隐患，应督促单位向其主管部门请示报告，消防机构可通过抄报重大火灾隐患通知书或其他方式反映情况，督促有关部门尽快落实措施。

（四）消防安全重点部位的火警标识牌

消防安全重点部位应当建立岗位防火职责，设置明显的防火标志，并在出入口位置悬挂防火警示标示牌。

标示牌的内容应包括消防安全重点部位的名称、消防管理措施、灭火和应急疏散方案及防火责任人。

三、重点单位消防安全标准

1981 年 10 月 28 日国务院批转的《公安部关于全国消防重点保卫工作现场会的情况报告》，提出了重点单位消防安全十项标准。这些标准既是衡量一个重点单位消防安全工作的尺子，也是评价重点单位进行消防管理程度的依据。为使消防安全十项标准得到落实，要定期对单位落实消防安全十项标准的情况进行检查验收。检查验收的组织形式可由当地公安消防机关单独进行，也可以同有关部门共同组成专门班子联合进行。验收评比的方法，可采用打分法。这十项标准现今依然有效，具体内容如下。

（一）有领导负责的逐级防火责任制

（1）重点单位各级领导都要对消防安全工作负责，其中应由正职领导人担任单位防火负责人，负责全面消防安全工作，分管其他工作的领导，也要负责分管范围内的消防安全工作，做到任务明确，层层有人抓。

（2）各级领导都要切实履行消防安全职责把消防安全列入生产和经营管理的一项重要内容，与生产和经营管理同计划、同部署、同检查、同总结、同评比，使消防安全措施落到实处。

（3）要健全逐级防火责任制，经常检查落实情况。

（二）有生产岗位防火责任制

（1）要建立健全切合实际的各种岗位防火责任制，每个职工都要严格履行、自觉遵守。

（2）所有的职工都要对本岗位的消防安全负责，明确自己的防火责任区和具体岗位防火要求。

（三）有专职或兼职的防火安全干部

（1）大、中型企事业单位须设专职防火安全部，一般重点单位可设兼职防火安全干部，要保持相对稳定，并报公安消防部门备案。

（2）专、兼职防火干部要有明确的职责权限，当好单位领导的消防参谋，努力做好本职工作。

（四）有群众性义务消防队和必要的消防器材设备

（1）规模大、火灾危险性大和离公安消防队较远的企业须设有专职消防队。

（2）各单位都要建立与生产班组相结合的义务消防机制，达到厂（库）有队、车间有班、班组有队员，夜间有一定数量的驻厂（库）义务消防队员，尤其是重点部位更要有一定的消防力量。明确规定义务消防队员的任务，经常开展消防训练，做到"四懂四会"，即懂得本岗位生产、储存过程的火灾危险性，懂得预防火灾的基本措施，懂得扑救火灾的基本方法，懂组织疏散逃生办法；会报警，会使用消防器材，会扑灭初起火灾，会逃生自救。

（五）有健全的消防安全制度

（1）消防安全制度。包括巡逻值班制度，火源、电源、易燃易爆物品管理制度，防火安全检查制度，建筑防火审核批准制度，消防器材管理制度，消防奖惩制度，火灾事故报告处理制度等。

（2）各项制度的制定。要有领导、技术人员和工人共同草拟，然后交广大职工群众讨论，最后经职工代表大会通过，作为厂规、厂法公布执行。

（3）各项制度要符合实际，针对性要强，文字简明扼要，并与经济责任制挂钩。

（4）各项制度执行情况要有记录，包括消防安全会议记录、动火用火登记审批记录、防火安全检查记录、火险隐患整改记录、专职和义务消防队活动记录、消防器材更换和维修登记、火灾登记等。

（六）对火险隐患能及时发现和立案、整改

（1）进行消防检查时，要细心观察了解，实际检测，认真分析，及时发现火险隐患。

（2）对检查出的火险隐患，要确定危险等级，逐件登记，定人、定时间、定措施，限期整改。一时整改不了的，要研究定出整改计划，并采取措施，确保安全。重大火险隐患要有立案、销案制度。

（3）对消防监督机关下达的火险隐患整改通知书，要及时研究落实，按时复函报告。

（七）对消防重点部位做到定点、定人、定措施并根据需要采用自动报警、灭火等新技术

（1）要从实际出发，由单位领导、安全保卫部门和技术人员共同研究确定重点部位，报经上级主管部门和消防监督部门批准后，切实管起来。

（2）重点部位要任用责任心强、业务技术熟练懂得消防知识、身体好的人员负责消防安全工作。

（3）重点部位要有明确的防火责任制，建立健全各项消防规章制度，落实防火措施。

（4）重点部位按其火险性质采取有效的防火、灭火措施，并根据需要采用自动报警、自动灭火等新技术。

（八）对职工群众普及消防知识、对重点工种进行专门的消防训练和考核

（1）重点单位区域内要有醒目的消防安全宣传标语和消防安全标志，并利用多种形式，经常对职工进行消防知识和消防法规的宣传教育。

（2）对新工人和变换工种的人员，要进行消防安全教育，经考试合格后才能上岗工作，对重点工种人员要进行安全技术培训。

（3）对职工群众进行定期的考核，并将考核成绩作为评比先进的一项内容。

（4）通过经常化、制度化的消防宣传教育使全体职工都知道本岗位生产过程中原材料的火灾危险性，懂得防火和灭火的基本方法，会报警和使用消防器材，能及时发现火险和扑救初起火灾。

（九）有防火档案和灭火作战计划

（1）重点单位都要建立防火档案，并做到内容完整、图字清晰、随时记载、管好用活。

（2）公安、专职和义务消防队对重点单位和重点部位，要制订出切合实际灭火作战计划，并经常进行实地演练。

（十）对消防工作定期总结评比、奖惩严明

（1）把消防安全工作纳入单位总结评比之中，有明确的评比内容、条件和方法。

（2）对在消防工作中，做出显著成绩的部门或个人给予表彰奖励；对违反消防规章制度，或造成火灾事故的责任者，视情节轻重，或批评教育，或给予经济处罚，或给予行政处分，或由司法部门依法处理。

第三节　消防安全教育培训与消防宣传

一、消防安全教育培训基本要求

依据《社会消防安全教育培训规定》第十四条的要求，应根据本单位特点，建立健全消防安全教育培训制度，明确机构和人员，保障教育培训工作经费。

应根据不同对象开展有侧重的培训，通过培训应使员工懂得基本消防常识，懂得本岗位产生火灾的危险源，懂得本岗位预防火灾的措施，懂得疏散逃生方法；会报火警，会使用灭火器材灭火，会查改火灾隐患，会扑救初起火灾。

二、对员工的消防安全教育培训

1. 培训要求

（1）定期开展形式多样的消防安全宣传教育。

（2）对新上岗和进入新岗位的员工进行上岗前消防安全培训，经考试合格方能上岗。

（3）对在岗的员工每年至少进行一次消防安全培训。

2. 培训内容

依据《社会消防安全教育培训规定》第四条的要求，并结合实际需要，消防安全教育培训的内容应符合全国统一的消防安全教育培训大纲的要求，主要包括国家消防工作方针、政策，消防法律法规，火灾预防知识，火灾扑救、人员疏散逃生和自救互救知识，以及其他应当教育培训的内容。

三、对专门人员的消防安全专门培训

依据《消防安全管理规定》第三十八条的规定，下列人员应接受消防安全专门培训：

（1）单位的消防安全责任人、消防安全管理人。

（2）专、兼职消防管理人员。

（3）消防控制室值班人员、消防设施操作人员，应通过消防行业特有工种职业技能鉴定，持有初级技能以上等级的职业资格证书。

（4）其他依照规定应当接受消防安全专门培训的人员。

四、消防宣传

1. 消防宣传工作的任务

（1）提高广大群众的防火警惕性和同火灾做斗争的自觉性以及强烈的责任感。

（2）增强消防法规观念和职工群众的消防安全意识。

（3）提高基层单位和群众的自防自救能力。

（4）通过多种形式主动向社会各界宣传消防工作的重要意义，使广大职工群众理解支持、关心和参与消防工作。

2. 消防宣传工作的内容

（1）宣传党的路线方针和政策，宣传共产主义的世界观和人生观，从而激发群众的爱国主义、革命英雄主义以及为社会主义消防事业献身的自豪感和责任感。

（2）党和国家有关消防工作的方针政策以及消防法规的宣传。

（3）重大消防事件和重大消防活动。

（4）人民群众对重大消防问题的态度、愿望、建议、要求等。

（5）广大消防工作者和人民群众同火灾做斗争的英雄事迹。

（6）定期或不定期地向社会公布各地的火灾情况，如起火次数、死伤人数、损失情况和教训等。

（7）典型火灾案例和火灾处理情况。

3. 消防宣传标语口号

（1）家家防火，户户平安。

（2）关注消防，护我家园。

（3）社区是我家，防火大家抓。

（4）消防连着你我他，保障安全靠大家。

（5）遵守消防法规，保障幸福安全。

（6）让消防走进社区，让家庭远离火灾。

（7）消防安全人人抓，预防火灾靠大家。

（8）百姓防火保护你我，全民防火保家卫国。

（9）消除火灾隐患，永保家庭平安。

（10）隐患险于明火，防范胜于救灾，责任重于泰山。

（11）认真学习消防知识，提高自防自救能力。

（12）消防常识永不忘，遇到火情不惊慌。

（13）煤气泄漏别慌张，快关阀门快开窗。

（14）电器着火不要怕，快把电闸去拉下。

（15）报警早，损失小，火警电话119。

（16）火灾起心莫急，湿手巾捂口鼻。

（17）离家外出仔细查，关掉煤气拉电闸。

（18）查找隐患堵漏洞，消防安全有保证。

（19）消防设施别乱动，扑救火灾有大用。

（20）防火两大忌，麻痹和大意。

（21）为全面建设小康社会创造良好的消防安全环境。

（22）珍惜生命，远离火灾；全面动员，杜绝火患。

（23）消防工作，人人有责。

（24）消防有法可依，违法必受处罚。

（25）预防和扑救火灾是全社会的共同责任。

（26）预防和减少火灾危害，维护公共安全和社会稳定。

（27）依法保护消防设施，提高自防自救能力。

（28）履行消防安全职责，规范消防安全管理。

（29）增强消防科学发展观念，普及消防安全教育知识。

（30）积极开展消防宣传活动，提高社会抵御火灾能力。

（31）消防工作贯彻预防为主、防消结合的方针。

（32）贯彻新《消防法》，做好单位消防工作。

（33）安全自检，隐患自改，责任自负。

（34）明确单位消防责任，实行严格管理。

（35）公众聚集场所必须经过消防安全检查方可使用。

（36）任何单位对存在的火灾隐患，应当及时予以消除。

（37）贯彻消防法规，落实消防责任。

（38）提高自防自救能力，保障自身消防安全。

（39）单位在消防管理中，要依法自我管理、自负责任。

（40）每个单位要依法做好消防安全管理工作。

（41）单位做好消防安全工作，社会稳定人民平安。

（42）应急救援消防队，救火救人不收费。

（43）爱护消防器材，掌握使用方法。

（44）消防工作实行防火安全责任制。

（45）强化消防监督，消除火灾隐患。

（46）强化消防科学，提高保卫能力。

（47）练兵习武显身手，降服火魔建奇功。

（48）让装备不断升级换代，用科技创造消防名牌。

（49）一流班子，一流队伍；一流消防，一流业绩。

（50）开拓进取，打造一支现代化的消防铁军。

（51）注重知识，注重人才，打造数字化消防救援队伍。

（52）努力建设一支现代化的特别能战斗的消防救援队伍。

第四节　灭火和应急疏散预案及演练

一、灭火和应急疏散预案及演练的重要意义和基本要求

（一）灭火和应急疏散预案及演练的重要意义

《机关、团体、企业、事业单位消防安全管理规定》（公安部第六十一号令）第三十九条、第四十条规定，消防安全重点单位应制定灭火和应急疏散预案并定期进行演练。灭火和应急疏散预案，是针对单位重点场所或部位可能发生的火灾事故，依据灭火战斗的指导思想、战术原则以及人员、设施情况而拟制的灭火疏散行动方案，与消防部队灭火作战计划、灭火演习方案相似。实践证明，单位通过制定预案和演练，一旦发生意外，能够按照预案确定的组织体系和人员分工，有序地组织实施火灾扑救和人员疏散，这不仅关系到单位财产损失大小，更重要的是关系到人员的安全，尤其是在公众聚集场所、学校、幼儿园、医院等人员集中场所，是保障人员紧急疏散、最大限度地减少人员伤亡的关键措施。

（二）灭火和应急疏散预案及演练的基本要求

（1）单位应制定灭火和应急疏散预案，灭火和应急疏散预案应包括发电厂厂房、车间、变电站、换流站、调度楼、控制楼、油罐区等重点部位和场所。

（2）灭火和应急疏散预案应切合本单位实际，并符合有关规范要求。

（3）应当按照灭火和应急疏散预案，至少每半年进行一次演练，及时总结经验，不断完善预案。消防演练时，应当设置明显标识，并事先告知演练范围内的人员。

二、制订应急预案的前提

灭火疏散预案的制订是一项复杂而细致的工作，除了对场所、内容等做大量的调查研究外，还要科学预测、综合分析发生火灾后可能出现的各种情况，研究制订相应的战术对策，正确部署灭火疏散人员及相关力量。

（一）了解单位的基本情况

（1）单位的地理位置、周围的毗邻单位，与火灾相关的环境、道路、水源等。

（2）单位的建筑设施情况、主要设备特点、生产工艺流程、火灾特点、一旦发生火灾火势的蔓延条件、蔓延方向、可能造成的后果等，以及气候、气象情况对灭火行动可能造成的影响。

（3）草绘单位总平面图、建筑平面图、重点部位详图及有关图纸资料，并对照实地情况予以确认修改。

（二）进行火灾情况假设

假设火灾情况就是对单位的要害部位可能发生的火灾做出有根据、符合客观规律的设

想，是反映单位火灾情况，部署灭火疏散力量，实施灭火疏散指挥的重要依据。主要内容包括：

（1）重点单位的要害部位，为了使预想的火灾情况更复杂一些，有时可多确定几个起火点。

（2）重点部位可能发生火灾的物品，及发展蔓延的条件、燃烧面积和主要蔓延的方向。

（3）一旦发生火灾后造成的危害和影响（如爆炸、倒塌、人员伤亡，人员被困等情况），以及火势发展变化的趋向和可能造成的严重后果等。

三、灭火和应急疏散预案的制定

灭火和应急疏散部署是通过对火灾情况的正确分析和判断所形成的灭火战术和疏散手段的总体构思，是灭火和应急疏散预案的核心部分。灭火和应急疏散预案的内容包括以下几个方面。

（一）组织机构

组织机构包括灭火行动组、通信联络组、疏散引导组、安全防护救护组。

1. 灭火行动组

由单位所属消防、保卫以及重点部位人员等组成，主要任务是具体组织指挥灭火救援及相关的工作。

2. 通信联络组

由办公室通信人员组成，主要任务是及时汇集了解、分析、通报事态信息，向上级报告情况，联络应急救援专业组织、现场指挥机构与上下级之间的通信联络。

3. 疏散引导组

由单位重点部位、场所的人员组成，负责紧急情况下现场人员、物资的疏散引导等任务。

4. 安全防护救护组

由单位后勤、工程、医疗等部门人员组成，主要负责以下事项：

（1）组织医务人员、救护车辆及时救护治疗受伤人员。

（2）负责紧急情况下现场断（供）电、供（排）水、断气、通信、破拆、清障、抢运任务。

（3）负责现场安全监督检查和看守巡逻任务。

（二）报警和接警处置程序

单位的某个部位发生火灾时，应立即进行报119火警调度指挥中心，在报警时应说清楚着火的单位、着火的部位、着火的物质及有无人员被困，要说清楚单位在哪一条路、报警电话号码、报警人姓名；同时，还要报告本单位值班领导和有关部门。单位领导接警后，立即按预案调动各方面人员赶赴火场进行灭火。

（三）应急疏散的组织程序和措施

发生火灾后，首先要了解火场有无被困人员及其所在的地点和抢救通道，以便进行安全疏散。当遇有居民住宅、集体宿舍和人员密集的公共场所起火，人员安全受到威胁时，或因发生爆炸燃烧，在建筑物倒塌的现场上或浓烟弥漫、充满毒气的房屋里，人员受伤、被困时，指挥人员必须采取稳妥可靠的措施，积极织抢救和疏散。

1. 人员聚集场所疏散的组织程序和措施

影剧院、歌舞厅、医院、学校以及商店、集贸市场等人员聚集场所，一旦起火，在场人员有被烟气中毒、窒息以及被热辐射、热气流烧伤的危险，如果组织疏散不力，就会造成重大伤亡事故，因此人员疏散是头等任务。在制订安全疏散方案时，要按人员的分布情况，制订发生火灾情况下的安全疏散路线，并绘制平面图，用醒目的箭头标示出出入口和疏散路线。

2. 物资的疏散组织程序和措施

火场上的物资疏散应有组织地进行，防止火势蔓延和扩大。其程序是疏散那些可能扩大火势和有爆炸危险的物资，如起火点附近的汽油、柴油桶，装有气体的钢瓶以及其他易燃、易爆和有毒的物品；疏散性质重要、价值昂贵的物资，如档案资料、高级仪器、珍贵文物以及经济价值大的原料、产品，设备等；疏散影响灭火战斗的物资，如妨碍灭火行动的物资、怕水的物资等。

3. 组织疏散的要求

（1）将参加疏散的职工或群众编成工作组，指定负责人使整个疏散有秩序地进行。

（2）先疏散受水、火、烟威胁最大的物资；疏散出来的物资应堆放在上风向的安全地点，不得堵塞通道，派专人看护；尽量利用各类搬运机械进行疏散，如企业单位的起重机、输送机、汽车、装卸机等，怕水的物资应用苫布进行保护。

（四）扑救初起火灾的程序和措施

扑救初起火灾应及时、快捷，不然易造成重大事故。发现火灾时，指挥员通过火情侦查，迅速对火场情况做出正确的分析和判断，合理分配灭火力量和部署灭火任务。灭火措施主要是进行消防设施、器材的调集；进攻的途径、水枪阵地的选择、供水的组织；确定救人、通信、疏散物资的方法等。

预案在表述灭火部署和措施时要详细具体。叙述任务要按照先主要、后次要，力量部署时先志愿消防队、后专职消防队，先完成灭火战斗任务、后协调保障的顺序进行。扑救初起火灾的程序和措施除有文字表达外，还应有灭火和疏散图来直观反映。灭火和疏散图是依据单位基本情况，假设火灾情况、灭火部署的顺序标绘的，其内容和顺序如下：绘制地图，标绘单位基本情况，按假设火灾情况标画火情态势，按灭火战斗部署标画各单位位置、运用的战术手段和协同保障等。

（五）通信联络、安全防护救护的程序和措施

首先要保证应急救援专业组织与应急指挥机构之间各相关专业组织之间，现场指挥机构与上级之间的通信联络的畅通。必要时，还可指明重要的信号规定及重要标志的式样。

安全防护预案中要明确不同区域的人员分别应采取的最低防护等级、防护手段和防护时机。在某些特定的有化学物品的火灾事故中，还必须采取特殊的安全防护措施，负责安全救护的人员应清楚应急物资器材的储备量及储存位置、储备的品种，尤其要特别注意标明急救药品和生活必需品的储存状况及供给渠道。

四、灭火和应急疏散预案的演练

（一）灭火和应急疏散预案演练意义

灭火和应急疏散预案的演练是应急疏散预案内规定的所有任务单位、人员参加，为全面检查执行预案可能性而进行的演练，主要目的是验证各应急小组执行任务能力，检查他们的相互协调性，检验各类组织能否充分利用现有人力、物力来最大限度地消除事故后果的严重程度，这种演练完全可以展示应急准备及应急行动的各个方面。因此，演练设计的要求，应能全面检查各个组织及各关键岗位上的个人表现。

（二）演练领导机构

演练领导机构是演练准备与实施的指挥部门，对演练实施全面控制，其主要职责如下：

（1）确定演练目的、原则、规模、参演单位，确定演练的性质方法，选定演练的时间、地点，规定演练的时间尺度和公众的参与程度。

（2）协调各参演单位之间的关系。

（3）确定演练实施计划、情况设计与处置预案，审定演练准备工作计划、导演和调理计划及其他有关重要文件。

（4）检查与指导演练准备工作，解决准备与实施过程中所发生的重大问题。

（5）组织演练总结评价。

（三）导演与调理

明确导演与调理人员是演练准备初始阶段的工作，导演与调理人员通常参与全部的准备工作。其主要职责如下：

（1）根据演练目的制定演练目标，选择演练场地，进行演练具体设计。

（2）制订演练进程计划，进行总情况的构筑，拟制导演和调理计划、演练组织与准备工作计划等。

（3）指导参演单位按演练要求进行演前训练，组织导演部分人员开展活动。

（4）提出演练所需的通信、技术、物资器材、生活用品等项目清单及经费申请。

（5）组织与指导参演单位预演，从中发现问题，并加以纠正。

（6）指导演练实施，组织参演单位的演练总结与评价，并进行评估，提出演练成败的结论性报告。

（7）对预案的修改和完善提供决策性的建议。

（四）演练文件编写

演练中所需各类文件是组织与实施演练的基本依据，不同性质、规模的演习，需要编写的文件不同。有关文件大体包括：演练准备工作计划、演练实施（进程）计划、情况设计方案、处置方案示例、各种保障计划等，演练文件必须符合演练目的和要求，力求简明和实用。

（五）演练实施

1. 演练情况介绍

演练开始前，根据需要，演练领导机构应进行组织情况介绍，其主要内容如下：

（1）演练的性质与规模。

（2）事故情况设定的主要考虑，演练开始时间及持续时间的估计。

（3）对非参演人员的安排，导演、调理人员及演练人员的识别，为保证演练不被误认为真实事故而应采取的措施，如果在演练期间，一旦发生真实事故，应采取的具体措施等。

2. 导演与调理方法

演练实施中，对导演与调理工作的基本要求如下：

（1）严格按导演调理计划指导参演者正确处置情况。

（2）坚持因势利导，以情况诱导为主，行政干预为辅。

（3）导演应注意控制演练态势，把握演练节奏，不要干预各种细节，注意的重心应放在协调演练与实际应急可能行动之间的关系上，从演练效果出发，发挥整体效能，提高演练效率。

（4）调理人员应抓住调理重点，选择调理时机与渠道，灵活地处理参演部门出现的问题，及时向导演提供必要的情况和建议。

3. 演练结束

各参演部门应按统一规定的信号或指示停止演练动作。在演练宣布结束后，所有演练活动应立即停止，并按计划清点人数，检查器材，查明有无伤病人员，并迅速进行适当处理。演练保障组织负责清理演练现场，尽快撤出保障器材，尤其要仔细查明危险品的清除情况，决不允许任何可能造成伤害的物品遗留在演练现场内。

4. 演练评价、修改预案

对演练进行评价的依据主要有包括导演和调理人员的记录及其意见、消防机构有关专家的意见、参演单位的自我评估、上级领导与领导机关的指示等。评价范围应包括演练组织者参演的所有单位、演练保障单位等。评价可参照演练计划中所规定的各项具体指标进行，最后根据演练的总目标，得出总的评价结论。只要有条件，各种评价和总评价结论尽可能量化。通过演练，对预案中暴露出来的问题要充分讨论，找出切实可行的解决办法，并补充到预案中去，使预案得到充实和完善，以达到提高单位自防自救能力的目的。

第五节 防 火 检 查

一、防火检查的目的和作用

（一）防火检查的分类

1. 防火监督检查

防火监督检查是指公安消防机构（应急管理消防部门）依法对单位进行的监督检查。

2. 防火安全检查

防火安全检查是指社会各单位内部相关机构和人员依照有关规定进行的，旨在消除火灾隐患、减少各类火灾事故的安全检查活动。

（二）防火检查的法律依据

社会各界消防安全检查的法律依据是《中华人民共和国消防法》。《中华人民共和国消防法》第十四条规定，机关、团体、企业、事业单位应当组织防火检查，及时消除火灾隐患。

（三）防火检查的目的和作用

（1）全面了解被检查单位和场所的消防安全状况。

（2）及时发现被检查单位和场所存在的不安全因素和火灾隐患，提出整改措施。

（3）及时处罚和纠正违反消防法规的行为。

（4）为调查火灾原因和处理火灾事故责任提供依据。

（5）为制订灭火作战计划提供依据。

（6）对本单位消防安全制度、消防安全操作规程的落实和遵守情况进行检查。

（7）通过检查发现本单位内部所存在的火灾隐患并督促和组织整改。

（8）可以为公安消防机构提供本单位消防建设情况的第一手资料，协助消防机构开展消防监督检查工作。

（9）对本单位消防目标管理责任制的落实情况进行日常检查。

二、防火检查的形式和方法

（一）防火检查的形式

（1）应急管理消防机构的消防监督检查。

（2）社会各单位消防安全检查。

社会各单位由于行业性质的千差万别，在消防安全检查的形式上也应根据本单位的特点综合考虑应采取的形式。被列为消防安全重点单位的，可根据本单位的行业性质制定本单位适用的检查形式。

（二）防火检查的制度

一般情况下，可按防火检查制度开展检查工作。

（1）实行逐级防火责任制，通常应当规定单位领导每月检查、部门领导每周检查、班组领导每日巡查、岗位职工每日自查。

（2）检查之前应当预先编制相应的防火检查表，规定检查内容要点、检查依据和检查合格标准。

（3）检查结果应当有记录，对于查出的火灾隐患应当及时整改等。

（三）防火检查的方法

（1）做好本单位对检查内容的常规检查，发现火灾隐患及时处理。

（2）通过询问等方式了解本单位人员的消防知识和消防技能的掌握情况。

（3）协助主管消防机构共同开展消防检查、消防培训等工作，做好消防机构监督检查的协调、处理。

三、消防监督检查的范围

对于一般的企业、事业单位，消防监督检查的范围主要包括如下三个方面：

（1）被检查单位的建筑或场所在施工、使用或开业前，是否依法办理了有关审核、验收或检查手续。

（2）已经通过消防设计审核和消防验收合格的工程，下列项目的使用、改变情况：

1）总平面布局和平面布置中涉及消防安全的防火间距、消防车道、消防水源等。

2）建筑物的火灾危险性类别和耐火等级。

3）建筑防火防烟分区和建筑构造。

4）安全疏散通道和安全出口。

5）火灾自动报警和自动灭火系统。

6）防烟、排烟设施和通风、空调系统的防火设备。

7）建筑内部装修防火材料。

8）其他经消防设计审核、验收的内容。

（3）消防安全管理的内容。

1）消防安全管理制度，消防安全操作规程的制定和落实情况。

2）防火安全责任制及消防安全责任人的落实情况。

3）职工及重点工种人员消防安全教育和培训情况。

4）防火检查制度的制定和落实情况以及火灾隐患的整改情况。

5）消防控制室值班人员在岗情况和设备运行记录情况。

6）消防安全重点部位的确定和管理情况。

7）易燃易爆危险物品和场所防火防爆措施的落实情况。

8）防火档案的建立健全情况。

9）每日防火巡查的实施情况和巡查记录情况。

10）消防设施定期检查测试维修保养制度的建立和落实情况，以及消防器材配置有效使用情况。

11）消防安全重点单位灭火预案和应急疏散预案的制定及定期组织演练情况。

四、消防安全检查的内容

社会各单位应当根据本单位的实际情况确定符合本单位行业特点的消防安全检查内容，一般情况下，消防安全检查的内容如下。

（一）火源管理

（1）确定厂区内的用火管理区域范围。

（2）对于储存或处理可燃气体、液体、粉尘的设备，动火检修前应当进行清洗、置换等安全处理。

（3）规定火炉取暖场所和吸烟场所的具体防火要求。

（4）划分动火作业级别，规定动火作业审批权限和手续，实行"四不动火"制度，即预防措施不落实不动火，没有经过批准的动火证不动火，现场没有消防安全监护人员不动火，大风天不在户外动火。

（二）电气防火管理

（1）敷设电气线路、安装和维修电气设备必须由正式电工来承担。

（2）电加热设备必须有专人负责使用和监管，离开时要切断电源。

（3）能够产生静电易引起火灾爆炸的设备，必须安装消除静电的装置和采取消除静电的措施。

（4）遭到雷击容易引起火灾爆炸的场所，应当安装避雷装置。

（5）爆炸危险场所应遵照国家的有关规定安装相应的防爆电气设备。

（6）对于电气线路和设备应当有专人负责监管、定期检查等。

（三）易燃易爆危险品防火管理

（1）规定本单位易燃易爆危险品的类别和品种。

（2）规定收发易燃易爆危险品的手续。

（3）制定各类易燃易爆危险品的防火和灭火措施。

（4）规定专人负责保管易燃易爆危险物品。

（四）消防设施和器材管理

（1）消防设施和器材不得随意挪作他用。

（2）消防设施和器材应当定期进行检验，发生损坏应当及时维修或更换。

（3）灭火药剂失效以后应当及时更换新药剂。

（4）消火栓不得埋压，道路应当畅通无阻。

（5）消防器材的配置种类、数量及配置地点应当由专人负责，配置地点应当有明显标志等。

（五）火灾事故调查

对于本单位内部发生的火灾，该单位消防工作人员应积极协助公安消防机构保护火灾现场，调查火灾原因，对于火灾事故责任者提出处理意见，并提出具体的防范措施和改进措施。对于火灾事故的处理应坚持"四不放过"原则，即没有查清火灾原因不放过，单位领导和火灾事故责任者没有受到处理不放过，责任者和单位职工没有受到教育不放过，没有防范措施和改进措施不放过。

（六）单位内部重点部位的防火管理

单位内部消防安全重点部位大致包括汽油库、汽车库、变配电室、化验室、锅炉房、仓库以及易燃易爆危险物品的岗位等，各单位可根据本单位消防重点部位的情况制定检查内容，开展消防安全检查。

五、每日防火巡查

单位应进行每日防火巡查，并确定巡查的人员、内容、部位和频次。防火巡查应包括下列内容：

（1）用火、用电有无违章；安全出口、疏散通道是否畅通，安全疏散指示标志、应急照明是否完好；消防设施、器材情况。

（2）消防安全标志是否在位、完整；常闭式防火门是否处于关闭状态，防火卷帘下是否堆放物品影响使用等消防安全情况。

（3）防火巡查人员应当及时纠正违章行为，妥善处置发现的问题和火灾危险，无法当场处置的，应当立即报告。发现初起火灾应立即报警并及时扑救。

（4）防火巡查应填写巡查记录，巡查人员及其主管人员应在巡查记录上签名。

六、每月防火检查

单位应至少每月进行一次防火检查。防火检查应包括下列内容：

（1）火灾隐患的整改以及防范措施的落实；安全疏散通道、疏散指示标志、应急照明和安全出口情况；消防车通道、消防水源情况；用火、用电有无违章情况。

（2）重点工种人员以及其他员工消防知识的掌握情况；消防安全重点部位的管理情况；易燃易爆危险物品和场所防火防爆措施的落实以及其他重要物资的防火安全情况。

（3）消防控制室值班和消防设施运行、记录情况；防火巡查；消防安全标志的设置和完好、有效情况；电缆封堵、阻火隔断、防火涂层、槽盒是否符合要求。

（4）消防设施日常管理情况，是否放在正常状态，建筑消防设施每年检测；灭火器材配置和管理；动火工作执行动火制度；开展消防安全学习教育和培训情况。

（5）灭火和应急疏散演练情况等需要检查的内容。

（6）发现问题应及时处置。防火检查应当填写检查记录，检查人员和被检查部门负责人应当在检查记录上签名。

七、定期监督检查

应定期进行消防安全监督检查，检查应包括下列内容：

（1）建筑物或者场所依法通过消防验收或者进行消防竣工验收备案。

（2）新建、改建、扩建工程，消防设施与主体设备或项目同时设计、同时施工、同时投入生产或使用，并通过消防验收。

（3）制定消防安全制度、灭火和应急疏散预案，以及制度执行情况。

（4）建筑消防设施定期检测、保养情况，消防设施、器材和消防安全标志。

（5）电器线路、燃气管路定期维护保养、检测。

（6）疏散通道、安全出口、消防车通道、防火分区、防火间距。

（7）组织防火检查，特殊工种人员参加消防安全专门培训，持证上岗情况。

（8）开展每日防火巡查和每月防火检查，记录情况。

（9）定期组织消防安全培训和消防演练。

（10）建立消防档案、确定消防安全重点部位等。

（11）对人员密集场所，还应检查灭火和应急疏散预案中承担灭火和组织疏散任务的人员是否确定。

八、防火检查记录

防火检查应当填写检查记录，记录包括发现的消防安全违法违章行为、责令改正的情况等。

第四章

电网企业动火管理

第一节 动 火 级 别

一、动火作业概念

动火作业是指能直接或间接产生明火的作业，包括熔化焊接、压力焊、钎焊，切割、喷枪、喷灯、钻孔、打磨、锤击、破碎和切削等作业。

二、一级动火区和二级动火区

根据火灾危险性、发生火灾损失、发生火灾影响等因素将动火级别分为一级动火、二级动火两个级别。

1. 一级动火区

火灾危险性很大，发生火灾造成后果很严重的部位、场所或设备为一级动火区。一级动火区应包括下列部位、场所、设备：油罐区，锅炉燃油系统、汽轮机油系统、油管道及与油系统相连的汽水管道和设备、油箱，氢气系统及制氢站，锅炉制粉系统，天然气调压站，液化气站，乙炔站，易燃易爆物品储存场所、变压器等注油设备、油处理室，蓄电池室（铅酸）、脱硫吸收塔内与塔外壁、防腐烟道内与烟道外壁、事故浆液箱等防腐箱罐内与箱罐外壁及与吸收塔相通管道、脱硝系统液氨储罐及与其相通管道、液氨储罐防火堤内，风力发电机组机舱内，生物质发电厂秸秆仓库或堆场内、垃圾焚烧发电厂垃圾储坑底部、渗沥液溢水槽等危险性很大，发生火灾时后果很严重的部位、场所、设备。

2. 二级动火区

一级动火区以外的防火重点部位、场所或设备及禁火区域为二级动火区。二级动火区应包括下列部位、场所、设备：发电机、发电厂燃油码头、与燃油系统能加堵板隔离的汽水管道、油管道支架及支架上的其他管道，输煤系统，电缆、电缆间、电缆通道，换流站阀厅，调度室、控制室、集控室、通信机房、电子设备间、计算机房、档案室，循环水冷却塔，草原光伏电站，脱硫系统其他防腐箱罐，脱硝系统氨区内，风力发电机组塔筒内，生物质秸秆输送系统，垃圾焚烧发电厂堆放垃圾的贮坑内等部位、场所、设备。

三、禁止动火条件

（1）油船、油车停靠区域。

（2）压力容器或管道未泄压前。

（3）存放易燃易爆物品的容器未清理干净，或未进行有效置换前。

（4）作业现场附近堆有易燃易爆物品未作彻底清理或者未采取有效安全措施前。

（5）风力达五级以上的露天动火作业。

（6）附近有与明火作业相抵触的工种在作业。

（7）遇有火险异常情况未查明原因和消除前。

（8）带电设备未停电前。

（9）按国家和政府部门有关规定必须禁止动用明火的。

第二节　动火安全组织措施

一、动火安全组织措施一般要求

（1）动火作业应落实动火安全组织措施，动火安全组织措施应包括动火工作票、工作许可、监护、间断和终结等措施。

（2）在一级动火区进行动火作业必使用一级动火工作票。

（3）在二级动火区进行动火作业必便用二级动火工作票。

二、动火工作票

（一）动火工作票样张

动火工作票可使用图1－4－2－1、图1－4－2－2所示样张，也可根据本单位使用习惯进行版面调整。

1.电网经营单位一级动火工作票样张

电网经营单位一级动火工作票样张如图1－4－2－1所示。

2.电网经营单位二级动火工作票样张

电网经营单位二级动火工作票样张如图1－4－2－2所示。

（二）动火工作票签发人、工作负责人和动火执行人的资格要求

发电单位、电网经营单位的一级、二级动火工作票签发人、工作负责人应进行《电力设备典型消防规程》（DL 5027）等制度的培训，并经考试合格。动火工作票签发人由单位分管领导或总工程师批准，动火工作负责人由部门（车间）领导批准，动火执行人必须持政府有关部门颁发的允许电焊与热切割作业的有效证件。明确一级、二级动火工作票的签发人和工作负责人应进行消防规程等制度的培训并考试合格，应熟悉动火工作职责、要求、流程等；动火执行人必须持政府有关部门颁发的允许电焊与气焊作业的有效证件，这些都是控制风险的重要措施。

动火工作负责人是动火工作的现场组织者和负责人，应熟悉现场的设备、系统、环境和安全措施等，同时对动火作业人持证情况、技术水平和精神状况等比较了解，所以动火工作票应由动火工作负责人填写。动火工作票签发人、工作负责人、审批人、监护人在动火工作中的职责不同，他们之间是相互联系、又相互把关的关系。因此动火工作票签发人不准兼任该项工作的工作负责人。动火工作票的审批人、消防监护人不准签发动火工作票，因为一级动火是重要的动火工作，为了安全作业，设备运行部门必须认真审查作业的安全性和安全措施的正确性等，同时还要做好相应的设备停用和系统隔离等措施。因此一级动火工作票应提前办理，正常情况一般提前8h办理。

电网经营单位一级动火工作票样张

盖"合格/不合格"章	盖"已终结/作废"章

单位：_____ 编号：_____

1. 动火工作负责人：_____ 班组：_____

2. 动火执行人：_____ 动火执行人操作证编号：_____

　动火执行人：_____ 动火执行人操作证编号：_____

3. 动火地点及设备名称：_____

_____

4. 动火工作内容（必要时可附页绘图说明）：

_____

_____

5. 动火方式：_____

动火方式可填写熔化焊接、切割、压力焊、钎焊、喷枪、喷灯、钻孔、打磨、锤击、破碎、切削等。

6. 运行部门应采取的安全措施：

_____

_____

7. 动火部门应采取的安全措施：

_____

_____

8. 申请动火时间：自_____年_____月_____日_____时_____分至_____年_____月_____日_____时_____分

动火工作票签发人签名：_____

签发日期：_____年_____月_____日_____时_____分

9. 审批

审核人：动火部门消防管理负责人签名：_____

　　　　动火部门安监负责人签名：_____

批准人：动火部门负责人或技术负责人签名：_____

批准动火时间：自_____年_____月_____日_____时_____分至_____年_____月_____日_____时_____分

10. 运行部门应采取的安全措施已全部执行完毕

　运行许可动火时间：_____年_____月_____日_____时_____分

　运行许可人签名：_____

11. 应配备的消防设施和采取的消防措施、安全措施已符合要求。可燃性、易爆气体含量或粉尘浓度合格（测定值_____）。

动火执行人签名：_____ 消防监护人签名：_____

动火工作负责人签名：_____

动火部门安监负责人签名：_____

动火部门负责人或技术负责人签名：_____

允许动火时间：_____年_____月_____日_____时_____分

12. 动火工作终结：动火工作于_____年_____月_____日_____时_____分结束，材料、工具已清理完毕，现场确无残留火种，参与现场动火工作的有关人员已全部撤离，动火工作已结束。

动火执行人签名：_____ 消防监护人签名：_____

动火工作负责人签名：_____ 运行许可人签名：_____

13. 备注：

（1）对应的检修工作票、工作任务单或事故抢修单编号（如无，填写"无"）：_____

（2）其他事项：

_____

_____

图 1-4-2-1　电网经营单位一级动火工作票样张

电网经营单位二级动火工作票样张

| 盖"合格/不合格"章 | 盖"已终结/作废"章 |

单位：＿＿＿＿＿＿＿＿＿＿＿＿＿＿＿＿＿ 编号：＿＿＿＿＿＿＿＿＿＿＿＿＿＿＿＿＿

1. 动火工作负责人：＿＿＿＿＿＿＿＿ 班组：＿＿＿＿＿＿＿＿＿＿＿＿＿

2. 动火执行人：＿＿＿＿＿＿＿＿＿＿ 动火执行人操作证编号：＿＿＿＿＿＿＿

   动火执行人：＿＿＿＿＿＿＿＿＿＿ 动火执行人操作证编号：＿＿＿＿＿＿＿

3. 动火地点及设备名称：＿＿＿＿＿＿＿＿＿＿＿＿＿＿＿＿＿＿＿＿＿＿＿＿＿＿＿

＿＿＿＿＿＿＿＿＿＿＿＿＿＿＿＿＿＿＿＿＿＿＿＿＿＿＿＿＿＿＿＿＿＿＿＿＿＿

4. 动火工作内容（必要时可附页绘图说明）：

＿＿＿＿＿＿＿＿＿＿＿＿＿＿＿＿＿＿＿＿＿＿＿＿＿＿＿＿＿＿＿＿＿＿＿＿＿＿

＿＿＿＿＿＿＿＿＿＿＿＿＿＿＿＿＿＿＿＿＿＿＿＿＿＿＿＿＿＿＿＿＿＿＿＿＿＿

5. 动火方式：＿＿＿＿＿＿＿＿＿＿＿＿＿＿＿＿＿＿＿＿＿＿＿＿＿＿＿＿＿＿＿＿

动火方式可填写熔化焊接、切割、压力焊、钎焊、喷枪、喷灯、钻孔、打磨、锤击、破碎、切削等。

6. 运行部门应采取的安全措施：

＿＿＿＿＿＿＿＿＿＿＿＿＿＿＿＿＿＿＿＿＿＿＿＿＿＿＿＿＿＿＿＿＿＿＿＿＿＿

＿＿＿＿＿＿＿＿＿＿＿＿＿＿＿＿＿＿＿＿＿＿＿＿＿＿＿＿＿＿＿＿＿＿＿＿＿＿

7. 动火部门应采取的安全措施：

＿＿＿＿＿＿＿＿＿＿＿＿＿＿＿＿＿＿＿＿＿＿＿＿＿＿＿＿＿＿＿＿＿＿＿＿＿＿

＿＿＿＿＿＿＿＿＿＿＿＿＿＿＿＿＿＿＿＿＿＿＿＿＿＿＿＿＿＿＿＿＿＿＿＿＿＿

8. 申请动火时间：自＿＿＿年＿＿＿月＿＿＿日＿＿＿时＿＿＿分至＿＿＿年

月＿＿＿日＿＿＿时＿＿＿分

动火工作票签发人签名：＿＿＿＿＿＿＿＿＿＿＿＿＿＿＿＿＿＿＿＿＿＿＿＿＿

签发日期：＿＿＿＿年＿＿＿月＿＿＿日＿＿＿时＿＿＿分

9. 审批

审核人：动火部门安监人员签名：＿＿＿＿＿＿＿＿＿＿＿＿＿＿＿＿＿＿＿＿＿

批准人：动火部门负责人或技术负责人签名：＿＿＿＿＿＿＿＿＿＿＿＿＿＿＿＿

批准动火时间：自＿＿＿年＿＿＿月＿＿＿日＿＿＿时＿＿＿分至＿＿＿年

月＿＿＿日＿＿＿时＿＿＿分

10. 运行部门应采取的安全措施已全部执行完毕

    运行许可动火时间：＿＿＿＿年＿＿＿月＿＿＿日＿＿＿时＿＿＿分

    运行许可人签名：＿＿＿＿＿＿＿＿＿＿＿＿＿＿＿＿＿＿＿

11. 应配备的消防设施和采取的消防措施、安全措施已符合要求。可燃性、易爆气体含量或粉尘浓度合格（测定值＿＿＿＿＿＿＿＿＿＿＿＿＿＿＿＿）。

动火执行人签名：＿＿＿＿＿＿＿＿＿＿ 消防监护人签名：＿＿＿＿＿＿＿＿＿

动火工作负责人签名：＿＿＿＿＿＿＿＿＿

动火部门安监人员签名：＿＿＿＿＿＿＿＿＿

允许动火时间：＿＿＿＿年＿＿＿月＿＿＿日＿＿＿时＿＿＿分

12. 动火工作终结：动火工作于＿＿＿＿年＿＿＿月＿＿＿日＿＿＿时＿＿＿分结束，材料、工具已清理完毕，现场确无残留火种，参与现场动火工作的有关人员已全部撤离，动火工作已结束。

动火执行人签名：＿＿＿＿＿＿＿＿＿＿ 消防监护人签名：＿＿＿＿＿＿＿＿＿

动火工作负责人签名：＿＿＿＿＿＿＿＿ 运行许可人签名：＿＿＿＿＿＿＿＿＿

13. 备注：

(1) 对应的检修工作票、工作任务单或事故抢修单编号（如无，填写"无"）：＿＿＿＿＿＿＿＿

(2) 其他事项：

＿＿＿＿＿＿＿＿＿＿＿＿＿＿＿＿＿＿＿＿＿＿＿＿＿＿＿＿＿＿＿＿＿＿＿＿＿＿

＿＿＿＿＿＿＿＿＿＿＿＿＿＿＿＿＿＿＿＿＿＿＿＿＿＿＿＿＿＿＿＿＿＿＿＿＿＿

图 1-4-2-2 电网经营单位二级动火工作票样张

（三）动火工作票所列人员安全责任

1. 各级审批人员及工作票签发人主要安全责任

（1）审查工作的必要性和安全性。

（2）审查申请工作时间的合理性。

（3）审查工作票上所列安全措施正确、完备。

（4）审查工作负责人、动火执行人符合要求。

（5）指定专人测定动火部位或现场可燃性、易爆气体含量或粉尘浓度符合安全要求。

2. 工作负责人主要安全责任

（1）正确安全地组织动火工作。

（2）确认动火安全措施正确、完备，符合现场实际条件，必要时进行补充。

（3）核实动火执行人持允许进行焊接与热切割作业的有效证件，督促其在动火工作票上签名。

（4）向有关人员布置动火工作，交代危险因素、防火和灭火措施。

（5）始终监督现场动火工作。

（6）办理动火工作票开工和终结手续。

（7）动火工作间断、终结时检查现场应无残留火种。

3. 运行许可人主要安全责任

（1）核实动火工作时间、部位。

（2）工作票所列有关安全措施正确、完备，符合现场条件。

（3）动火设备与运行设备确已隔绝，完成相应安全措施。动火工作有的与运行有关，有的与运行无关。凡是需运行人员做隔离、冲洗等防火措施的动火工作，则运行人员应在动火工作票上签字，并收执一份动火工作票。若动火工作与运行无关，则不必交运行人员签字和收执动火工作票。

（4）向工作负责人交代运行所做的安全措施。

4. 消防监护人主要安全责任

（1）动火现场配备必要、足够、有效的消防设施、器材。

（2）检查现场防火和灭火措施正确、完备。

（3）动火部位或现场可燃性、易爆气体含量或粉尘浓度符合安全要求。动火现场的可燃性气体、易爆气体含量或粉尘浓度的测定，并不一定由消防监护人进行，主要根据需测定次数和间隔以及测定结果决定能否动火。

（4）始终监督现场动火作业，发现违章立即制止，发现起火及时扑救。

（5）动火工作间断、终结时检查现场应无残留火种。

5. 动火执行人主要安全责任

（1）在动火前必须收到经审核批准且允许动火的动火工作票。

（2）核实动火时间、动火部位。

（3）做好动火现场及本工种要求做好的防火措施。

（4）全面了解动火工作任务和要求，在规定的时间、范围内进行动火作业。

（5）发现不能保证动火安全时应停止动火，并报告部门（车间）领导。

（6）动火工作间断、终结时清理并检查现场无残留火种。

（四）工作票签发

（1）动火工作票应由动火工作负责人填写，动火工作票签发人不准兼任该项工作的工作负责人，动火工作票的审批人、消防监护人不准签发动火工作票。

（2）动火工作票一般应提前 8h 办理。

（3）动火工作票至少一式三份，若动火工作与运行有关时，还应增加一份。

1）一级动火工作票一份由工作负责人收执，一份由动火执行人收执，一份由发电单位保存在单位安监部门，电网经营单位保存在动火部门（车间）。

2）二级动火工作票一份由工作负责人收执，一份由动火执行人收执，一份保存在动火部门（车间）。

3）若动火工作与运行有关时，还应增加一份交给运行人员收执。

（4）动火工作票应用钢笔或圆珠笔填写，内容应正确清晰，不应任意涂改，如有个别错、漏字需要修改，应字迹清楚，并经签发人审核签字确认。

（5）非本单位人员到生产区域内动火工作时，动火工作票由本单位签发和审批。

（6）承发包工程中，动火工作票可实行双方签发形式，但应符合资格要求，并由本单位审批。

（7）一级动火工作票的有效期为 24h（1 天），二级动火工作票的有效期为 120h（5天），必须在批准的有效期内进行动火工作。需延期时应重新办理动火工作票。

三、动火工作许可

（一）一级动火工作票审批要求和动火条件

1. 一级动火工作票审批要求

（1）发电单位。由申请动火部门（车间）负责人或技术负责人签发，单位消防管理部门和安监部门负责人审核，单位分管生产的领导或总工程师批准，包括填写批准动火时间和签名。

（2）电网经营单位。由申请动火班组班长或班组术负责人签发，动火部门（车间）管理负责人和安监负责人审核，动火部门（车间）负责人或技术负责人批准，包括填写批准动时间和签名。

（3）必要时应向当地应急管理消防部门提出申请，在动火作业前到现场进行消防安全检查和指导工作。

2. 一级动火工作票经批准后允许实施动火条件

与运行设备有关的动火工作必须办理运行许可手续，在满足运行部门可动火条件，运行许可人在动火工作票填写许可动火时间和签名，完成运行许可手续。

（1）发电单位。在检查应配备的消防设施和采取的消防措施、安全措施已符合要求，可燃性、易爆气体含量或粉尘浓度合格，动火执行人、消防监护人、动火工作负责人、动火部门负责人、单位安监部门负责人、单位分管生产领导或总工程师分别在动火工作票签名确认，并由单位分管生产领导或总工程师填写允许动火时间。

（2）电网经营单位。在检查应配备的消防设施和采取的消防措施、安全措施已符合要求，可燃性、易爆气体含量合格，动火执行人、消防监护人、动火工作负责人、动火部门（车间）安监负责人、动火部门（车间）负责人或技术负责人分别在动火工作票签名确认，并由动火部门（车间）负责人或技术负责人填写允许动火时间。

（二）二级动火工作票审批要求和动火条件

1. 二级动火工作票审批要求

二级动火工作票由申请动火班组班长或班组技术负责人签发，动火部门（车间）安监人员审核，动火部门（车间）负责人或技术负责人批准，包括填写批准动火时间和签名。

2. 二级动火工作票经批准后允许实施动火条件

与运行设备有关的动火工作必须办理运行许可手续，在满足运行部门可动火条件，运行许可人在动火工作票填写许可动火时间和签名，完成运行许可手续。

在检查应配备的消防设施和采取的消防措施、安全措施已符合要求，可燃性、易爆气体含量或粉尘浓度合格后，动火执行人、消防监护人、动火工作负责人、动火部门（车间）安监人员分别签名确认，并由动火部门（车间）安监人员填写允许动火时间。

四、动火作业监护

动火作业的监护应符合下列要求：

（1）一级动火时，消防监护人、工作负责人、动火部门（车间）安监人员必须始终在现场监护。一级动火火灾风险比较大，因此除了消防监护人和工作负责人，动火部门安监人员也应始终在现场监护。消防监护人和工作负责人应熟悉动火的设备和系统。

（2）二级动火时，消防监护人、工作负责人必须始终在现场监护。二级动火消防监护人和工作负责人始终在现场监护，消防监护人和工作负责人应熟悉动火的设备和系统。

（3）一级动火在首次动火前，各级审批人和动火工作票签发人均应到现场检查防火、灭火措施正确、完备，需要检测可燃性、易爆气体含量或粉尘浓度的检测值应合格，并在监护下做明火试验，满足可动火条件后方可动火。一级动火危险性较大，各级审批人和动火工作票签发人均应到现场，进一步核对工作的安全性，确保安全措施落实到位。

（4）消防监护人应由本单位专职消防员或志愿消防员担任。专职消防员和志愿消防员须经过专门培训，应能胜任消防监护人职责。

五、动火作业间断

动火作业间断，应符合下列要求：

（1）动火作业间断时，动火执行人、监护人离开前，应清理现场，消除残留火种。

（2）动火执行人、监护人同时离开作业现场，间断时间超过30min，继续动火前，动火执行人、监护人应重新确认安全条件。

（3）一级动火作业，间断时间超过2.0h，继续动火前，应重新测定可燃性、易爆气体含量或粉尘浓度，合格后方可重新动火。

（4）一级、二级动火作业，在次日动火前必须重新测定可燃性、易爆气体含量或粉尘浓度，合格后方可重新动火。

六、动火作业终结

动火作业终结，应符合下列要求：

（1）动火作业完毕时，动火执行人、消防监护人、动火工作负责人应检查现场无残留火种等，确认安全后，在动火工作票上填明动火工作结束时间，经各方签名，盖"已终结"印章，动火工作告终结。若动火工作需经运行许可的，则运行许可人也要参与现场检查和结束签字。

（2）动火作业终结后工作负责人、动火执行人的动火工作票应交给动火工作票签发人。发电单位一级动火一份留存班组，一份交单位安监部门。发电单位二级动火一份留存班组，一份交动火部门（车间）。电网经营单位一份留存班组，一份交动火部门（车间）。确保动火工作票的闭环管理。

（3）动火工作票保存三个月。动火工作票保存三个月是为了有利于检查、统计、分析、总结。

第三节　动火安全技术措施

一、动火安全技术措施一般要求

动火作业应落实动火安全技术措施，动火安全技术措施应包括对管道、设备、容器等的隔离、封堵、拆除、阀门上锁、挂牌、清洗、置换、通风、停电，以及检测可燃性、易爆气体含量或粉尘浓度等。

二、易燃易爆动火安全技术措施

1. 基本安全技术措施

（1）凡对存有或存放过易燃易爆物品的容器、设备、管道或场所进行动火作业，在动火前应将其与生产系统可靠隔离、封堵或拆除。与生产系统直接相连的阀门应上锁挂牌，并进行清洗、置换，经检测可燃性、易爆气体含量或粉尘浓度合格后，方可动火作业。

（2）动火点与易燃易爆物容器、设备、管道等相连的，应与其可靠隔离、封堵或拆除，与动火点直接相连的阀门应上锁挂牌，检测动火点可燃气体含量应合格。

（3）在易燃易爆物品周围进行动火作业应保持足够的安全距离，确保通排风良好，使可能泄漏的气体能顺畅排走，如有必要检测动火场所可燃气体含量应合格。

2. 可燃性、易爆气体含量或粉尘浓度检测要求

（1）动火前可燃性、易爆气体含量或粉尘浓度检测的时间距动火作业开始时间不应超过 2.0h。可将检测可燃性、易爆气体含量或粉尘浓度含量的设备放置在动火作业现场进行实时监测。气体、可燃蒸汽含量或粉尘浓度检测的时间与开始动火作业间隔的时间不应过长，避免含量积累可将检测设备放置在动火作业现场进行实时监测，以随时掌握可燃气体、可燃蒸气含量或粉尘浓度，提高安全保障度。

（2）一级动火作业过程中，应每间隔 2.0～4.0h 检测动火现场可燃性、易爆气体含量或粉尘浓度是否合格，当发现不合格或异常升高时应立即停止动火，在未查明原因或排除险情前不得重新动火。一级动火工作危险性较大，环境较为复杂，在动火工作的过程中，随着时间的延长，空气中积累的可燃气体含量升高，当达到一定浓度时，继续动火极可能发生火灾和爆炸事故，故要求根据情况每间隔 2.0～4.0h 测定一次现场可燃气体含量是否合格。

（3）用于检测气体或粉尘浓度的检测仪应在校验有效期内，并在每次使用前与其他同类型检测仪进行比对检查，以确定其处于完好状态。

（4）气体或粉尘浓度检测的部位和所采集的样品应具有代表性，必要时分析的样品应留存到动火结束。气体检测既要确保检测数据的准确性，又要确保检测的有效性，因此所采的样品应具有代表性，分析样品保留到动火结束，便于事后分析。

三、电气设备动火作业安全技术措施

在可能转动或来电的设备上进行动火作业，应事先做好停电、隔离等确保安全的措施。

四、运行区域动火作业安全技术措施

处于运行状态的生产区域或危险区域，凡能拆移的动火部件，应拆移到安全地点动火。对有条件拆移构件动火作业的，如油管、阀门等，应拆下来移至安全场所，目的是减少风险。

第四节 一般动火安全措施

一、动火作业前安全措施

动火作业前应清除动火现场、周围及上、下方的易燃易爆物品。清除动火现场周围及上、下方的易燃易爆物品，防止动火时飞溅的火花引燃易燃物品。这里所指的易燃物品带有广义性，纸张、装饰材料、木制品、木块等都包括在其中。

二、动火作业现场安全措施

高处动火应采取防止火花溅落措施，并应在火花可能溅落的部位安排监护人。高处动火由于风力作用等原因火花溅落区域往往比较大，可能引燃可燃物造成人员伤害或火灾，应采取防范措施，并应在火花可能溅落的部位安排监护人。

动火作业现场应配备足够、适用、有效的灭火设施、器材，这是防止火灾事故或防止事故扩大的必要措施。

三、辨识危害因素和风险评估

必要时应辨识危害因素，进行风险评估，风险评估一般流程如下：选择活动/人员/设

备→确定伴随的危害及风险→考虑现有的控制措施→评价结果→控制措施。风险评估要充分考虑事件发生的可能性和发生后的严重性。风险发生的可能性分为一定会发生、可能性很大、可能性很小、几乎不会四种。

四、编制安全工作方案及火灾现场处置预案

在辨识危害因素，进行风险评估的基础上，编制安全工作方案及火灾现场处置方案。

五、阻止动火工作的情况

各级人员发现动火现场消防安全措施不完善、不正确，或在动火工作过程中发现有危险或有违反规定现象时，应立即阻止动火工作，并报告消防管理或安监部门。

第五节 电 焊 和 气 焊

一、基本要求

（1）动火执行人在持证前的训练过程中，应有持证焊工在场指导。由于电焊、气焊、气割工作是与火、易燃易爆气体接触，容易发生火灾、爆炸等事故。因此，在持证前的训练中没有持证焊工在场时，不得进行焊割工作及动用气焊、电焊设备。

（2）电焊机外壳必须接地，接地线应牢固地接在被焊物体上或附近接地网的接地点上，防止产生电火花。电焊机必须具有良好的电气绝缘性能，外壳接地，严禁使用绝缘破损的电源线，防止发生人员触电事故。电焊机放置在室外应有避雷措施，防止受潮漏电起火。

（3）禁止使用有缺陷的焊接工具和设备。气焊与电焊不应上下交叉作业，通气的乙炔、氧气软管上方禁止动火作业。严禁使用已经损坏的漏气橡胶气管和焊割炬。气焊与电焊在交叉作业时，产生明火、金属熔渣飞溅等，容易引燃附近易燃体着火。动火作业现场下方有通气的乙炔、氧气软管时，动火过程中飞溅的金属熔渣、火星可能烫坏橡胶软管，造成漏气，引发火灾事故。

（4）严禁将焊接导线搭放在氧气瓶、乙炔气瓶、天然气、煤气、液化气等设备和管线上。利用厂房金属结构、管道、轨道等作导体时，这些导体有可能在接触不良处产生电火花，引燃附近易燃体。焊接导线一旦漏电，可能引起易燃易爆容器发生燃烧及爆炸。

（5）乙炔和氧气软管在工作中应防止沾染油脂或触及金属熔渣，禁止把乙炔和氧气软管放在高温管道和电线上，不得把重物、热物压在软管上，也不得把软管放在运输道上，不得把软管和电焊用的导线敷设在一起。

二、电焊和气焊禁止焊割的十种情况

（1）不是电焊、气焊工不能焊割。

（2）重点要害部位及重要场所未经消防安全部门批准，未落实安全措施不能焊割。

（3）不了解焊割地点及周围有否易燃易爆物品等情况不能焊割。

（4）不了解焊割物内部是否存在易燃易爆的危险性不能焊割。

（5）盛装过易燃易爆的液体、气体的容器未经彻底清洗，排除危险性之前不能焊割。

（6）用塑料、软木、玻璃钢、谷物、草壳、沥青等可燃材料做保温层、冷却层、隔热等的部位，或火星飞溅到的地方，在未采取切实可靠的安全措施之前不能焊割。

（7）有压力或密闭的导管、容器等不能焊割。

（8）焊割部位附近有易燃易爆物品，在未做清理或未采取有效的安全措施前不能焊割。

（9）在禁火区内未经消防安全部门批准不能焊割。

（10）附近有与明火作业有抵触的工种在作业（如刷漆、喷涂胶水等）不能焊割。

三、有限空间焊接作业要求

地下室、隧道及金属容器内焊割作业时，严禁通入纯氧气用作调节空气或清扫空间。氧气为强烈的助燃剂，若用氧气来通风，一旦可燃物遇到小火花就会迅速形成富氧燃烧。若与漏出的乙炔气混合，遇到火花还会引起爆炸。

四、高空焊接作业要求

高空进行焊接工作应按规定执行动火工作票制度，还应根据动火设备现场和金属熔渣飞溅、掉落区域的情况，做好防火措施：

（1）清除焊接设备附近和下方的易燃、可燃物品，防止高温金属熔渣飞溅、掉落，引起易燃、可燃物品燃烧。

（2）将盛有水的金属容器放在焊接设备下方，收集飞溅、掉落的高温金属熔渣，水能迅速吸收高温金属熔渣放出的热量。

（3）将下方裸露的电缆和充油设备、可燃气体管道可能发生泄漏的阀门、接口等处，用石棉布遮盖，防止高温金属熔渣飞溅、掉落在裸露的电缆、泄漏的油类和可燃气体上，引起燃烧。

（4）下方搭设的竹木脚手架用水浇湿，特别是锅炉炉膛内搭设的竹木脚手架，动火前应用水浇湿，让其保持潮湿，防止被高温金属熔渣引燃。

（5）金属熔渣飞溅、掉落区域内，不得放置氧气瓶、乙炔气瓶。

（6）焊接工作全程应设专职监护人，发现火情，立即灭火并停止工作。

五、气瓶储存要求

（1）储存气瓶的仓库应具有耐火性能，门窗应向外开，装配的玻璃应用毛玻璃或涂以白漆；地面应该平坦不滑，撞击时不会发生火花。储存气瓶的仓库门窗应向外开，便于气瓶爆炸时泄压。门窗采用毛玻璃及涂白色油漆是为了防止阳光直晒气瓶，引起气瓶内气体膨胀而爆炸。

（2）储存气瓶库房与建筑物的防火间距应符合表1-4-5-1的规定。

表1-4-5-1　　　　　　　储存气瓶库房与建筑物的防火间距　　　　单位：m

储存物品种类	防火间距 储量/t	耐火等级			民用建筑、 明火或散发 火花地点
		一、二级	三级	四级	
乙炔	≤10	12	15	20	25
	>10	15	20	25	30
氧气	—	10	12	14	—

（3）储存气瓶仓库周围10m以内，不得堆置可燃物品，不得进行锻造、焊接等明火工作，也不得吸烟。气瓶仓库附近不得有明火，一旦气瓶内可燃气体泄漏，遇到明火就会发生燃烧爆炸。

（4）仓库内应设架子，使气瓶垂直立放。空的气瓶可以平放堆叠，但每一层都应垫有木制或金属制的型板，堆叠高度不得超过1.5m。

（5）使用中的氧气瓶和乙炔瓶应垂直固定放置。安设在露天的气瓶，应用帐篷或轻便的板棚遮护，以免受到阳光暴晒。乙炔气瓶压力为1.5MPa，而纯乙炔在0.2MPa压力下就会发生爆炸。乙炔气瓶内充有丙酮、活性炭等物，丙酮能溶解乙炔，当气门开启时乙炔才逐渐泄出。如气瓶横放，液体丙酮就流到气门处，开启气门时，丙酮和乙炔就会流出，气门也有可能被活性炭等堵塞，故气瓶要直立放置。强烈振动及撞击会引起气瓶发生爆炸。阳光暴晒导致乙炔气瓶内温度过高，会降低丙酮对乙炔的溶解度，使乙炔气瓶内乙炔压力急剧增加。

（6）乙炔气瓶禁止放在高温设备附近，应距离明火10m以上，使用中的乙炔气瓶应与氧气瓶保持5.0m以上距离。防止高温设备对乙炔气瓶的烘烤。焊接产生的火花和金属熔渣飞溅，水平距离一般不超过3m。乙炔气瓶应距离明火10m以上，防止火花和金属熔渣引燃泄漏的乙炔气。使用中的氧气瓶、乙炔气瓶之间应保持5m以上距离，当气体外漏时，可以避免两种气体迅速混合，发生爆燃。

六、气焊作业工具要求

（1）乙炔减压器与瓶阀之间必须连接可靠，严禁在漏气的情况下使用。乙炔气瓶上应有阻火器，防止回火并经常检查，以防阻火器失灵。乙炔减压器与瓶阀之间连接不可靠，发生漏气，一旦触及明火会立刻燃烧，甚至爆炸。阻火器的目的是防止回火，如果阻火器失灵，回火时会发生爆炸。

（2）乙炔管道应装薄膜安全阀，安全阀应装在安全可靠的地点，以免伤人及引起火灾。

七、电焊作业工具要求

（1）交直流电焊机冒烟和着火时，应首先断开电源。着火时应用二氧化碳、干粉灭火器灭火。电焊机冒烟或着火一般因绝缘老化、设备陈旧、维护不当或长期过负荷引起，当断开电源后，情况便会好转。如果要继续使用，则必须查出原因、消除隐患，否则禁止继续使用。发生着火应用二氧化碳、干粉灭火器灭火，不得使用泡沫灭火器，在万不得已时才可用水灭火。

（2）电焊软线冒烟、着火，应断开电源，用二氧化碳灭火器或水沿电焊软线喷洒灭火。电焊软线冒烟、着火，断开电源后，火会自行熄灭。火势较大时，可用二氧化碳灭火器或水喷洒灭火。

八、乙炔气泄漏火灾处理要求

乙炔气泄漏火灾处理应符合下列要求：

（1）乙炔气瓶瓶头阀、软管泄漏遇明火燃烧，应及时切断气源，停止供气。若不能立即切断气源，不得熄灭正在燃烧的气体，保持正压状态，处于完全燃烧状态，防止回火发生。

（2）用水强制冷却着火乙炔气瓶，起到降温的作用。将着火乙炔气瓶移至空旷处，防止火灾蔓延。

第五章

电网消防安全管理实务

第一节　变电站设计防火标准

一、变电站建（构）筑物火灾危险性分类、耐火等级、防火间距及消防道路

（一）变电站建（构）筑物的火灾危险性分类及其耐火等级

（1）变电站建（构）筑物的火灾危险性应根据生产中使用或产生的物质性质及其数量等因素分类，并应符合表1-5-1-1的规定。

表1-5-1-1　　　建（构）筑物的火灾危险性分类及其耐火等级

建（构）筑物名称		火灾危险性分类	耐火等级
主控制楼		丁	二级
继电器室		丁	二级
阀厅		丁	二级
户内直流开关场	单台设备油量60kg以上	丙	二级
	单台设备油量60kg及以下	丁	二级
	无含油电气设备	戊	二级
配电装置楼（室）	单台设备油量60kg以上	丙	二级
	单台设备油量60kg及以下	丁	二级
	无含油电气设备	戊	二级
油浸变压器室		丙	一级
气体或干式变压器室		丁	二级
电容器室（有可燃介质）		丙	二级
干式电容器室		丁	二级
油浸电抗器室		丙	二级
干式电抗器室		丁	二级
柴油发电机室		丙	二级
空冷器室		戊	二级
检修备品仓库	有含油设备	丁	二级
	无含油设备	戊	二级
事故贮油池		丙	一级
生活、工业、消防水泵房		戊	二级
水处理室		戊	二级
雨淋阀室、泡沫设备室		戊	二级
污水、雨水泵房		戊	二级

1）换流站的检修备品库储存检修用的电气设备，这些设备有些是含油的，但油量不大，因此仓库的火灾危险性分类应根据储存的设备是否含油确定。

2）气体式或干式变压器、干式电容器、干式电抗器等电气设备属无油设备，可燃物大大减少，火灾危险性降低，因此建筑火灾危险性分类确定为丁类。主控制楼的火灾危险性为戊类，是按照电缆采取了防止火灾蔓延的措施确定的，如用防火堵料封堵电缆孔洞，采用防火隔板分隔，电缆局部涂防火涂料，局部用防火带包扎等。

3）屋外配电装置区域布置露天的电气设备以及设备支架和构架不属于一般的建筑物，现在的电气设备一般是无油或少油电气设备，设备支架和构架较多为钢结构，不必按建筑的耐火等级规定构架和支架的耐火要求，因此不再规定屋外配电装置区域耐火等级要求。

4）建筑中若采用防火分隔措施，则分隔的区域可以分别确定危险性分类和耐火等级，否则应按火灾危险性类别高者，防火分隔措施一般指防火墙。

（2）同一建筑物或建筑物的任一防火分区布置有不同火灾危险性的房间时，建筑物或防火分区内的火灾危险性类别应按火灾危险性较大的部分确定。当火灾危险性较大的房间占本层或本防火分区建筑面积的比例小于5％，且发生火灾事故时不足以蔓延至其他部位或火灾危险性较大的部分采取了有效的防火措施时，可按火灾危险性较小的部分确定。

（3）建（构）筑物构件的燃烧性能和耐火极限，应符合现行国家标准《建筑设计防火规范》（GB 50016）的有关规定。《建筑设计防火规范》（GB 50016）将生产的火灾危险性和储存物品的火灾危险性均分为甲、乙、丙、丁、戊五个类别，见表1-5-1-2。

表1-5-1-2　　　　　　生产的火灾危险性类别和储存物品的火灾
危险性类别及其火灾危险性特征

类别	生产的火灾危险性特征	储存物品的火灾危险性特征
甲类	（1）闪点小于28℃的液体。 （2）爆炸下限小于10％的气体。 （3）常温下能自行分解或在空气中氧化即能导致迅速自燃或爆炸的物质。 （4）常温下受到水或空气中水蒸气的作用能产生可燃气体并引起燃烧或爆炸的物质。 （5）遇酸、受热、撞击、摩擦、催化以及遇有机物或硫黄等易燃的无机物，极易引起燃烧或爆炸的强氧化剂。 （6）受撞击、摩擦或与氧化剂、有机物接触时能引起燃烧或爆炸的物质。 （7）在密闭设备内操作温度不小于物质本身自燃点的生产	（1）闪点小于28℃的液体。 （2）爆炸下限小于10％的气体，受到水或空气中水蒸气的作用能产生爆炸下限小于10％气体的固体物质。 （3）常温下能自行分解或在空气中氧化能导致迅速自燃或爆炸的物质。 （4）常温下受到水或空气中水蒸气的作用能产生可燃气体并引起燃烧或爆炸的物质。 （5）遇酸、受热、撞击、摩擦以及遇有机物或硫黄等易燃的无机物，极易引起燃烧或爆炸的强氧化剂。 （6）受撞击、摩擦或与氧化剂、有机物接触时能引起燃烧或爆炸的物质
乙类	（1）闪点不小于28℃至小于60℃的液体。 （2）爆炸下限不小于10％的气体。 （3）不属于甲类的氧化剂。 （4）不属于甲类的易燃固体。 （5）助燃气体。 （6）能与空气形成爆炸性混合物的浮游状态的粉尘、纤维、闪点不小于60℃的液体雾滴	（1）闪点不小于28℃至小于60℃的液体。 （2）爆炸下限不小于10％的气体。 （3）不属于甲类的氧化剂。 （4）不属于甲类的易燃固体。 （5）助燃气体。 （6）常温下与空气接触能缓慢氧化，积热不散引起自燃的物品
丙类	（1）闪点不小于60℃的液体。 （2）可燃固体	（1）闪点不小于60℃的液体。 （2）可燃固体

类别	生产的火灾危险性特征	储存物品的火灾危险性特征
丁类	(1) 对不燃烧物质进行加工，并在高温或熔化状态下经常产生强辐射热、火花或火焰的生产。 (2) 利用气体、液体、固体作为燃料或将气体、液体进行燃烧作其他用的各种生产。 (3) 常温下使用或加工难燃烧物质的生产	难燃烧物品
戊类	常温下使用或加工不燃烧物质的生产	不燃烧物品

（4）《建筑设计防火规范》（GB 50016）将厂房和仓库的耐火等级分为一级、二级、三级、四级，见表1-5-1-3，相应建筑构件的燃烧性能和耐火极限，除另有规定外，不应低于表1-5-1-3的规定。

表1-5-1-3　　不同耐火等级厂房和仓库建筑构件的燃烧性能和耐火极限　　　单位：h

序号	构件名称	燃烧性能				耐火极限			
		一级	二级	三级	四级	一级	二级	三级	四级
1	防火墙	不燃性	不燃性	不燃性	不燃性	3.00	3.00	3.00	3.00
2	承重墙	不燃性	不燃性	不燃性	难燃性	3.00	2.50	2.00	0.50
3	非承重外墙	不燃性	不燃性	不燃性	可燃性	1.00	1.00	0.50	0.00
4	楼梯间、前室的墙，电梯井的墙	不燃性	不燃性	不燃性	难燃性	2.00	2.00	1.50	0.50
5	疏散走道两侧的隔墙	不燃性	不燃性	不燃性	难燃性	1.00	1.00	0.50	0.25
6	非承重外墙、房间隔墙	不燃性	不燃性	难燃性	难燃性	0.75	0.50	0.50	0.25
7	柱	不燃性	不燃性	不燃性	难燃性	3.00	2.50	0.50	0.25
8	梁	不燃性	不燃性	不燃性	难燃性	2.00	1.50	1.00	0.50
9	楼板	不燃性	不燃性	不燃性	可燃性	1.50	1.00	0.50	0.00
10	屋顶承重构件	不燃性	不燃性	难燃性	可燃性	1.50	1.00	0.50	0.00
11	疏散楼梯	不燃性	不燃性	不燃性	可燃性	1.50	1.00	0.50	0.00
12	吊顶（包括吊顶格栅）	不燃性	难燃性	难燃性	可燃性	0.25	0.25	0.15	0.00

注：二级耐火等级建筑采用不燃烧材料的吊顶，其耐火等级不限。

（二）防火间距

（1）变电站内的建（构）筑物与变电站外的建（构）筑物之间的防火间距应符合现行国家标准《建筑设计防火规范》（GB 50016）的有关规定。变电站内建（构）筑物及设备的防火间距不应小于表1-5-1-4的规定。

表 1－5－1－4　　　　　　变电站内建（构）筑物及设备之间的防火间距　　　　　　单位：m

建（构）筑物、设备名称		丙、丁、戊类生产建筑耐火等级		屋外配电装置每组断路器油量/t		可燃介质电容器（棚）	事故贮油池	生活建筑耐火等级	
		一、二级	三级	<1	≥1			一、二级	三级
丙、丁、戊类生产建筑耐火等级	一、二级	10	12	—	10	10	5	10	12
	三级	12	14	—	10	10	5	12	14
屋外配电装置每组断路器油量/t	<1	—	—	—	—	10	5	10	12
	≥1	10	10	—	—	10	5	10	12
油浸变压器、油浸电抗器单台设备油量/t	≥5，≤10	10	10	见本页（5）	见本页（5）	10	5	15	20
	>10，≤50	10	10	见本页（5）	见本页（5）	10	5	20	25
	>50	10	10	见本页（5）	见本页（5）	10	5	25	30
可燃介质电容器（棚）		10	10	10	10	—	5	15	20
事故贮油池		5	5	5	5	5	—	10	12
生活建筑耐火等级	一、二级	10	12	10	10	15	10	6	7
	三级	12	14	12	12	20	12	7	8

注：1. 建（构）筑物防火间距应按相邻建（构）筑物外墙的最近水平距离计算，如外墙有凸出的可燃或难燃构件时，则应从其凸出部分外缘算起；变压器之间的防火间距应为相邻变压器外壁的最近水平距离；变压器与带油电气设备的防火间距应为变压器和带油电气设备外壁的最近水平距离；变压器与建筑物的防火间距应为变压器外壁与建筑外墙的最近水平距离。

2. 相邻两座建筑较高一面的外墙如为防火墙时，其防火间距不限；两座一、二级耐火等级的建筑，当相邻较低一面外墙为防火墙且较低一座厂房屋顶无天窗，屋顶耐火极限不低于 1h，或相邻较高一面外墙的门、窗等开口部位设置甲级防火门、窗或防火分隔水幕时，其防火间距不应小于 4m。

3. 符合 GB 50229—2019 第 11.2.1 条规定的生产建筑物与油浸变压器或可燃介质电容器除外。

4. 屋外配电装置间距应为设备外壁的最近水平距离。

（2）相邻两座建筑两面的外墙均为不燃烧墙体且无外露的可燃性屋檐，每面外墙上的门、窗、洞口面积之和各不大于外墙面积的 5%，且门、窗、洞口不正对开设时，其防火间距可按表 1－5－1－4 减少 25%。

（3）单台油量为 2500kg 及以上的屋外油浸变压器之间、屋外油浸电抗器之间的最小间距应符合表 1－5－1－5 的规定。

表 1－5－1－5　　　屋外油浸变压器之间、屋外油浸电抗器之间的最小间距

电压等级/kV	35 及以下	66	110	220 及 330	500 及 750	1000
最小间距/m	5	6	8	10	15	17

注：换流变压器的电压等级应按交流侧的电压选择。

（4）当油量为 2500kg 及以上的屋外油浸变压器之间、屋外油浸电抗器之间的防火间距不能满足表 1－5－1－5 的要求时，应设置防火墙。防火墙的高度应高于变压器油枕，其长度超出变压器的储油池两侧不应小于 1m。

（5）油量为 2500kg 及以上的屋外油浸变压器或高压电抗器与油量为 600kg 以上的带

油电气设备之间的防火间距不应小于5m。

（6）总油量为2500kg及以上的并联电容器组或箱式电容器，相互之间的防火间距不应小于5m，当间距不满足该要求时应设置防火墙。带油的低压无功设备之间应有防火间距要求，实际工程中并联电容器组不满足此间距要求时需设防火墙，尚应合理考虑油量的下限，对于电容器组，总油量是指一组电容器的油量之和，对于箱式电容器，是指一台电容器的油量。

（7）生产建筑物与油浸变压器或可燃介质电容器的间距不满足表1－5－1－4的要求时，应符合下列规定：

1）当建筑物与油浸变压器或可燃介质电容器等电气设备间距小于5m时，在设备外轮廓投影范围外侧各3m内的建筑物外墙上不应设置门、窗口和通风孔，且该区域外墙应为防火墙。当设备高于建筑物时，防火墙应高于该设备的高度；当建筑物墙外5～10m范围内布置有变压器或可燃介质电容器等电气设备时，在上述外墙上可设置甲级防火门，设备高度以上可设防火窗，其耐火极限不应小于0.90h。

2）当工艺需要油浸变压器等电气设备有电气套管穿越防火墙时，防火墙上的电缆孔洞应采用耐火极限为3.00h的电缆防火封堵材料或防火封堵组件进行封堵。

3）油浸变压器等含油电气设备装有大量可燃油，一旦发生火灾，火势很大，所以当变压器与建筑物较近时，建筑物外墙应为防火墙，墙上不应设门窗，以免火灾蔓延到建筑物内。当变压器建筑物较远时，火灾影响的可能性小些，可以设置防火门、防火窗，以减少火灾对建筑物的影响。当油浸变压器等含油电气设备与配电装置楼贴邻布置时，由于电气工艺需要有变压器等的电气套管穿越防火墙进入配电装置楼，规定防火墙的预留孔与套管之间的空隙应全部封堵严密，防止火灾穿过防火墙。

（8）设置带油电气设备的建（构）筑物与贴邻或靠近该建（构）筑物的其他建（构）筑物之间应设置防火墙。

（9）控制室顶棚和墙面应采用A级装修材料，控制室其他部位应采用不低于B1级的装修材料。控制室是变电站的核心，是人员比较集中的地方，应限制房间的可燃物，以减少火灾损失。

（三）变电站内消防道路

（1）当变电站内建筑的火灾危险性为丙类且建筑的占地面积超过3000m²时，变电站内的消防车道宜布置成环形；当为尽端式车道时，应设回车道或回车场地。消防车道宽度及回车场的面积应符合现行国家标准《建筑设计防火规范》（GB 50016）的有关规定。

（2）变电站站区围墙处可设一个供消防车辆进出的出入口。变电站的出入口与进站道路是相连通的，现在的变电站的进站道路一般是一条，多年来当变电站火灾时没有发生影响消防车的通行的情况，因此一条进站道路能满足消防车通行的需要，而且变电站设置2条进站道路也确有困难。

二、建（构）筑物的安全疏散

（一）建构筑物的门的朝向

（1）地上油浸变压器室的门应直通室外；地下油浸变压器室门应向公共走道方向开

启，该门应采用甲级防火门。

（2）干式变压器室、电容器室门应向公共走道方向开启，该门应采用乙级防火门。

（3）蓄电池室、电缆夹层、继电器室、通信机房、配电装置室的门应向疏散方向开启，当门外为公共走道或其他房间时，该门应采用乙级防火门。配电装置室的中间隔墙上的门可采用分别向不同方向开启且宜相邻的 2 个乙级防火门。对于配电装置室中间隔墙的门要双向疏散，因此用 2 个防火门，这 2 个门相邻布置是避免火灾时人员疏散走错方向。

（二）建构筑物的门的数量

（1）建筑面积超过 $250m^2$ 的控制室、通信机房、配电装置室、电容器室，阀厅、户内直流场、电缆夹层，其疏散门不宜少于 2 个。配电装置室室内最远点到疏散门的直线距离不应超过 30m。

（2）地下变电站、地上变电站的地下室每个防火分区的建筑面积不应大于 $1000m^2$，设置自动灭火系统的防火分区，其防火分区面积可增大 1.0 倍；当局部设置自动灭火系统时，增加面积可按该局部面积的 1.0 倍计算。

（3）主控制楼当每层建筑面积小于或等于 $400m^2$ 时，可设置 1 个安全出口；当每层建筑面积大于 $400m^2$ 时，应设置 2 个安全出口，其中 1 个安全出口可通向室外楼梯。其他建筑的安全出口设置应符合现行国家标准《建筑设计防火规范》（GB 50016）的有关规定。

（4）地下变电站、地上变电站的地下室半地下室安全出口数量不应少于 2 个。地下室与地上层不应共用楼梯间，当必须共用楼梯间时，应在地上首层采用耐火极限不低于 2h 的不燃烧体隔墙和乙级防火门，将地下或半地下部分与地上部分的连通部分完全隔开，并应有明显标志。

（5）地下变电站当地下层数为 3 层及 3 层以上或地下室内地面与室外出入口地坪高差大于 10m 时，应设置防烟楼梯间，楼梯间应设乙级防火门，并向疏散方向开启。防烟楼梯间应符合现行国家标准《建筑设计防火规范》（GB 50016）的有关规定。

三、变压器及其他带油电气设备防火措施

（一）油浸变压器防火措施

（1）总油量超过 100kg 的屋内油浸变压器，应设置单独的变压器室。

（2）地下变电站的油浸变压器应设置能储存最大一台变压器油量的事故储油池。

（二）其他带油电气设备防火措施

（1）35kV 及以下屋内配电装置当未采用金属封闭开关设备时，其油断路器、油浸电流互感器和电压互感器应设置在两侧有不燃烧实体墙的间隔内；35kV 以上屋内配电装置应安装在有不燃烧实体墙的间隔内，不燃烧实体墙的高度不应低于配电装置中带油设备的高度。

（2）屋内单台总油量为 100kg 以上的电气设备，应设置挡油设施及将事故油排至安全处的设施，挡油设施的容积宜按油量的 20% 设计。

（3）屋外单台油量为 1000kg 以上的电气设备，应设置储油或挡油设施并符合以下规定：

1）户外单台油量为 1000kg 以上的电气设备，应设置储油或挡油设施，其容积宜按

设备油量的 20％设计，并能将事故油排至总事故储油池。总事故储油池的容量应按其接入的油量最大的一台设备确定，并设置油水分离装置。当不能满足上述要求时，应设置能容纳相应电气设备全部油量的贮油设施，并设置油水分离装置。

2）储油或挡油设施应大于设备外廓每边各 1m。

3）储油设施内应铺设卵石层，其厚度不应小于 250mm，卵石直径宜为 50～80mm。

四、电缆及电缆敷设

（一）阻燃或分隔措施

电缆的火灾事故率在变电站较低，考虑到电缆分布较广，如在变电站内设置固定的灭火装置，则投资太高，不现实。又鉴于电缆火灾的蔓延速度很快，仅仅靠灭火器不一定能及时防止火灾波及附近的设备和建筑物，为了尽量缩小事故范围，缩短修复时间并节约投资，在变电站应采用分隔和阻燃作为对付站区电缆沟和电缆隧道中的电缆火灾的主要措施。长度超过 100m 的电缆沟或电缆隧道，应采取防止电缆火灾蔓延的阻燃或分隔措施，并应根据变电站的规模及重要性采取下列一种或数种措施：

（1）采用耐火极限不低于 2.00h 的防火墙或隔板，并用电缆防火封堵材料封堵电缆通过的空洞。

（2）电缆局部涂防火涂料或局部采用防火带、防火槽盒。

（二）封堵措施

（1）电缆从室外进入室内、从室内一个空间到另一个空间，其孔洞应用防火封堵材料封堵，防止火灾从一个空间蔓延到另一个空间。电缆从室外进入室内的入口处、电缆竖井的出口处，建（构）筑物中电缆引至电气盘或控制屏的开孔部位，电缆穿隔墙、楼板的孔洞应采用电缆防火封堵材料进行封堵，其防火封堵组件的极限不应低于被贯穿物的耐火极限，且不低于 1.00h。

（2）电缆竖井井壁的耐火极限不应低于 1.00h，井壁上的检查门应采用丙级防火门。在电缆竖井中，宜每间隔不大于 7m 采用耐火极限不低于 3.00h 的不燃烧体或防火封堵材料封堵。

（3）防火墙上的电缆孔洞应采用电缆防火封堵材料或防火封堵组件进行封堵，并应采取防止火焰延燃的措施，其防火封堵组件的耐火极限应为 3.00h。

（4）在电缆隧道和电缆沟道中，严禁有可燃气，油管路穿越。

（5）220kV 及以上变电站，当电力电缆与控制电缆或通信电缆敷设在同一电缆沟或电缆隧道内时，宜采用防火隔板进行分隔。

（6）地下变电站电缆夹层采用低烟无卤阻燃电缆。地下变电站电缆夹层内敷设的电缆数量多，发生火灾时人员进入开展灭火比较困难，火灾蔓延造成的损失扩大，低烟无卤阻燃电缆能够减少火灾扩大可能性，降低电缆夹层的火灾危险性，减少电缆火灾时的有毒有害的烟雾。且低烟无卤阻燃电缆应用逐渐增多，比普通电缆费用增加量不大，所以地下变电站宜采用低烟无卤阻燃电缆。阻燃电缆的特点是延缓火焰沿着电缆蔓延使火灾不致扩大。由于其成本较低，因此是防火电缆中大量采用的电缆品种。无论是单根线缆还是成束敷设的条件下，电缆燃烧时能将火焰的蔓延控制在一定范围内，因此可以避免着火延燃而造成的重大灾害，从而提高电缆线路的防火水平。无卤低烟阻燃电缆的特点是不仅拥有良好的阻燃性能，而且构成低烟无卤电缆材料的不含卤素，燃烧时的腐蚀性和毒性较低，产生极少量的烟雾，从而减少了对人身、仪器、设备的损害，有利于发生火灾时及时救援。虽然低烟无卤阻燃电缆有良好的阻燃性、耐腐蚀性，且燃烧时烟雾浓度低，但其在机械性及电气性能比普通电缆稍差。阻燃电缆按国家标准《电线电缆燃烧试验方法 第6部分：电线电缆耐火特性试验方法》（GB 12666.6）可分为三个等级：ZRA、ZRB、ZRC。在一般产品命名中 ZRA 通常用 GZR 表示，属称高阻燃电缆或隔氧层电缆或高阻燃隔氧层电缆，ZRC 在一般阻燃产品中表示 ZR。耐火电缆是在火焰燃烧情况下能保持一定时间的正常运行，可保持线路的完整性。耐火电缆燃烧时产生的酸气烟雾量少，耐火阻燃性能大大提高，特别是在燃烧时，伴随着水喷和机械打击的情况下，电缆仍可保持线路的完整运行。

五、消防给水、灭火设施及火灾自动报警

（一）消防给水系统和消防水源设计要求

（1）变电站的规划和设计，应同时设计消防给水系统，消防水源应有可靠的保证。变电站内建筑物满足耐火等级不低于二级，体积不超过 $3000m^3$ 且火灾危险性为戊类时，可不设消防给水。

（2）变电站同一时间内的火灾次数宜按一次确定。

（3）变电站消防给水量应按火灾时一次最大室内和室外消防用水量之和计算。

（4）变电站建筑室外消火栓用水量不应小于表 1-5-1-6 的规定。

表 1-5-1-6 　　　　　室 外 消 火 栓 用 水 量 　　　　　单位：L/s

建筑物耐火等级	建筑物类别	建筑物体积/m³				
		≤1500	1500<V≤3000	3000<V≤5000	5000<V≤20000	20000<V≤50000
一、二级	丙类厂房	15	20	25	30	
	丁、戊类厂房	15				
	丁、戊类仓库	15				

注：当变压器采用水喷雾灭火系统时，变压器室外消火栓用水量不应小于15L/s。

（5）变电站建筑室内消火栓用水量不应小于表 1-5-1-7 的规定。

表 1-5-1-7 　　　　　室 内 消 火 栓 用 水 量

建筑物名称	建筑高度 H/m，体积 V/m³，火灾危险性			消火栓用水量/(L·s⁻¹)	同时使用消防水枪数/支	每根竖管最小流量/(L·s⁻¹)
控制楼、配电装置楼及其他生产类建筑	H≤24	丁、戊		10	2	10
		丙	V≤5000	10	2	10
			V>5000	20	4	15
	24<H≤50	丁、戊		25	5	15
		丙		30	6	15
检修备品仓库	H≤24	丁、戊		10	2	10

（二）室外消火栓设置规定

（1）单台容量为 125MV·A 及以上的油浸变压器、20Mvar 及以上的油浸电抗器应设置水喷雾灭火系统或其他固定式灭火装置。其他带油电气设备，宜配置干粉灭火器。

变压器是变电站内最重要的设备。油浸变压器的油具有良好的绝缘性和导热性，变压器油的闪点一般为 130℃，是可燃液体。当变压器内部故障发生电弧闪络，油受热分解产生蒸气形成火灾。水喷雾灭火系统在变压器灭火试验和应用实践证明是有效的。但是我国幅员辽阔，各地气候条件差异很大，变压器一般安装在室外，经过几十年的运行实践，在一些地区，缺水、寒冷、风沙大，运行条件恶劣，可能影响水喷雾灭火的使用效果。对于中、小型变电站，水喷雾灭火系统费用相对较高，因此中小型变电站的变压器宜采用费用较低的化学灭火器，对于容量 125MV·A 以上的大型变压器，考虑其重要性，应设置火灾探测报警系统和固定灭火系统。对于地下变电站，火灾的危险性较大，人工灭火比较困难，也应设置火灾探测报警系统和固定灭火系统。其他固定式灭火装置主要指排油注氮灭火装置，其在变电站中的应用也较多，当启动方式可靠时可作为变压器的消防灭火措施。对于地下和户内变压器等封闭空间的消防灭火，也可采用气体灭火系统。随着变电站电压等级的提高，特高压变电站如 1000kV 交流变电站、800kV 直流换流站的高压油浸电抗器的容量也很大，含油量较多，其发生火灾的性质与油浸变压器类似。目前 1000kV 交流变电站的油浸电抗器的容量有 200Mvar、240Mvar、320Mvar 等，均采用水喷雾天火系统，因此 200Mvar 及以上的油浸电抗器设置固定式灭火系统，对于地下变电站的油浸电抗器宜设置固定式灭火系统。

（2）地下变电站的油浸变压器、油浸电抗器，宜采用固定式灭火系统。

（3）在室外专用贮存场地贮存，作为备用的油浸变压器、油浸电抗器，可不设置火灾自动报警系统和固定式灭火系统。当备用油浸变压器或油浸电抗器贮存在室外专用的场地，不接导线，不带电。变压器在该处仅是贮存，而不能够运行，由于变压器或电抗器本身不会产生热，不管是带油贮存还是不带油贮存，其火灾危险性远远小于运行中的变压器或电抗器，其堆放的性质类似室外堆场或露天油罐，按油罐的容量标准，其油量较小，因此可以不设置火灾探测和固定灭火系统。

（4）油浸变压器当采用有防火墙隔离的分体式散热器时，布置在户外或半户外的分体式散热器可不设置火灾自动报警系统和固定式灭火系统。变压器的散热器与变压器本体分离布置，即将变压器本体布置在室内，将散热器放置在户外或半户外（加），变压器本体与散热器的用油管道连接，两者之间用防火墙分隔。独立布置的分体式散热器，由于其结构特点，在变压器发生事故、火灾甚至爆炸时，分体式散热器一般是不会发生火灾和爆炸的，因此油浸变压器当采用有防火墙隔离的分体式散热器时，布置在户外或半户外的分体式散热器可不设置火灾自动报警系统和固定式灭火系统。

（5）变电站户外配电装置区域（采用水喷雾的油浸变压器、油浸电抗器消火栓除外）可不设消火栓。

（三）室内消火栓设置规定

变电站建筑室内消火栓设置规定见表 1-5-1-8。

表 1-5-1-8　　　　　　　　　　变电站建筑室内消火栓设置规定

规　　　定	建　筑　物　名　称
变电站、换流站内应设置室内消火栓并配置喷雾水枪	(1) 500kV 及以上的直流换流站的主控制楼。 (2) 220kV 及以上的高压配电装置楼（有充油设备）。 (3) 220kV 及以上户内直流开关场（有充油设备）。 (4) 地下变电站
变电站、换流站内可不设室内消火栓	(1) 交流变电站的主控制楼。 (2) 继电器室。 (3) 高压配电装置楼（无充油设备）。 (4) 阀厅。 (5) 户内直流开关场（无充油设备）。 (6) 空冷器室。 (7) 生活、工业消防水泵房。 (8) 生活污水、雨水泵房。 (9) 水处理室。 (10) 占地面积不大于 300m^2 的建筑

注：上述建筑仅指变电站、换流站中独立设置的建筑物，不包含各功能组合的联合建筑物。

（四）消防管道和消防泵

变电站的消防用水一般由消防水池、消防水泵提供，消防供水的可靠性主要由消防供电保证。变电站的站用电一般有二路至三路电源，消防供电的可靠性远比一般的企业要高，同时消防供水系统设置稳压装置，由稳压装置自动启动消防水泵，变电站消防供水系统多年的运行实践表明，这可以提供较高的消防供水可靠性。

（1）当地下变电站室内设置水消防系统时，应设置水泵接合器。水泵接合器应设置在便于消防车使用的地点，与供消防车取水的室外消火栓或消防水池取水口距离宜为 15～40m，水泵接合器应有永久性的明显标志。

（2）具有稳压装置的临时高压给水系统应符合下列规定：

1）消防泵应满足消防给水系统最大压力和流量要求。

2）稳压泵的设计流量宜为消防给水系统设计流量的 1‰～3‰，启泵压力与消防泵自动启泵的压力差宜为 0.02MPa，稳压泵的启泵压力与停泵压力之差不应小于0.05MPa，系统压力控制装置所在处准工作状态时的压力与消防泵自动启泵的压力差宜为 0.07～0.10MPa。

3）气压罐的调节容积应按稳压泵启泵次数不大于 15 次/h 计算确定，气压罐的最低工作压力应满足任意最不利点的消防设施的压力需求。

（3）500kV 及以上的直流换流站宜设置备用柴油机消防泵，其容量应满足直流换流站的全部消防用水要求。直流换流站采用柴油机消防泵，在交流电源失去后能保证消防水系统运行，提高防火安全性。

（4）消防水泵房应设直通室外的安全出口，当消防水泵房设置在地下时，其疏散出口应靠近安全出口。消防水泵房是消防给水系统的核心，在火灾情况下应能保证正常工作。为了在火灾情况下操作人员能坚持工作并利于安全疏散，消防水泵房应设直通室外的出口，地下变电站的消防水泵房如果需要与变电站合并布置时，其疏散出口应靠近安全出口。

（5）一组消防水泵的吸水管不应少于2条，当其中1条损坏时，其余的吸水管应能满足全部用水量，吸水管上应装设检修阀门。为了保证消防水泵不间断供水，1组消防工作水泵（2台或2台以上，通常为1台工作泵，1台备用泵）至少应有2条吸水管，当其中1条吸水管发生破坏或检修时，另1条吸水管应仍能通过100%的用水总量。

（6）消防水泵应设计成自灌式吸水方式。消防水泵应能及时启动，确保火场消防用水。因此消防水泵应经常充满水，以保证消防水泵及时启动供水。

（7）消防水泵房应有不少于2条出水管与环状管网连接，当其中1条出水管检修时，其余的出水管应能满足全部用水量，目的是在使环状管网有可靠的水源保证。消防泵组应设试验回水管，并配装检查用的放水阀门及水锤消除、安全泄压及压力、流量测量装置。为了方便消防泵的检查维护，规定了在出水管上设置放水阀门、压力测量装置。为了防止系统的超压，还规定了设置安全泄压装置，如安全阀、卸压阀等。

（8）消防水泵应设置备用泵，备用泵的流量和扬程不应小于最大1台消防泵的流量和扬程。

（9）消防管道、消防水池的设计应符合现行国家标准《消防给水及消火栓系统技术规范》（GB 50974）的有关规定。

（10）水喷雾灭火系统的设计应符合现行国家标准《水喷雾灭火系统设计规范》（GB 50219）的有关规定。

（11）对于丙类厂房、仓库，消火栓灭火系统的火灾延续时间不应小于3.00h，对于丁、戊类厂房、仓库消火栓灭火系统的火灾延续时间不应小于2.00h。自动喷水灭火系统、水喷雾灭火系统和泡沫灭火系统火灾延续时间应符合现行国家标准《自动喷水灭火系统设计规范》（GB 50084）、《水喷雾灭火系统设计规范》（GB 50219）和《泡沫灭火系统设计规范》（GB 50151）的有关规定。

（五）灭火设施

（1）变电站建筑物应按表1-5-1-9设置灭火器。

表1-5-1-9　　　　　　　　变电站建筑物火灾危险类别及危险等级

序号	建 筑 物 名 称	火灾危险性类别	火灾危险等级
1	主控制室	E	严重
2	通信机房	E	中
3	阀厅	E	中
4	户内直流开关场（有含油电气设备）	E	中
5	户内直流开关场（无含油电气设备）	E	轻
6	配电装置楼（室）（有含油电气设备）	E	中
7	配电装置楼（室）（无含油电气设备）	E	轻
8	继电器室	E	中
9	油浸变压器室	B、E	中

续表

序号	建 筑 物 名 称	火灾危险性类别	火灾危险等级
10	气体或干式变压器室	E	轻
11	油浸电抗器室	B、E	中
12	干式电抗器室	E	轻
13	电容器室（有可燃介质）	B、E	中
14	干式电容器室	E	轻
15	蓄电池室	C	中
16	电缆夹层	E	轻
17	柴油发电机室及油箱	B	中
18	检修备品仓库（有含油设备）	B、E	中
19	检修备品仓库（无含油设备）	A	轻
20	水处理室	A	轻
21	空冷器室	A	轻
22	生活、工业消防水泵房（有柴油发动机）	B	中
23	生活、工业消防水泵房（无柴油发动机）	A	轻
24	污水、雨水泵房	A	轻

（2）灭火器的设计应符合现行国家标准《建筑灭火器配置设计规范》（GB 50140）的有关规定。

（3）设有消防给水的地下变电站，必须设置消防排水设施，消防排水可与生产、生活排水统一设计，排水量按消防流量设计。对油浸变压器、油浸电抗器等设施的消防排水，当未设置能够容纳全部事故排油和消防排水量的事故贮油池时，应采取必要的油水分离措施。地下变电站采用水消防时，大量的消防水进入变电站排水系统，如果不能满足消防排水的要求，将造成水淹事故，电气设备故障，损失扩大。因此地下变电站应设置消防排水系统，消防排水量按消防火的水量设计。当设置能够容纳全部事故排油和消防排水量的蓄水池时，排出的油水可在灾后运出进行处理，并考虑油水分离措施，防治环境污染。

（六）火灾自动报警系统

1．应设置火灾自动报警系统的场所和设备

（1）控制室、配电装置室、可燃介质电容器室、继电器室、通信机房。

（2）地下变电站、无人值班变电站的控制室、配电装置室、可燃介质电容器室、继电器室、通信机房。

（3）采用固定灭火系统的油浸变压器、油浸电抗器。

（4）地下变电站的油浸变压器油浸电抗器。

（5）敷设具有可延燃绝缘层和外护层电缆的电缆夹层及电缆竖井。

（6）地下变电站、户内无人值班的变电站的电缆夹层及电缆竖井。

2．火灾探测器的类型

变电站主要建（构）筑物和设备宜按表1－5－1－10的规定设置火灾自动报警系统。

表 1 - 5 - 1 - 10　　　变电站主要建（构）筑物和设备的火灾探测器类型

变电站建筑物和设备	火灾探测器类型	变电站建筑物和设备	火灾探测器类型
控制室	点型感烟/吸气	电抗器室	点型感烟
通信机房	点型感烟/吸气	电容器室	点型感烟
阀厅	点型感烟/吸气	配电装置室	点型感烟
户内直流场	点型感烟	室外变压器	缆式线型感温
电缆层和电缆竖井	缆式线型感温	室内变压器	缆式线型感温/吸气
继电器室	点型感烟/吸气		

注： 电抗器室如选用含油设备时，宜采用缆式线型感温探器。

3. 火灾自动报警系统的设计

火灾自动报警系统的设计应符合现行国家标准《火灾自动报警系统设计规范》（GB 50116）的有关规定。

4. 火灾报警控制器的设置场所

有人值班的变电站的火灾报警控制器应设置在主控制室；无人值班的变电站的火灾报警控制器宜设置在变电站门厅，并应将火警信号传至集控中心。

六、变电站建筑物供暖、通风和空气调节

（一）地下变电站采暖、通风和空气调节的设计

地下变电站采暖、通风和空气调节的设计应符合下列规定：

（1）所有采暖区域严禁采用明火取暖。

（2）电气配电装置室应设置火灾后排风设施，其他房间的排烟设计应符合国家标准《建筑设计防火规范》（GB 50016）的规定。

（3）当火灾发生时，送排风系统、空调系统应能自动停止运行。当采用气体灭火系统时，穿过防护区的通风或空调风道上的阻断阀应能立即自动关闭。

（二）地上变电站采暖的设计

地上变电站采暖的设计应符合以下规定：

（1）甲、乙类厂房或甲、乙类仓库严禁采用明火和电热散热器供暖，蓄电池室、供（卸）油泵房、油处理室、汽车库等产生易燃易爆气体或物料的建筑物或房间，严禁采用明火取暖。

（2）蓄电池室的供暖散热器应采用耐腐蚀、承压高的散热器；管道应焊接，室内不应设置法兰、丝扣接头和阀门；供暖管道不宜穿过蓄电池室楼板；蓄电池室内不应敷设供暖沟道。

（3）供暖管道不应穿过变压器室、配电装置室等电气设备间。

（4）室内供暖系统的管道、管件及保温材料应采用不燃烧材料。

（5）当供暖管道穿越防火墙时应预埋钢套管，管道与套管之间的空隙应采用耐火材料严密封堵，并在穿墙处设置固定支架。

（三）排风、排烟、防烟设施

（1）阀厅应设置火灾后排风设施。

（2）当集中控制室、电子设备间等房间不具备自然排烟条件时，应设置火灾后的机械排风系统，排风量应按房间换气次数不少于每小时 6 次计算，排风机宜采用钢制轴流风机。

（3）油断路器室应设置事故排风系统，通风量应按换气次数不少于每小时 12 次计算火灾时，通风系统电源开关应能自动切断。

（4）变电站生产建筑和辅助建筑内的下列场所应设置排烟设施，其他场所可不设置排烟设施：

1）高度超过 32m 的厂房内长度大于 20m 的内走道。

2）集中控制楼、检修办公楼等建筑内各层长度大于 40m 的疏散走道。

3）建筑面积大于 $50m^2$ 且无外窗的集中控制室或单元控制室。

（5）变电站下列场所应设置机械加压送风、防烟设施：

1）不具备自然排烟条件的防烟楼梯间。

2）不具备自然排烟条件的消防电梯间前室或合用前室。

3）不具备自然通风条件的封闭楼梯间。

（6）防排烟系统中的管道、风口及阀门等应采用不燃材料制作。

（7）当排烟管道布置在吊顶内时，应采用不燃材料隔热，并与可燃物保持不小于 150mm 的距离。

（8）防排烟系统中的管道，在穿越隔墙、楼板的缝隙处应采用不燃烧材料封堵。

（9）设置感烟探测器区域的防火阀应选用防烟防火阀，并与消防信号连锁。

（10）机械排烟系统与通风、空调系统宜分开设置。当合用时，应符合排烟系统的要求。

（四）防火阀设置情况

通风、空气调节系统的送、回风管，当符合下列情况之一时，应设置防火阀，防火阀动作温度应为 70℃。

（1）穿越重要设备或火灾危险性大的房间隔墙和楼板处。

（2）穿越通风空调机房的房间隔墙和楼板处。

（3）穿越防火分区处。

（4）穿越防火分隔处的变形缝两侧。

（5）垂直风管与每层水平风管交接处的水平管段上。

（6）穿过墙体或楼板的防火阀两侧各 2m 范围内的风道保温应采用不燃烧材料，穿过处的空隙应采用防火材料封堵。

（五）空气调节系统

（1）集中空气调节系统的送风机、回风机应与消防系统连锁，当出现火警时，应能立即停运。

（2）空气调节系统的新风口应远离废气口和其他火灾危险区的烟气排气口。

（3）空气调节系统的电加热器应与风机连锁，并应设置欠风超温断电保护措施。

（4）通风空调系统的风道及其附件应采用不燃材料制作，挠性接头可采用难燃材料制作。

（5）空气调节系统风道的保温材料、冷水管道的保温材料、消声材料及其黏结剂，应采用不燃烧材料。

（六）通风系统

（1）配电装置室通风系统应符合下列规定：

1）当设有火灾自动报警系统时，通风设备应与其联锁，当出现火警时应能立即停运。

2）当几个屋内配电装置室共设一个通风系统时，应在每个房间的送风支风道上设置防火阀。

（2）变压器室的通风系统应与其他通风系统分开，变压器室之间的通风系统不应合并。具有火灾探测器的变压器室，当发生火灾时，火灾自动报警系统应能自动切断通风机的电源。

（3）蓄电池室通风系统应符合下列规定：

1）室内空气不应再循环，室内应保持负压，排风管的出口应接至室外。

2）排风系统不应与其他通风系统合并设置，排风应引至室外。

3）当蓄电池室的顶棚被梁分隔时，每个分隔处均应设吸风口，吸风口上缘距顶棚平面或屋顶的距离不应大于0.1m。

4）设置在蓄电池室内的通风机及其电机应为防爆型，并应直接连接。

5）当蓄电池室内未设置氢气浓度检测仪时，排风机应连续运行；当蓄电池室内设有带报警功能的氢气浓度检测仪时，排风机应与氢气浓度检测仪联锁自动运行。

6）蓄电池室的送风机和排风机不应布置在同一通风机房内；当送风设备为整体箱式时，可与排风设备布置在同一个房间。

7）采用机械通风系统的电缆隧道和电缆夹层，当发生火灾时应立即切断通风机电源。通风系统的风机应与火灾自动报警系统联锁。

（4）油泵房机械通风应符合下列规定：

1）室内空气不应再循环。

2）通风设备应采用防爆型，风机应与电机直接连接。

3）排风管不应设在墙体内，并不宜穿过防火墙；当必须穿过防火墙时，应在穿墙处设置防火阀。

（5）通行和半通行的油管沟应设置通风设施，并应设置可靠的接地装置。

（6）含油污水处理站应设置通风设施。

（7）油系统的通风管道及其部件应采用不燃材料。

（8）其他设备通风：

1）柴油发电机房通风系统的通风机及电机应为防爆型，并应直接连接。

2）设有柴油发动机消防泵组的消防水泵房应设置机械通风系统。通风系统的通风机和电机应为防爆型，并应直接连接。

3）配置气体灭火系统的钢瓶间应有良好的通风设施，当不具备自然通风条件时，应设置机械通风装置。

（9）配备全淹没气体灭火系统房间的通风、空调系统应符合下列规定：

1）应与消防控制系统联锁，当发生火灾时，在消防系统喷放灭火气体前，通风空调设备的防火阀、火风口、电动风阀及百叶窗应能自动关闭。

2）应设置灭火后机械通风装置，排风口宜设在防护区的下部并应直通室外，通风换气次数应不少于每小时 6 次。

七、消防供电、应急照明

（一）变电站消防供电

变电站的消防供电应符合下列规定：

（1）消防水泵、自动灭火系统、与消防有关的电动阀门及交流控制负荷，户内变电站、地下变电站应按Ⅰ类负荷供电；户外变电站应按Ⅱ类负荷供电。消防电源采用双电源或双回路供电，为了避免一路电源或一路母线故障造成消防电源失去，延误消防灭火的时机，保证消防供电的安全性和消防系统的正常运行，标准规定两路电源供电至末级配电箱进行自动切换。但是在设置自动切换设备时要防止由于消防设备本身故障且开关拒动时造成的全站站用电停电的保护措施，因此应配置必要的控制回路和备用设备，保证可靠的切换。

（2）变电站内的火灾自动报警系统和消防联动控制器，当本身带有不停电电源装置时，应由站用电源供电；当本身不带有不停电电源装置时，应由站内不停电电源装置供电。当电源采用站内不停电电源装置供电时，火灾报警控制器和消防联动控制器应采用单独的供电回路，并应保证在系统处于最大负载状态下不影响报警控制器和消防联动控制器的正常工作，不停电电源的输出功率应大于火灾自动报警系统和消防联动控制器全负荷功率的 120％，不停电电源的容量应保证火灾自动报警系统和消防联动控制器在火灾状态同时工作负荷条件下连续工作 3h 以上。

（3）消防用电设备采用双电源或双回路供电时，应在最末一级配电箱处自动切换。

（4）消防应急照明、疏散指示标志应采用蓄电池直流系统供电，疏散通道应急照明、疏散指示标志的连续供电时间不应少于 30min，继续工作应急照明连续供电时间不应少于 3h。

（5）消防用电设备应采用专用的供电回路，当发生火灾切断生产、生活用电时，仍应保证消防用电，其配电设备应设置明显标志其配电线路和控制回路宜按防火分区划分。

（6）消防用电设备的配电线路应满足火灾时连续供电的需要，当暗敷时应穿管并敷设在不燃烧体结构内，其保护层厚度不应小于 30mm；当明敷时（包括附设在吊顶内）应穿金属管或封闭式金属线槽，并采取防火保护措施。当采用阻燃或耐火电缆时，敷设在电缆井、电缆沟内可不穿金属导管或采用封闭式金属槽盒保护；当采用矿物绝缘类等具有耐火、抗过载和抗机械破坏性能的不燃性电缆时，可直接明敷。宜与其他配电线路分开敷设，当敷设在同一井沟内时，宜分别布置在井沟的两侧。

（二）变电站火灾应急照明和疏散标志

变电站火灾应急照明和疏散标志应符合下列规定：

（1）户内变电站、户外变电站的控制室、通信机房、配电装置室、消防水泵房和建筑疏散通道应设置应急照明。

（2）地下变电站的控制室、通信机房、配电装置室、变压器室、继电器室、消防水泵房、建筑疏散通道和楼梯间应设置应急照明。

（3）地下变电站的疏散通道和安全出口应设灯光疏散指示标志。

（4）人员疏散通道应急照明的地面最低水平照度不应低于 1.0lx，楼梯间的地面最低水平照度不应低于5.0lx，继续工作应急照明应保证正常照明的照度。

（5）疏散通道上灯光散指示标志间距不应大于20m，高度宜安装在距地坪1.0m以下处；疏散照明灯具应设置在出入口的顶部或侧边墙面的上部。

第二节　电网消防安全一般规定

一、基本要求

1. 建筑设计要求

按照国家工程建设消防标准进行消防设计的新建、扩建、改建（含室内外装修、建筑保温、用途变更）工程要求如下：

（1）按照国家工程建设消防标准需要进行消防设计的新建、扩建、改建（含室内外装修、建筑保温、用途变更）工程，建设单位应当依法申请建设工程消防设计审核、消防验收，依法办理消防设计和验收消防备案手续并接受抽查。

（2）建设工程或项目的建设、设计、施工、工程监理等单位应当遵守消防法规、建设工程质量管理法规和国家消防技术标准，对建设工程消防设计、施工质量和安全负责。

（3）建（构）筑物的火灾危险性分类、耐火等级、安全出口、防火分区和建（构）筑物之间的防火间距，应符合现行国家标准的有关规定。

（4）建筑构件、材料和室内装修、装饰材料的防火性能必须符合有关标准的要求。

（5）临时建筑应符合国家有关法规，临时建筑不得占用防火间距。临时建筑是指单位因生产、生活需要临时建造使用而搭建的结构简易并在规定期限内必须拆除的建筑物、构筑物或其他设施。临时建筑应当经城市、县人民政府有关主管部门批准。临时建筑占用防火间距，发生火灾时，既容易被着火建筑引燃，造成火势的蔓延，也可能妨碍消防扑救。临时建筑的防火设计应符合现行行业标准《施工现场临时建筑物技术规范》（JGJ/T 188）的要求。

2. 电力设计要求

（1）有爆炸和火灾危险场所的电力设计，应符合现行国家标准《爆炸和火灾危险环境电力装置设计规范》（GB 50058）的有关规定。

（2）电力设备包括电缆的设计、选型必须符合有关设计标准要求。建设、设计、施工、工程监理等单位对电力设备的设计、选型及施工质量的有关部分负责。

（3）疏散通道、安全出口应保持畅通，并设置符合规定的消防安全疏散指示标志和应急照明设施。保持防火门、防火卷帘、消防安全疏散指示标志、应急照明、机械排烟送风、火灾事故广播等设施处于正常状态。

（4）电缆隧道内应设置指向最近安全出口处的导向箭头，主隧道、各分支拐弯处醒目位置装设整个电缆隧道平面示意图，并在示意图上标注所处位置及各出入口位置。

3. 消防设施和消防措施

（1）消防设施周围不得堆放其他物件。消防用砂应保持足量和干燥，灭火器箱、消防砂箱、消防桶和消防铲、斧把上应涂红色。

（2）生产场所的电话机近旁和灭火器箱、消防栓箱应印有火警电话号码。为了方便报警人使用固定电话或移动电话报警，除在电话机近旁，还应在现场布置的灭火器和消火栓箱上印有火警电话号码。火警电话号码不仅是公安消防队的火警电话，也包括本单位专职消防队或本单位消防管理、安监部门的电话号码。

（3）寒冷地区（容易冻结）和可能出现沉降地区的消防水系统等设施应有防冻和防沉降措施。

（4）防火重点部位禁止吸烟，并应有明显标志。我国近年生活用火引起的火灾中，吸烟不慎引起的火灾次数占很大比例，禁止吸烟的标志应符合现行国家标准《安全标志及其使用导则》（GB 2894）的规定。

（5）检修等工作间断或结束时应检查和清理现场，消除火灾隐患。工作间断或结束时清理和检查现场，做到"工完、料尽、场地清"，消除火险隐患。

（6）生产现场需使用电炉必须经消防管理部门批准，且只能使用封闭式电炉，并加强管理。生产现场需使用电炉必须经消防管理部门批准，明确责任人。对使用人进行安全意识和安全知识教育，采取必要的防范措施。电炉是发热设备，安装位置与可燃物品之间必须有足够的安全距离。人员离开必须切断电炉的电源。

（7）充油、储油设备必须杜绝渗、漏油，油管道连接应牢固严密，禁止使用塑料垫、橡皮垫（包括耐油橡皮垫）和石棉纸垫，油管道的阀门、法兰及其他可能漏油处的热管道外面应包敷严密的保温层，保温层表面应装设金属保护层。当油渗入保温层时，应及时更换。油管道应布置在高温蒸汽管道的下方。充油、储油设备必须杜绝渗漏油，发现渗漏油应及时消除。渗漏油应及时拭净，不可任其留在地面或墙体上。油管道除必须用法兰与设备和部件连接外，应采用焊接连接。油管道法兰结合面应使用质密、耐油并耐热的垫料，由于橡胶垫、塑料垫一般不耐温、不受压，均不能使用。油管道的阀门、法兰发生渗、漏油，若蒸汽管道保温残缺不全，油喷在蒸汽管道上会引起着火。检修或运行时发现保温材料内有渗油，应及时消除漏油点，并更换保温材料。油管道应尽量避开高温蒸汽管道，不能避开时，应将其布置在蒸汽管道的下方。

（8）排水沟、电缆沟、管沟等沟坑内不应有积油。积油聚集起来，就会蒸发产生油气体。排水沟、电缆沟和管沟等沟坑内通风条件差，蒸发出来的油气体散发不出去，容易达到爆炸浓度极限，遇有火源，就会发生爆炸燃烧。

（9）生产现场禁止存放易燃易爆物品。生产现场禁止存放超过规定数量的油类，运行中所需的小量润滑油和日常使用的油壶、油枪等，必须存放在指定地点的储藏室内。

汽油、煤油和酒精等易燃易爆物品，如果管理不当，遇上火源就会燃爆，因此严禁存放在生产现场。生产现场存放的油类主要是透平油、绝缘油和润滑油等，属丙类油品。生产现场用桶储存的不大于 $0.2m^3$ 的油类应盛放在密闭的金属容器内，不让油蒸汽冒出。日常使用的油壶、油枪，应存放在指定地点的储藏室内。

（10）不宜用汽油洗刷机件和设备，不宜用汽油、煤油洗手。汽油是易燃品，油蒸气容易逸散，接触微小的火星也能引燃。

（11）各类废油应倒入指定的容器内，并定期回收处理，严禁随意倾倒。随意倾倒废油时，油气不断蒸发，遇明火、高温物体容易发生燃烧，可能酿成火灾。因此，必须要改掉随意倾倒废油的恶习。

（12）生产现场应备有带盖的铁箱，以便放置擦拭材料，并定期清除，严禁乱扔擦拭材料。抹布和棉纱头等擦拭材料应放在带盖的铁箱内，避免接触明火或高温物体。用过的擦拭材料定期清除，防止可燃物长时间堆积，氧化放出热量，温度升高到自燃点引起着火。

（13）在高温设备及管道附近宜搭建金属脚手架。高温设备管道附近搭建竹木脚手架可能因热量辐射、传导而引起燃烧。

二、变电站附加要求

1. 无人值班变电站还应符合的要求

（1）无人值班变电站火灾自动报警系统信号的接入应符合"火灾自动报警系统应接入本单位或上级24h有人值守的消防监控场所，并有声光警示功能"的规定。随着管理水平和自动化程度的提高，大部分变电站趋向于无人值班，无人值班变电站基本都设置火灾自动报警系统，但其中有些变电站的火灾报警信号并未传送至本单位或上级24h有人值守的消防监控场所，这些无人值班变电站一旦发生火情，即使火灾自动报警系统正常报警，消防监控场所也无法知晓，火灾自动报警系统也就失去其应有的作用。

（2）无人值班变电站宜设置视频监控系统，火灾自动报警系统宜和视频监控系统联动，视频信号的接入场所按"火灾自动报警系统应接入本单位或上级24h有人值守的消防监控场所，并有声光警示功能"的规定采用。为加强对无人值班变电站的远程监控，建议变电站宜设置视频监控系统，火灾自动报警系统宜和视频监控系统联动将视频信号传送至有人值守的消防监控场所或当地消防监控中心，并有声光警示功能。

（3）无人值班变电站应在入口处和主要通道处设置移动式灭火器。为便于救援人员施救，无人值班变电站除电气设备房间等场所需配置灭火器外，入口处和主要通道处也应设置灭火器。

2. 地下变电站还应符合的要求

地下变电站内采暖区域严禁采用明火取暖。地下变电站存在疏散困难等问题，因此地下变电站严禁明火取暖，防止火灾事故发生。

3. 其他要求

（1）电气设备间设置的排烟设施，应符合国家标准的规定。电气配电装置室一般都设计了消防系统，一旦发生火灾事故，灭火后须尽快排烟，因此应设置排烟设施。

（2）火灾发生时，送排风系统和空调系统应能自动停止运行。当采用气体灭火系统时，穿过防护区的通风或空调风道上的防火阀应能自动关闭。地下变电站送、排风系统和空调系统应具有与消防报警系统联锁的功能，当消防系统采用气体灭火时，为保证灭火系统正常工作，通风或空调风管上应设置与消防系统相配套的防火阀，能自动关闭。

（3）室内消火栓应采用单栓消火栓。确有困难时可采用双栓消火栓，但必须为双阀双出口型。单阀双出口型消火栓一阀损坏，两支水枪均受影响，故必须采用双阀双出口型室内消火栓。

三、换流站附加要求

1. 换流站还应符合的要求

（1）500kV 及以上换流变压器应设置火灾自动报警系统和固定自动灭火系统。500kV 及以上换流变压器容量均超过 125MV·A 的，应设置固定灭火系统和火灾自动报警系统。

（2）其他电气设备及建筑物消防设施应符合现行国家标准《火力发电厂与变电站设计防火规范》（GB 50229）的有关规定。

2. 换流阀厅还应符合的要求

（1）换流阀厅内宜设置多种形式的火灾探测器组合并与遥视系统联动将信号接入自动化控制系统。阀厅设置多种形式的火灾探测器组合，如同时安装早期烟雾报警和紫外线火灾探测器等。换流阀是直流输电的核心设备，宜安装可靠的火灾自动报警设备。

（2）充分利用阀厅等设备停电检修期，对易发生放电和漏水的设备、元件、接头等进行重点检查及处理，按相关标准要求进行必要的试验，避免运行中出现设备过热、放电、漏水等现象。

（3）500kV 换流阀或阀厅火灾时，应自动切断空调通风设备电源，并关闭通风机，使阀厅的大气压力与外界大气压力相等。500kV 换流阀的阀厅，因为要保持清洁，不允许尘埃进入厅内，所以用空气过滤器将空气过滤后送入厅内，并保持厅内压力稍大于外界大气压力，所以灭火时需先关闭通风机，以免火苗外窜，然后再行灭火。

四、开关站附加要求

（1）开关站消防灭火设施应符合现行国家标准《火力发电厂与变电站设计防火规范》（GB 50229）的有关规定。

（2）有人值班或具有信号远传功能的开关站应装设火灾自动报警系统。装设火灾报警系统时，要求同变电站的要求。

（3）发生火灾时，应能自动切断空调通风系统以及与排烟无关的通风系统电源。

第三节 灭 火 规 则

一、发现火灾的第一要务

发现火灾时，第一要务是必须立即扑救并报警，同时快速报告单位有关领导。单位应立即实施灭火和应急疏散预案，及时疏散人员，迅速扑救火灾。设有火灾自动报警、固定灭火系统时，应立即启动报警和灭火。一般场所或设备起火初期，及时扑救和使用正确的扑救方法，可以将初期火势扑灭或限制火势的发展。立即启动火灾自动报警、固定灭火系统，发挥其报警及时、灭火迅速的功效。正确报警可以使公安消防部门派出足够数量的力量、配置与被燃物相适用的有效的灭火设施，同时快速到达失火现场。

1. 火灾报警应报告的内容

（1）火灾地点。

（2）火势情况。

（3）燃烧物和大约数量、范围。

（4）报警人姓名及电话号码。

（5）公安消防部门需要了解的其他情况。

2. 临时灭火指挥人的确定

消防队未到达火灾现场前，临时灭火指挥人可由下列人员担任：

（1）运行设备火灾时，由当值值（班）长或调度担任。运行设备着火时，当值值（班）长或调度既是事故处理的指挥者，也是临时灭火指挥者。当检修设备、基建施工安装设备失火时，可由现场检修施工安装负责人担任临时灭火指挥人。

（2）其他设备火灾时，由现场负责人担任。其他设备和场所失火时，可由现场负责人担任临时灭火指挥人。

3. 消防队到达后，指挥权的移交

消防队到达火场时，临时灭火指挥人应立即与消防队负责人取得联系，并交代失火设备现状和运行设备状况，然后协助消防队灭火。消防队到达火场，临时灭火指挥权应移交给消防队负责人，并交代清楚情况，以有利于消防队更好地指挥灭火。

二、灭火的最基本要求

1. 电气火灾的灭火方法

（1）电气设备发生火灾，应立即切断有关设备电源，然后进行灭火。切断有关设备电源是防止灭火人员触电的重要措施。

（2）对可能带电的电气设备以及发电机、电动机等，应使用干粉、二氧化碳、六氟丙烷等灭火器灭火；对油断路器、变压器在切断电源后可使用干粉、六氟丙烷等灭火器灭火，不能扑灭时再用泡沫灭火器灭火，不得已时可用干砂灭火；地面上的绝缘油着火，应用干砂灭火。

2. 避免次生灾害

（1）参加灭火人员在灭火的过程中应避免发生次生灾害。灭火人员在参加灭火的过程中应防止发生次生灾害。建筑内的可燃物、装修材料和电缆等燃烧时会产生大量的高温浓烟和有毒气体，对人体十分有害，甚至威胁人的生命安全。

（2）灭火人员在空气流通不畅或可能产生有毒气体的场所灭火时，应使用正压式消防空气呼吸器，防止吸入有毒气体或窒息。

第四节　灭　火　设　施

一、灭火设施基本要求

（1）建（构）筑物、电力设备或场所应按照国家、行业有关规定、标准，根据实际需要配置必要的、符合要求的消防设施、消防器材及正压式消防空气呼吸器，并做好日常管理，确保完好有效。做好日常管理，确保消防设施、消防器材，以及正压式消防空气呼吸器在需要时能发挥应有的作用。

（2）消防设施应处于正常工作状态，不得损坏、挪用或者擅自拆除、停用消防设施、器材。消防设施出现故障，应及时通知单位有关部门，尽快组织修复。因工作需要临时停用消防设施或移动消防器材的，应采取临时措施和事先报告单位消防管理部门，并得到本单位消防安全责任人的批准，工作完毕后应及时恢复。《消防法》第二十八条要求任何单位、个人不得损坏、挪用或者擅自拆除、停用消防设施、器材，这是确保消防设施或消防器材在火灾时能有效发挥作用的措施，有故障应尽快组织修复。

（3）消防设施在管理上应等同于主设备，包括维护、保养、检修、更新、落实相关所需资金等。消防设施是保障电力设备及其相关设施安全的重要设施，事关人身、电力设备和电网安全，因此在管理上应等同于主设备。

（4）新建、扩建和改建工程或项目，需要设置消防设施的，消防设施与主体设备或项目应同时设计、同时施工、同时投入生产或使用，并通过消防验收。应做到消防设施与主体设备（项目）同时设计、同时施工、同时投产，重点把好验收关，没有达到要求、验收没通过时，该主体设备（项目）也不能投入使用，这就是我们平常所说的"三同时"要求。

（5）消防设施、器材应选用符合国家标准或行业标准并经强制性产品认证合格的产品。使用尚未制定国家标准、行业标准的消防产品，应当选用经技术鉴定合格的消防产品。消防产品必须符合国家标准，没有国家标准的，必须符合行业标准。未制定国家标准、行业标准的，应当符合消防安全要求，并符合保障人体健康、人身财产安全的要求和企业标准。

（6）建筑消防设施的值班、巡查、检测、维修、保养、建档等工作，应符合现行国家标准《建筑消防设施的维护管理》（GB 25201）的有关规定。定期检测、保养和维修应委托有消防设备专业检测及维护资质的单位进行，其应出具有关记录和报告。建筑消防设施的检测、保养和维修人员，应当持有效证件上岗。

（7）灭火器设置应符合现行国家标准《建筑灭火器配置设计规范》（GB 50140）及灭火器制造厂的规定和要求。环境条件不能满足时，应采取相应的防冻、防潮、防腐蚀、防高温等保护措施。灭火器应设置在明显、便于取用的位置。不同类型、不同性能灭火器的设置环境条件也不相同。当环境条件不能满足时，就必须要有一定的保护措施，保证灭火器性能的完好。

（8）灭火剂的选用应根据灭火的有效性和对设备、人身和对环境的影响等因素确定。应选用灭火进程干净、对设备无破坏、对人体健康无害、对环境无不利影响的灭火剂。

二、火灾自动报警系统

1. 火灾自动报警系统基本要求

火灾自动报警系统应接入本单位或上级 24h 有人值守的消防监控场所，并有声光警示功能。消防监控场所可以单独设置，也可设在调度室、控制室、集控室和集控站等 24h 有人值守的场所。火灾自动报警接入本单位、上级确有困难的，也可接入 24h 有人值守的地方消防监控中心。

2. 火灾自动报警系统其他要求

（1）应具备防强磁场干扰措施，在户外安装的设备应有防雷防水、防腐蚀措施。发电厂、变电站的电气装置多为高电压设备，电磁场较强，而火灾报警系统又是弱电系统，故应具备较强抗干扰能力。火灾自动报警系统的布线应与强电线路分开敷设，火灾自动报警系统是为了变电站安全运行而设置，故应慎重选择火灾自动报警系统的线缆和布线路径。

（2）火灾自动报警系统的专用导线或电缆应采用阻燃型屏蔽电缆。

（3）火灾自动报警系统的传输线路应采用穿金属管、经阻燃处理的硬质塑料管或封闭式线槽保护方式布线。

（4）消防联动控制、通信和报警线路采用暗敷设时宜采用金属管或经阻燃处理的硬质塑料管保护，并应敷设在不燃烧体的结构层内，且保护层厚度不宜小于 30mm；当采用明敷设时，应采用金属管或金属线槽保护，并应在金属管或金属线槽上采取防火保护措施。采用经阻燃处理的电缆可不穿金属管保护，但应敷设在有防火保护措施的封闭线槽内。

三、探测器

1. 配电装置室内探测器类型的选择、布置及敷设要求

配电装置室内探测器类型的选择、布置及敷设应符合国家有关标准的要求，探测器的安装部位应便于运行维护。有些单位的火灾探测器安装在主变压器室、站用变压器、电抗室、电容器室等设备间的顶部，由于安全距离的要求，在主设备运行时无法对火灾探测器进行试验、检测，探测器故障后也不能及时进行维护和检修，使火灾自动报警系统对相应探测区域失去控制。因此，火灾探测器的选择及安装应便于运行维护。

2. 配电装置室内探测器安装数量

配电装置室内装有自动灭火系统时，配电装置室应装设 2 个以上独立的探测器，火灾报警探测器宜多类型组合使用。同一配电装置室内 2 个以上探测器同时报警时，可以联动该配电装置室内自动灭火设备。鉴于火灾自动报警设备可能误报，且一旦误报而联动灭火设备，对于电力生产将产生重大影响，所以应两点同时报警联动灭火设备。为防止单一信号误报，建议火灾报警探测器宜组合使用，这样可以大大降低自动灭火设备的误动。

第五节　发电厂电气和变电站消防

一、水轮发电机、同期调相机、电动机消防

1. 水轮发电机

（1）水轮发电机的采暖取风口和补充空气的进口处应设置阻风门（防火阀），当发电机发生火灾时应自动关闭。水轮发电机着火时，阻风门立即关闭，是为了隔绝空气，使火势容易扑灭。

（2）发电机发生火灾时，为了限制火势发展，应迅速与系统解列，并立即用固定灭火

系统灭火。发电机内比较容易燃烧的地方是定子端线圈、转子套箍或绑线环下的线圈、定子线槽、定子铁芯、冷空气室内发电机的引出线装置、发电机轴承和励磁机等部分。如果没有固定灭火系统或灭火系统发生故障而不能使用时，灭火应符合有关标准中电气设备火灾灭火规定的规定。

2. 同期调相机

同期调相机火灾处理应符合有关标准中电气设备火灾灭火规定的要求。

3. 电动机

运行中的电动机发生火灾，应立即切断电动机电源，并尽可能把电动机出入通风口关闭。电动机的定子线圈、转子线圈和铁芯的过热是引起电动机燃烧最常见的原因，这种发热可使绝缘燃烧。灭火应符合有关标准中电气设备火灾灭火规定的要求。

4. 电气设备火灾灭火规定

（1）电气设备发生火灾，应立即切断有关设备电源，然后进行灭火。

（2）对可能带电的电气设备以及发电机、电动机等，应使用干粉、二氧化碳、六氟丙烷等灭火器灭火。

（3）对油断路器、变压器，在切断电源后可使用干粉、六氟丙烷等灭火器灭火，不能扑灭时再用泡沫灭火器灭火，不得已时可用干砂灭火。地面上的绝缘油着火，应用干砂灭火。

二、氢冷发电机和制氢设备消防

1. 氢冷发电机和制氢设备消防基本要求

（1）应在线检测发电机氢冷系统和制氢设备中的氢气纯度和含氧量，并定期进行校正化验。氢纯度和含氧量必须符合规定的标准，检测并控制氢纯度和氢中的含氧量是为了防止发生氢爆炸燃烧。为了防止在线监测装置发生问题使监测数据失准，还应定期进行取样化验、对比校正。

（2）氢冷系统中氢气纯度须不低于 96%，含氧量不应大于 1.2%。

（3）制氢设备中，气体含氢量不应低于 99.5%，含氧量不应超过 0.5%。如不能达到标准，应立即进行处理，直到合格为止。

2. 氢冷发电机

（1）氢冷发电机的轴封必须严密，当机组开始启动时，无论有无充氢气，轴封油都不准中断，油压应大于氢压，以防空气进入发电机外壳或氢气充入汽轮机的油系统中而引起爆炸起火。氢气渗出机壳的唯一途径是轴封与密封瓦之间的间隙，因此氢冷发电机一定不能使密封瓦断油，油压不应过低或过高。

（2）氢冷发电机运行时，主油箱排烟机应保持经常运行，并在线检测发电机油系统、主油箱内、封闭母线外套内的氢气体积含量。当超过 1% 时，应停机查漏消缺。防止氢冷发电机油系统、主油箱内、封闭母线积存氢气发生爆炸。

（3）密封油系统应运行可靠，并设自动投入双电源或交直流密封油泵联动装置，备用泵（直流泵）必须处于良好备用状态，并应定期试验，两泵电源线应用埋线管或外露部分用耐燃材料外包。这一要求的主要目的是防止密封油泵失去电源造成氢气进入油系统。

（4）在氢冷发电机及其氢冷系统上不论进行动火作业还是进行检修、试验工作，都必须断开氢气系统并与运行系统有明确的断开点，充氢侧加装法兰短管，并加装金属盲（堵）板，以备氢冷发电机及其氢冷系统进行动火检修、试验工作时，用来隔绝氢气源，防止发生氢气爆炸。

3. 惰性气体置换

（1）动火前或检修试验前，应对检修设备和管道用氮气或其他惰性气体吹洗置换，在置换过程中应有专职人员定时取样分析氢气系统内氧或氢的含量，取样点应选在排出母管和气体不易流动的死角，取样前先放气1~2min，以排出管内余气。采用惰性气体置换法应符合下列要求：

1）惰性气体中氧的体积分数不得超过3%。

2）置换应彻底，防止死角末端残留余氢。

3）氢气系统内氧或氢的含量应至少连续2次分析合格，如氢气系统内氧的体积分数小于或等于0.5%，氢的体积分数小于或等于0.4%时置换结束。

（2）气体介质的置换避免在启动、并列过程中进行。氢气置换过程中不得进行预防性试验和拆卸螺丝等检修工作，置换气体过程中严禁空气与氢气直接接触置换。

（3）氢冷系统投入时，应先用惰性气体置换空气，再用氢气置换惰性气体。氢冷系统停运时，应先对发电机内氢气泄压后惰性气体置换氢气，再用空气置换惰性气体。防止空气与氢气形成爆炸性混合物。

4. 漏氢检测

（1）应安装漏氢检测装置，监视机组漏氢情况。当机组漏氢量增大，应及时分析原因，并查找泄漏点。漏氢检测装置具有灵敏度高响应速度快、测点位置全面的特点，分别布置在定子冷却水箱上部，汽端和励端空侧回油管，封闭母线的A、B、C三相和中性点位置，基本能够覆盖靠人力不好检查的所有容易泄漏位置。

（2）设备和阀门等连接点氢气泄漏检查，可采用肥皂水或合格的携带式可燃气体防爆检测仪，禁止使用明火。氢气是易燃易爆气体，具有无色无嗅、易泄漏、爆炸范围宽、点火能量低等特征。

5. 解冻措施

管道、阀门和水封等出现冻结时，应使用热水或蒸汽加热进行解冻，禁止使用明火烤烘或使用锤子等工具敲击，防止泄漏的氢气遇明火或敲击产生的火星，引起燃爆。

6. 排气

（1）禁止将氢气排放在建筑物内部。室内不准排放氢气是防止形成爆炸性混合物气体的重要措施之一。

（2）放空管应符合下列要求：

1）放空管应设阻火器，阻火器应设在管口处。放空管应采取静电接地，并在避雷保护区内。氢气放空管设阻火器，是为了在氢气放空时，一旦雷击引起燃烧爆炸事故，起阻止事故蔓延作用。为了防止氢气爆炸，放空管应远离明火作业点和高出地面、屋顶一定距离，且避开高压电气设备。

2）室内放空管出口，应高出屋顶 2.0m 以上；在墙外的放空管应超出地面 4.0m 以上，且避开高压电气设备，周围并设置遮栏及标示牌；室外设备的放空管应高于附近有人操作的最高设备 2.0m 以上，排放时周围应禁止一切明火作业。

3）应有防止雨雪侵入、水汽凝集、冰冻和外来异物堵塞的措施。

4）放空阀应能在控制室远方操作或放在发生火灾时仍有可能接近的地方。

7．氢气管道应符合的要求

（1）氢气管道宜架空敷设，其支架应为不燃烧体，架空管道不应与电缆、导电线路、高温管线敷设在同一支架上。氢气为易燃易爆气体，为防止氢气管道火灾事故扩大，故规定支架采用不燃材料制作。

（2）氢气管道与氧气管道、其他可燃气体、可燃液体的管道共架敷设时，氢气管道与上述管道之间宜用公用工程管道隔开，或净距不少于 250mm，分层敷设时，氢气管道应位于上方。

（3）氢气管道与建（构）筑物或其他管线的最小净距应符合现行国家标准《氢气使用安全技术规程》（GB 4962）的有关规定。为防止检修其他管道时，焊渣火花落在氢气管道上发生危险，也为了防止氢气管道发生事故时影响其他管道，又因氢气轻，极易向上扩散，所以规定氢气管道布置在其他管道外侧和上层。

（4）室外地沟敷设的管道，应有防止氢气泄漏、积聚或窜入其他沟道的措施。埋地敷设的管道埋深不宜小于 0.7m，室内管道不应敷设在地沟中或直接埋地。

（5）管道穿过墙壁或楼板时应敷设在套管内，套管内的管段不应有焊缝，氢气管道穿越处孔洞应用阻燃材料封堵。管道穿过墙壁或楼板时，为使管道不承受外力作用并能自由膨胀及施工检修方便，故要求敷设在套管内。套管内的管段不得有焊缝，是为了避免因有焊缝不便检查而无法发现泄漏氢气所带来的不安全性。此外，为防止氢气漏到其他房间引起意外事故，故要求在管道与套管的间隙应用不燃材料填堵。

（6）管道应避免穿过地沟、下水道、铁路及汽车道路等，必须穿过时应设套管。按现行国家标准《工业企业总平面设计规范》（GB 50187）中有关管线综合绿化布置的规定，当穿过地沟、下水道、铁路及汽车道路时，加设套管。

（7）管道不得穿过生活间、办公室、配电室、控制室、仪表室、楼梯间和其他不使用氢气的房间，不宜穿过吊顶、技术（夹）层。当必须穿过吊顶或技术（夹）层时，应采取安全措施。为了避免因氢气泄漏造成不必要的人身和财产损失，有关标准规定氢气管道不准穿越生活间、办公室、配电室、控制室、仪表室、楼梯间和其他不使用氢气的房间。

（8）室内外架空或埋地敷设的氢气管道和汇流排及其连接的法兰间宜互相跨接和接地，氢管道应有防静电的接地措施。

8．氢气瓶

根据现行国家标准《氢气使用安全技术规程》（GB 4962）的规定，室内现场因生产需要使用氢气瓶时，其放置数量不应超过 5 瓶，并应符合下列要求：

（1）氢气瓶与盛有易燃易爆、可燃性物质、氧化性气体的容器和气瓶的间距不应小于 8.0m。

（2）氢气瓶与明火或普通电气设备的间距不应小于 10m。

（3）氢气瓶与空调装置，空气压缩机和通风设备（非防爆）等吸风口的间距不应小于 20m。

（4）氢气瓶与其他可燃性气体储存地点的间距不应小于 20m。

9. 回水管

氢冷器的回水管必须与凝汽器出水管分开，并将氢冷器回水管接长直接排入虹吸井内。若氢冷器回水管无法与凝汽器出水管分开，则严禁使用明火对凝汽器铜管找漏，这条规定来自某电厂事故教训。该电厂将氢冷器的回水管与凝汽器出水管接在一起，氢漏到凝汽器出水管，因凝汽器铜管漏气，当检修人员用明火找漏时，引起爆炸，造成人员死亡。

10. 火灾处理

（1）当氢冷发电机着火时，应迅速切断氢源和电源，发电机解列停机，灭火应符合下列规定：

1）电气设备发生火灾，应立即切断有关设备电源，然后进行灭火。

2）对可能带电的电气设备以及发电机、电动机等，应使用干粉、二氧化碳、六氟丙烷等灭火器灭火。

3）对油断路器、变压器在切断电源后可使用干粉、六氟丙烷等灭火器灭火，不能扑灭时再用泡沫灭火器灭火，不得已时可用干砂灭火；地面上的绝缘油着火，应用干砂灭火。

（2）漏氢火灾处理应符合下列要求：

1）应及时切断气源，若不能立即切断气源，不得熄灭正在燃烧的气体，并用水强制冷却着火设备，氢气系统应保持正压状态。切断气源，燃烧自行熄灭，若不能立即切断气源，不得熄灭正在燃烧的气体，保持正压状态，处于完全燃烧状态，防止氢气系统回火发生。

2）采取措施，防止火灾扩大，如采用大量消防水雾喷射其他可燃物质和相邻设备。如有可能，可将燃烧设备从火场移至空旷处。采用大量消防水雾喷射其他可燃物质和相邻设备，起到降温、灭火的作用，防止火灾蔓延。

11. 制氢站

（1）制氢站、供氢站平面布置的防火间距及厂房防爆设计应符合现行国家标准《建筑设计防火规范》（GB 50016）和《氢气使用安全技术规程》（GB 4962）的规定，其中泄压面积与房间容积的比例应超过上限 $0.22m^2/m^3$。《建筑设计防火规范》（GB 50016）规定有爆炸危险的甲、乙类厂房泄压面积与厂房体积的比值宜采用 $0.05 \sim 0.22m^2/m^3$。爆炸介质威力较强或爆炸压力上升速度较快的厂房应尽量加大此比值，制氢站（供氢站）厂房属于加大比值的厂房，所以《氢气使用安全技术规程》（GB 4962）规定按不低于《建筑设计防火规范》（GB 50016）规定的上限值 $0.22m^2/m^3$ 执行。

（2）制氢站、供氢站宜布置于厂区边缘，车辆出入方便的地段，并尽可能靠近主要用氢地点。氢气站、供氢站可能发生燃烧和爆炸，因此规定不宜布置在人员密集地段和主要交通要道邻近处。

（3）制氢站、供氢站和其他装有氢气的设备附近均严禁烟火，严禁放置易燃易爆物品，并应设"严禁烟火"的警示牌，所以"严禁烟火"是氢气站、供氢站和氢系统至关重要的安全措施之一。设置围墙防止无关人员进入，制氢站、供氢站应设置不燃烧体的实体围墙，其高度不应小于2.5m。入口处应设置人体静电释放器。

（4）制氢站、供氢站的出入制度应遵守如下规定：

1）必须制订制氢站、供氢站出入制度，进入制氢站、供氢站人员应交出火种，关闭随身携带的无线通信设施，去除身体静电，不准穿钉有铁掌的鞋和容易产生静电火花的化纤服装进入制氢站、供氢站。

2）非值班人员进入制氢站、供氢站应进行登记。

（5）制氢站、供氢站、贮氢罐、汇流排间和装卸平台地面应做到平整、耐磨、不发火花。增强地面的耐磨性和强度，不起尘，地坪受金属材料摩擦不产生火花。

（6）制氢站、供氢站应通风良好，及时排除可燃气体，防止氢气积聚，建筑物顶部或外墙的上部设气窗（楼）或排气孔（通风口），排气孔应面向安全地带。自然通风换气次数每小时不得少于3次，事故通风每小时换气次数不得少于7次。如室内通风不良，外泄的氢气积聚到爆炸极限范围时，一旦遇火花，就会立即引起爆炸事故。氢气的比重仅为空气的1/14，极易扩散，所以只要在厂房高处设风帽或天窗，靠自然通风或温差的作用，用新鲜空气置换含氢空气，氢气浓度就会大大降低。自然通风是安全防爆的有效措施之一，事故排风装置是针对氢气系统一旦发生大量氢气泄漏事故时，自然通风换气次数不能适应紧急置换、氢气扩散的要求而设置的。现运行中的氢气站内有爆炸性危险房间每小时自然通风次数和事故排风换气次数，分别按3次和7次设计，已安全运行几十年，未曾因换气次数选用不当而酿成事故。

（7）建筑物顶内平面应平整，防止氢气在顶部凹处积聚，建筑物顶部或外墙的上部应设气窗或排气孔。采用自然通风时，排气孔应设在最高处，每个排气孔直径不应少于200mm，并朝向安全地带，屋顶如有梁隔成2个以上的间隔，或井形结构、肋形结构，则每个间隔内应设排气孔。排气孔的下边应与屋顶内表面齐平，以防止氢气积聚。房顶做成平面结构（不是水平结构）是防止氢气在房顶积聚的重要措施。制氢站（供氢站）一般采用自然通风，有爆炸危险房间若设机械通风，应符合现行国家标准《爆炸和火灾危险环境电力装置设计规范》（GB 50058）的规定，并不应低于氢气爆炸混合物的级别、组别（IICT1），通风口直径采纳有关规定，不应小于200mm。

（8）制氢站、供氢站应设氢气探测器，氢气探测器的报警信号应接入厂火灾自动报警系统。制氢站、供氢站应设氢气探测器，当检测到空气中的含氢量达到0.4%（体积比）时，现场发出声光报警信号并联动排风机，同时厂消防控制室集中火灾报警控制器显示报警部位信号。没有设置氢气探测器的，应使用防爆等级符合规定的便携式测氢仪每周对制氢站（供氢站）空气中的含氢量进行一次检测，最高含量不超过1%。

（9）制氢站、供氢站同一建筑物内，不同火灾危险性类别的房间，应用防火墙隔开。应将人员集中的房间布置在火灾危险性较小的一端，门应直通厂房外。有爆炸危险房间与无爆炸危险房间之间采用耐火极限不低于3.0h的非燃烧体墙分隔。

（10）氢气生产系统的厂房和贮氢罐等应有可靠的防雷设施。避雷针与自然通风口的水平距离不应少于1.5m，与强迫通风口的距离不应少于3.0m；与放空管口的距离不应少于5.0m。避雷针的保护范围应高出放空管口1.0m以上。氢气站、供氢站的防雷分类不应低于第二类防雷建筑，其防雷设施应防直击雷、防雷电感应和防雷电波侵入。防直击雷的防雷接闪器，应使被保护的氢气站建筑物、构筑物、通风风帽、氢气放空管等突出屋面的物体均处于保护范围内。

（11）制氢站、供氢站有爆炸危险房间的门窗应向外开启，并应采用撞击时不产生火花的材料制作。仪表等低压设备应有可靠绝缘，电气控制盘、仪表控制盘、电话电铃应布置在相邻的控制室内。当室内发生爆炸或燃烧时，屋内气体压力会急剧上升，向外开的门窗有利于释放压力。撞击时不产生火花的材料有木材、铝、橡胶、塑料等，也可以仅在门窗经常开启部分采用撞击时不产生火花的材料，防止铁制窗框直接撞击。

12. 检修

（1）氢气系统设备检修或检验，必须使用不产生火花的工具。一般撞击、摩擦、不同电位之间的放电、各种爆炸材料的引燃、明火、热气流、高温烟气、雷电感应、电磁辐射等都可点燃氢气、空气混合物，所以有关标准规定作业时必须使用铜质或铍铜合金等不产生火花的工具。

（2）氢气系统设备要动火检修，或进行能产生火花的作业时，应尽可能将需要修理的部件移到厂房外安全地点进行。如必须在现场动火作业，应执行动火工作制度。氢气系统动火检修，应有两台以上测爆仪进行现场监测，保证系统内部和动火区域的氢气体积分数最高含量不超过0.4%。

三、油浸式电力变压器消防

1. 油浸式变压器固定自动灭火系统

（1）变电站（换流站）单台容量为125MV·A及以上的油浸式变压器应设置固定自动灭火系统及火灾自动报警系统，变压器排油注氮灭火装置和泡沫喷雾灭火装置的火灾报警系统宜单独设置。

（2）火电厂包括燃机电厂单台容量为90MV·A及以上的油浸式变压器应设置固定自动灭火系统及火灾自动报警系统。

（3）水电厂室内油浸式主变压器和单台容量12.5MV·A以上的厂用变压器应设置固定自动灭火系统及火灾自动报警系统，室外单台容量90MV·A及以上的油浸式变压器应设置固定自动灭火系统及火灾自动报警系统。

（4）干式变压器可不设置固定自动灭火系统。干式变压器属无油设备，可燃物大大减少，火灾危险性减低，建筑火灾危险性分类确定为丁类，故无须设置自动灭火系统。

2. 油浸式变压器水喷雾灭火系统

采用水喷雾灭火系统时，水喷雾灭火系统管网应有低点放空措施，存有水喷雾灭火水量的消防水池应有定期放空及换水措施，以便及时排除积水、避免锈蚀，不影响灭火，同时可以保证水质。

3. 采用排油注氮灭火装置

（1）排油注氮灭火系统应有防误动的措施。保证变压器不会因为排油注氮系统的误动而引起变压器气体继电器动作、变压器断路器跳闸误动作。可定期检查排油注氮装置氮气阀的电致动器，保证其运行可靠性，或采用电磁驱动。根据排油注氮的工作原理，在注氮系统可加装联锁机构，即将注氮管路与排油机构进行机械联锁。排油阀不开启时，注氮管路球阀也不开启，不管因何种原因氮气系统误启动，氮气都会被限阻，从而有效防止氮气误入变压器。当装置需要正常启动时，排油阀正常开启后，联锁带动注氮球阀，经数秒延时后，氮气阀后动，氮气可正常注入变压器保护变压器。

（2）排油管路上的检修阀处于关闭状态时，检修阀应能向消防控制柜提供检修状态的信号。消防控制柜接受到消防启动信号后，应能禁止灭火装置启动实施排油注氮动作。根据现行行业标准《油浸变压器注氮灭火装置》（GA 835）可知，检修阀关闭后，系统已经不具备排油功能，联动注氮会引起事故的扩大，因此检修阀状态的信号应上传并禁止启动排油注氮系统。

（3）根据现行行业标准《油浸变压器注氮灭火装置》（GA 835）的规定，消防控制柜面板应具有如下显示功能的指示灯或按钮：指示灯自检、消音、阀门（包括排油阀、氮气释放阀等）位置（或状态）指示、自动启动信号指示、气瓶压力报警信号指示等。

（4）根据现行行业标准《油浸变压器注氮灭火装置》（GA 835）的规定，消防控制柜同时接收到火灾探测装置和气体继电器传输的信号后，发出声光报警信号并执行排油注氮动作。

（5）火灾探测器布线应独立引线至消防端子箱。根据实际运行经验，变压器在运行时，无法对火灾探测器故障进行检修，探测器分别独立布线至端子箱，可保证其中一只或数只探测器故障后其余探测器仍可工作。故障的探测器应在主变压器检修或停电时及时更换。

4. 泡沫喷雾灭火装置

采用泡沫喷雾灭火装置时，应符合现行国家标准《泡沫灭火系统设计规范》（GB 50151）的有关规定。

5. 防火间距

（1）户外油浸式变压器、户外配电装置之间及与各建（构）筑物的防火间距应符合现行国家标准《火力发电厂与变电站设计防火规范》（GB 50229）的有关规定。

（2）户外油浸式变压器之间设置防火墙时应符合下列要求：

1）防火墙的高度应高于变压器储油柜防火墙的长度不应小于变压器的贮油池两侧各 1.0m。

2）防火墙与变压器散热器外廓距离不应小于 1.0m。

3）防火墙应达到一级耐火等级。

6. 变压器事故排油

（1）设置有带油水分离措施的总事故油池时，位于地面之上的变压器对应的总事故油池容量应按最大一台变压器油量的 60% 确定；位于地面之下的变压器对应的总事故油池容量应按最大一台主变压器油量的 100％ 确定。主变压器位于地下时总事故油池容量要求从严，要求为能容纳 100％ 的最大一台主变压器的油量考虑。鉴于该油池具有排水设施，兼有油水分离功能，所以可不另考虑消防水量。当总事故油池不具有油水分离功能时，容量还应考虑消防水量。

（2）事故油坑设有卵石层时，应定期检查和清理，以防被淤泥、灰渣及积土所堵塞。储油设施内应铺设卵石层，并对卵石层的厚度及卵石直径有明确规定，以起到隔火降温、防止绝缘油燃烧扩散的作用。

7. 室内变电站

（1）高层建筑内的电力变压器等设备，宜设置在高层建筑外的专用房间内。当受条件限制需与高层建筑贴邻布置时，应设置在耐火等级不低于二级的建筑内，并应采用防火墙与高层建筑隔开，且不应贴邻人员密集场所。

（2）受条件限制需布置在高层建筑内时，不应布置在人员密集场所的上一层、下一层或贴邻，并应符合现行国家标准《高层民用建筑设计防火规范》（GB 50045）的相关规定。

（3）油浸式变压器、充有可燃油的高压电容器和多油断路器等用房宜独立建造。当确有困难时可贴邻民用建筑布置，但应采用防火墙隔开，且不应贴邻人员密集场所。

（4）油浸式变压器、充有可燃油的高压电容器和多油断路器等受条件限制必须布置在民用建筑内时，不应布置在人员密集场所的上一层、下一层或贴邻，且应符合现行国家标准《建筑设计防火规范》（GB 50016）的相关规定。

（5）变压器防爆筒的出口端应向下，并防止产生阻力，防爆膜宜采用脆性材料。目前，国产电力变压器防爆筒的结构管径是上粗下细，防爆膜是铝片，这样变压器内部气体排不出，容易使压力不断增大，最终使变压器爆裂。从国外进口的变压器，有的防爆膜也是铝片，但不是脆性材料。

（6）室内的油浸式变压器，宜设置事故排烟设施。火灾时，通风系统应停用。设置事故排烟机，能在火灾后尽快排除烟气。平时也可兼作通风降温用风机，火灾时需停用通风系统，否则风助火势，将给灭火带来困难。

（7）室内或洞内变压器的顶部，不宜敷设电缆。

8. 灭火

（1）室外变电站和有隔离油源设施的室内油浸设备失火时，可用水灭火。无放油管路时，不应用水灭火。避免燃烧的油随着消防水四处漫流而扩大火灾。发电机变压器组中间无断路器，若失火，在发电机未停止惰走前，严禁人员靠近变压器灭火。

（2）变压器火灾报警探测器两点报警，或一点报警且重瓦斯保护动作，可认为变压器发生火灾，应联动相应灭火设备。鉴于火灾报警设备可能误报，且一旦误报而联动灭火设备，对于主变压器运行将产生重大影响，所以考虑两点报警联动灭火设备，这样可以大大降低误动作次数。

四、油浸电抗器（电容器）、消弧线圈和互感器消防

（1）油浸电抗器、电容器装置应就近设置能灭油火的消防设施，并应设有消防通道。

能灭油火的消防设施是指除一般采用的移动式干粉灭火器或消防砂箱外，还有移动式泡沫火器、手提式气体灭火器等。其放置位置应就近、顺路、方便，一般可放在电容器室外入口或户外电容器组附近。消防通道应与站内道路做统一考虑，并尽可能起到方便运行和搬运设备的作用。

（2）高层建筑内的油浸式消弧线圈等设备，当油量大于 600kg 时，应布置在专用的房间内。外墙开门处上方应设置防火挑檐，挑檐的宽度不应小于 1.0m，而长度为门的宽度两侧各加 0.5m。变电站与其他建筑物结合建造时，为了节约用地，当电气设备油量小于 600kg 时，可以和别的电气设备安装在一起；当电气设备油量大于 600kg 时，必须设置独立的配电装置室。

五、发电厂和变电站内的电缆消防

1. 防止电缆火灾延燃措施

防止电缆火灾延燃的措施应包括封、堵、涂、隔、包、水喷雾、悬挂式干粉等措施。防止电缆火灾延燃的措施，各单位应结合实际情况应用。目前，悬挂式干粉措施在电缆层和电缆隧道中多有应用，具有体积小巧、安装方便、报警迅速等特点。

（1）涂料、堵料应符合现行国家标准《防火封堵材料》（GB 23864）的有关规定，且取得型式检验认可证书，耐火极限不低于设计要求。防火涂料在涂刷时，要注意稀释液的防火。对电缆涂料、堵料的要求，是防止扩大电缆火灾的重要环节。

（2）凡穿越墙壁、楼板和电缆沟道而进入控制室、电缆夹层、控制柜及仪表盘、保护盘等处的电缆孔、洞、竖井和进入油区的电缆入口处，必须用防火堵料严密封堵。发电厂的电缆沿一定长度可涂以耐火涂料或其他阻燃物质。靠近充油设备的电缆沟，应设有防火延燃措施，盖板应封堵。防火封堵应符合现行行业标准《建筑防火封堵应用技术规程》（CECS 154）规定的电缆防火封堵位置和封堵要求。

（3）在已完成电缆防火措施的电缆孔洞等处新敷设或拆除电缆，必须及时重新做好相应的防火封堵措施。在已完成电缆防火措施的电缆孔洞等处新敷设或拆除电缆后，未及时重新做防火封堵措施，这种问题比较常见，也是造成火灾事故扩大的重要原因，故有关标准规定必须及时重新做相应的防火措施，而且应从制度、流程、监督等环节加以控制。

2. 防火间距

架空敷设电缆时，电力电缆与蒸汽管净距应不少于 1.0m，控制电缆与蒸汽管净距应不少于 0.5m，与油管道的净距应尽可能增大，严禁将电缆直接搁置在蒸汽管道上，这些措施主要防止电缆过热损坏绝缘，甚至造成电缆起火。

3. 电缆防火措施

（1）电缆夹层、隧（廊）道、竖井、电缆沟内应保持整洁，不得堆放杂物，电缆沟洞严禁积油。电缆夹层、隧（廊）道、竖井、电缆沟内保持整洁，是为了防止火种管理不当引燃杂物、易燃物，引发电缆火灾。

（2）汽轮机机头附近、锅炉灰渣孔、防爆门以及磨煤机冷风门的泄压喷口，不得正对着电缆，否则必须采取罩盖、封闭式槽盒等防火措施。

（3）在电缆夹层、隧（廊）道、沟洞内灌注电缆盒的绝缘剂时，熔化绝缘剂工作应在外面进行。对电缆盒灌注绝缘剂时，因其绝缘物的材料都是易燃品，所以其熔化过程必须在电缆的通道外加热。

（4）在多个电缆头并排安装的场合中应在电缆头之间加隔板或填充阻燃材料。在多个电缆头并排安装的场合，其中一个电缆头爆炸会波及并排的其他电缆头，因此要求各电缆头之间加装隔板或填充阻燃材料，避免一个故障电缆头牵连其他正常电缆头。

（5）电力电缆中间接头盒的两侧及其邻近区域，应增加防火包带等阻燃措施。电力电缆中间接头盒是整个电缆绝缘薄弱环节，大多数故障都发生在这里，因此是消防的重点部位。为了减缓电缆火势的蔓延，有关标准规定电缆中间接头盒的两侧及其邻近区段应增加防火包带等阻燃措施。

（6）施工中动力电缆与控制电缆不应混放、分布不均及堆积乱放，在动力电缆与控制电缆之间，应设置层间耐火隔板。动力电缆与控制电缆混放，一旦发生火灾将扩大事故。

（7）火力发电厂汽轮机、锅炉房、输煤系统宜使用铠甲电缆或阻燃电缆，不适用普通塑料电缆，并应符合下列要求：

1）新建或扩建的 300MW 及以上机组应采用满足现行国家标准《电线电缆燃烧试验方法　第 5 部分：成束电线电缆燃烧试验方法》（GB 12666.5）中 A 类成束燃烧试验条件的阻燃型电缆。

2）对于重要回路（如直流油泵、消防水泵及蓄电池直流电源线路等），应采用满足现行国家标准《电线电缆燃烧试验方法　第 6 部分：电线电缆耐火特性试验方法》（GB 12666.6）中 A 类耐火强度试验条件的耐火型电缆。

4. 电缆隧道或城市地下综合管廊电缆廊道

电缆隧道属地下空间，自然环境相对密闭，电缆运行时不断释放热能，为改善隧道内气候和工作环境，整个隧道内设置了必要的通风系统。设置通风系统意味着将电缆隧道分隔成若干段独立的防火分区，如果不采取一些措施（如封堵技术），整个隧道就只能视为一个防火分区，电缆起火时整个电缆隧道内就会迅速充满火灾，因此对电缆隧道有必要进行合理的防火分隔。同时，为防止电缆因自身故障或外部火源造成电缆引燃或沿电缆延燃，依据《城市电力电缆线路设计技术规定》（DL/T 5221）对电缆进出隧道设置防火设施。

（1）电缆隧道的下列部位宜设置防火分隔，采用防火墙上设置防火门的形式：

1）电缆进出隧道的出入口及隧道分支处。

2）电缆隧道位于电厂、变电站内时，间隔不大于 100m 处。

3）电缆隧道位于电厂、变电站外时，间隔不大于 200m 处。

4）长距离电缆隧道通风区段处，且间隔不大于 500m。依据 2007 年上海市电力公司和上海消防局等单位为上海 500kV 世博会地下变电站配套进线工程所做的《高压电力电缆隧道消防关键技术研究及其应用课题报告》，对于长度超过 2km 的长距离隧道，隧道的通风区段处应设置防火间隔，且间隔距离不应超过 500m。

5）电缆交叉、密集部位，间隔不大于 60m。电缆交叉、密集部位指单摆超过 4 层、相邻两摆超过 3 层且间距不足 1.5m、相邻两摆 3 层且间距不足 1.0m 的情况。

6）防火墙耐火极限不低于 3.0h，防火门应采用甲级防火门（耐火极限不宜低于 1.2h）且防火门的设置应符合现行国家标准《建筑设计防火规范》（GB 50016）的有关规定。

（2）发电厂电缆竖井中，宜每隔 7.0m 设置阻火隔层。发电厂为防止电缆因自身故障或外部火源造成沿竖井延燃，应在竖井适当间隔处设置防火设施。

（3）电缆隧道内电缆的阻燃防护和防止延燃措施应符合现行国家标准《电力工程电缆设计规程》（GB 50217）的有关规定。电缆隧道内电缆发生火灾扑救难度大、损失大，因此电缆隧道内电缆的阻燃防护和防止延燃措施应符合国家有关标准。

5. 灭火

进行扑灭隧（廊）道、通风不良场所的电缆头着火时，应使用正压式消防空气呼吸器及绝缘手套，并穿上绝缘鞋。电缆（特别是塑料电缆）失火后，燃烧时会分解出氯化氢等有毒的气体，所以在电缆隧（廊）道或通风不良场所灭火时，应戴好正压式消防空气呼吸器，还应正确使用。

六、蓄电池室消防

1. 酸性蓄电池室

（1）严禁在蓄电池室内吸烟和将任何火种带入蓄电池室内。蓄电池室门上应有"蓄电池室""严禁烟火"或"火灾危险，严禁火种入内"等标志牌，突出火种对蓄电池室的危险性。因为氢气遇上明火就会产生爆炸，所以规定在蓄电池室严禁吸烟和带入任何火种。

（2）蓄电池室采暖宜采用电采暖器，严禁采用明火取暖。若确有困难需采用水采暖时，散热器应选用钢质，管道应采用整体焊接，采暖管道不宜穿越蓄电池室楼板。北方地区天气寒冷，蓄电池室如要采暖，则从散热器的选型到系统安装都必须考虑防漏水措施。设备选用时宜优先考虑电采暖器，若采用水系统采暖时，散热器不应采用承压能力差的铸铁材质。管道与散热器的连接以及管道与管件间的连接必须采用焊接，而且还要求暖气管不能用法兰丝扣接头和阀门等接头，以免漏气、漏水影响运行。

（3）蓄电池室每组宜布置在单独的室内，如确有困难，应在每组蓄电池之间设耐火时间为大于 2.0h 的防火隔断。蓄电池室门应向外开。每组蓄电池布置在单独的室内是最为有利的，当不能满足时，在一个房间内两组蓄电池之间设置隔断，并达到防火 2h 的要求，则可以避免一组蓄电池着火时对另外蓄电池产生直接的影响。

（4）酸性蓄电池室内装修应有防酸措施。酸性蓄电池室装修应考虑防酸措施，如涂刷耐酸材料、铺设防酸地砖等。

（5）容易产生爆炸性气体的蓄电池室内应安装防爆型探测器。普通酸性蓄电池室、全钒液流电池室等会产生氢气等爆炸性气体的蓄电池室内应安装防爆型探测器。

（6）蓄电池室应装有通风装置，通风道应单独设置，不应通向烟道或厂房内的总通风系统，离通风管出口处 10m 内有引爆物质场所时，则通风管的出风口至少应高出该建筑物屋顶 2.0m。若排出氢气处 10m 内（含 10m）有引爆氢气的热源或火星，则排气管风口不能水平排向大气，应垂直排放，且出风口高度至少应高于其建筑物屋顶 2.0m。其中 10m 与 2.0m 的规定要求参见现行国家标准《氢气使用安全技术规程》（GB 4962）的相关。

（7）蓄电池室应使用防爆型照明和防爆型排风机，开关、熔断器、插座等应装在蓄电池室的外面，蓄电池室的照明线应采用耐酸导线，并用暗线敷设。检修用行灯应采用12V防爆灯，其电缆应用绝缘良好的胶质软线。蓄电池内可能存有残留的氢气，因此排风机等电气设备应采用防爆型，而低压开关没有防爆型的，所以只能装到蓄电池室外面。此外，熔丝在熔断过程中会产生火花，所以也应装在室外。因为蓄电池室具有腐蚀性的硫酸蒸气，所以要求导线应具有耐酸性。检修蓄电池室时，应采用低压防爆行灯，这是蓄电池室的特定条件所要求的。

（8）凡是进出蓄电池室的电缆、电线，在穿墙处应用耐酸瓷管或聚氯乙烯硬管穿线，并在其进出口端用耐酸材料将管口封堵。凡是电线、电缆进出蓄电池室，应用耐酸瓷管或聚氯乙烯硬管，这是为了防止硫酸蒸汽对它的腐蚀，进出口端用耐酸材料。将管口封堵，是为了避免氢气或硫酸蒸气外逸。

（9）当蓄电池室受到外界火势威胁时，应立即停止充电，如充电刚完毕，则应继续开启排风机，抽出室内氢气。当蓄电池室受到外界火势威胁时，蓄电池应立即停止充电，因为充电时会产生氢气。如果充电刚结束，则应对蓄电池继续排气，把积聚在蓄电池室内的氢气排放干净，避免引起燃烧。

（10）蓄电池室火灾时，应立即停止充电并灭火。

（11）蓄电池室通风装置的电气设备或蓄电池室的空气入口处附近有火灾时，应立即切断该设备的电源。

2. 其他蓄电池室

其他蓄电池室（阀控式密封铅酸蓄电池室、无氢蓄电池室、锂电池室，钠硫电池、UPS室等）的消防应符合下列要求：

（1）蓄电池室应装有通向室外的有效通风装置，阀控式密封铅酸蓄电池室内的照明、通风设备可不考虑防爆。我国蓄电池的技术发展日新月异，工程中已较少采用普通酸性蓄电池，而是采用阀控式密封铅酸蓄电池。阀控式密封铅酸蓄电池的特点为不产生氢气等有爆炸性危险的气体，不需维护场所。目前，变电工程中多采用阀控式密封铅酸蓄电池，发生爆炸的几率非常小，可以采用防爆式空调等。无氢蓄电池室等仍存在爆炸危险性的蓄电池室仍应考虑防爆。

（2）锂电池、钠硫电池应设置在专用房间内。建筑面积小于$200m^2$时，应设置干粉灭火器和消防砂箱；建筑面积不小于$200m^2$时，宜设置气体灭火系统和自动报警系统。采用锂、钠硫这类属于可燃性固体和禁水性物质的蓄电池在我国属于新兴技术，目前尚无国家标准规范，参照日本电气技术规格委员会编制的《电力储存用电池规程》（JEAC 5006）相关规定，钠硫电池建筑面积不小于$200m^2$时，宜设置气体灭火系统和自动报警系统；当钠硫电池建筑面积小于$200m^2$时，只需设置灭火器和消防砂箱。钠硫电池室发生明火火灾时，不应使用水和二氧化碳灭火器，由于金属钠燃点低且遇水即燃，所以禁止使用水来灭火。另外，由于金属粉末燃烧时容易造成飞扬，使粉尘和空气形成爆炸性混合物，当达到爆炸下限时，遇火源会发生猛烈爆炸，所以不得使用类似压力灭火剂（如二氧化碳），防止吹散。同时注意通风排烟防止硫中毒，并且注意疏散隔离，有效地控制火势不扩大蔓延。对已经引燃的相邻易燃可燃物品要首先扑救，但要慎用水灭火。锂和钠同属可燃性固体，锂电池的消防要求可参照钠硫电池。

七、其他电气设备消防

1. 断路器

（1）油断路器火灾时，严禁直接切断起火断路器电源，应切断其两侧前后一级的断路器电源，然后进行灭火。首先采用气体、干式灭火器等进行灭火，不得已时可用泡沫灭火器灭火。如仅套管外部起火，也可用喷雾水枪扑救。当断路器失火时，要灭火必须先切断断路器两侧的电源，但该断路器已失火，可能不能起遮断作用，因为其可能拒动，也可能断路后灭不了弧反而爆炸引起人员伤亡，所以要依靠前后一级的断路器来切断电源，然后再灭火。这是灭火的基本措施，如套管仅是外部失火，虽可用喷雾式消防水枪灭火，但此时套管可能会爆裂，所以这是不得已采用的手段，此灭火方式也适用于各种电气设备。

（2）断路器内部燃烧爆炸使油四溅，扩大燃烧面积时，除用灭火器灭火外，可用干砂扑灭地面上的燃油，用水或泡沫灭火器扑灭建筑物上的火焰。当断路器燃烧爆炸后，使火势蔓延扩大时，针对不同部位场合的燃烧，可采用不同的灭火器灭火。这种灭火措施也适用于其他电气设备的灭火。

2. 电容器

（1）户内布置的单台电力电容器油量超过100kg时，应有贮油设施或挡油栏。

（2）户外布置的电力电容器与高压电气设备需保持5.0m及以上的距离，防止事故扩大。

（3）集合式电容器室内布置时，基坑地面宜采用水泥砂浆抹面并压光，在其上面铺以100mm厚的细砂。如室外布置，则基坑宜采用水泥砂浆抹面，在挡油设施内铺以卵石（或碎石）。

（4）电力电容器发生火灾时，应立即断开电源，并把电容器投向放电电阻或放电电压互感器。失火时，虽然把电力电容器的电源切断了，但由于电容器的特性，在其内部还储有电荷，如不对它放电干净，势必会造成消防人员触电危险，所以切断电源后的电容器应投向放电电阻或放电电压变，以策安全。

3. 套管

500kV穿墙套管的内部绝缘体充有绝缘油，应作为消防的重点对象，需备有足够的消防器材和登高设备。因为在国外有500kV阀厅由于高压充油套管爆炸引起大火将阀厅全部烧毁的惨痛教训，所以把高压充油套管作为防火重点对象。

4. 干式变压器、电流互感器

干式变压器分为氯氟化硫变压器和金属结构变压器，电流互感器分为油浸式互感器和干式互感器，根据电气设备介质的火灾特性，宜配置移动式干粉灭火器。

5. 低压配线

低压配线的选择，除按其允许载流量应大于负荷的电流总和外，常用导线的型号及使用场所应符合表1-5-5-1的规定。

表 1 - 5 - 5 - 1 常用导线的型号及使用场所

导线型号	导线型号所表示的意义	使用场所
BLX	棉纱编织，橡皮绝缘线（铝芯）	正常干燥环境
BX	棉纱编织，橡皮绝缘线（铜芯）	正常干燥环境
RXS	棉纱编织，橡皮绝缘双绞软线（铜芯）	室内干燥环境，日用电器用
RS	棉纱总编织，橡皮绝缘软线（铜芯）	室内干燥环境，日用电器用
BVV	铜芯，聚氯乙烯绝缘，聚氯乙烯护套电线	潮湿和特别潮湿的环境
BLVV	铝芯，聚氯乙烯绝缘，聚氯乙烯护套电线	潮湿和特别潮湿的环境
BXF	铜芯，聚丁橡皮绝缘电线	多尘环境（不含火灾及爆炸危险尘埃）
BLV	铝芯，聚氯乙烯绝缘电线	多尘环境（不含火灾及爆炸危险尘埃）
BV	铜芯，聚氯乙烯绝缘电线	有腐蚀性的环境
ZL11	铜芯，纸绝缘铝包一级防腐电力电缆	有腐蚀性的环境
ZLL11	铝芯，纸绝缘铝包一级防腐电力电缆	有腐蚀性的环境
BBX	铜芯，玻璃丝编织橡皮线	有火灾危险的环境
BBLX	铝芯，玻璃丝编织橡皮线	有火灾危险的环境
ZL	铜芯，纸绝缘铝包电力电缆	有火灾危险的环境
ZLL	铝芯，纸绝缘铝包电力电缆	有火灾危险的环境

第六节 "五室"（调度室、控制室、计算机室、通信室、档案室）消防

一、"五室"消防基本要求

（1）为了保障重要场所的安全，各室应建在远离有害气体源、存放腐蚀及易燃易爆物的场所。

（2）各室的隔墙、顶棚内装饰，应采用难燃或不燃材料。建筑内部装修材料应符合现行国家标准《建筑内部装修设计防火规范》（GB 50222）的有关规定，地下变电站宜采用防霉耐潮材料。建筑物内装修（如采用木材、胶合板及塑料板等易燃材料建造或装饰）会使建筑物本身可燃物增多，耐火性能相应降低，极易引燃成灾。

（3）各室严禁吸烟，禁止明火取暖。重要场所严禁吸烟、明火，控制各种溶剂数量，严防火灾事故。

（4）室内使用的测试仪表、电烙铁、吸尘器等用毕后必须及时切断电源，并放到固定的金属架上。电烙铁等电气设备用完后不拔掉插头或没有采取隔热措施就与可燃物接触，都可能引发起火。

（5）各室配电线路应采用阻燃措施或防延燃措施，严禁任意拉接临时电线。各室配电线路采用阻燃措施或防延燃措施，防止扩大火势；严禁任意拉接临时电线，防止增设的电气设备使配电线路过负荷等引发起火。

（6）发生火灾报警的处理要求。各室一旦发生火灾报警，应迅速查明原因，及时消除警情。若已发生火灾，则应切断交流电源，开启直流事故照明，关闭通风管防火阀，采用气体等灭火器进行灭火。

二、"五室"消防具体要求

1. 控制室、调度室

（1）控制室、调度室应有不少于两个疏散出口，多个出口有利于人员疏散。

（2）严禁将带有易燃易爆、有毒有害介质的氢压表、油压表等一次仪表装入控制室、调度室，其主要目的是严格控制火灾隐患。

2. 计算机室

（1）计算机室维修必用的各种溶剂，包括汽油、酒精、丙酮、甲苯等易燃溶剂应采用限量办法，每次带入室内不超过 100mL。

（2）严禁将带有易燃易爆、有毒有害介质的氢压表、油压表等一次仪表装入计算机室。

3. 档案室

（1）档案室收发档案材料的门洞及窗口应安装防火门窗，其耐火极限不得低于 0.75h。

（2）档案室与其他建筑物直接相通的门均应做防火门，其耐火极限应不小于 2.0h；内部分隔墙上开设的门也要采取防火措施，耐火极限要求为 1.2h。

三、"五室"空调系统的防火规定

（1）设备和管道的保冷、保温宜采用不燃材料。确有困难时，可采用燃烧产物毒性较小且烟密度等级不大于 50 的难燃材料，防火阀前后各 2.0m、电加热器前后各 0.8m 范围内的管道及其绝热材料均应采用不燃材料。如果保温材料靠近电加热器，长时间受热就会起火，并且能沿着通风管迅速蔓延，扩大灾情。依据现行国家标准《建筑设计防火规范》（GB 50016）相关规定，防火阀前后各 2.0m、电加热器前后各 0.8m 应采用不燃材料。目前，不燃材料有超细玻璃棉、玻璃纤维、岩棉、矿渣棉等。难燃材料有自熄性聚氨酯泡沫塑料、自熄性聚苯乙烯泡沫塑料等。

（2）通风管道装设防火阀应符合现行国家标准《建筑设计防火规范》（GB 50016）的相关规定。防火阀既要有手动装置，同时要在关键部位装易熔片或风管式感温、感烟装置。通风、空调系统通风管应设防火阀的部位，主要有以下几种情况：

1）防火分隔处。

2）通风管穿越通风、空调机房或其他防火重点控制房间的隔墙和楼板处。

3）垂直通风管与每层水平通风管交接处的水平管段上。

防火阀宜装设在易于检修处，并应符合现行国家标准《防火阀试验方法》（GB 15930）的有关规定。易溶片及其他感温原件应装在容易感温的部位，其作用温度应比通风系统正常的最高温度约高 25℃，一般可采用 70℃。

（3）非生产用空调机在运转时，值班人员不得离开，工作结束时该空调机必须停用。设备长期连续运行，可能发生绝缘击穿、稳压电源短路等过热而起火。

（4）空调系统应采用闭路联锁装置。

第六章

电力电缆防火技术和措施

第一节　电力电缆防火技术

一、电力电缆防火的必要性

电力电缆具有不受安全距离限制、不影响环境美观等优点，被广泛应用于发电、变电、配电、用电各环节，是电力系统的"血管"。保障电力电缆运行的可靠性和安全性，对我国电力能源工业的发展具有十分重要的意义。随着国家城镇化的推进，架空输电线路在城市逐渐"入地"，电力电缆通道的发展成为必然趋势。电力电缆通道能避免雷击、大风、山火，覆冰、污秽、鸟害等自然灾害，但由于电缆敷设密集，一旦失火，后果非常严重，所以其防火问题也相当突出。

二、电力电缆线路通道简介

随着国民经济的快速发展，城市化水平的不断提高，城市用地越来越紧张，城市电网的电压等级也随着电力能源工业的飞速发展而逐步升高，合理开发利用城市地下空间，城市电网从架空线到入地隧道的电缆化改造已是城市升级改造必然趋势。虽然其造价要高于架空敷设，但能大量节约土地资源、显著提高电能输送能力，在增添输配电线路、电网改造、电缆更新及事故抢修时也不需重复开挖路面，还可以提高电网抵抗风、雪、雨、雹等自然灾害的能力。在日本、英国、法国等国家，已有大量沿隧道敷设高压电力电缆的先例。1890 年，英国敷设了世界上第一条天然橡胶绝缘海底电力电缆。1954 年第一根长度 100km，电压等级 ±100kV 的直流电缆在瑞典本土与哥特兰岛之间敷设。1973 年，在瑞典本土与哥特兰岛之间敷设了 145kV 交联聚乙烯电缆。1977 年，挪威克里斯蒂安桑与丹麦特杰勒敷设了电压等级 300kV、长度 127km 的交流电缆，实现了两国间的当时认为是超高压区域电网互联。2015 年投入商业运行的 600km 挪威—德国下萨克森海底电缆工程，为目前世界上跨海输电距离最长电缆线路。美国新泽西州塞尔威尔—长岛莱维顿创造了敷设水深 2600m 的海底电缆纪录。据不完全统计，迄今为止世界各国 110kV 及以上海底电缆输电工程已建设 100 余条，跨越全球 21 个海峡。1993 年建成的英法两国间的多佛海峡隧道长 48.5km，其电力供应两国各承担一半，各以 3 条 220kV 电缆供电。我国在浙江舟山群岛，广东南澳岛、万山群岛等沿海地区陆续建设了 10kV、35kV、110kV、220kV 海底电缆工程；而输送容量为 600MW 的 500kV 海南联网海底电缆输电工程，则是我国第一个名副其实的超高压、大容量、长距离跨海区域电缆联网工程。北京、上海、广州等城市均建有高压电力电缆隧道，其中北京电网拥有国内规模最大的电力电缆隧道网，总长约 800km；广州第一条电力电缆隧道为珠江新城电力电缆隧道，于 2001 年投运；上海为 2010 年世博会投运的静安（世博）北京西路—华夏西路 500kV 电力电缆隧道，采用 2 回路 XLPE 绝缘电缆供电，敷设于静安—三林，全线长 15.3km，是目前我国电压等级最高、电缆截面最大、传输距离最长、中间接头数量最多的电缆隧道。

三、电力电缆被动防火和主动防火

（一）电力电缆被动防火

电力电缆被动防火是指在火灾发生和蔓延过程中，利用材料或构筑物自身的阻燃性、耐火性、分隔性等特性，尽可能使火势控制在一个小范围内，达到损失最小化。被动防火是一种比较隐蔽的防火技术，具有普遍性、可靠性、长久性和经济性。被动防火技术包括防火分区、耐火性能、防火间距、防火门、疏散通道、阻燃材料等。目前常用封堵、隔板、涂料、包带、槽盒等措施防止电力电缆延燃。

1. 防火封堵

防火封堵被大量应用于电缆竖井、电缆沟、电缆引入口、设备引入口、电缆桥架等位置，其作用是在规定的耐火时间内，封堵材料能与防火分割构件或建筑外墙协同工作，阻止热量、火焰和烟气蔓延扩散。传统防火封堵采用矿棉、阻火包、防火泥等产品，难以满足性能稳定、结构强度高、使用寿命长等方面要求。《防火封堵材料》（GB 23864）的发布及实施，提高了我国对传统产品的性能要求，同时增加了一系列新型防火封堵材料，如泡沫型防火堵料、阻火模块等。泡沫型防火堵料一般为液体状态，浇注后发泡膨胀，固化成型，遇火后泡沫体受热再次膨胀，可防止火灾蔓延串烧。泡沫型防火堵料具有环保无毒、主动吸附烟气、受热时不软化滴垂、寿命长、耐水、耐油、耐腐蚀、重量轻等优点，特别适用于封堵电缆密集、贯穿物复杂的建筑物结构开口。阻火模块一般以无机材料为基础，添加膨胀型阻燃剂和树脂类胶黏剂经模具压制而成。阻火模块具有重量轻、强度高、不会破损坍塌、隔热效果好、施工简单、使用方便、寿命长、耐水耐油、耐腐蚀等优点，是阻火包的升级替代产品。

2. 电缆防火涂料

电缆防火涂料具有涂层薄、不影响正常散热，同时能起到良好的隔热阻燃效果，集装饰和防火于一体。非膨胀型因所需涂层较厚，难以满足电缆的弯曲性能，使用量不大。实际应用中以膨胀型居多，遇火时能膨胀产生 20～30mm 均匀致密的海绵状泡沫隔热保护层，隔绝火源与氧气，有效地阻挡外部热源对基材的作用，减少聚合物的热分解反应，从而阻止火焰蔓延。《电缆防火涂料》（GB 28374），规定了电缆防火涂料的定义、技术要求、试验方法、检验规则、标志、使用说明、包装、贮存及运输等内容。

封堵和涂料等抑制型防火技术成本较低，且很有效。

（二）电力电缆主动防火

电力电缆主动防火是指利用火灾自动报警、灭火、防排烟等技术，发现早期火灾进行初期灭火。火灾发生后主动扑救和火势控制措施包括火灾报警系统、烟气控制、探测技术及自动灭火系统（超细干粉灭火弹、气溶胶水喷雾）等，主动防火技术性更强，更具科学性和灵活性。

1. 火灾探测器

（1）火灾探测器的基本功能就是用一种敏感元件对火灾气体、烟雾、温度和火焰等信息作出有效反应并报送到火灾报警控制器。随着新技术的发展，传统火灾探测手段与新型传感技术，如离子技术、半导体电子技术、光电技术及其他新型传感技术，开始更广泛地交叉和融合，传感器也由传统的接触式逐渐过渡到非接触式＋接触式共存。感温、感烟探测器是最常用的探测器，目前电力场所主要布置的一些感温、感烟探测器，见表1-6-1-1。

表1-6-1-1　　　　　电力场所布置的感温、感烟探测器性能比较表

感温、感烟探测器名称	适用范围	优　点	缺点
定温式感温探测器	控制室、计算机房	可靠性稳定性高，保养方便	灵敏度低
差温式感温探测器	会议室、车库、可能产生油类火灾且环境恶劣的场所、防爆场所	可靠性高，保养方便，不受气候变化影响	灵敏度较高
差定温式感温探测器	会议室、发电机房、可能发生无烟火灾的场所、车库、厨房	兼具定温及差温，可靠性高	灵敏度较高
离子型感烟探测器	配电室、计算机及通信机房、办公室、楼道、走廊、档案室、电气火灾危险场所	稳定性好，误报率低，结构紧凑，寿命长	受气流影响中等
光电型感烟探测器	配电室、计算机及通信机房、办公室、楼道、走廊、档案室、电气火灾危险场所	稳定性好，误报率低，结构紧凑，寿命长	受气流影响中等
红外光束感烟探测器	调度大楼，变电站，电动汽车充（换）电站、档案室、电缆隧道	保护面积大，安装位置高，抗干扰性强，防腐防水	稳定性差

（2）单一参数探测器缺点如下：

1）以实时量测值作为火灾判断的数据基础，判据或是各量测值与预设门限值直接相比较，或是多个量测值经融合处理后与预设门限值间接相比较，存在明显的时间滞后性，报警不及时。

2）现实中的火灾多种多样，且具有较大的偶然性和不稳定性，对火灾特征信号响应灵敏度存在不均匀性问题，易受环境干扰而误报、漏报。

3）技术改进新产品。尽管在灵敏度、可靠性和使用性能方面做过许多技术改进，但至今仍然没有一种单一参数火灾探测器能有效探测各类火情。如何及时、准确地预报火情从而实现防灾减灾，是困扰工程技术人员的难题。近年出现的可重复使用、设定温度的缆式线型感温探测器、差定温线型感温探测器，是隧道火灾探测主要使用的产品。线型感温探测器分为光纤光栅感温探测器和分布式光纤感温探测器两类，光纤光栅感温探测器以光纤连接的多点光为温度检测单元，分布式光纤感温探测器以整根光纤为温度检测单元。

2. 灭火系统

应用于电力电缆通道的灭火系统的灭火剂主要有水（包括水喷雾、细水雾）、超细干粉和惰性气体等。

（1）水喷雾具有灭火速度快、不复燃、可靠性高、良好的可持续灭火能力等优点，但灭火后需要排放一定量的水。

（2）细水雾水滴粒径更小，灭火效能更好，且灭火后不会产生大量水，但系统造价高。

（3）超细干粉对人体无刺激，灭火效能高，不复燃，灭火后清理方便，但几乎没有降

温、除烟效能。

（4）惰性气体一般用于封闭小空间，通过迅速隔绝氧气达到灭火的效果。如果空间过大，则工程造价过高，且易造成邻近区域生物窒息。

我国电力电缆常用灭火手段的相关国家标准和行业标准见表1-6-1-2，我国电力电缆常用灭火手段优缺点比较见表1-6-1-3。

表1-6-1-2   我国电力电缆常用灭火手段的相关国家标准和行业标准

灭火手段（灭火剂）	国家标准、行业标准
干粉（含超细干粉）	GA 602《干粉灭火装置》 GA 578《超细干粉灭火剂》 GB 16668《干粉灭火系统部件通用技术条件》 GB 50347《干粉灭火系统设计规范》
水	GB 50219《水喷雾灭火系统设计规范》 GB 50084《自动喷水灭火系统设计规范》 GB 50261《自动喷水灭火系统施工及验收规范》
二氧化碳	GB 4396《二氧化碳灭火剂》 GB 16669《二氧化碳灭火系统及部件通用技术条件》 GB 19572《低压二氧化碳灭火系统及部件》 GB 50193《二氧化碳灭火系统设计规范》
IG541、SDE	CB 50263《气体灭火系统施工及验收规范》 GB 50370《气体灭火系统设计规范》

注：IG541 灭火剂由 52%N_2、40%Ar、8%CO_2 组成；SDE 灭火剂由 35%CO_2、25%N_2、38%～39%3H_2O、1%～2%雾化金属氧化物组成。

表1-6-1-3   我国电力电缆常用灭火手段优缺点比较

灭火手段（灭火剂）	优 点	缺 点
干粉 （含超细干粉）	灭火能力强，速度快，不导电，无毒无害，无腐蚀，无刺激，无污染，用于相对密闭空间和开放空间	非纯洁净灭火剂，对别精密仪器设备（具有防尘要求的）不一定适用
细水雾	污染小，水量少，效果好	结构复杂，技术要求高，灭遮挡火有困难
二氧化碳	易液化，容易灌装、储存，制造难度小，无污染，无腐蚀和破坏作用	瓶组数多，占地面积大，压力高，系统的附属配件多，系统发生故障的几率增加，年泄漏率达到 5% 左右，补压困难；设计浓度太高时有可能造成人员窒息死亡；灭火时用量大，膨胀时有放电现象
SDE	无残留，无污染，不破坏大气臭氧层	灭火速度慢，使用过程中温度降易造成仪器设备结露，性能价格比远高于哈龙灭火剂；不能利用原哈龙灭火系统的管网，灭火时用量大；灭火器内压高
IG541	高效，无复燃	灭火剂燃烧产生的高温会增加封闭体系的平均温度，其有机组分的不完全燃烧会生成污染环境的气体产物，而固体微粒有污染和腐蚀作用

选择灭火方式时，应按如下原则进行：

（1）要满足使用场所要求。

（2）要满足灭火效率要求。

（3）要满足使用安全要求。

（4）要满足综合造价要求。

第二节　电缆防火中存在的问题和解决措施

一、电缆火灾的严重性和电缆火灾起因

1. 电缆火灾的严重性

因质量或安装工艺不良、接地系统损坏，绝缘老化、过负荷、接触不良、外力破坏等问题均可导致电缆火灾，且失火后伴随释放大量浓烟、有毒有害气体，火势易随电缆通道蔓延扩大。因为电缆通道的隐蔽而难以扑灭，且火源难以精确定位，救援困难，易波及相邻电缆线路造成二次灾害，导致事故扩大化，甚至引发大面积停电。而且火灾事故后恢复重建时间久，经济损失与社会影响大。据统计，电缆火灾占变电设备火灾的 70%～80%，70% 以上电缆火灾造成的损失非常严重。

2. 电缆火灾起因

电缆火灾事故发生的原因主要有两个，一是电缆系统本身故障引起的火灾事故；二是外界起火引起电缆着火的火灾事故。目前，虽然电缆设计、施工、生产、运行等各环节均有相应的防火措施，但仍存在诸多引发火灾的不安全因素。

二、电力电缆防火方面存在的问题

1. 电力电缆本体在防火方面的主要问题

（1）电缆或附件生产工艺把控不严或原材料不合格，产品质量导致线路故障率增大。

（2）安装人员水平不高、安装环境恶劣、随意压缩施工工期及施工工艺管控不严，造成电缆安装缺陷。

（3）检修、试验或故障测寻等操作不当。

（4）架空线-电缆混合线路重合闸未退出，故障后重合闸动作引起火灾。

（5）中性点非直接接地系统电缆长时间带故障运行引发火灾。

（6）现有国内外标准未建立统一的电缆防火性能入网检测体系，导致不合格电缆、附件及附属设备设施可能入网，增大事故隐患。

（7）电缆线路缺乏有效的检测技术，电缆运行状态评估困难。

（8）火灾监测主要依靠温度与烟雾传感器，易误报导致灭火系统误动。

2. 电缆通道在防火方面的主要问题

（1）未统一规划、管理，电缆通道与其他市政管线（煤气、通信、热力、来水、雨污水管等）之间存在交叉跨越，具有较大安全隐患。

（2）输配电电缆、强弱电电缆同通道敷设，且未采取有效防火隔离措施。

（3）政府及用户投资改造的电缆通道在建设中缺乏对施工质量的管控，造成电缆线路通道安全与质量存在缺陷等。

（4）已建成电缆通道内施工随意性较大，存在乱敷设、乱摆放，乱穿管等现象，安全隐患较大。

（5）电缆通道上堆积易燃易爆物品，工井内无防火措施，存在火灾隐患。

（6）电缆通道火灾事故一旦扩大，基本依靠被动防火分隔和封堵，缺乏高效可靠的灭火装备或措施，致使火灾蔓延、事故扩大。

3. 特大/大型城市电缆通道存在的问题

在特大/大型城市中，考虑经济因素及场地限制，电缆通道内通常多回路密集敷设，且高电压等级电缆的使用量越来越大。在特大/大型城市的电缆通道施工过程中，存在下述问题：

（1）通道资源紧张，电缆敷设密集，中心城区通道资源严重不足，电缆通道建设必须统一选线，新建高压电缆线路利用原有中压电缆排管通道增多。

（2）早期投运的电缆隧道标准不高，早期隧道设计，建设的标准不高，消防系统配置水平不统一。

（3）施工质量下降，后期整改困难。存在建设管理单位质量管控水平参差不齐，项目监理单位不按标准执行，项目施工单位利用监管漏洞不按规范要求施工等问题。

三、降低电缆及通道火灾风险的常规措施

通常采取以下措施可以降低电缆及通道的火灾风险：

（1）针对通道资源紧张、电缆敷设密集的问题严控新增线路投运，明确通道防火措施，应同时设计、同时施工、同时验收，未落实防火防爆措施的电缆不得投运。配网电缆不进入 500kV 电缆通道；中性点非有效接地且带故障运行的电缆不进入隧道；非阻燃电缆不进入隧道。设计单位在可研方案编制时完成现有通道内部勘查，对不符合高压电缆敷设要求的通道，方案中必须增加整理、隔离或搬迁现状电缆等改造项目。运维单位需要优化通道资源，积极介入隧道可研规划阶段，加强配网电缆入沟管控，逐步移出主网通道内现存配网电缆，避免电缆通道断面使用无序。城市综合管廊是解决多种地下民生工程（如供电、供水、通信、供暖）的一种方法，今后一段时间将是电缆通道建设、运维的一个主要方向。

（2）针对早期投运的电缆隧道标准不高的问题，逐步实施老旧电缆通道消防改造。根据隧道的重要程度，合理安排资金统一隧道附属设备、设施配置标准，通过技改、大修来提高电缆隧道的安全防护等级。

（3）针对施工质量下降，后期整改困难的问题，运维单位防线前移。建立健全全过程验收管控机制，加强高压电缆线路过程监控、竣工现场检查的覆盖率，严把投运关。

（4）在强化日常巡检与专项排查治理的基础上，进行差异化运维。

1）优化重合闸方式。电缆长度占比低于30%且不含有电缆接头的架空、电缆混合线路投入重合闸；纯电缆线路、电缆长度占比超过30%或含有电缆接头的架空、电缆混合

线路退出重合闸。

2）快速切除单相接地故障。在不接地或经消弧线圈接地系统中，当发生 10kV、35kV 电缆线路（含架混线路）永久性单相接地故障时，在确定故障线路后，调控部门立即远方切除故障线路或故障区段（含造成用户停电的单电源及重要用户外电源线路），避免波及临近高压电缆。不具备远方操作条件的，应立即通知运维人员到站操作。

3）开展差异化巡检工作，将存在火灾隐患的隧道纳入一级通道管理范畴，做到通道内 30 天巡视一次。

第三节 电力电缆防火措施

一、被动防火材料及设备

国外被动防火往往采用横向或纵向的物理障碍、涂刷膨胀性防火涂料或使用陶瓷纤维防火毯封堵电缆穿墙处等方法。我国主要采取"封、堵、隔、涂、包"等被动式阻火方式。"封"是指采用防火（耐火）槽盒对电缆进行封闭保护；"堵"是指采用防火堵料与阻火包等防火材料对贯穿墙、楼板孔洞进行封堵；"隔"是指采用耐火隔板对电缆进行层间阻火分隔、用耐火隔板隔小防火分隔区间；"涂"是指采用电缆防火涂料对电缆进行防火阻燃处理；"包"是指采用防火包带对电缆作防火阻燃处理。

（一）防火封堵材料

为防止因短路或外界火源造成电缆引燃或沿电缆延燃，应对电缆及其构筑物采取防火封堵/分隔措施。电缆穿越楼板、墙壁或盘柜孔洞以及管道两端时，应用防火堵料封堵。要求防火材料具有非常低的热导率、高温膨胀性、保水性、毒气零释放、1000℃下至少 1h 阻燃等特性。防火封堵材料应密实无气孔，封堵材料厚度不应小于 100mm。防火封堵材料应满足《防火封堵材料》（GB 23864）的要求，防火墙整体还应满足《建筑设计防火规范》（GB 50016）的要求。

1. 堵料

堵料一般用于电缆穿墙、屋顶的孔洞封堵，隔绝两个不同空间的空气流通，以避免火灾蔓延。堵料分为无机堵料和有机堵料两种。

（1）无机堵料是以无机材料为主要成分的粉末状固体。防火泥是一种常见的油灰状无机堵料，主要由氯化石蜡、瓷土粉等组成，可塑性强，能防鼠咬，耐火性能一级，施工、维修时比较方便。非凝固型防火泥是由合成弹性体构成的单组分、遇热膨胀的阻火延烧填隙材料，在自然条件下固化成密封胶，具有气密性，且隔声，发生火灾时，能和建筑构件一起有效地阻止火焰、烟雾和有毒气体的蔓延和扩散。

（2）有机堵料以有机材料为黏结剂，使用时具有一定柔韧性或可塑性，产品为胶泥状物体。

2. 阻火包

将防火材料包装制成包状物体即为阻火包，适用于较大孔洞的防火封堵或电缆桥架的防火分隔。由于其水密性、烟密性及气密性较差，所以只适用于临时封堵，不得用于长期封堵。

3. 阻火模块

阻火模块是用防火材料制成的具有一定形状和尺寸的固体，可切割和钻孔，适用于孔洞或电缆桥架的防火封堵。隧道内常用耐火极限不低于 3h 的耐火构筑物砌成防火墙（或阻火墙），形成相互独立的防火分区，并采用耐火砖、防火板、防火堵料等耐火阻燃材质填充。防火墙厚度根据耐火要求设置，一般不低于 250mm，便于拆装且不损坏电缆。

4. 填砂

《电力工程电缆设计标准》（GB 50217）规定，有防爆、防火要求的明敷电缆，应采用填砂敷设的电缆沟。《35～500kV 电力电缆线路运行规程（试行）》（南方电网设备〔2016〕84 号）规定，有防火要求的电缆线路，应在电缆通道内采取适宜的防火防爆措施（如填砂等）。珠海供电局《电力电缆运行维护规程》规定，电缆敷设好后，应在槽盒（或砌沟）中填满细砂，然后盖以混凝土保护板。

填砂的每个工井的造价一般几千元，其缺点是，只适用于电缆工井，在雨季时电缆接头几乎都是在潮湿环境中运行，事故检修时需要耗费大量的人力清理砂子，且只能人工开挖，耗时太长，极为不便。

（二）防火涂料

防火涂料一般由叔丙乳液水性材料添加各种防火阻燃剂、增塑剂等组成，涂覆于电缆表面，在自然条件下可以干燥成膜，无需特殊处理。受火时生成均匀致密的海绵状泡沫隔热层，能有效地抑制、阻隔火焰的传播与蔓延。

夹层中的电缆接头，应采用防火涂覆材料进行表面阻燃处理，即在接头及其两侧 2～3m 和相邻电缆上涂刷防火涂料，涂料总厚度应为 0.9～1.0mm。

（三）阻燃包带

阻燃包带为缠绕在电缆表面的阻燃带状材料，宽度为 50mm 左右。对电缆提供防水、防酸、防污、防盐、抗紫外线等长期保护，遇火时膨胀形成聚积物防火墙，使电缆更快散热，并保护邻近的电缆和附件不受故障电弧灼伤。

电缆夹层中的电缆接头，应采用防火涂覆材料进行表面阻燃处理，即在接头及其两侧 2～3m 和相邻电缆上绕包阻燃带。位于检修孔、拱顶、露天电缆槽或其他存在隐患或会发生通信故障的露天场所的高压电缆，以及重要通信、控制电缆，都应采用防火胶带保护，胶带用玻璃纤维带固定。

（四）防火防爆盒

电缆中间接头防火防爆盒采用阻燃型复合材料，质量应满足《爆炸性环境　第 1 部分：设备通用要求》（GB 3836.1）及《爆炸性环境　第 3 部分：由增安型"e"保护的设备》（GB 3836.3）的要求。适用于电缆截面积在 25～630mm² 的中间接头的外层保护，与阻火包带、防火泥配合使用，可防止电缆接头因缺陷、静电等原因产生的火花引起外界气体、可燃物等不确定环境爆炸或燃烧，形成二次灾害。

防火防爆盒应满足以下要求：应采用整体预制式或组装式，耐火性能满足 A1 级，同时在爆炸发生时具备确保结构完整的要求，以免造成二次伤害；采用封闭式保护，电缆接头须被防火防爆盒封闭，材质须为不导磁材料以免形成铁磁回路；须满足耐水、油、耐化学防腐蚀性强、无毒无害等要求，且便于现场拆卸和安装。

现在国内所见的防火防爆盒，对材料没有严格的要求，较多使用阻燃塑料（防火板）、尼龙纤维、玻璃钢（灌聚氨酯 AB 防水组合胶）、石英砂板等几种材料，施工工艺有模压的也有手工的，即使厚度一样其强度也不相同。对其结构也没有严格的要求，只要能组成一个盒子，在盒子里面用阻火包隔断，用防火堵泥封堵。

国内可生产接头防爆盒的厂家几乎都是以玻璃钢外壳加以灌聚氨酯 AB 防水组合胶为主的产品，其产品都只能应用在 35kV 及以下中、低压系统中。国外对防火防爆盒的研究也很少，只有日本日立电缆公司曾经报道过一种保护盒的结构。

玻璃钢作为外壳内灌聚氨酯 AB 防水组合胶为主的产品，加装在电缆接头上使用后也起不到防火防爆的作用。如果聚氨酯 AB 防水组合胶在灌入前未搅拌至理想状态，则连防水效果都达不到，在电缆接头发生爆炸时，玻璃钢外壳加以灌聚氨酯 AB 防水组合胶的产品根本无法抵抗爆炸的瞬间冲击，邻近的电缆同样受到牵连。

（五）防火分区与防火隔断

防火分区是根据建筑物的特点，用相应耐火性能的建筑构件或防火分隔物（矿棉、玻璃纤维、石膏板等不燃材料）将建筑物人为划分，能在一定时间内防止火灾向同一建筑物的其他部分蔓延的局部空间，通过隔离火源或封闭空气流通以达到减少或控制火势蔓延的作用。隧道内防火分区一般在每 100～200m 设置一阻火分隔。

《电力工程电缆设计标准》（GB 50217）要求，对电缆可能着火导致严重事故的回路、易受外部影响波及火灾的电缆密集场所，应设置适当的阻火分隔，包括防火门、防火墙等。

1. 防火墙

防火墙的砌筑及用材应满足《建筑设计防火规范》（GB 50016）的技术要求。防火墙耐火极限不低于 3h，常见的是砖石砌块类或钢筋混凝土类，石膏板、轻钢骨架与无机材料复合板等新型防火墙应用也日益广泛。防火墙按安装位置分为外防火墙、内防火墙和室外独立防火墙。

《城市电力电缆线路设计技术规定》（DL/T 5221）规定，防火门、防火墙主要应用于电缆隧道、电缆沟、电缆桥架以及上述通道的分支及出入口，防火墙的间隔距离应不大于表 1-6-3-1 要求。

表 1-6-3-1　　　　　　　　　电缆通道防火墙的间隔距离

电缆通道类型	电缆通道地点	防火墙间隔距离/m
电缆隧道	电厂、变电站内	100
电缆隧道	电厂、变电站外	200
电缆沟/桥架	电厂、变电站内	100
电缆沟/桥架	厂区内	100
电缆沟/桥架	厂区外	200

防火板是防火墙的常用材料，用于封堵防火墙、楼板的贯穿孔以及电缆竖井/桥架、管道、封堵混凝土砌块或楼板上任何形状的开口。也可用作隔热屏，保护电缆桥架、套管、通风管道、控制面板、控制阀和对热量敏感的生产设备。

防火板一般采用硅质材料或钙质材料为主要原料，以玻璃纤维为骨架，以阻燃树脂或无机耐火材料经蒸压技术制成。其防火性能良好，火焰持续燃烧时间为零，800℃不燃烧，1200℃无火苗，达到最高防火不燃级别 A1 级。

2. 防火门

防火门指在一定时间内能满足耐火稳定性、完整性和隔热性要求的门。通常设在防火分区间、疏散楼梯间、垂直竖井，电缆隧道/沟/桥架以及上述通道分支处和出入口等处，包括公用主电缆通道的分支处、多段配电装置对应沟道的适应分段处、长距离沟道相隔100～200m 或通风区段、至控制室或配电装置的沟道入口、厂区围墙等，起阻止火势蔓延和烟气扩散的作用。

防火门应满足《防火卷帘、防火门、防火窗施工及验收规范》（GB 50877）、《防火门》（GB 12955）的技术要求。

防火门应安装闭门器，或设置让常开式防火门在火灾发生时能自动关闭门扇的闭门装置，以隔烟、阻火，以及紧急手动打开装置，并应与火灾报警系统联动。常开式防火门应保证隧道内的通风与采光，自动关闭遇火时能起阻隔作用，紧急手动装置确保运维人员遇火时能自救，火灾报警控制系统可联动关闭防火门，并将报警信号发送至相关值班人员。

《电力电缆及通道运维规程》（Q/GDW 1512）要求，电缆通道中防火重点部位的出入口，应按设计要求设置防火门或防火卷帘。电缆通道中防火重点部位包括变电站出入口、电缆隧道、接头室、线密集处。

隧道防火门一般用在防火墙上，且在墙边设置手持灭火器。

二、主动防火材料与设备

实际工程中，被动防火措施固然能起作用，却并不能有效阻止电缆火灾发生和蔓延。在"防火线"被冲破后，还需要采取主动灭火措施进行补救。

（一）光纤测量

在隧道内敷设测量环境温度和电缆表面温度的感温光纤，可有效监测隧道环境及电缆的温度，通过发现温度异常达到早期预警的目的，甚至可在火灾初期通过联动消防系统（包括灭火器、防火卷帘门、自动喷淋系统等），主动抑制火灾发展。

（二）悬挂式超细干粉灭火器

灭火器工作准确可靠，喷射时间短，灭火迅速，施工安装简便，不占用防护区地面面积，在较封闭的情况下，有效灭火范围可达到 $7\sim10\text{m}^3$，适用于小型防护区的消防保护。一般安装在电缆隧道、电缆夹层、计算机房、电厂、配电室、电力通信基站、电缆隧道内电缆接头附近。在火灾发生或报警信号作用下引爆、释放灭火介质，爆炸时对人体、建筑物及其他器材均不会造成伤害。

灭火器根据介质分为干粉、气体、液体等几种，其中超细干粉灭火剂灭火效率较高，灭火浓度最低。其单位容积灭火效率是哈龙灭火剂的 23 倍，是普通干粉灭火剂的 6～10 倍，是七氟丙烷灭火剂的 10 多倍，是二氧化碳灭火剂的 15 倍。

灭火器在电缆接头的上方部位悬挂，使用热敏线连接缠绕在电缆接头的部位。缺点是只可灭掉电缆头发生瞬间爆炸的火源，无法防止电缆接头发生爆炸时向四周迸发出的高温火源，更重要的是，如果电缆接头发生爆炸时，正好巡检人员在附近则极有可能造成人员伤害，再者也可能会造成电缆隧道内粉尘覆盖，如果事故现场查人员未佩戴防毒面罩，可能会吸入粉尘造成人身伤害。

（三）气溶胶灭火系统

气溶胶灭火系统是当火灾发生时，热气溶灭火发生剂经氧化还原反应生成一种具有灭火性质的气溶胶体，以冷却降温及化学抑制燃烧来实现灭火。气溶胶灭火系统一般安装在电缆隧道内。

（四）干粉灭火系统

干粉灭火系统是利用干粉与火焰接触吸收热量，生成非活性气体稀释氧气浓度，从而达到灭火目的。其优点是采用高压动力源，干粉量大，喷射指向性高。缺点是干粉释放对人有呛咳不适影响，对粉尘过敏者尤甚，需佩戴防尘口罩，进入隧道前规定将系统从"自动"切换为"手动"。

灭火程序为接头发生爆炸火灾时，智能控制系统根据探得火情信号，发出人员疏散警报（留有 0～30s 疏散时间，可调整），自动启动动力瓶内的高压氮气推动灭火剂储存罐内的干粉通过分区阀、输送管网和喷嘴喷放到着火电缆接头处，干粉喷放完毕后，系统启动冷却瓶内的高压氮气再喷放至接头以 $-40℃$ 低温进行可持续 15min 以上的冷却降温。如发生复燃现象，智能控制系统会再次自动启动二次灭火程序，灭火及冷却程序和持续时间与第一次灭火程序相同。

（五）水喷淋灭火系统

水喷淋灭火系统可在发生火灾时自动报警，自动控制式的消防喷淋系统还可以在温度达到设定值（一般为 68℃）或者烟雾浓度达到一定阈值后喷头镀铬融化自动喷水，并与其他消防设施同步联动工作，能有效控制、扑灭初期火灾。

（六）细水雾灭火系统

细水雾具有水表面能快速吸收热量、隔绝氧气、降低热辐射、减少烟雾等优点，细水雾灭火系统是用水量较少的环保型灭火装置。其缺点是需具备持续喷淋 30min 能力，不能设置自动关闭，残留水可能造成电缆受潮。

第四节　电力电缆设计选型和运维阶段防火措施

一、电缆设计选型阶段防火措施

1. 电缆本体防火措施

（1）应选用低烟、低毒的阻燃不延燃及纵向和径向阻水的干式交联乙烯绝缘电缆，阻燃性能应满足《电缆和光缆在火焰条件下的燃烧试验 第 11 部分：单根绝缘电线电缆火焰垂直蔓延试验 试验装置》（GB/T 18380.11）的要求，有特殊要求的应采用耐火电缆，遇火后一定时间内仍能持续运行。

（2）新建电缆隧道/沟，站对站的不同回路电缆应分别布置在通道的两侧。

（3）同一电源点的多回路电缆、高低压电缆、强弱电电缆，应避免同通道敷设。

（4）同通道敷设的电力电缆应按电压等级的高低从下向上分层布置。

（5）路径选择尽量远离加油站、燃气、雨污水管等管线及其他易燃易爆设备。

（6）严格管控电缆及附件安装质量，完成交接试验，减少线路故障率。

2. 电缆通道防火措施

（1）电缆进入电缆沟/隧道/竖井、建筑物、盘（柜）以及穿越管道时，出入口应做厚度不小于 100mm 的防火封堵。

（2）对电缆沟内敷设的电缆经核算电缆载流量，在满足输送容量、空间尺寸、运维检修等要求的前提下，优先考虑回填砂，掩埋中间接头及两端电缆 2～5m。电缆隧道或不具备回填砂条件的电缆沟，条件许可时可采用耐火极限不低于 3h，厚度不低于 250mm 的防火墙，防火墙间距不宜大于 200m。在防火分区间，疏散楼梯间、垂直竖井等处设置防火门。

（3）电缆隧道内各防火门/隔断两侧各 2m 范围内的所有电缆，应缠绕厚度不低于 2mm 防火包带或涂刷厚度为 0.9～1mm 防火涂料。每个电缆接头两侧各 3m 范围内的电缆，应缠绕厚度不低于 2mm 防火包带（为防止接头故障后发生延燃，电缆接头两侧不宜选用防火涂料）。

（4）低电压等级电缆的阻燃性能比高压电缆差，需采取相应的防火隔离措施，例如，弱电、控制电缆等低压电缆及光缆应与电缆隧道内其他设施分隔，可采用耐火槽盒或穿管敷设，耐火槽盒接缝处和两端应用防火封堵材料或防火包带密封。

（5）隧道内电缆水平蛇形敷设时，层间可考虑用防火隔板；电缆垂直蛇形敷设，上下层间距较小无法满足防火板安装要求时，层间电缆净距应不小于 200mm。

（6）电缆夹层/隧道应设置排烟排风设施。

（7）电缆隧道/竖井及变电站内的电缆区域可考虑采用水喷淋系统。

（8）消防供电按二级负荷要求供电；火灾报警系统应设置不间断电源；隧道内应急照明，疏散指示自带蓄电池，且持续供电时间不小于 30min。

3. 电缆附件防火措施

电缆附件防火措施应着重于防火、防爆、阻燃几方面。

（1）不同回路电缆线路应采用不同厂家的电缆附件，以减少同一厂家电缆出现故障的概率。

（2）电缆接头等易发生火灾危险的区域，可考虑装设自动灭火装置，在火焰形成初期通过温度或红外、紫外光感应器感知火灾并触发灭火装置动作，在有效区域内全部灭火。灭火弹是一种能满足该要求的简便的灭火装置。

（3）电缆接头外壳应阻燃、无烟和低毒。电缆接头位于空气中且邻近其他电缆时，应考虑安装防火隔板或其他耐火材料，防火防爆装置不宜完全密闭，应考虑为后续红外测温等运维工作预留检查空间，并利于短路能量的释放。

（4）接头位置电缆密集，不具备防火防爆盒安装条件的用防火抗爆板或防火板将接头与同侧的上下层电缆和对侧的电缆隔离，防止故障时损伤邻近电缆。

（5）隧道内同一线路各相电缆接头安装位置不应在同一垂直面，且与相邻电缆或其他公用设施间应设置有效的防火隔离，以减少事故时波及邻近接头的风险，同时应采取措施保证每个循环内各段电缆长度尽量相等。110kV 电缆接头中心点错开距离不宜小于 5m，220kV 电缆接头中心点错开距离不宜小于 8m，不同回路（含隧道两侧）的电缆接头应错开布置，错开距离不宜小于 10m。

（6）电缆隧道、接头井内如空间大，可考虑同时布置多种防火防爆措施，全方位保证接头及邻近线路安全，可用灭火弹、防火防爆盒、防火罩，同一侧防火隔板应分割上下层间电缆线路，接头区域所有线路涂刷防火涂料。

二、电缆线路运维阶段防火措施

1. 运行维护

（1）加强运维巡视，特别是电缆摆放在金属支架的通道巡视，避免接地电缆等电缆附属设备被偷盗，以及动物咬噬或故障引发火灾，隧道内环境较恶劣且巡视手段有限，应采用机巡人巡相结合方式，逐步减少运行人员进入隧道的频次。

（2）电缆定期做预防性试验，增加带电检测、在线监测、振荡波局放检测、红外测温等技术的应用，及时发现缺陷并消除，严防充油电缆漏油，定期检查压力装置。

（3）防范架空、电缆混合线路重合闸、线路故障时继电保护拒动误动、中性点非有效接地系统方式等可能造成的电缆火灾。

（4）定期开展隧道附属设施特别是通风设备的维护工作，防止有害气体聚集，消防设施（消防报警系统、自动及手动火灾报警设施，灭火设施等）须委托具有相关资质的单位进行专业维护、保养。

（5）进入电缆隧道作业前，应先开启通风系统排气，再用气体检测仪检查易燃易爆及有毒气体含量，符合安全要求后方可进入；进入隧道人员应采取必要的个人防护措施如佩戴防护面罩，携带便携式气体检测仪等；作业进行过程中，应加强通风换气，在氧气、有害气体、可燃性气体浓度可能发生变化的危险作业中，应保持必要的气体成分测定次数或连续检测气体成分；当发现火情，火灾监测系统或气体检测仪器报警时，人员必须立即停止作业并迅速撤离，必要时应通过广播系统进行指引；电缆接头未安装防爆装置时，应设置移动式防爆挡板，以保护接头周边作业人员安全。

（6）隧道内发生火情时，运维单位应及时通知消防部门开展专业消防工作，未经消防知识培训和未佩戴安全护具的运行人员在消防人员到达前严禁进入隧道。如需进入隧道协助消防人员开展灭火工作，需装备专业消防护具。

2. 安全管理

（1）隧道内严禁堆放可燃物、易燃物，防止引起电缆隧道火灾、避免电缆故障时事故的扩大及危及人员安全。

（2）安全指引标志明确，疏散照明齐全。

（3）隧道防火门应具备人工开闭功能，发生火情时防火门应处于关闭状态，且不应启动风机进行抽风，消防人员进入火场后如确认火势不大，同时浓烟影响查看现场及灭火时，在消防人员的指挥下可开启抽风设备，以便开展消防工作。

（4）做好隧道内施工作业风险辨析与管控，防止施工人员违规作业导致相关设备故障，隧道内动火须办理动火工作票，并做好安全防控措施。

（5）加强隧道出入口管理，在停送电操作期间隧道内应处于无人状态。运行经验表明：电缆接头在线路停送电操作过程产生的操作过电压的影响下，若电缆接头内部存在绝缘缺陷或过电压超过接头设计耐受水平，绝缘击穿的风险较大，会威胁隧道内人员的安全。

（6）通过建立与消防部门的联动机制，制订应急预案，并定期进行联合演练，确保在隧道内发生火情时，及时得到消防部门的专业指导与支持，按照应急预案做好火情的控制及设备运行方式的调整工作。下面是某电力企业制定的有限（密闭）空间中毒窒息事故现场处置方案，供参考。

有限（密闭）空间中毒窒息事故现场处置方案

1 目 的

为高效、有序地处理本企业密闭空间中毒窒息突发事件，避免或最大限度地减轻密闭空间中毒窒息人身伤亡造成的损失，保障员工生命和企业财产安全，维护社会稳定，特制定本预案。

2 适 用 范 围

适用于本企业密闭空间中毒窒息突发事件的现场应急处置和应急救援工作。

3 事 件 特 征

3.1 危险性分析和事件类型

3.1.1 在容器、槽箱、锅炉烟道及磨煤机、排污井、地下沟道及化学药品储存间等密闭空间内作业时，由于通风不良，导致作业环境中严重缺氧以及有毒气体急剧增加引起作业人员昏倒、急性中毒、窒息伤害等。

3.1.2 密闭空间中毒窒息事故类型：缺氧窒息和中毒窒息。

3.2 事件可能发生的地点和装置

生产区域内排污井、排水井及地下电缆沟道，高压加热器、低压加热器、除氧器、凝汽器、压缩空气储气罐、锅炉、锅炉汽包、烟道及排风机，化学药品储存间、加药间及化粪池等。

3.3 可能造成的危害

当工作人员所处工作环境缺氧和存在有毒气体，且工作人员没有采取有效、可靠的防范、试验措施进行工作时，会造成工作人员昏倒、休克，甚至死亡。

3.4 事前可能出现的征兆

3.4.1 工作人员工作期间，感觉精神状态不好，如眼睛灼热、流涕、呛咳、胸闷或头晕、头痛、恶心、耳鸣、视力模糊、气短、呼吸急促、四肢软弱乏力、意识模糊、嘴唇变紫、指甲青紫等。

3.4.2 工作监护人离开工作现场，且没有指定能胜任的人员接替监护任务。

3.4.3 工作成员工作随意，不听工作负责人和监护人的劝阻。

4 组 织 机 构 及 职 责

4.1 成立应急救援指挥部

4.1.1 总指挥：总经理。

4.1.2 成员：事发部门主管、值班经理、现场工作人员、医护人员、安检人员。

4.2 指挥部人员职责

4.2.1 总指挥的职责：全面指挥密闭空间中毒窒息突发事件的应急救援工作。

4.2.2 事发部门主管职责：组织、协调本部门人员参加应急处置和救援工作。

4.2.3 值班经理职责：向有关领导汇报，组织现场人员进行先期处置。

4.2.4 现场工作人员职责：发现异常情况，及时汇报，做好密闭空间中毒窒息人员的先期急救处置工作。

4.2.5 医护人员职责：接到通知后迅速赶赴事故现场进行急救处理。

4.2.6 安检人员职责：监督安全措施落实和人员到位情况。

5 应 急 处 置

5.1 现场应急处置程序

5.1.1 密闭空间中毒窒息突发事件发生后，值班经理应立即向应急救援指挥部汇报。

5.1.2 该预案由总经理宣布启动。

5.1.3 应急处置组成员接到通知后，立即赶赴现场进行应急处理。

5.1.4 密闭空间中毒窒息事件进一步扩大时启动人身事故应急预案。

5.2 处置措施

5.2.1 帮助窒息人员脱离危险地点。

5.2.2 对于有毒化学药品中毒地点发生人员窒息的事故，救援人员应携带隔离式呼吸器到达事故现场，正确戴好呼吸器后，进入现场进行施救。

5.2.3 对于密闭空间内由于缺氧导致人员窒息的事故，施救人员应先强制向空间内部通风换气后方可进入进行施救。

5.2.4　对于电缆沟、排污井、排水井等地下沟道内可能产生有毒气体的地点，救援人员在施救前应先进行有毒气体检测（方法为通过有毒气体检测仪、小动物试验、矿灯等），确认安全或者现场有防毒面具则应正确戴好防毒面具后进入现场进行施救。

5.2.5　施救人员做好自身防护措施后，将窒息人员救离受害地点至地面以上或通风良好的地点，然后等待医务人员或在医务人员没有到场的情况进行紧急救助。

5.2.6　呼吸、心跳情况的判定。

　　密闭空间中毒窒息伤员如意识丧失，应在 10 秒内，用看、听、试的方法判定员呼吸心跳情况。

　　①看：看伤员的胸部、腹部有无起伏动作。

　　②听：用耳贴近伤员的口鼻处，听有无呼气声音。

　　③试：试测伤员口鼻有无呼气的气流，再用两手指轻试伤员一侧（左或右）喉结旁凹陷处的颈动脉有无搏动。

　　若通过看、听、试伤员，既无呼吸又无颈动脉搏动的，可判定呼吸、心跳停止。

5.2.7　密闭空间中毒窒息伤员呼吸和心跳均停止时，应立即按心肺复苏法支持生命的三项基本措施，进行就地抢救：

　　①通畅气道。

　　②口对口（鼻）人工呼吸。

　　③胸外按压（人工循环）。

5.2.8　抢救过程中的再判定。

　　①按压吹气 1 分钟后（相当于单人抢救时做了 4 个 15∶2 压吹循环），应用看、听、试方法在 5～7 秒时间内完成对伤员呼吸和心跳是否恢复的再判定。

　　②若判定颈动脉已有搏动但无呼吸，则暂停胸外按压，而再进行 2 次口对口人工呼吸，接着每 5 秒吹气一次（每分钟 12 次）。如脉搏和呼吸均未恢复，则继续坚持心肺复苏法抢救。

　　③在抢救过程中，要每隔数分钟再判定一次，每次判定时间均不得超过 5～7 秒。在医务人员未接替抢救前，现场抢救人员不得放弃现场抢救。

5.3　事件报告

5.3.1　值班经理立即向总经理汇报人员密闭空间中毒窒息情况以及现场采取的急救措施情况。

5.3.2　密闭空间中毒窒息事件扩大时，由总经理向上级主管部门汇报事故情况，如发生重伤、死亡、重大死亡事故，应当立即报告当地人民政府安全监察部门、公安部门、人民检察院、工会，最迟不超过 1 小时。

5.3.3　事件报告要求：事件信息准确完整、事件内容描述清晰；事件报告内容主要包括：事件发生时间、事件发生地点、事故性质、先期处理情况等。

5.3.4　联系方式。

略。

5.4 注意事项

5.4.1 对于电缆沟道、有毒化学品储藏室等的救援工作，救援人员在施救前，应戴好防毒面具，做好自身的防护措施再进行施救工作。

5.4.2 在电缆沟、排污井、化粪池等地点进行抢救时，施救人员应系好安全带做好防止人身坠落的安全措施。

5.4.3 伤员、施救员离开现场后，工作人员应对现场进行隔离，设置警示标志，并设专人把守现场，严禁任何无关人员擅自进入隔离区内。

5.4.4 采取通风换气措施时，严禁用纯氧进行通风换气，以防止氧气中毒。

5.4.5 对于密闭空间内部禁止使用明火的地点如管道内部涂环氧树脂等的地点，严禁使用蜡烛等方法进行试验。

5.4.6 对于防爆、防氧化及受作业环境限制，不能采取通风换气的作业场所，作业人员应正确使用隔离式呼吸保护器，严禁使用净气式面具。

第五节 城市地下综合管廊

一、推动电力管线入廊

综合管廊在国外已有近 200 年的历程，逐渐成熟，而我国对综合管廊的研究和实践还处于起步阶段，在投资规模、建设技术、管理模式、运营管理方面与国外还存在很大差距。随着近几年国家越来越重视城市基础设施建设，积极推动城市综合管廊工程建设，越来越多的大中城市已开始着手综合管廊建设的试点和规划，但在高速发展的同时，应注意与之配套的相关技术与体系问题。

建设地下综合管廊的初衷并没有考虑高压电力电缆入管廊的问题，因为现在城市的高压线路都是沿着街道或专有的线路走廊露天架空布置的。综合管廊原来只是为了解决自来水管道、热力管道、天然气管道、电信线路及城市排水等问题，避免道路开挖而建设的。但是在城市发展过程中，由于土地紧张和城市美观，已不可能为高压线路提供线路走廊，需要由空中的裸铝线变为入地的电缆线。

（一）建筑标准设计体系构建

针对综合管廊的建设，我国电力管线在管廊中的敷设应遵循《城市工程管线综合规划规范》（GB 50289）、《城市综合管廊工程技术规范》（GB 50838）、《电力工程电缆设计规范》（GB 50217）、《城市电力电缆线路设计技术规定》（DL/T 5221）等相关标准的规定，按照确保安全、节约利用空间资源的原则，结合各地实际情况实施。对敷设方式有争议的，应由城市人民政府组织论证，并经能源主管部门、电网企业和相关管线单位同意后实施。从规划、设计、施工和管理方面做出规定，保障建设安全和工程质量。针对综合管的维护管理，全国各省（市）也制定了有关法规政策，从规划、建设、管理、使用等方面入手，明确区域内的主管部门提出规划和建设原则，明确管理者使用者的责任，规范运营管理收费，保障综合管廊项目的有序推进。但在建筑设计方面，需要从总体设计、结构工程专项管线、附属设施等方面，结合各地发展现状，针对设计、施工中的普遍要求，梳理现有技术及标准图集，构建和逐步完善建设标准体系，提高我国综合管廊建设设计水平和工作效率，保证工程质量。

（二）与其他地下设施的交叉处理

综合管廊与其他地下设施的空间位置及相对空间关系，仅停留在专业规划的层次很难解决，而必须在城市地下空间发展规划中全面考虑和统一协调，可依以下原则来处理：

（1）充分遵循"满足需要，经济适用"的原则。

（2）纵断面应与所在道路的纵断面基本一致以减少土方量。

（3）纵坡变化处应满足各类管线折角的要求。

电网企业要主动与管廊建设运营单位协作，积极配合城市人民政府推进电力管线入廊。城市内已建设管廊的区域，同一规划路由的电力管线均应在管廊内敷设。新建电力管线和电力架空线入地工程，应根据本区域管廊专项规划和年度建设，同步入廊敷设；既有电力管线，应结合线路改造升级等逐步有序迁移至管廊。城市人民政府要切实落实管廊规划建设管理主体责任，组织住房城乡建设部门、能源主管部门等有关部门及电网企业，加强沟通，共同建立有利于电网企业参与投资建设运营管廊的工作协调机制。住房城乡建设主管部门要完善标准规范，抓好工程质量安全，不断提高服务水平。能源主管部门要加强协调，督促指导电网企业积极配合地方管廊建设工作总体部署，推进电力管线入廊。电网企业要做好电力管线入廊的规划、设计、施工、验收、交付及运维等工作。国家电网公司、南方电网公司要发挥示范带头作用，组织各分公司贯彻落实文件要求，出台具体的实施措施，积极参与管廊投资建设。住房城乡建设部、国家能源局将建立工作协商机制，组织电网企业共同研究推进电力管线纳入管廊的政策措施，协调解决有关重大问题。

（三）电力电缆线路在管廊中的敷设

1. 电力电缆在管廊中的排列方式

以220kV为例，220kV电力电缆在城市地下综合管廊中的排列方式大都采用品字形，其优点是通过压缩支架有效长度及支架层间距可敷设更多回路电力电缆，提高管廊的利用率。对于管廊内空间宽裕、规划电缆回路数较少的工程，可采用三角形分相排列及竖直排列的方式，采取这两种电缆敷设方式可提高电缆的额定载流量，但所占空间更大。

2. 城市地下综合管廊内电力电缆敷设方式

主要分为直线敷设和蛇形敷设两种方式：

（1）电力电缆在竖井、转角段、引出段、分支段、交叉段等特殊区段内可不采用蛇形敷设方式。

（2）电力电缆在由常规段蛇形敷设转换为直线敷设方式的过渡部位处应进行不少于一处的刚性固定。

3. 敷设特殊要求

(1) 电力电缆在进行交叉敷设、向上引上敷设时，应结合管廊工程实际情况，在满足电力电缆安全敷设的前提下，进行支架、夹具布置设计，优先合理利用管廊内预留的吊攀及活动支架。

(2) 由于 220kV、110（66）kV 电力电缆的敷设弯曲半径较大，因此需要较大的管廊空间，宜优先考虑利用引出口顺接引出；当不能满足电力电缆敷设要求时可利用竖井进行敷设。

(3) 220kV、110（66）kV 电力电缆在管廊内敷设时宜合理利用管廊内横担的垂直或水平空间设置电缆接头。

4. 其他要求

(1) 管廊中应采用阻燃型电力电缆。

(2) 按线路走向要求，在电力舱的端墙和侧墙连接外部电力排管或缆线管廊处，应在电力电缆敷设工程完成后，采用防火堵料或成品封堵件对电力电缆与留空的空隙部分进行封堵。

(3) 管廊中应合理布置防火分区和通风设施。

(4) 综合管廊的电力电缆敷设做法，尚应征求当地供电部门的意见。

（四）电力事故灾害的防护及改善

电力事故灾害主要是指接地故障造成的对人员及对其他管线伤害的问题，因为电缆的安全长度大于干扰安全长度，在解决干扰问题时即可解决纵向感应电压所造成的末端设备障碍问题，因此电力事故灾害的防护措施以防范接地故障相关问题为重点，包括人员安全防护、高压闪络及爆裂的防护、漏电防护等。

二、电缆管廊防火建议

综合管廊内的可燃物主要是电缆、光缆和管线，电缆的可燃部件是外绝缘层和外护层，光缆可燃物是塑料外皮和保护套管。因相间短路、对地短路、接触不良或过负荷都有可能导致电缆着火，综合管廊因为集中敷设管线，所以一旦发生火灾，有如下危害：

(1) 火势猛烈、燃烧迅速，并迅速随贯通的走廊蔓延到邻近区域，扑救困难。

(2) 电缆燃烧产生的大量有毒气体，加之通信器材受屏蔽影响，给消防员内攻灭火造成困难。

(3) 高压电缆断电后仍有可能留有余压，存在触电危险。

虽然火灾是小概率事件，但因为廊道内密集敷设的都是当地工作、生活生产的重要线路，将影响到社会经济秩序和生活秩序，因此应采取必要的措施降低火灾的发生概率、控制火势的蔓延。

（一）防火分区及建筑构造的防火设计

防火墙和承重结构应采用阻燃材料，管廊内部嵌缝材料和填充材料都要采用不燃材料，耐火极限应超过 3h；内部装修材料应使用不燃材料，结构件应采用不燃烧体，耐火极限不应低于 2h。用于安全疏散的检查井耐火等级应为二级，按每 200m 设置防火分区，采用防火墙、甲级防火门、阻火包等进行防火分隔。预留人员检查口和疏散通道内设有排水系统、通风系统。如果管廊采用钢筋混凝土结构，着火时混凝土表面温度一般达到150～200℃就会开始爆裂，考虑管廊结构在火灾作用下强度会下降，结构可能发生损坏和坍塌，影响检修人员疏散或消防救援，因此要求低标混凝土表面温度不超过380℃，高标混凝土表面温度不超过250℃。

（二）安全疏散的设计

综合管廊监控中心通常有人值守，其他区域则为无人值班模式。日常检修工作必不可少，干线与支线综合管廊，设计的逃生口至少能够容纳2人，每个防火分区每隔80m应设一个逃生口和逃生滑梯，直达逃生通道。可通过检查井疏散至室外地面，用检查井口兼作疏散出口。应在与管廊连接处设1.7m²的前室，前室门应采用乙级防火门。单舱管廊长度超过150m时，没有出口的舱段应设临时避难间，并独立设置通风系统和通信电话。逃生口应与通风口、投料口结合设置，逃生口位置应布设黄沙箱、灭火器等灭火器材，设置位置可视明显，并在主要入口处设置管廊标识牌，其内容简易、信息明确，清楚标识管廊分区、各类设备室距离、容纳的管线，并注明警告事项。人行通道应设应急疏散照明和灯光疏散指示标志，照度不应小于照明平均工作照度的10%，灯光疏散指示标志应设在距地面1m以下，间距不应大于20m。根据防火分区布设的机械通风系统，同时用作排烟系统，排风、排烟以及送风口位置布设在管上方、中间，各防烟分区至少2个，以缩短火灾时烟雾扩散距离。

（三）火灾报警系统的设计

以综合管廊的可燃物为出发点，相应设置感烟、感温报警探测器，联动消防扑救装置，建议在电缆上设探测器，增强监测报警功能，在管入口处或每个防火分区检查井口端设置固定通信报警电话，报警信号应接至控制中心，设置火灾报警系统。

（四）自动灭火系统的设计

综合管廊应合理配置完善灭火设备对危险较大，易着火区段（如电力舱等设备间）可设水喷雾或水雾—泡沫联动、气体等灭火系统，考虑到管廊中有许多线缆带电，一般不采用湿式自动喷水灭火系统。在初期火灾时，对火场区域应进行防护冷却灭火，防止火势蔓延。设置可靠消火栓系统用于非专业人员灭火操作，有经济条件的可设成水膜泡沫灭火系统与消火栓系统结合使用。通信舱及其他管道舱内设置灭火器配置点，每个配置点不应少于2套8kg手提式干粉灭火器，在管廊内还可配置推车式干粉灭火器。管廊有关规范中对管廊控制中心的消防保护内容未提及，但作为城市综合管廊的控制中心，如发生火灾，则整个管廊服务区域将瘫痪，其重要性不言而喻。因此，此类控制中心应参照《建筑设计防火规范》（GB 50016）中的要求设置自动灭火系统。

三、电缆防火新技术

随着国际上防火技术的不断发展，以及吸热烧蚀以及绝热技术的交叉结合，研制和应用具有高效膨胀阻燃性能、满足环保要求、施工更加方便的新型系列防火封堵产品，已经变成行业的共识。

（一）被动防火新技术

1. 吸热型柔性防火包裹材料

吸热型防火卷材适合于电缆、电缆桥架的包裹。其外表面是陶瓷纤维或铝箔外贴面的隔热材料，内衬材料是无机高吸热的填料和少量的有机黏结剂和纤维。一般包裹在各类易受火灾影响的设备外表面，陶瓷化材料可在很短的时间内被高温烧蚀转化成陶瓷状形成坚硬的保护层，该保护层将阻挡火焰的继续燃烧，且陶瓷化后具有一定的承载能力。吸热填充材料遇火释放结晶水带走热量以保护被包裹物，通过使用不同的层数，来达到不同的耐火极限要求，最高可以达到3h的电缆防火完整性保护。其优点为柔性材料可以贴合任何外形和表面，无须增加额外的操作空间，也不受狭小空间约束；材料安装便捷，易于切割成型，单一材料即成包覆系统；包裹系统易于开启和维护，无需烦琐的拆解程序；包裹材料耐久性好，具有40年以上使用寿命；比传统无机纤维类隔热材料对电缆载流量的影响显著降低。

2. 热膨胀防火技术

温度低于200℃时热膨胀材料能够吸热膨胀到原体积的3～15倍，足以全部堵塞建筑结构或管线设备穿孔周围的空隙部分，也能封闭各种塑料管以及电缆绝缘层和管道保温层因烧毁所造成的空隙和孔洞。当燃烧温度继续升高时，膨胀后的材料能形成高强度的隔热炭化保护层，阻燃时间可达4h，从而将火势控制在火源的防火分区之内，使火灾的损失降到最低。其主要用作大开孔防火封堵，包括空开口、多根电缆的贯穿孔、竖井、总线槽及电缆桥架的贯穿防火封堵。

正常供电情况下，其厚度只有传统防火封堵材料的几十分之一，电缆可充分散热使热量不至于淤积，不仅不会影响电缆导流量，而且避免电缆表皮加速老化而形成事故隐患。遇火时，发烟量少，无毒性，无腐蚀性气体产生。

复合型膨胀防火封堵系统，在结构设计时即考虑了加强措施，如加入高强度钢丝网或钢板加强，具有足够的结构强度，孔洞封堵时一般不需要支撑，保证人员无意踩踏时不至于坍塌。同时具有抗爆性能，能抵抗爆炸冲击波的影响，在爆炸后仍可满足耐火要求。同时，在美国UL系统中，满足耐火检测和高压水枪喷射测试。

（二）主动防火新技术

1. 集中采气式电缆火灾监测预警系统

集中采气式电缆火灾监测预警系统是一种主动式监测、预警系统，由工控主机、火灾探测综合主机、分析单元、取样单元、吸气管道、吸气泵组成，可用于变电站电缆沟、电缆隧道、竖井、桥架等电缆敷设密集场所的火灾监测、预警，以减少火灾事故发生，保障电缆的安全可靠运行，避免人身伤害，减少经济损失。集中采气式电缆火灾监测预警系统具有以下功能：

（1）可对温度的变化进行实时监控。

（2）非接触测温、测湿度、多种电缆火灾特征气体浓度检测、火焰探测，便于火灾规律的观察。

（3）温度、图像、烟气自动监测及报警。

（4）报警提供火焰的危害等级、扑救建议等。

2. 在线监测系统的集成

电缆隧道的监控系统目前大多已配置电缆光纤测温、接地环流监测、隧道环境监测（温度、水位、气体、火灾监测等）、视频监控及门禁等子系统，应考虑所有子系统的集成及扩展预留，新建超过 2km 长的电缆隧道，宜配置携带灭火装置的智能巡检设备。在运行且长度超过 2km 长的电缆隧道，也应逐步配置。

3. 电缆隧道火情信息化智能处置技术

现有的电缆测温系统、接头测温带、消防报警系统、自动灭火装置等相互之间基本独立，未形成一套系统的、综合的火情智能化主动处置系统，使得现场火情报警信息不能与调度、运检远程互动，无法确保火情报警在第一时间多渠道告知，为火情后续正确处置赢得时间以避免事故扩大。

新型火情信息智能化处置平台可有效统一现有的装置和系统，最大程度发挥各类电缆火情监测信息的远程联动作用，形成多层次火情监测及处置网，实现电力电缆火情分级报警及对应智能化处置功能，实现多网络平台火情报警信息互动与内网相隔离报送，提高电力电缆通道火灾监测的信息获取、甄别和报送水平，确保运维人员在第一时间多渠道获知火情警报。国网福建省电力有限公司福州供电公司已尝试分布式测温与消防联动及信号输送至调控中心、防火门自动启闭、监控短信报送。

4. 细水雾灭火系统

气体（CO_2、N_2 等）主要依靠窒息、冷却等物理作用灭火，但气体灭火浓度大（CO_2 灭火浓度为 30％～35％），导致用量大且灭火系统本身结构庞大，不适合在狭窄环境的电缆隧道内使用。细水雾在 20 世纪 40 年代开始应用于船舶消防，90 年代起作为理想的卤代烷替代技术得到重视，与传统喷淋系统相比，具有耗水量小、水渍损失低、对人和设备安全、对环境无污染、消烟除尘、灭火高效、适用范围广等优点。1996 年美国发布了《细水雾系统设计标准》（NFPA 750）后，该项技术在欧美得到广泛应用。20 世纪 90 年代后期，我国开始研究细水雾灭火技术，浙江、北京、辽宁、湖北等省（直辖市）等先后出台了地方细水雾灭火系统设计、施工和验收规范或规程，目前深圳前海合作区高压地下电缆通道、内蒙古华电包头第二热电厂已有应用，但并未在电力电缆通道中得到规模化应用。

5. 轨道机器人灭火装置

轨道机器人利用温度异常探测设备，可机动灭火。在易着火部位安装温度异常探测设备，当温度达到设定的值后，灭火机器人即迅速移动至异常部位，对准相应部位喷洒灭火剂实施主动灭火。目前由于成本较高、轨道安装受限等原因，大规模应用还需假以时日。

四、电力电缆防火展望

从管理和运维层面，建立一套行之有效的电缆防火工作标准与机制。主动出击、强化管理，做到全程管控、重在预防，加强电缆通道断面管理，常态化开展安全隐患排查治理工作，切实做好高压电缆"六防"工作，重点防范与治理火灾隐患，持续提升高压电缆线路精益化管理水平，可有效避免火灾。同时，应加强高压电缆防火新技术应用及数据挖掘：一是研究应用隧道智能巡视机器人、隧道载人遥检车、隧道自动灭火装置、隧道 3D 成像等新技术，全面提升电缆防火技术和管控水平；二是丰富运维手段，应用射频识别 RFID 技术与手机 APP 技术，开展智能移动巡检工作，实现高压电缆线路人工巡检模式革新，促进运维班组巡检业务向智能转型；三是做好监控数据分析，加强数据分析整理，成立专家分析团队，集中管理，专业分析，重点突破，利用好各类监控数据，更好地为电缆网运维提供技术支撑。

第七章

电网企业消防设施和消防器材

第一节 变电站、换流站、
开关站消防设施

一、消防给水系统

变电站、换流站和开关站应设置消防给水系统。

1. 消防水源

（1）消防水源应有可靠保证，同一时间按一次火灾考虑，供水水量和水压应满足一次最大灭火用水，用水量应为室外和室内（如有）消防用水量之和。

（2）变电站、开关站和换流站内的建筑物耐火等级不低于二级，体积不超 3000m³，且火灾危险性为戊类时，可不设消防给水。

变电站主要火灾危险物变压器油、电气盘柜、电缆均可用水灭火，且效果好、价格便宜，按《火力发电厂与变电站设计防火标准》（GB 50229）的规定，确定变电站消防给水的基本原则。火灾次数和用水量是根据现行国家标准《建筑设计防火规范》（GB 50016）而规定的。火灾危险性小（无含油设备）、建筑物耐火等级高、体量小的变电站（含开关站和换流站）可不设消防给水，大部分变电站、开关站都有生活水源，大型换流站还有工业用水水源，均可作消防水池的补给水源，保证消防水源的可靠性。少数严重缺水的变电站也可以根据实际情况，通过适当增设火灾探测报警设施和其他固定式自动灭火设施（如变压器排油注氮装置、泡沫喷雾装置、电缆夹层悬挂式超细干粉装置、火探管或气溶胶装置等），取代水消防系统。

2. 消防水泵

设有消防给水的变电站、换流站和开关站应设置带消防水泵、稳压设施和消防水池的临时（稳）高压给水系统，消防水泵应设置备用泵，备用泵流量和扬程不应小于最大一台消防泵的流量和扬程。

二、消火栓

变电站、换流站和开关站应设置消火栓。

1. 室内消火栓

变电站、换流站和开关站的下列建筑物应设置室内消火栓。

（1）地上变电站和换流站的主控通信楼、配电装置楼、继电器室、变压器室、电容器室、电抗器室、综合楼、材料库。

（2）地下变电站。

2. 可不设置室内消火栓的建筑物

下列建筑物可不设置室内消火栓：

（1）耐火等级为一、二级且可燃物较少的丁、戊类建筑物。

（2）耐火等级为三、四级且建筑体积不超过 3000m³ 的丁类厂房和建筑体积不超过

$5000m^3$ 的戊类厂房。

（3）室内没有生产、生活给水管道，室外消防用水取自储水池且建筑体积不超过 $5000m^3$ 的建筑物。

三、火灾自动报警系统与固定灭火系统

电压等级 35kV 或单台变压器 5MV·A 及以上变电站、换流站和开关站的特殊消防设施配置应符合现行国家标准《火力发电厂与变电站设计防火标准》（GB 50229）的有关规定，换流站的消防设施还应符合现行行业标准《高压直流换流站设计技术规定》（DL/T 5223）的要求，地下变电站的消防设施还应符合现行行业标准《35kV～220kV 城市地下变电站设计规程》（DL/T 5216）的要求。

（1）地上变电站和换流站火灾自动报警系统与固定灭火系统应符合表 1-7-1-1 的规定。

表 1-7-1-1　　地上变电站和换流站火灾自动报警系统与固定灭火系统

建筑物和设备	火灾探测器类型	固定灭火介质及系统型式
主控制室	点式感烟或吸气式感烟	—
通信机房	点式感烟或吸气式感烟	—
户内直流开关场地	点式感烟或吸气式感烟	—
电缆层、电缆竖井和电缆隧道	220kV 及以上变电站、所有地下变电站和无人变电站设缆式线型感温、分布式光纤、点式感烟或吸气式感烟	无人值班站可设置悬挂式超细干粉、气溶胶或火探管灭火装置
继电器室	点式感烟或吸气式感烟	—
电抗器室	点式感烟或吸气式感烟（如有含油设备，采用感温）	—
电容器室	点式感烟或吸气式感烟（如有含油设备，采用感温）	—
配电装置室	点式感烟或吸气式感烟	—
蓄电池室	防爆感烟和可燃气体	—
换流站阀厅	点式感烟或吸气式感烟＋其他早期火灾探测报警装置（如紫外弧光探测器）组合	—
油浸式平波电抗器（单台容量 200Mvar 以上）	缆式线型感温＋缆式线型感温或缆式线型感温＋火焰探测器组合	水喷雾、泡沫喷雾（缺水或严寒地区）或其他介质
油浸式变压器（单台容量 125MV·A 及以上）	缆式线型感温＋缆式线型感温或缆式线型感温＋火焰探测器组合（联动排油注氮宜与瓦斯报警、压力释压阀或跳闸动作组合）	水喷雾、泡沫喷雾、排油注氮（缺水或严寒地区）或其他介质
油浸式变压器（无人变电站单台容量 125MV·A 以下）	缆式线型感温或火焰探测器	—

（2）地下变电站除满足表 1-7-1-1 规定外，还应在所有电缆层、电缆竖井和电缆隧道处设置线型感温、感烟或吸气式感烟探测器，在所有油浸式变压器和油浸式平波电抗器处设置火灾自动报警系统和细水雾、排油注氮、泡沫喷雾或固定式气体自动灭火装置。

第二节　电网企业火灾类别及
灭火器配置危险等级

一、灭火器配置场所的火灾类别

为了准确地在电网企业的工作、生产场所配置灭火器，有必要对这些场所可能发生的火灾种类进行划分，配置场所的火灾种类是根据该场所内的物质及其燃烧特性来进行分类的，见表 1-7-2-1。

表 1-7-2-1　　　　　　　　电网企业灭火器配置场所的火灾类别

序　号	火　灾　类　别	该场所内的物质及其燃烧特性
1	A 类火灾	固体物质燃烧引起的火灾
2	B 类火灾	液体火灾或可熔化固体物质引起的火灾
3	C 类火灾	气体火灾
4	D 类火灾	金属火灾
5	E 类火灾	物体带电燃烧的火灾

二、工业场所的灭火器配置危险等级

工业场所的灭火器配置危险等级是根据其生产、使用、储存物品的火灾危险性、可燃物数量、火灾蔓延速度，扑救难易程度等因素类确定的，通常划分为严重危险级、中危险级和轻危险级三级。

1. 变电站、开关站和换流站建（构）筑物、灭火器配置危险等级及设备火灾类别

变电站、开关站和换流站建（构）筑物、灭火器配置危险等级及设备火灾类别见表 1-7-2-2。

表 1-7-2-2　　　　　变电站、开关站和换流站建（构）筑物、
灭火器配置危险等级及设备火灾类别

灭火器配置场所	灭火器配置危险等级	设备火灾类别
主控制室	严重危险	E（A）
通信机房	中危险	E（A）
配电装置楼（室）（有含油电气设备）	中危险	A、B、E
继电器室	中危险	E（A）
户内直流开关场地（有含油电气设备）	中危险	A、B、E
换流站阀厅	中危险	E（A）
油浸式变压器（室）	中危险	B、E
油浸式电抗器（室）	中危险	B、E
电容器（室）（有可燃介质）	中危险	B、E
蓄电池室	中危险	C

续表

灭火器配置场所	灭火器配置危险等级	设备火灾类别
电缆夹层	中危险	E（A）
柴油发电机室及油箱	中危险	B
检修备品仓库（有含油设备）	中危险	B、E
生活、工业、消防水泵房（有柴油发动机）	中危险	B
配电装置楼（室）（无含油电气设备）	轻危险	E（A）
配电装置楼（室）（无含油电气设备）	轻危险	E（A）
户内直流开关场地（无含油电气设备）	轻危险	E（A）
气体或干式变压器	轻危险	E（A）
干式铁芯电抗器（室）	轻危险	E（A）
干式电容器（室）	轻危险	E（A）
空冷器室	轻危险	A
检修备品仓库（无含油设备）	轻危险	A
水处理室	轻危险	A
生活、工业、消防水泵房（无柴油发动机）	轻危险	A
污水、雨水泵房	轻危险	A
警卫传达室	轻危险	A

2. 抽水蓄能电厂建（构）筑物、灭火器配置危险等级及设备火灾类别

抽水蓄能电厂建（构）筑物、灭火器配置危险等级及设备火灾类别见表1-7-2-3。

表1-7-2-3　　　　　　　　抽水蓄能电厂建（构）筑物、
灭火器配置危险等级及设备火灾类别

灭火器配置场所	灭火器配置危险等级	设备火灾类别
主控制室	严重危险	E（A）
露天油罐	严重危险	B
油罐室	严重危险	B
发电机运转层	中危险	混合（A）
电子计算机房	中危险	E（A）
自动化装置室	中危险	E（A）
继电保护室	中危险	E（A）
通信室	中危险	E（A）
控制电源及蓄电池室	中危险	E（A）
配电装置室	中危险	E（A）
母线室、母线廊道和母线竖井	中危险	E（A）
电缆层、电缆竖井和电缆隧道	中危险	E（A）
屋内开关站	中危险	E（A）

续表

灭火器配置场所	灭火器配置危险等级	设备火灾类别
室外油浸式变压器	中危险	B
油浸式变压器室	中危险	B
变压器检修间	中危险	B
油处理室	中危险	B
实验室、仪器仪表室	中危险	A
生产、行政办公楼及食堂	中危险	A
消防车库	中危险	A（B）
消防水泵房及其他水泵房	轻危险	A
宿舍楼	轻危险	A
警卫传达室	轻危险	A

第三节　灭火器的分类、选择和设置

一、灭火器的分类

1. 消防设施和消防器材

（1）消防设施是指固定的消防系统和设备。如火灾自动报警系统、各类自动灭火系统、消火栓、防火门、专用消防电梯等。

（2）消防器材一般是指可移动的灭火器材，如手提式灭火器、推车式灭火器、消防锹、斧、钩等。放在消防沙箱中的消防沙既可以认为是消防器材，也可以认为是消防设施。

2. 灭火器分类

灭火器分类方法和特点见表1-7-3-1。

表1-7-3-1　　　　　　灭火器分类方法和特点

分类方法	类别	特　点
按移动方式	手提式	手提式灭火器指可手提移动，在其内部压力作用下，将所装的灭火剂喷出以扑救火灾的灭火器具
按移动方式	推车式	推车式灭火器指装有轮子的可由一人推（或拉）至火场，并能在其内部压力作用下，将所装的灭剂喷出以扑救火灾的灭火器具
按压力型式	贮压式	贮压式灭火器指灭火剂由贮于灭火器同一容器内的压缩气体或灭火剂蒸气压力驱动的灭火器
按压力型式	贮气瓶式	贮气瓶式灭火器指灭火剂由灭火器贮气瓶释放的压缩气体或液化气体压力驱动的灭火器

3. 各种灭火器的型号编制方法

灭火器的型号编制方法如图1－7－3－1所示，图中的灭火剂代号和特定的灭火剂特征代号含义见表1－7－3－2。

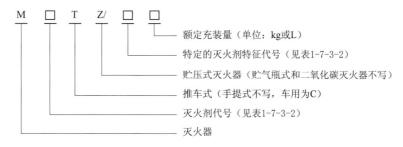

图1－7－3－1 灭火器型号编制方法

表1－7－3－2 灭火器的灭火剂代号和特定的灭火剂特征代号含义

灭火器类别	灭火剂代号	灭火剂代号含义	特定的灭火剂特征代号	特定的灭火剂特征代号含义
水基型灭火器	S	清水或带添加剂的水但不具有发泡倍数和25％析液时间要求	AR（不具有此性能不标注）	具有扑灭水溶性液体燃料火灾的能力
水基型灭火器	P	泡沫灭火剂，具有发泡倍数和25％析液时间要求，包括P、FP、S、AR、AFFF和FFFP等灭火剂	AR（不具有此性能不标注）	具有扑灭水溶性液体燃料火灾的能力
干粉灭火器	F	干粉灭火剂，包括BC型和ABC型干粉灭火器	ABC（BC干粉灭火器不标注）	具有扑灭A类火灾的能力
二氧化碳灭火器	T	二氧化碳灭火剂	—	—
洁净气体灭火器	J	洁净气体灭火剂，包括卤代烷烃类气体灭火剂、惰性气体灭火剂和混合气体灭火剂等	—	—

4. 灭火器标志的要求

（1）灭火器筒体外表应采用红色。

（2）灭火器上应有发光标志，以使在黑暗中指示灭火器所处的位置。

（3）灭火器应有铭牌贴在筒体上或印刷在筒体上，并应包括下列内容：

1）灭火器的名称、型号和灭火剂种类。

2）灭火种类和灭火级别。

3）使用温度范围。

4）驱动气体名称和数量或压力。

5）水压试验压力。

6）制造厂名称或代号。

7）灭火器认证。

8）生产连续序号。

9）生产年份。

10）灭火器的使用方法（包括一个或多个图说明和灭火种类代码）。

11）再充装说明和日常维护说明。

（4）灭火器类型、规格和灭火级别应符合现行国家标准《建筑灭火器配置设计规范》（GB 50140）的要求。

（5）泡沫灭火器的标志牌应标明"不适用于电气火灾"字样。

（6）对不适应的灭火种类，其用途代码可以不标，但对于使用会造成操作者危险的，则应用红线"×"去，并用文字明示在灭火器的铭牌上。生产日期和水压试验压力应用钢印打在灭火器不受内压的底圈或颈圈等处。灭火器生产年份应用钢印永久性地标志在灭火器上，生产连续序号可印刷在铭牌上，也可用钢印打在不受压的底圈上。二氧化碳灭火器应在瓶体肩部打钢印标记二氧化碳化学符号 CO_2、最大工作压力 P、水压试验压力 P_1、瓶体设计壁厚、瓶体内容积、空瓶质量、瓶体编号、制造年月、制造厂代号或商标、产品标准号等内容。

二、灭火器的选择

灭火器的选择应考虑配置场所的火灾种类和危险等级、灭火器的灭火效能和通用性、灭火剂对保护物品的污损程度、设置点的环境条件等因素。有场地条件的严重危险级场所，宜设推车式灭火器。手提式和推车式灭火器的定义、分类、技术要求、性能要求、试验方法、检验规则及标志等要求应符合现行国家标准《手提式灭火器》（GB 4351）和《推车式灭火器》（GB 8109）的有关规定。

（1）根据灭火器配置场所的使用性质及其可燃物的种类，可判断该场所可能发生哪种类别的火灾。各种火灾场所可以选择的灭火器种类见表 1-7-3-3。

表 1-7-3-3　　　　　　　　各种火灾场所可以选择的灭火器种类

序号	灭火器配置场所火灾类别	可供选择的灭火器种类
1	A 类火灾场所	水型灭火器、磷酸铵盐干粉灭火器、泡沫灭火器或卤代烷灭火器
2	B 类火灾场所	泡沫灭火器、碳酸氢钠干粉灭火器、磷酸铵盐干粉灭火器、二氧化碳灭火器、灭 B 类火灾的水型灭火器或卤代烷灭火器，极性溶剂的 B 类火灾场所应选择灭 B 类火灾的抗溶性灭火器
3	C 类火灾场所	磷酸铵盐干粉灭火器、碳酸氢钠干粉灭火器、二氧化碳灭火器或卤代烷灭火器
4	D 类火灾场所	扑灭金属火灾的专用灭火器
5	E 类火灾（带电火灾）场所	磷酸铵盐干粉灭火器、碳酸氢钠干粉灭火器、卤代烷灭火器或二氧化碳灭火器，但不得选用装有金属喇叭喷筒的二氧化碳灭火器

注：1. 化学泡沫灭火器不能选择 B 类极性熔剂火灾。

　　2. 扑救 A、B、C 类火灾和带电设备火灾应选择磷酸铵盐、卤代烷型灭火器。

　　3. D 类火灾可采用干砂或铸铁末扑灭。

（2）灭火有效程度。在灭火机理相同的情况下，有几种类型的灭火器均适用于扑救同一种类的火灾。但值得注意的是，它们在灭火有效程度上有明显的差别，也就是说适用于扑救同一种类火灾的不同类型灭火器，在灭火剂用量和灭火速度上有极大差异，因此在选择灭火器时应充分考虑该因素。

（3）对保护对象的污染程度。为了保护贵重物资与设备免受不必要的污染损失，灭火器的选择应考虑其对保护物品的污损程度。最突出的例子就是巴黎圣母院的灭火方法。

（4）使用灭火器人员的素质。要选择适用的灭火器，应先对使用人员的年龄、性别和身手敏捷程度等素质进行大概分析估计，然后正确选择灭火器。

（5）选择灭火剂相容的灭火器。在选择灭火器时，应考虑不同灭火剂之间可能产生的相互反应，污染及其对灭火的影响，干粉与干粉、干粉和泡沫之间联用都存在一个相容性的问题，不相容的灭火剂之间可能发生相互作用。

（6）设置点的环境温度过低，则灭火器的喷射灭火性能显著降低；若温度过高，则灭火器的内压剧增，灭火器会有爆炸伤人的危险，这就要求灭火器应设置在灭火器适用温度范围之内的环境中。

（7）在同一场所选用同一操作方法的灭火器。这样选择灭火器有几个优点：一是为培训灭火器使用人员提供方便；二是在灭火中操作人员可方便地采用同一种方法连续操作，使用多具灭火器灭火；三是便于灭火器的维修和保养。在同一灭火器配置场所，宜选用相同类型和操作方法的灭火器，当选用两种或两种以上类型灭火器时，应采用灭火剂相容的灭火器。当同一场所存在不同种类火灾时，应选用通用型灭火器。发电厂和变电站同一场所存在不同种类火灾的情况较多，宜选用可扑灭多类火灾的磷酸铵盐干粉灭火剂。不相容的灭火剂举例见现行国家标准《建筑灭火器配置设计规范》（GB 50140）。

三、灭火器的设置

1. 灭火器的设置原则

（1）灭火器必须定位，设置的位置应根据灭火器的最大保护距离确定，并应保证最不利点至少在1具灭火器的保护范围内。灭火器的最大保护距离应符合现行国家标准《建筑灭火器配置设计规范》（GB 50140）的规定。

A类火灾场所灭火器的最大保护距离应符合表1-7-3-4的规定，B、C类火灾场所灭火器的最大保护距离应符合表1-7-3-5的规定，E类火灾场所灭火器的最大保护距离不应低于该场所内A类或B类火灾的规定。

表1-7-3-4　　　　A类火灾场所灭火器的最大保护距离　　　　单位：m

灭火器型式	严重危险级	中危险级	轻危险级
手提式灭火器	15	20	25
推车式灭火器	30	40	50

表 1 - 7 - 3 - 5   **B、C 类火灾场所灭火器的最大保护距离**   单位：m

灭火器型式	严重危险级	中危险级	轻危险级
手提式灭火器	9	12	15
推车式灭火器	18	24	30

（2）实配灭火器的灭火级别不得小于最低配置基准，灭火器的最低配置基准按火灾危险等级确定，应符合现行国家标准《建筑灭火器配置设计规范》（GB 50140）的规定。当同一场所存在不同火灾危险等级时，应按较危险等级确定灭火器的最低配置基准。

A 类火灾场所灭火器的最低配置基准应符合表 1 - 7 - 3 - 6 的规定，B、C 类火灾场所灭火器的最低配置基准应符合表 1 - 7 - 3 - 7 的规定，E 类火灾场所灭火器的最低配置基准不应低于该场所内 A 类或 B 类火灾的规定。

表 1 - 7 - 3 - 6   **A 类火灾场所灭火器的最低配置基准**   单位：m^2/A

危险等级	单具灭火器最小配置灭火级别	单位灭火级别最大保护面积
严重危险级	3A	50
中危险级	2A	75
轻危险级	1A	100

表 1 - 7 - 3 - 7   **B、C 类火灾场所灭火器的最低配置基准**   单位：m^2/B

危险等级	单具灭火器最小配置灭火级别	单位灭火级别最大保护面积
严重危险级	89B	0.5
中危险级	55B	1.0
轻危险级	21B	1.5

2. 灭火器的设置要求

（1）灭火器应设置在位置明显和便于取用的地点，且不得影响安全疏散。灭火器应设置在正常通道上，包括房间的出入口处、走廊、门厅及楼梯等明显地点。灭火器设置在明显地点，能使人们一目了然地知道何处可取用灭火器，以减少因寻找灭火器而耽误灭火时间，便于及时有效地扑灭初起火灾。能否方便、安全地取到灭火器，在某种程度上决定了灭火的成败，如果取用灭火器不方便，即使离火灾现场再近，也有可能因取用的拖延而使火灾扩大，从而使灭火器失去作用。因此，灭火器应设置在没有任何危及人身安全和阻挡碰撞、能方便取用的地点。灭火器的设置不得影响安全疏散，这不仅指灭火器本身，而且还包括与灭火器设置的相关托架、箱子等附件不得影响安全疏散，这主要考虑两个因素：一是灭火器的设置是否影响人们在火灾发生时及时安全疏散；二是人们在取用各设置点灭火器时，是否影响疏散通道的畅通。

（2）灭火器的使用温度范围应符合现行国家标准《手提式灭火器》（GB 4351）和《推车式灭火器》（GB 8109）的有关规定。一般来说灭火器存放时间较长，如果长期设置在有强腐蚀性或潮湿的地点，会严重影响灭火器的使用性能和安全性能，但考虑到某些工业场所的特殊情况，如实在无法避免，应有相应的保护措施，例如室外灭火器可设置在雨棚下或小室内，具有遮阳防晒、挡雨防潮、保温隔热以及防止撞击等作用。灭火器不得设置在超出其使用温度范围的地点，不宜设置在潮湿或强腐蚀性的地点，当必须设置时应有相应的保护措施。露天设置的灭火器应有遮阳挡水和保温隔热措施，北方寒冷地区应设置在消防小室内。在环境温度超出灭火器使用温度范围的场所设置灭火器，必然会影响灭火器的喷射性能和使用安全，甚至延误灭火时机。如果灭火器长期设置在潮湿或强腐蚀性的地点或场所，会严重影响灭火器的使用性能和安全性能。如果某些地点或场所情况特殊，则应从技术上或管理上采取相应的保护措施。

（3）对有视线障碍的灭火器设置点，应设置指示其位置的发光标志。

（4）手提式灭火器宜设置在灭火器箱内或挂钩、托架上，其顶部离地面高度不应大于1.50m，底部离地面高度不宜小于0.08m。设置在挂钩或托架上的手提式灭火器要竖直向上放置设置在灭火器箱内的手提式灭火器，可直接放在灭火器箱的底面上，但其箱底面距地面高度不宜小于0.15m。推车式灭火器不要设置在斜坡和地基不结实的地点。

（5）灭火器的摆放应稳固，其铭牌应朝外。这是为了人们能直接看到灭火器的主要性能指标、适用扑救火灾的类别和用法，使人们正确选择和使用灭火器，充分发挥灭火器的作用，有效地扑灭初起火灾。

（6）灭火器箱不得上锁，灭火器箱前部应标注"灭火器箱火警电话、厂内火警电话、编号"等信息，箱体正面和灭火器设置点附近的墙面上应设置指示灭火器位置的固定标志牌，并宜选用发光标志。对于那些必须设置灭火器而又确实难以做到明显易见的特殊情况，应设明显指示标志，指明灭火器的实际位置，使人们能及时迅速地取到灭火器。

第四节 各类灭火器的原理、构造和使用方法

一、泡沫灭火器

1.泡沫灭火器原理和适用范围

泡沫灭火器内装通过机械方法或化学反应产生泡沫的灭火剂，适用于扑灭一般固体和可燃液体火灾，不适用于气体火灾、电气火灾和金属火灾，对极性溶剂火灾应采用抗溶泡沫灭火器，水基型水雾灭火器也可用于扑灭低压电气火灾。泡沫灭火器分为机械泡沫灭火器（又称水基型灭火器）和化学泡沫灭火器两种，目前传统的化学泡沫灭火器已淘汰。机械泡沫是以机械的方法将空气或惰性气体导入泡沫溶液中而形成，化学泡沫指一种碱性盐溶液和一种酸性盐溶液混合后发生化学反应产生包含二氧化碳气体的稳定泡沫。不加防冻剂时泡沫灭火器的使用温度范围为$5\sim55℃$，添加防冻剂时使用温度范围为$-10\sim55℃$。

2.水基型灭火器优点

水基型灭火器的灭火剂分为水成膜泡沫灭火剂和清水（或带添加剂的水）两种，泡沫灭火剂具有发泡倍数和25％析液时间要求，能够在液体燃料表面形成一层抑制可燃液体

蒸发的水膜，并加速泡沫的流动，具有操作方便、灭火效率高、灭火迅速、使用时不需倒置、有效期长、抗复燃、双重灭火和无毒无污染等优点。

3. 手提式水基型泡沫灭火器构造和使用方法

手提式水基型泡沫灭火器由筒体、筒盖、提把、压把、喷射软管和空气泡沫喷枪等组成，内部装有水成膜泡沫灭火剂和氮气，以氮气为压力介质将泡沫灭火剂从灭火器排出，由氮气和灭火剂机械形成泡沫覆盖燃烧表面，水成膜的封闭使燃烧与空气隔开，同时冷却并形成阻断可燃物质蒸发聚合层，达到灭火目的。

使用时，手提灭火器筒体的上部提把赶到着火点，在距着火点约6m处停下，先拔出保险销，然后一只手握住开启压把，另一只手握住喷枪，保持筒体垂直，接着紧握开启压把，将灭火器密封开启，空气泡沫即从喷枪中喷出，对准燃烧最猛烈处喷射。

4. 手提式化学泡沫灭火器构造和使用方法

手提式化学泡沫灭火器主要由筒体、瓶胆、筒盖、提环和喷嘴等组成，只能立着放置。筒体内装有碳酸氢钠与发泡剂的碱性混合溶液，瓶胆内装硫酸铝酸性水溶液瓶胆用瓶盖盖上，以防酸性溶液蒸发或因振荡溅出而与碱性溶液混合。使用手提式化学泡沫灭火器时，应平稳地将灭火器提到距离起火点10m左右，把灭火器颠倒过来，一只手握提环，另一只手扶住筒体的底圈，将喷嘴对准燃烧物，酸性与碱性两种溶液混合后发生化学作用，产生二氧化碳气体泡沫，由喷嘴喷出，覆盖在燃烧物品上，使可燃物与空气隔绝，并降低温度，达到灭火目的。

5. 推车式泡沫灭火器使用方法

使用推车式泡沫灭火器时，一般由两人操作，先将灭火器迅速推拉到燃烧处，在距离着火点10m左右处停下，由一人展开喷射软管成工作状态，双手紧握喷枪并对准燃烧处，另一人逆时针方向转动手轮，将螺杆升到最高位置，使瓶盖开足，然后将筒体向后倾倒，使拉杆触地，并将阀门手柄旋转90°，即可喷射泡沫进行灭火。如阀门装在喷枪处，则由负责操作喷枪者打开阀门。由于推车式泡沫灭火器喷射距离远，连续喷射时间长，适用于扑救较大规模的油罐或油浸式变压器火灾。

6. 扑救可燃液体火灾和固体物质火灾注意事项

在扑救可燃液体火灾时，如已呈流淌状燃烧，使用者应站在上风方向，将泡沫由近而远喷射，使泡沫完全覆盖在燃烧液面上。如在容器内燃烧，应将泡沫射向容器的内壁，使泡沫沿着内壁流淌，逐步覆盖着火液面，切忌直接对准液面喷射，避免由于射流的冲击破坏泡沫，反而将燃烧的液体冲散或冲出容器，扩大燃烧范围。在扑救固体物质火灾时，应将射流对准燃烧最猛烈处。灭火时，随着有效喷射距离的缩短，使用者应逐渐向燃烧区靠近，并始终将泡沫喷射在燃烧物上，直至扑灭。使用泡沫灭火的同时，不要用水流，因为水流会破坏泡沫，但允许使用水冷却容器外部。

7. 化学泡沫灭火器使用注意事项

在运送化学泡沫灭火器或提着泡沫灭火器奔赴火场的过程中，应注意不得使灭火器过分倾斜、摇晃，更不可横拿或颠倒，以免两种药剂混合而提前喷射。在使用过程中，化学泡沫灭火器应始终保持倒置状态，不能横置或直立过来，并一直紧握开启压把，否则会中断喷射。使用时严禁将筒盖筒底对着人体，以防万一灭火器爆炸伤人。

8. 泡沫灭火器存放、保养和管理要求

（1）泡沫灭火器应存放在干燥、阴凉、通风并取用方便之处，不得受到雨淋、烈日暴晒、接近火源或受剧烈振动，冬季应采取保温措施，运输时应避免碰撞。

（2）泡沫灭火器应由专业单位负责保养、维修，每季度应定期检查保险销及铅封是否完好，压力值或充装量是否符合要求，瓶头阀、喷管等有无损坏，筒体是否锈蚀或泄漏。

（3）灭火器一经使用或灭火剂不足（减少了额定充装质量的 10％）时应立即再充装，灭火器距出厂年月期满三年后每隔两年或灭火器再充装前应逐个对灭火器筒体、贮气瓶和推车式灭火器喷射软管组件进行水压试验，试验压力为 2.1MPa，试验时不得有泄漏、破裂以及反映结构强度缺陷的可见变形，不合格者应进行报废处理。试验合格的灭火器筒体内部应清洗干净，并进行检查，不允许有明显锈蚀，然后方可充装灭火剂继续使用。对于贮气瓶式灭火器，充装驱动气体后应逐具进行气密性试验，每次检验、维修和水压试验后应在灭火器上标明日期。按《灭火器维修与报废规程》（GA 95）的规定，从出厂日期算起，水基型灭火器的使用期限为 6 年，灭火器过期、损坏或检验不合格，应及时报废、更换。

二、二氧化碳灭火器

1. 二氧化碳灭火器适用范围

二氧化碳灭火器适用于扑灭可燃液体火灾、可燃气体火灾、600V 以下的带电 B 类火灾，以及仪器仪表、图书档案等要求不留残迹、不污损被保护物场所的火灾。不适用于固体火灾，金属火灾和自身含有供氧源的化合物火灾。若扑灭 600V 以上的电气火灾时，应先切断电源。二氧化碳灭火器的使用温度范围为 $-10 \sim 55℃$。

2. 二氧化碳灭火剂的特点

二氧化碳灭火剂是一种最常见的灭火剂，价格低廉，获取、制备容易，加压液化后的二氧化碳充装在灭火器钢瓶中，20℃时钢瓶内的压力为 6MPa，灭火时液态二氧化碳从灭火器喷出后迅速蒸发，变成固体状干冰，其温度为 $-78℃$，固体干冰在燃烧物上迅速挥发成二氧化碳气体，依靠窒息作用和部分冷却作用灭火。无残留痕迹，不污染环境，不导电。二氧化碳具有较高的密度，约为空气的 1.5 倍，在常压下，液态的二氧化碳会立即汽化，一般 1kg 的液态二氧化碳可产生约 $0.5m^3$ 的气体，因而，灭火时，二氧化碳气体可以排除空气而包围在燃烧物体的表面或分布于较密闭的空间中，降低可燃物周围或防护空间内的氧浓度，产生窒息作用而灭火。另外，二氧化碳从储存容器中喷出时，会由液体迅速汽化成气体，而从周围吸引部分热量，起到冷却的作用。

3. 手提式二氧化碳灭火器使用方法

手提式二氧化碳灭火器按其开启的机械型式，可分为手轮式和鸭嘴式两种，手轮式二氧化碳灭火器主要由喷筒，手轮式启闭阀和筒体组成，鸭嘴式二氧化碳灭火器由提把、压把、启闭阀筒体和喷管等组成，灭火器筒体材料应采用无时效性的铬铝无缝镇静钢。使用时，应先将灭火器提到距离起火点 5m 左右，放下灭火器，拔出保险销，一手握住喇叭形喷筒根部的手柄，把喷筒对准火焰，另一只手逆时针旋开手轮（使用手轮式二氧化碳灭火器时）或压下启闭阀的压把（使用鸭嘴式二氧化碳灭火器时），喷射气化二氧化碳灭火。对没有喷射软管的二氧化碳灭火器，应把喇叭筒往上扳 70°～90°角。

4. 推车式二氧化碳灭火器使用方法

推车式二氧化碳灭火器由钢瓶、阀门、喷射系统和推车行走系统等组成，一般由两人操作。使用时两人一起将灭火器快速推拉到燃烧处，在距离着火点 10m 左右停下，一人取下喇叭筒并展开喷射软管后，握住喇叭筒根部的手柄。另一人拔出阀体保险销，按逆时针方向旋动手轮，将阀门开到最大位置，喷出钢瓶内的高压液态二氧化碳灭火剂，将火扑灭。

5. 可燃液体燃烧时的扑灭方法

（1）当可燃液体呈流淌状燃烧时，使用者应将二氧化碳灭火剂的喷流由近而远向火焰喷射，如果燃烧面较大，使用者可左右摆动喷筒，直至把火扑灭。

（2）如果可燃液体在容器内燃烧时，使用者应将喇叭筒提起，从容器的一侧上部向燃烧的容器中喷射，但不能将二氧化碳喷流直接冲击可燃液面，以防将可燃液体冲出容器而扩大燃烧范围，造成灭火困难。

6. 二氧化碳灭火器使用注意事项

（1）二氧化碳灭火器使用时应注意灭火器保持直立状态，切勿横卧或倒置使用。

（2）不能直接用手抓住喇叭筒外壁或金属连接管，也不要把喷筒对着人，防止被冻伤。

（3）室外使用二氧化碳灭火器时，应选择上风方向喷射，且不宜在室外大风时使用。

（4）在室内狭小的密闭房间使用时，灭火后使用者应迅速离开，以防窒息，扑救室内火灾后，应先打开门窗通风，然后人再进入，以防窒息。

7. 二氧化碳灭火器保存、保养和充装、报废管理

（1）二氧化碳灭火器应存放在干燥、阴凉、通风并取用方便之处，存放地点的温度不得超过 42℃，不得受到雨淋、烈日暴晒、接近火源或受剧烈振动，冬季应采取保温措施，运输时应避免碰撞。

（2）二氧化碳灭火器应由专业单位负责保养、维修，每季度应定期检查保险装置是否完好，压力值是否符合要求，瓶头阀、喷筒、喷射软管等有无损坏，筒体是否锈蚀或泄漏。

（3）灭火器一经使用或灭火剂不足（减少了额定充装质量的 1%）时应立即再充装。灭火器维修和再充装前应逐具对灭火器筒体和推车式灭火器喷射软管组件进行水压试验，试验压力为 22.5MPa，试验时不得有泄漏破裂以及反映结构强度缺陷的可见变形，二氧化碳钢瓶灭火器还应逐个进行残余变形率测定，变形率不应大于 3%。

（4）灭火器不论已经使用还是未经使用，距出厂年月期满五年，以后每隔二年，必须送至指定的专业维修单位进行水压试验，合格后方可再使用，不合格者应进行报废处理。试验合格的灭火器筒体内部应清洗干净，并确保筒体内干燥，不允许有明显锈蚀，然后方可充装灭火剂，充装后应逐具进行气密性试验。每次检验、维修和水压试验后应在灭火器上标明日期，其中水压试验时间和试验单位用钢印打在筒体肩部。按《灭火器维修与报废规程》（GA 95）的规定，从出厂日期算起，二氧化碳灭火器和贮气瓶的使用期限为 12 年，灭火器过期、损坏或检验不合格者，应及时报废、更换。

三、干粉灭火器

1. BC 型干粉和 ABC 型干粉的灭火性能

干粉灭火器内装干燥的、易于流动的微细固体粉末，由具有灭火效能的无机盐基料和防潮剂、流动促进剂、结块防止剂等添加剂组成，利用高压二氧化碳气体或氮气气体作动力，将干粉喷出后以粉雾的形式灭火。其中 BC 型干粉灭火器主要内充以碳酸氢钠或同类基料的干粉灭火剂，适用于扑灭可燃液体、可燃气体和带电的 B 类火灾，不适用于可燃固体火灾、金属和自身含有供氧源的化合物火灾。ABC 型干粉灭火器主要内充磷酸铵盐基料的干粉灭火剂，适用于扑灭可燃固体火灾、可燃液体火灾、可燃气体火灾、电气火灾，不适用于金属和自身含有供氧源的化合物火灾。中高压电气火灾和旋转电机火灾需要先切断电源。二氧化碳气体驱动的干粉灭火器使用温度范围为 $-10 \sim 55℃$，氮气驱动时的使用温度范围为 $-20 \sim 55℃$。

2. 干粉灭火剂的灭火机理

干粉灭火剂的灭火机理一是靠干粉中无机盐的挥发性分解物，在喷射时与燃烧过程中燃料所产生的自由基或活性基团发生化学抑制和副催化作用，使燃烧的链反应中断而灭火；二是靠干粉的粉末落在可燃物表面外，将可燃物覆盖后，发生化学反应，并在高温作用下形成一层玻璃状覆盖层，从而隔绝氧气，进而窒息灭火。另外，干粉灭火剂还起到稀释氧和冷却的作用。

3. 干粉灭火器的显著特点

干粉灭火器具有灭火种类多、效率高和灭火迅速等特点。同样火灾危险场所配置的灭火器数量少、重量轻，便于人员操作。内装的干粉灭火剂具有电绝缘性好，不易受潮变质，便于保管等优点。使用的驱动气体无毒、无味，喷射后对人体无伤害。特别是磷酸铵盐 ABC 型灭火器属通用型灭火器，在电厂中运用最广泛，但对精密仪器或设备存在残留污染。

4. 手提式干粉灭火器组成和使用方法

手提式干粉灭火器主要由盛装干粉的粉桶、储存驱动气体的钢瓶、装有进气管和出粉管的器头、输送粉末的喷管和开启机构等组成，常温下工作压力为 1.5MPa。使用时，应先将灭火器提到距离起火点 5m 左右，放下灭火器，如在室外，应选择在上风方向喷射。使用前可将灭火器颠倒晃动几次，使筒内干粉松动，然后拔下保险销，一只手握住喷射软管前端喷嘴根部，另一只手用力按下压把或提起储气瓶上的开启提环，喷出干粉灭火。有喷射软管的灭火器或储压式灭火器在使用时，一只手应始终压下压把，不能放开，否则会中断喷射。

5. 推车式干粉灭火器组成和使用方法

推车式干粉灭火器主要由筒体、器头总成、喷管总成和车架总成等部分组成。使用时把灭火器拉或推到燃烧处，在距离着火点 10m 左右停下，将灭火器后部向着火源停靠好，使其不会在使用时倒下。在室外应置于上风方向，先取下喷粉枪，展开缠绕在推车上的喷粉胶管，应该让出粉管平顺的展开，不能有弯折或打圈情况，接着除掉铅封，拔出保险销，再提起进气压杆或按下供气阀门，使二氧化碳或氮气进入贮罐，当表压升至 $0.7 \sim 1.0MPa$ 时，放下进气压杆停止进气，然后拿起喷枪打开出粉阀，对准火焰根部喷出干粉扑火。

6. 使用干粉灭火器扑灭液体火灾注意事项

(1) 扑灭液体火灾时,不要使干粉气流直接冲击液面,以防止飞溅使火势蔓延。

(2) 如果被扑救的液体火灾呈流淌燃烧时,应对准火焰根部由近至远并左右扫射,用干粉笼罩住燃烧区,防止火焰回窜,直至把火焰全部扑灭。

(3) 如果可燃液体在容器内燃烧时,使用者应使喷射出的干粉流覆盖整个容器开口表面,当火焰被赶出容器时,使用者仍应继续喷射,直至将火焰全部扑灭。

(4) 如果可燃液体在金属容器中燃烧时间过长,容器的壁温已高于扑救可燃液体的自燃点,此时极易造成灭火后再复燃的现象,若与泡沫类灭火器联用,则灭火效果更佳。

7. 使用干粉灭火器扑灭固体火灾注意事项

使用磷酸铵盐干粉灭火器扑救固体可燃物火灾时,应对准燃烧最猛烈处喷射,并上下、左右扫射。如条件许可,使用者可提着灭火器沿着燃烧物的四周边走边喷,使干粉灭火剂均匀地喷在燃烧物的表面,直至将火焰全部扑灭。

8. 干粉灭火器的存放、保养和管理

(1) 干粉灭火器应存放在阴凉、通风并取用方便之处,灭火器应保持干燥、密封,防止雨淋,以免干粉结块,防止烈日暴晒、接近火源,以免二氧化碳驱动气体受热膨胀而发生漏气现象,存放环境温度为 $-10 \sim 45 \, ^\circ\text{C}$。

(2) 干粉灭火器应由专业单位负责保养、维修,每季度应定期检查干粉是否结块,二氧化碳或氮气气量是否充足,保险销及铅封是否完好,压力值是否符合要求,瓶头阀、喷筒、喷射软管等有无损坏,筒体是否锈蚀或泄漏,推车行驶机构是否灵活、方便。

(3) 灭火器一经使用或灭火剂不足(减少了额定充装质量的 10%)时应立即再充装,灭火器距出厂年月期满五年后每隔二年或再充装前应送至指定的专业维修单位,逐具对灭火器筒体和推车式灭火器喷射软管组件进行水压试验,试验压力为 2.6MPa,试验时不得有泄漏、破裂以及反映结构强度缺陷的可见变形,合格后方可再使用,不合格者应进行报废处理。试验合格的灭火器筒体内部应清洗干净,并确保筒体内干燥,不允许有明显锈蚀,然后方可充装灭火剂。对贮气瓶式灭火器充装后应逐具进行气密性试验,每次检验、维修和水压试验后应在灭火器上标明日期。按《灭火器维修与报废规程》(GA 95)的规定,从出厂日期算起,干粉灭火器的使用期限为 10 年,灭火器过期、损坏或检验不合格者,应及时报废、更换。

四、洁净气体灭火器

1. 洁净气体灭火器生产销售概况

洁净气体灭火器主要包括 1211 灭火器、1301 灭火器以及六氟丙烷灭火器等。中国环保局和公安部、世界银行于 1997 年制定了隶属消防行业的《哈龙整体淘汰计划》,其中规定在 2005 年 12 月 31 日全部停止哈龙 1211 灭火器的生产;在 2010 年 1 月 1 日,停止哈龙 1301 灭火器的生产。因此,目前洁净气体灭火器主要是用六氟丙烷做灭火剂的。

1999 年,美国环境保护局已将六氟丙烷列为 1211 灭火剂较理想的替代品,美国安索(Ansul)公司据此开发了手提式六氟丙烷灭火器,它是替代 1211 的新型环保洁净气体灭火器,已应用于有计算机、通信设备等的场所,以及民用、军用飞机上。目前中国市场上已经在生产、销售手提式六氟丙烷灭火器。

2. 六氟丙烷灭火剂的灭火机理

六氟丙烷灭火剂的灭火机理主要是吸热降温，被六氟丙烷吸收的热量大于燃烧反应产生的热量，则燃烧不能维持。六氟丙烷的沸点是－1.4℃，25℃饱和蒸气压是 39.5psia；而 1211 的沸点为－4℃，饱和蒸气压是 37.5psia，两者很接近，都是液化气体。六氟丙烷较高的沸点及相对低的蒸气压，使它在喷射时仅是部分气化，主要以液体射流喷出，喷射时气雾射流之中夹带较多的六氟丙烷液滴，可以穿透团团火焰，从而使其喷射距离更远，是一种优良的喷射剂。六氟丙烷的化学性质稳定，与多种物质都不会发生化学反应。六氟丙烷也是一种非常安全的灭火剂，美国环保局等部门的试验显示六氟丙烷的毒性和腐蚀比较低。六氟丙烷灭火器还具有重量轻、不会破坏臭氧层等优点。

psi 是英美国家使用的压强单位，它们没有参加国际标准化组织，不使用国际单位制。psi 分为 psia 和 psig，psia 是绝对压力，psig 是表压，二者关系为：

$$psia（绝对压力）＝psig（表压）＋一个大气压$$

式中　psia——磅/平方英寸（绝对值），Pounds Per Square Inch Absolute；

　　　psig——磅/平方英寸（气压表值），Pound Per Square Inch Gauge。

　　　$1psi＝1\ lb/in^2＝6.8948kPa$

3. 六氟丙烷灭火器适用范围

六氟丙烷灭火器适用于扑灭可燃液体火灾、可燃气体火灾和电气火灾，不适用可燃固体火灾。在常压下，液态的六氟丙烷会立即汽化，无残留痕迹，不污染环境，不导电。六氟丙烷灭火器适用的环境温度范围为－20～55℃，一般室内比室外效果好，冬季比夏季效果好。

4. 手提式六氟丙烷灭火器的组成和使用方法

手提式六氟丙烷灭火器主要由喷射软管、阀门、虹吸管和筒体等组成。灭火器筒体为低压容器，材料为碳钢或不锈钢，碳钢筒体内部需做防腐处理，常温下工作压力为 0.7MPa。使用时，应先将灭火器提到距离起火点 3m 左右，放下灭火器，拔出保险销，一手握住喷射软管前端喷嘴，把喷嘴对准火焰，然后按下阀门，对准火焰根部喷出药剂灭火。

5. 六氟丙烷灭火器存放、保养和管理

（1）灭火器应存放在阴凉、通风并取用方便之处，灭火器应保持干燥、密封，防止雨淋，防止烈日暴晒、接近火源，以免氮气驱动气体受热膨胀而发生漏气现象，存放环境温度为－20～55℃。

（2）六氟丙烷灭火器应由专业单位负责保养、维修，每季度应定期检查氮气气量是否充足，保险销及铅封是否完好，压力值是否符合要求，瓶头阀、喷射软管等有无损坏，筒体是否锈蚀或泄漏。

（3）六氟丙烷灭火器一经使用或灭火剂不足（减少了额定充装质量的 10%）时应立即再充装，灭火器距出厂年月期满五年后每隔二年或再充装前应送至指定的专业维修单位，逐具对灭火器筒体喷射软管组件进行水压试验，试验压力为 2.1MPa，试验时不得有泄漏、破裂以及反映结构强度缺陷的可见变形，合格后方可再使用，不合格者应进行报废处理。试验合格的灭火器筒体内部应清洗干净，并确保筒体内干燥，不允许有明显锈蚀，然后方可充装灭火剂，每次检验、维修和水压试验后应在灭火器上标明日期。按《灭火器维修与报废规程》（GA 95）的规定，从出厂日期算起，洁净气体灭火器的使用期限为 10 年，灭火器过期、损坏或检验不合格者，应及时报废、更换。

第五节　消防器材配置

一、消防器材配置基本原则

1. 基本原则

（1）各类发电厂和变电站的建（构）筑物、设备应按照其火灾类别及危险等级配置移动式灭火器。

（2）各类发电厂和变电站的灭火器配置规格和数量应按《建筑灭火器配置设计规范》（GB 50140）计算确定，实配灭火器的规格和数量不得小于计算值。

（3）一个计算单元内配置的灭火器不得少于 2 具，每个设置点的灭火器不宜多于 5 具。使用两具灭火器共同灭火有利于迅速、有效地扑灭初起火灾，还可起到相互备用的作用（即使其中一具失效，另一具仍可正常使用）。如果同一个地点取用、使用灭火器的人员太多可能会互相干扰，影响灭火，所以不宜多于 5 具。

（4）手提式灭火器充装量大于 3.0kg 时应配有喷射软管，其长度不小于 0.4m，推车式灭火器应配有喷射软管，其长度不小于 4.0m。除二氧化碳灭火器外，贮压式灭火器应设有能指示其内部压力的指示器。如有条件，贮气瓶式推车灭火器和二氧化碳推车灭火器宜自带称重装置，以方便日常检修维护。

2. 灭火器的配置设计计算方式

（1）灭火器配置的设计计算可按下述程序进行：

1）确定各灭火器配置场所的火灾种类和危险等级。

2）划分计算单元，计算各计算单元的保护面积。

3）计算各计算单元的最小需配灭火级别。

4）确定各计算单元中的灭火器设置点的位置和数量。

5）计算每个灭火器设置点的最小需配灭火容量。

6）确定每个设置点灭火器的类型、规格与数量。

7）确定每具灭火器的设置方式和要求。

（2）计算单元的最小需配灭火容量为

$$Q=K\frac{S}{U} \tag{1-7-5-1}$$

式中　Q——计算单元的最小需配灭火容量（A 或 B）；

　　　S——计算单元的保护面积，m^2；

　　　U——A 类或 B 类火灾场所单位灭火容量最大保护面积，m^2/A 或 m^2/B；

　　　K——修正系数。

（3）当危险等级和火灾种类相同时，可将一个楼层或一个水平防火分区作为一个计算单元，当一个楼层或一个水平防火分区内各场所的危险等级和火灾种类不同时，应将其分别作为不同的计算单元，同一计算单元不得跨越防火分区和楼层。

（4）建筑物应按其建筑面积确定计算单元的保护面积，可燃物露天堆场，甲、乙、丙类液体储罐区，可燃气体储罐区应按堆垛、储罐的占地面积确定。

（5）修正系数应按表 1－7－5－1 的规定取值。

表 1－7－5－1   修　正　系　数

计算单元类别	K	计算单元类别	K
未设室内消火栓系统和自动灭火系统	10	可燃物露天堆场	0.3
设有室内消火栓系统	0.9	甲、乙、丙类液体储罐区	0.3
设有自动灭火系统	0.7	可燃气体储罐区	0.3
设有室内消火栓系统和自动灭火系统	0.5	地下场所	1.3

（6）计算单元中每个灭火器设置点的最小需配灭火容量为

$$Q_c = \frac{Q}{N} \qquad (1-7-5-2)$$

式中　Q_c——计算单元中的每个灭火器设置点的最小需配灭火容量（A 或 B）；

　　　N——计算单元中的灭火器设置点数，个。

二、消防砂箱和消防砂桶配置原则

（1）油浸式变压器、油浸式电抗器、油罐区、油泵房、油处理室、特种材料库、柴油发电机、磨煤机、给煤机、送风机、引风机和电除尘等处应设置消防砂箱或消防砂桶，以及消防铲。消防砂箱、消防砂桶和消防铲均应为大红色，砂箱的上部应有白色的"消防砂箱"字样，箱门正中应有白色的"火警119"字样，箱体侧面应标注使用说明。

（2）消防砂箱容积为 1.0m³，内装干燥细黄砂。并配置消防铲，每处 3～5 把。

（3）消防砂桶应装满干燥黄砂。

（4）消防砂箱的放置位置应与带电设备保持足够的安全距离。

三、室内外消火栓配置原则

1. 室外消火栓

（1）设置室外消火栓的发电厂和变电站应集中配置足够数量的消防水带、水枪和消火栓扳手，宜放置在厂内消防车库内。室外消火栓配置的消防水带和水枪数量应根据建（构）筑物室外消防最大一次用水量 Q 计算确定，该水量应符合国家现行标准《火力发电厂与变电站设计防火规范》（GB 50229）、《水利水电工程设计防火规范》（SDJ 278）和《建筑设计防火规范》（GB 50016）的有关规定，室外消火栓主要供消防车使用，每个室外消火栓的用水量 10L/s，每辆消防车取水灭火时占用 1 个消火栓，一辆消防车出 2 根直

径 65mm 的水带，室外消火栓最大间距为 120m，则

$$水枪数量 = \frac{Q}{10} \times 2 \qquad (1-7-5-3)$$

$$水带总长度 = \frac{Q}{10} \times 120 \times 2 \qquad (1-7-5-4)$$

（2）当厂内不设消防车库时，也可放置在重点防火区域周围的露天专用消防箱或消防小室内。根据被保护设备的性质合理配置 19mm 直流或喷雾或多功能水枪，水带宜配置有衬里的消防水带。

1）直流水枪用来喷射密集充实水流，适用于扑灭固体火灾。

2）喷雾水枪在直流水枪的出口设置离心喷雾头，使水流在离心力的作用下，将充实水流变成水雾，适用于扑灭电气及油类火灾。

3）开花水枪可喷射密集充实水流，还可以根据灭火的需要喷射开花水，用来冷却容器外壁、阻隔辐射热，掩护消防人员靠近着火点，适用于大型油罐火灾。

4）当发电厂和变电站室外消防应对的火灾类型较多时，可采用可调式水枪。

2. 室内消火栓

（1）每只室内消火栓箱内应配置 65mm 消火栓及隔离阀各 1 只，25m 长 DN65 有衬里水龙带 1 根，带快装接头、19mm 直流或喷雾或多功能水枪 1 只，自救式消防水喉 1 套，消防按钮 1 只。

（2）带电设施附近的消火栓应配备带喷雾功能水枪。

（3）当室内消火栓栓口处的出水压力超过 0.5MPa 时，应加设减压孔板或采用减压稳压型消火栓。

（4）同一建筑物内应采用同一型号的室内消火栓箱，带电和有油设备附近的消火栓应配置喷雾水枪或多功能水枪，最高处的试验用消火栓处应设置压力显示仪表。消火栓及消防水管外表应涂红色，且与消防器材色标规定相一致。

第六节　正压式消防空气呼吸器

一、电力生产场所正压式消防空气呼吸器配置要求

设置固定式气体灭火系统的发电厂和变电站等场所应配置正压式消防空气呼吸器，宜按每座有气体灭火系统的建筑物各设 2 套，可放置在气体保护区出入口外部、灭火剂储瓶间或同一建筑的有人值班控制室内。按照现行国家标准《气体灭火系统设计规范》（GB 50370），正压式消防空气呼吸器不必按照气体防护区逐一配置，宜就近集中放置、管理。

长距离电缆隧道、长距离地下燃料皮带通廊、地下变电站的主要出入口应至少配置 2 套正压式消防空气呼吸器和 4 只防毒面具。距离不小于 100m 的地下电缆隧道、地下燃料皮带通廊、地下变电站发生阴燃或灭火完毕后，有毒气体和烟雾容易聚集，在没有通风、排烟完毕前，为便于工作人员进入救援、检查，确保安全，应配置空气呼吸器。

水电厂地下厂房、封闭厂房等场所，也应根据实际情况配置正压式消防空气呼吸器。水电厂地下厂房、封闭厂房等场所，也应根据实际情况配置正压式消防空气呼吸器，万一发生火灾时有利于人员逃生或施救。

二、正压式消防空气呼吸器组成和特点

（一）正压式消防空气呼吸器的作用和适用范围

1. 作用

正压式消防空气呼吸器系列产品为自给开放式空气呼吸器，可以使消防人员和抢险救护人员在进行灭火战斗或抢险救援时防止吸入对人体有害毒气、烟雾以及悬浮于空气中的有害污染物。正压式消防空气呼吸器也可在缺氧环境中使用，防止吸入有毒气体，从而有效地进行灭火、抢险救灾、救护和劳动作业。

2. 适用范围

适用于消防员或抢险救援人员在有毒或有害气体环境、含烟尘等有害物质及缺氧等环境中使用，为使用者提供有效的呼吸保护，广泛用于消防、电力、化工、船舶、冶炼、仓库、试验室、矿山等部门。

（二）执行标准

（1）《正压式消防空气呼吸器》（GA 124）。正压式消防空气呼吸器的公称容积不宜小于 6.8L 并至少能维持使用 30min，城区长距离地下电缆隧道出入口的变电站内还应有 6h 的额外气瓶。呼吸器其他型号、技术要求、试验方法、检验规则、标志、包装、运输、储存等要求应符合现行行业标准《正压式消防空气呼吸器》（GA 124）的有关规定。

（2）《自给开路式压缩空气呼吸器》（GB 16556—2007）。

（三）主要特点

（1）采用新型大视野全面罩，防雾、防眩，视野开阔，气密性好，佩戴舒适。

（2）供气阀体积小、供气量大、性能可靠，使用中不影响视野。

（3）背板由碳纤维复合材料制成，重量轻、强度高。按人体工程学设计，佩戴更舒适、更方便。

（4）采用新型减压器，体积小巧紧凑，内置安全阀，性能可靠，无任何调节装置，免维护。设有备用接口，可根据需要加装他救接头或外供气源。

（5）压力表具有防水、防震、夜光显示功能，余压报警器体积小、重量轻、报警准确洪亮。

（6）瓶阀装有棘轮止逆装置，可防止使用中被无意关闭，可选带压力显示的瓶阀，在阀门关闭时也能显示瓶内贮气压力。

（7）同一套背板 6.8L 和 9.0L 碳纤维复合气瓶可任意更换。

（四）技术参数

规格型号：RHZKF9.0/30（H2001-9.0）、RHZKF6.8/30（H2001-6.8）、RHZKF4.7/30（H2001-4.7）、RHZKF8×2/30（H2001-6.8×2）。

（1）整体重量：≤12kg、≤10kg、≤8.5kg、≤17kg。

（2）外形尺寸（长×宽×高）（mm×mm×mm）：650×270×225、600×270×210、600×270×200、600×350×210。

（3）适用环境温度：−30～60℃。

（4）气瓶额定工作压力：30MPa。

（5）气瓶容积（水容积）：9.0L、6.8L、4.7L、6.8L×2。

（6）气瓶最大贮气量：2700L、2040L、1410L、4080L。

（7）供气特点：正压式。

（8）最大吸气阻力：≤500Pa。

（9）最大呼气阻力：≤1000Pa。

（10）余气报警压力：5～6MPa。

（11）报警发声声级：≥90dB。

（12）吸入气体中二氧化碳含量：≤1%。

（13）防护范围：粉尘、重烟、雾滴、毒气、毒蒸气以及那些肉眼看不见的微小物质以及复杂恶劣的缺氧环境。

（五）分类

1. 钢瓶型正压式空气呼吸器

（1）RHZK−5/30 正压式空气呼吸器。

（2）RHZK−6/30 正压式空气呼吸器。

2. 碳纤维瓶正压式空气呼吸器（正压式呼吸器）

（1）国产碳纤维瓶空气呼吸器。

1）RHZKF−6.8/30 国产碳纤维瓶正压式空气呼吸器。

2）RHZKF−9/30 国产碳纤维瓶正压式消防空气呼吸器。

（2）进口碳纤维瓶空气呼吸器。RHZKF−6.8/30 进口碳纤维瓶正压式空气呼吸器。

原正压式消防空气呼吸器型号为 ZHK 系列，现根据标准 GA 124—2004 要求，将原型号改为 RHZKF 系列。其中：R 表示消防员个人装备；H 表示产品类别代号呼吸器；ZK 表示产品特征代号（Z 表示正压式；K 表示空气）；F 表示碳纤维复合瓶。

（六）组成

正压式消防空气呼吸器主要由 12 个部件组成，如图 1−7−6−1 所示。

1. 面罩

为大视野面窗，适用于亚洲人脸型，面窗镜片采用聚碳酸酯材料，透明度高、耐磨性强，具有防雾功能，网状头罩式佩戴方式，佩戴舒适、方便，胶体采用硅胶，无毒、无味、无刺激，气密性能好。

2. 气瓶

为铝内胆碳纤维全缠绕复合气瓶，压力为30MPa，具有质量轻、强度高、安全性能好、储

图 1−7−6−1　正压式消防空气呼吸器

气量大、使用时间长等优点，瓶阀具有高压防护装置。

3. 瓶带组

瓶带卡为一快速凸轮锁紧机构，并保证瓶带始终处于一闭环状态。气瓶不会出现翻转现象。

4. 肩带

由阻燃聚酯织物制成，背带采用双侧可调结构，使重量落于腰胯部位，减轻肩带对胸部的压迫，使呼吸顺畅。并在肩带上设有宽大弹性衬垫，减轻对肩的压迫。

5. 报警哨

置于胸前，报警声易于分辨，体积小、重量轻。

6. 压力表

大表盘，具有夜视功能，配有橡胶保护罩。

7. 气瓶阀

具有高压安全装置，开启力矩小。

8. 减压器

体积小，流量大，输出压力稳定。

9. 背托

背托设计符合人体工程学原理，由碳纤维复合材料注塑成型，具有阻燃及防静电功能，质轻、坚固，在背托内侧衬有弹性护垫，可使佩戴者舒适。

10. 腰带组

卡扣锁紧，易于调节。

11. 快速接头

小巧，可单手操作，有锁紧防脱功能。

12. 供给阀

结构简单，功能性强，输出流量大，具有旁路输出，体积小。

三、正压式消防空气呼吸器的存放、保养检查和使用

（一）存放
正压式消防空气呼吸器应放置在专用设备柜内，柜体应为红色并固定设置标志牌。

（二）保养检查
空气呼吸器必须经过清洁后才能存放，如果发现有损坏的部件，应该做好标注，注意不再使用。清洁消防空气呼吸器的步骤如下：

（1）检查有有无磨损或老化的零件。

（2）取下锁气阀。

（3）清洁面罩。

1）温水中加入中性肥皂液或清洁剂进行洗涤，然后用净水冲洗干净。用医用酒精擦洗面罩，进行消毒。

2）消毒后，用清水彻底清洗面罩。冲洗面罩，然后晃动，甩干残留水，然后用干净

的软布擦干。或者吹干也可，但要注意不要使用一般的空气或其他任何含润滑剂或湿气的空气。

（4）供气阀的清洗、消毒。

1）用海绵或软布将供气阀外表面明显的污物擦拭干净。

2）从供气阀的出气口检查供气阀内部。如果已变脏，请维修人员来清洗。

（5）供气阀检查。供气阀检查并不意味着完整的供气阀性能测试。只有使用维修检测仪，才能对供气阀的性能进行测试。再次使用之前，使用者必须按本说明书供气阀操作检查部分的要求进行供气阀的操作检查。

（6）用湿海绵或软布将呼吸器其他不能浸入水中清洗的部件擦洗干净。

（三）消防空气呼吸器的使用方法

消防空气呼吸器使用方法参见产品说明书。

第七节　热气溶胶自动灭火装置

一、热气溶胶灭火装置

气溶胶灭火装置按产生气溶胶的方式可分为热气溶胶灭火装置和冷气溶胶灭火装置。目前国内工程上应用的气溶胶灭火装置都属于热气溶胶灭火装置，冷气溶胶灭火技术尚处于研制阶段，无正式产品。热气溶胶以负催化、破坏燃烧反应链等原理灭火。气溶胶与卤代烷类和惰性气体类哈龙替代技术不同，普通型的气溶胶灭火后有残留物，属非洁净灭火剂，而新一代S型气溶胶具有较高的洁净度。由于各企业采取的药剂配方不同，有些非洁净的气溶胶喷洒后的残留物的性质也不相同。

热气溶胶在控制火源的情况下逐步全淹没式灭火，使人员有足够的时间进行疏散逃生，适用于变配电间、发电机房、电缆夹层、电缆井、电缆沟等无人、相对封闭、空间较小的场所，适用扑救生产、贮存柴油（−35号柴油除外）、重油、润滑油等丙类可燃液体的火灾和可燃固体物质表面火灾。气溶胶是以固态形式存放的，且自身又不具有挥发性，所以不会存在泄漏等问题，具有较长的保存年限，对保护区的设施也能便于时时监控。但目前的气溶胶在技术没有突破且通过国家质检中心型式检验之前，不能用于管网输送系统。普通型的以及洁净度不高的气溶胶灭火后的残留物对精密仪器、电子设备会有一定影响，技术上没有解决该问题且通过检验的固定装置，不建议用于保护计算机房、配电房等机电设备等。

普通型气溶胶常称为K型气溶胶，具有较好的灭火效能，由于洁净度不高等原因，不能用于计算机房、配电房等机电设备场所。

S型气溶胶相对于K型气溶胶，不仅具有较好的灭火效能，而且有较高的洁净度，气溶胶喷洒后的残留物对于电子设备的影响较少，现国内有些气溶胶生产厂家的S型气溶胶的洁净度已经可以完全达到保护电子设备的目的。气溶胶的造价与独立式的七氟丙烷对比，造价上有绝对优势，且利润空间大。除气溶胶外的其他的气体灭火，要求保护区的配套设施都需要抗压、防暴，且保护区需设置泄压口，所以气溶胶在这方面的费用又能为用户节省一大笔费用。

（一）气溶胶灭火

气溶胶灭火系统属于气体灭火系统，是传统的四大固定式灭火系统（水、气体、泡沫、干粉）之一，它是由气体灭火装置（或组件）与报警控制系统组成的。

气体灭火系统的典型应用场所或对象如下：

（1）电器和电子设备。

（2）通信设备。

（3）易燃、可燃的液体和气体。

（4）其他高价值的财产和重要场所（部位）。

气体灭火系统主要有七氟丙烷、IG541 混合气体、CO_2 气体、S 型气溶胶四种气体灭火系统，七氟丙烷、IG541 混合气体、S 型气溶胶灭火系统均为全淹没灭火系统，CO_2 气体灭火系统除为全淹没灭火方式外，还能局部应用。

（二）气溶胶概念

气溶胶是由细小的固体或液体微粒分散在气体中所形成的稳定物态体系，专业术语中的气溶胶为由固体或液体小质点分散并悬浮在气体介质中形成的胶体分散体系，又称气体分散体系。其分散相为固体或液体小质点，其大小为 $0.001 \sim 100 \mu m$，分散介质为气体。液体气溶胶通常称为雾，固体气溶胶通常称为雾烟。

天空中的云、雾、尘埃，工业上和运输业上用的锅炉和各种发动机里未燃尽的燃料所形成的烟，采矿、采石场磨材和粮食加工时所形成的固体粉尘，人造的掩蔽烟幕和毒烟等，都是气溶胶的具体实例。气溶胶具有气体流动性，可绕过障碍物扩散。气溶胶灭火装置中的药剂为固态，其药剂通过氧化还原反应喷放出来的组分为气溶胶。

（三）气溶胶灭火发展历程

1. 第一代烟雾灭火

第一代气溶胶灭火技术诞生于我国，也称烟雾灭火技术，始于 20 世纪 60 年代初，是由公安部天津消防研究所的科研人员完成的，他们自主研制出烟雾自动灭火系统，主要用于扑灭甲、乙、丙类液体储罐火灾。这是一项不同于以往的全新的灭火技术，既有烟又有雾，既有细小的固体颗粒，又有水蒸气和 N_2、CO_2 灭火气体形成的气溶胶物质用于灭火。

2. 第二代 K 型气溶胶灭火

K 型气溶胶灭火技术也叫钾盐类灭火技术，是气溶胶灭火技术发展的第二阶段，由北京理工大学研制。该气溶胶发生剂中主要采用钾的硝酸盐作为主氧化剂，其喷放物灭火效率高，但因为其中含有大量的钾离子，易吸湿，形成一种黏稠状的导电物质。这种物质对电子设备有很大的损坏性，故 K 型气溶胶自动灭火装置不能使用于电子设备及精密仪器的场所。目前在市场上的使用正在迅速减少。

3. 第三代 S 型气溶胶灭火

第三代气溶胶（S 型）主要由锶盐作主氧化剂，和第二代钾盐（K 型）气溶胶不同，锶离子不吸湿，不会形成导电溶液，不会对电器设备造成损坏，此类气溶胶由陕西坚瑞消防股份有限公司（原西安坚瑞化工有限责任公司）于 1999 年自主研发成功。2001 年，中国移动通信集团公司经过严格的考察和验证，最终选择该公司生产的锶盐类气溶胶（S 型 DKL 气溶胶自动灭火装置）用于保护其通信基站等配备有精密电子设备的场所。目前，锶盐类气溶胶产品已在几千个工程项目中应用，至今未发生一起损坏电子设备的事故，第三代气溶胶已越来越为广大用户所接受。

（四）装置分类

中华人民共和国公共安全行业标准《气溶胶灭火系统　第 1 部分：热气溶胶灭火装置》（GA 499.1），按灭火装置充装气溶胶发生剂的主化学成分，将气溶胶灭火装置分为三类：

（1）S 型气溶胶灭火装置。指充装含有 35%～50%硝酸锶，同时含有 10%～20%硝酸钾的气溶胶发生剂的灭火装置。型号为 QRR/SL（落地式）、QRR/SG（壁挂式）。

（2）K 型气溶胶灭火装置。指充装含有 30%以上硝酸钾的气溶胶发生剂的灭火装置。型号为 QRR/KL（落地式）、QRR/KG（壁挂式）。

（3）其他型气溶胶灭火装置。

（五）灭火原理

燃烧进行的四要素是可燃物、助燃物、点火源、未受抑制的链式反应，灭火气体的灭火机理就是能消除燃烧四要素中的一个或几个。

S 型气溶胶灭火装置中的固态灭火剂通过电启动，其自身发生氧化还原反应形成大量凝集型灭火气溶胶，其成分主要是 N_2、少量 CO_2、金属盐固体微粒等。S 型灭火气溶胶灭火机理如下：

（1）吸热降温灭火机理。金属盐微粒在高温下吸收大量的热，发生热熔、气化等物理吸热过程，火焰温度被降低，进而辐射到可燃烧物燃烧面用于气化可燃物分子和将已气化的可燃烧分子裂解成自由基的热量就会减少，燃烧反应速度得到一定抑制。

（2）气相化学抑制灭火机理。在热作用下，灭火气溶胶中分解的气化金属离子或失去电子的阳离子可以与燃烧中的活性基团发生亲和反应，反复大量消耗活性基团，减少燃烧自由基。

（3）固相化学抑制灭火机理。灭火气溶胶中的微粒粒径很小，具有很大的表面积和表面能，可吸附燃烧中的活性基团，并发生化学作用，大量消耗活性基团，减少燃烧自由基。

（4）降低氧浓度灭火机理。灭火气溶胶中的 N_2、CO_2 可降低燃烧中氧浓度，但其速度是缓慢的，灭火作用远远小于吸热降温。

（六）化学抑制灭火系统特点

（1）对人体无伤害性。喷放的 S 型气溶胶灭火剂中其成分主要是 N_2、少量 CO_2、金属盐固体微粒等，均为无毒物质。实际灭火中，S 型灭火气溶胶喷放过程仅 1min 左右，完成灭火时间仅需 2～3min，这个过程对人体无伤害。

（2）灭火效能高，对电器无二次损害。S 型气溶胶即锶（Sr）盐类气溶胶，其主氧化剂硝酸锶的分解产物为 SrO、$Sr(OH)_2$、$SrCO_3$，这三种物质不会吸收空气中的水分，因而不会形成具有导电性和腐蚀性的电解质液膜，从而避免了对设备的损坏。K 型、S

型灭火剂附着物的表面电阻要求分别为不低于 $1M\Omega$ 和 $20M\Omega$（$10M\Omega$ 以上为绝缘体）。

（3）灭火剂用量少。气溶胶灭火剂用量一般为 $130g/m^3$ 左右，而其他气体灭火剂用量为 $300\sim1000g/m^3$。

（4）减轻重量、节省空间。气溶胶灭火系统由于是固体常压存放，体积和重量大大减轻，其重量只有惰性气体的 1/40，空间占用只有其 1/15。

（5）环境友好。气溶胶灭火剂不含大气臭氧层损害物质，其 ODP、GWP 值为零，是目前理想的哈龙替代物。

（6）安装简便、维护费用极低。气溶胶灭火系统与其他气体安装相比安装只需一些导线的连接，所以安装极其方便容易，可省工时 1/3 以上。由于无高压容器、阀门、喷头等，维护费用极低。

（7）节约成本。由于气溶胶灭火系统重量轻，占用空间小，安装简单，常压储存以及几乎可以忽略的维护费用，使其在气体消防产品中具有最低的成本。

二、S 型微小式热气溶胶灭火装置在配电柜中应用

（一）S 型微小式热气溶胶灭火装置应用于配电柜的优势

《建筑设计防火规范》（GB 50016）规定，如在有的场所空间很大，只有部分设备是危险源并需要灭火保护时，可对该局部危险性大的设备采用小型自动灭火装置进行保护，而不必采用大型自动灭火系统保护整个空间的方法来实现。S 型微小式热气溶胶灭火装置就是这样一种小型自动灭火装置，其应用于配电柜的优势如下：

（1）报警与灭火合二为一，将火灾隐患扑灭在萌芽状态，有效降低火灾带来的经济损失。

（2）无需电源，不因油、灰尘、烟的影响而导致探测火灾功能的减弱及误报警。

（3）不受震动或冲撞而影响其功能。

（4）热敏线为软性物，不受位置影响，可根据具体的危险源进行布线，探测反应时间快。

（5）热气溶胶灭火剂常压固态储存。

（6）采用全淹没方式灭火，距离被保护物近，灭火效率高，释放时对人体无害。

（7）设计简单，安装简便，不占用户的有限空间。

（8）无需在柜体上开孔，不影响美观。

（二）S 型微小式热气溶胶灭火装置

1. 产品款式

S 型微小式热气溶胶灭火装置如图 1-7-7-1 所示。

2. 产品特点

能迅速扑灭相对密闭空间中 A、B、C 类火灾和带电电气火灾。

3. 适用范围

变配电柜、电梯控制柜、通信机柜、带槽盒的电线电缆槽

图 1-7-7-1　S 型微小式热气溶胶灭火装置

及桥架，以及其他场所外壳相对密闭的重要的机柜设备。

4.工作原理

灭火剂通过电启动后，经过自身的氧化还原反应形成气溶胶灭火剂，喷向防护区域。其中所含大量的纳米级高度分散固体微粒在遇到火源时，发生强烈的吸热分解反应，降低火焰的温度，抑制燃烧反应的速度（吸热降温灭火机理）；同时因热分解产生的金属离子和燃烧中的活性基团发生亲和反应，消耗活性基团，抑制它们之间的放热反应，从而将燃烧的链式反应中断，使燃烧得到抑制（化学抑制灭火机理）；纳米级固体微粒具有很大的比表面积和表面能，和可燃物裂解产物自由活性基团发生碰撞冲击后，瞬间将其吸附，使其不再参加后续的燃烧反应，从而抑制燃烧速度（固相化学抑制机理）。在连续反复的上述过程作用下，火焰很快被扑灭。

5.启动方式

（1）内置温控开关自动启动。内置感温元件，一旦周围环境超过警戒温度（初始设定为：65℃±3%，可选择），装置可立即启动实施灭火。

（2）热敏线启动。装置内的终端可连接热敏线，一旦热敏线感应温度，可传递给装置启动信号，即实施灭火。

（三）安装方法及注意事项

1.安装方法

用磁性材料或螺钉将装置与柜体固定。注意喷口方向应向上。安装完工后，将电源开关拨至ON位置，按下自检按钮，绿色指示灯亮，表示正常，即可开通使用。

2.安装注意事项

安装时应遵循就低不就高的原则，即在同一防区安装本产品时应尽量安装在较低的位置以确保装置在喷放时尽快布满整个防护区达到迅速灭火的目的。检修时务必取出电池，以防误喷。

3.接线

根据保护区确定热敏线的长度，剥开接线一端，另一端套热缩管绝缘。先卸下底板，然后把热敏线剥开线的一端从侧壁圆孔插入，将热敏线端固定，有源反馈和无源反馈线均从侧壁圆孔插入，如图1-7-7-2所示。

（1）装置实施灭火后后，线路板上指示灯端子输出一个DC 3V的有源反馈信号。

（2）装置实施灭火后，线路板反馈端子输出一个2A/30V DC、0.5A/125VAC无源开关量，功能根据客户要求来实现对灭火装置的监控。

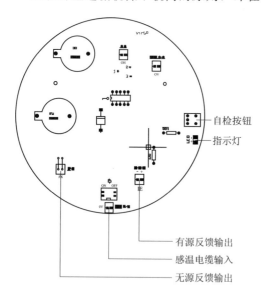

自检按钮
指示灯
有源反馈输出
感温电缆输入
无源反馈输出

图1-7-7-2　微型热气
溶胶灭火装置接线示意图

（四）微型热气溶胶灭火装置在电力系统配电柜中的应用

微型热气溶胶灭火装置可布置在图1-7-7-3所示的户外电力系统的开关柜中，图1-7-7-4所示为环网柜内部接线，图1-7-7-5所示为内分为六个方柜的配电柜，每个方柜尺寸为350mm×600mm×500mm，体积为0.105m³。

（a）箱式变电站（尺寸为
2000mm×4000mm×1500mm，
体积为12m³）

（b）环网柜

图1-7-7-3　户外电力系统的开关柜

图1-7-7-4　环网柜内部接线

1.微型热气溶胶灭火装置产品安装位置

（1）置于配电柜顶部。

（2）置于配电柜侧方。

无论安装在配电柜的顶部还是侧方，安装方式均须为螺母固定。配电柜内动力电工作产生电磁场，如采用磁性材料固定，磁性材料会在电磁场环境下消磁。安装完一个机柜时间约为30min。

图 1-7-7-5　内分为六个方柜的配电柜

2. 热敏线在配电柜内布线方式

围绕配电柜内火灾危险点合理进行布线，避开直接接触电缆，因为单根电缆在满负载情况下工作时，电缆本身温度可达 40℃。

3. 药剂量计算

根据配电柜的内部容积计算出产品需使用 S 型热气溶胶灭火剂药剂量，结合产品规格和技术参数得出产品使用数量。如需多台微型热气溶胶灭火装置需要级联。药剂量计算公式如下：

$$W = C_2 K_v V$$

式中　W——灭火剂设计用量，kg；

C_2——灭火设计密度，kg/m^3；

V——防护区净容积，m^3；

K_v——容积修正系数。

4. 微型热气溶胶灭火装置使用个数

微型热气溶胶灭火装置使用个数见表 1-7-7-1。

表 1-7-7-1　　　　　　　微型热气溶胶灭火装置使用个数

序号	使用机柜尺寸/mm	体积/m³	装置型号	使用个数
1	2000×4000×1500	12	QRR0.25GW/S	6
2	350×600×500	0.105	QRR0.1GW/S	1

（五）其他

1. 采用的标准与规范

（1）国家标准：《气体灭火系统设计规范》（GB 50370）、《气体灭火系统施工及验收规范》（GB 50263）。

（2）行业标准：《热气溶胶灭火装置》（GA 499.1）。

（3）地方标准：《热气溶胶自动灭火系统设计、施工及验收规范》（DB 61/368）。

2. 资料交付

（1）提供微型热气溶胶自动灭火装置系统原理图、安装图、材料表（包括灭火剂用量）、计算书、操作使用说明。

（2）CR1220/3.6V 纽扣电池（已装）。

（3）自攻螺丝。

3. 产品质量保证

（1）在安装期间厂家提供全程的技术服务和现场指导安装调试。

（2）本工程所使用的消防产品必须是经消防主管部门审批同意使用的产品。

（3）所有国产产品必须具有出厂检验合格证，重要产品还需有国家质量监督部门的检测报告。

（4）所有产品具有使用维护说明书，所使用的产品符合设计要求。顾客投诉100％进行处理，包括在施工过程中和进入二年保修期间的客户投诉，厂家承诺进行100％处理，并使顾客满意为止。

4. 服务承诺

厂家负责上述设备的调试指导，并达到客户要求的性能指标。该设备使用有效期为6年，质保期为1年。在质保期内设备因制造质量出现故障，厂家接到客户通知后24h内赶到客户现场，处理故障，费用由厂家负担。由其他原因造成设备故障，视情况收取适当费用。在质保期1年后，若遇设备故障需要厂家配合，厂家接到客户通知后24h内赶到客户现场配合，收取合理费用。

第八节　新型灭火装置在扑灭桥架电缆火灾上的应用

一、桥架电力电缆线路的火灾特点及对灭火设备的要求

（一）桥架电缆线路的火灾特点

1. 火灾隐患多

（1）线路短路。当电气线路发生短路时，电气线路的支路负荷会被切除，而电流与负荷阻抗的变化成反比，当阻抗趋于很小时，电流趋于很大，故产生的热量很高，此时熔断器如不能瞬时断开，导线会随之起火。

（2）线路过载。电气线路长期处于或濒临负荷运行状态，不仅造成电气线路过热，更严重的是电气线路的接头部位产生的接触电阻效应突出，加之装修时线路都做了隐蔽处理，导线的接头在暗中更加隐蔽，平时检查难以发现。

（3）线路接触电阻过大。电气线路的导线连接处，若在其连接处松弛接触，接点间的电压足以击穿间隙空气，形成空气导电，而此时如果接触点的空隙稍大，又恰逢电源电压波动峰值，就会在空气间拉出电弧。如果接头间隙小，端点在电压的作用下，即使平时也会击穿空气而进火。无论是进出的火花或拉出的电弧，都足以点燃附近的可燃物形成火灾。

（4）铜铝连接接触电阻过大。防火检查或火灾原因调查发现，有些大型建筑的配电干线采用铜线，而末端则采用铝线，并且连接方式是铜铝直接连接，连接处在空气作用下易发生铜铝接触电蚀作用，长期运行的接头在电蚀作用下自然松动，随之产生较大的接触电阻，结果造成局部放热或打火放电，引燃周围可燃物品造成火灾。

2. 不易发现

桥架电缆处于桥架壳体内，起火不易被发现。

3. 扑救难度大

桥架电缆由于密封在桥架内部，且所处高度难以扑救。

（二）桥架电缆对消防设备的要求

（1）灭火设备体积小，结构简单。

（2）具备火灾探测能力，灭火高效。

（3）安装操作简单。

二、×××微型超细干粉灭火器灭火原理和性能特点

（一）×××微型超细干粉灭火器灭火原理

×××微型超细干粉灭火器接触火源或者感触180℃高温时就会启动激活装置内部的气体产气剂，从而产生大量的惰性气体，将装置内部的 ABC 超细干粉带出。由于采用 ABC 超细干粉和气溶胶灭火剂，灭火剂粒径小，分散快，流动性好，有良好抗复燃性、电绝缘性，既能应用于相对封闭的空间的全淹没自动灭火，也可应用于开放场所局部保护自动灭火。

（二）×××微型超细干粉灭火器性能特点

（1）灭火效率高、灭火迅速。由于灭火剂的高效性，使得扑灭电气火灾的特效性强；又由于在着火初期能无源自发启动灭火，喷射时间小于3s，使得灭火的有效性强，灭火迅速，能够实现早期抑制，减少损失。

（2）对场所的密封性没有要求、组件少、系统结构简单、安装简便。×××微型超细干粉灭火器没有繁琐的管网和储存间设计，无需专门设计线路，因而特别适用于一些内部环境比较狭小、布局不规则、支架密布、条件复杂的场所，这类场所恰恰是使许多有管网的灭火系统难以发挥作用的地方。

（3）无需火灾探测报警设备提供电信号。×××微型超细干粉灭火器能实现无源自发启动，不需要火灾探测报警系统发出启动灭火信号。

（4）安装简便、安装成本低。系统无需管网，不需要设置专门的储瓶间，占地面积小，无需复杂的电控设备和各种管线，无需专门的探测器，系统施工简单，降低了工程的造价。传统的自动灭火系统因复杂的控制系统及各种管线、阀门致使故障率较高，造成系统可靠性降低。而此系统较为简单，故可靠性很高，减少了误动作的可能。

（5）安全环保。此系统较为简单，故可靠性很高，减少了误动作的可能。超细干粉及灭火后的残留物易于清理，可以减少对电气设备的损坏。

（三）×××微型超细干粉灭火器技术参数

×××微型超细干粉灭火器外形如图1-7-8-1所示，其技术参数见表1-7-8-1。

图1-7-8-1　×××微型超细
干粉灭火器外形

表 1-7-8-1		×××微型超细干粉灭火器技术参数		
项　目	参　数	项　目	参　数
型号	FFX-ACT0.15	有效保护体积/m³	1
灭火剂量/kg	0.15	喷射时间/s	<3
装置毛重/kg	0.5	使用温度/℃	-40~+90
外形尺寸/mm	直径108，高63	有效期/年	5
安装高度/m	0.1~0.5		

三、×××微型超细干粉灭火器现场方案设计和安装

(一) 设计思路

×××微型超细干粉灭火器用于探测桥架电缆火灾，感温探测线接触明火或180℃高温时，产品能够自启，达到灭火目的。

(二) 现场安装

1. 桶体安装

根据电缆桥架实际空间可灵活确定安装位置进行安装，但安装位置仅限于电缆桥架底部和电缆桥架侧板，且产品喷嘴位置不可接触电缆。

2. 感温探测热敏线布置

感温探测热敏线根据桥架电缆走向，与预置电缆保持平行布置。

3. 数量统计

按照电缆桥架的长度，每3m布置一枚帝一铭灭火神器。

第九节　PCM 型灭火装置在变压器
火灾中的应用

一、概述

由于短路、过电压等引起的变压器内部电弧使油温超过燃点，并分解出多种可燃气体，一旦内部超压造成油箱泄爆、破裂，导致氧气进入，遇明火会即刻引起火灾，造成重大危害。PCM 型变压器排油注氮灭火装置（也称为排油充氮灭火装置）正是为防止上述危险的发生由×××有限公司开发生产的消防装置，型号 PCM 中 P 表示排油，C 表示充氮，M 表示灭火。

PCM 型变压器充氮灭火装置的实际应用如图 1-7-9-1 所示。

(一) 装置工作原理

当变压器发生火灾时，如本装置处于自动运行状态，则在接收到重瓦斯及火灾探测器

动作信号后立即启动；如本装置处于手动运行状态，则在观察到火灾时，按手动启动按钮后立即启动。

图 1-7-9-1　PCM 型变压器充氮灭火装置的实际应用

本装置启动后，首先排出变压器油箱顶部部分热油，释放压力，防止二次燃爆；同时断流阀自动关闭，切断油枕至油箱的补油回路，防止"火上浇油"；排油数秒后，氮气从油箱底部注入，强制热冷油的混合进行热交换，使油温降至闪点以下，同时充分稀释空气中的氧气，降低含氧量，达到迅速灭火的目的。之后，连续注氮 30min 以上，使变压器充分冷却，防止复燃。

（二）装置适用范围及性能特点

1. 适用范围

（1）国内外新建电厂及变电站（包括无人值守变电站）。

（2）在用变压器改造。

缺水、寒冷、风沙大的地区尤其适用。

2. 性能特点

（1）集火灾探测、报警、灭火系统于一身，装置启动后可立即灭火，防止火灾蔓延及复燃。

（2）可实现防爆防火功能，防止变压器爆炸；且变压器发生火灾时能快速灭火并杜绝复燃。

（3）装置采用 PLC 控制，具有高可靠性，可方便进行功能扩展，并可实现远程通信和远程监控。

（4）缩小火灾的损失范围（避免了水或含水灭火介质对变压器造成的二次损坏）。

（5）火灾时排去变压器顶部部分热油，同时切断油枕油路，防止"火上浇油"。

（6）占地面积少，土建工程量小，结构紧凑，易于设计、选址及现场安装。

（7）无需水源，不受地理条件限制，不污染环境。

（8）既可用于室内，也可用于室外。

（9）灭火介质价廉易采购。

（10）运行维护方便，可靠性好，简易实用。

（11）在变压器运行期间，可独立于变压器做装置的整体功能校验。

（三）主要技术指标及参数

1. 主要技术指标

（1）注氮开始至灭火时间：＜60s。

（2）连续注氮搅拌时间：≥30min。

2. 主要技术参数

（1）断流阀。

1）公称通径：$\phi80$。

2）关闭流量：50～100L/min。

（2）火灾探测器。

1）动作温度：93℃（绿色）或141℃（蓝色）。

2）形式：接点式。

（3）消防柜总成。

1）外形尺寸（长×宽×高）：1200mm×500mm×2000mm。

2）重量：约500kg。

（4）控制单元。

1）柜式外形尺寸（长×宽×高）：800mm×600mm×2260（2360）mm，可插装上屏式控制箱数1～3只。

2）上屏式控制箱外形尺寸（长×宽×高）：620mm×250mm×312mm。

上屏式控制箱为公司标准配置；如需柜式，由用户指定柜的规格及颜色。

（四）主要部件的安装位置及作用

1. 断流阀

断流阀也称为控流阀，安装在气体继电器与油枕之间的水平管道上，可在变压器油箱破裂溢油或发生火灾排油时自动关闭，切断油枕向油箱的补油通路。

2. 火灾探测器

安装在变压器油箱顶部易着火部位，着火时发出报警接点信号。

3. 消防柜

安装在变压器附近，内有两只高压氮气瓶，是排油注氮的执行部件。

4. 电气控制箱（柜）

安装在控制室内，提供工作状态信号指示、报警信号输出及启动控制。上屏式控制箱插装于电气控制柜内。

二、设备安装

灭火装置主要部件的总体布置图如图1-7-9-2所示。

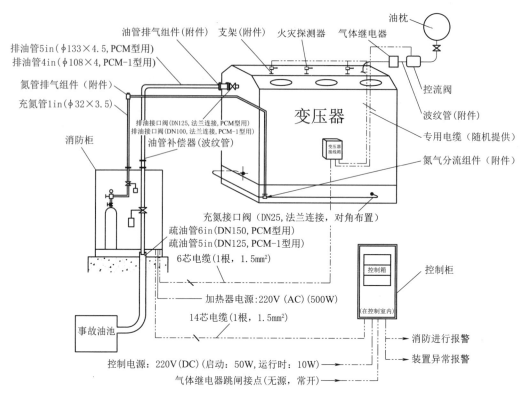

图1-7-9-2　PCM型变压器充氮灭火装置主要部件的总体布置图（1in＝25.4mm）

（一）消防柜安装

应根据装置型号按图1-7-9-3所示尺寸进行混凝土基础设计（消防柜门建议背对变压器），预埋疏油管、电缆管及金属预埋件。

（1）安装位置：消防柜应安装在变压器排油出口一侧；如室外安装，则应安装于变压器油坑外（距油坑最远不超过9m，建议靠近油坑）。

（2）管道就位后，消防柜安装底框与金属预埋件之间焊接牢固。

（3）疏油管通径（内径）：ϕ150mm。

（二）管道安装

1. 排油管安装

变压器油箱排油接口阀与油管排气组件用法兰连接（排气塞向上），另一端用法兰与水平直管连接，拐弯处用90°弯头焊接，垂直管与柜体排油进口法兰连接，如图1-7-9-4～图1-7-9-7所示。

（1）消防柜顶排油法兰上端配有油管补偿器（波纹管），配置管道时应考虑油管补偿器尺寸。

（2）排油管水平管道应向消防柜端下倾（约1∶100）；水平管长度超过5m时，应在管线适当部位添加支撑。

（3）法兰连接处橡胶密封垫应平整地放在法兰槽内，法兰螺栓应对角顺序紧固。

（4）所有管道焊后均应注油检查，焊缝不得有渗漏现象。

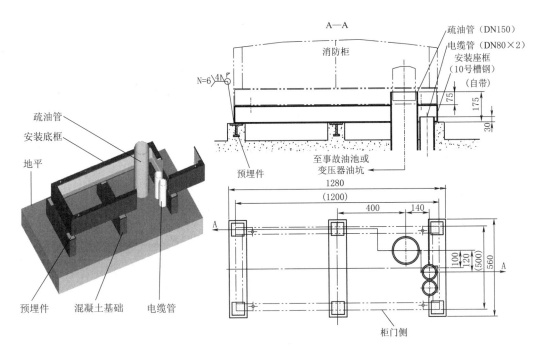

图 1-7-9-3　消防柜基础（单位：mm）

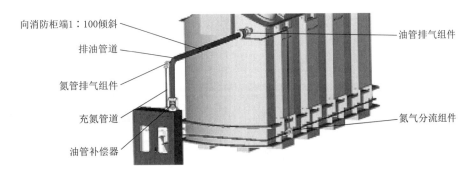

图 1-7-9-4　管道安装模型图

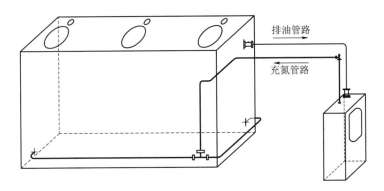

图 1-7-9-5　管道走向示意图

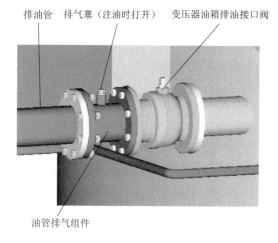

图1-7-9-6　油管排气组件安装图

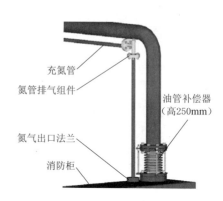

图1-7-9-7　补偿器及氮管
排气组件位置图

2. 注氮管安装

注氮管道与变压器、消防柜、氮气分流组件（图1-7-9-8）、氮管排气组件（图1-7-9-9）均采用法兰式连接，接管弯头采用对焊；氮管排气组件安装在注氮管最高处，排气塞朝上；氮气分流组件的安装位置距变压器两注氮口的实际管道长度应基本相等；绕变压器布置的水平段管道应采用支架及管夹固定。

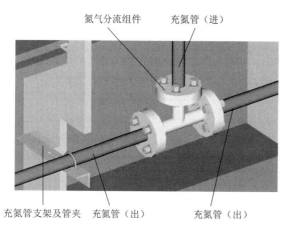

图1-7-9-8　氮气分流组件安装图

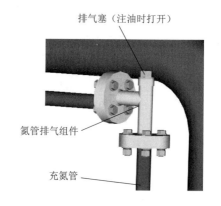

图1-7-9-9　氮管排气组件安装图

（三）断流阀安装

断流阀安装于气体继电器与油枕之间的水平管道上，用波纹管与气体继电器连接，连接方式均为法兰式，如图1-7-9-10、图1-7-9-11所示。断流阀在现场安装，最好是在变压器出厂前试安装。

（1）断流阀是本装置重要部件，安装时必须小心轻放，严禁提拎操作手柄。

（2）安装时阀体必须水平安装，接线盒朝上，箭头指向气体继电器，手柄置于"手动打开"位置（图1-7-9-12、图1-7-9-13），非调试运行时，禁止变动手柄位置。

（3）雨天禁止打开接线盒进行安装。

（4）变压器注油时，将断流阀手柄置于"手动打开"位置（图1-7-9-13），并锁定。

（5）运行时，将断流阀手柄置于"运行"位置（图1-7-9-14），并锁定。

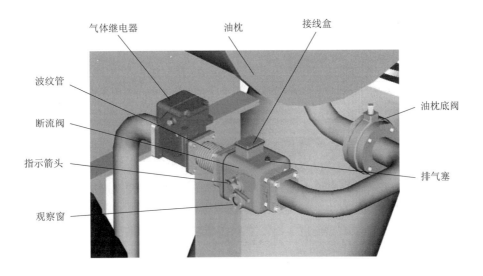

图1-7-9-10　断流阀（控流阀）安装位置图

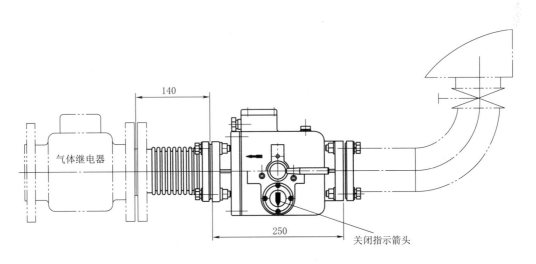

注：断流阀处于关闭状态时，可透过玻璃观察窗看见关闭指示箭头。

图1-7-9-11　断流阀安装图

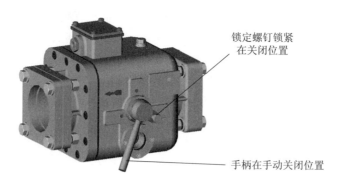

锁定螺钉锁紧
在关闭位置

手柄在手动关闭位置

注：现场调试试验时，将操作手柄按顺时针方向扳到"手动关闭"位置时，控制箱面板上将有"断流阀关"的报警信号显示。

图 1-7-9-12　断流阀手动关闭位置图

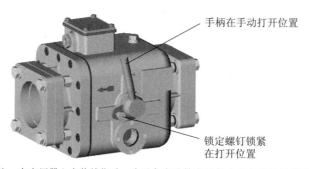

手柄在手动打开位置

锁定螺钉锁紧
在打开位置

注：在变压器上安装就位后，为避免在油枕向油箱大流量补油时引起断流阀自动关闭而影响补油操作，应事先将手柄按逆时针方向扳到"手动打开"位置，并锁紧。

图 1-7-9-13　断流阀手动打开位置图

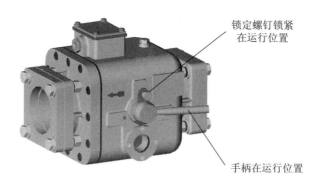

锁定螺钉锁紧
在运行位置

手柄在运行位置

注：在确认不再进行排油（或补油）操作后，必须将操作手柄按顺时针方向扳到"运行"位置，并锁紧。断流阀即投入正常的运行之中。

图 1-7-9-14　断流阀运行位置图

(四)　火灾探测器安装

变压器厂在变压器顶盖最易引起火灾的地方（如套管、防爆阀或释压阀等处）焊接好安装底座，用于固定火灾探测器支架，火灾探测器平卧在支架上用螺钉固定，如图 1−7−9−15～图 1−7−9−17 所示。一般而言，大中型三相变压器的每个套管之间及释压阀或防爆阀附近应至少安装一个火灾探测器。

必须密封防水，雨天禁止施工；接线后应对角顺序拧紧盖板螺钉，务必盖上防雨罩。

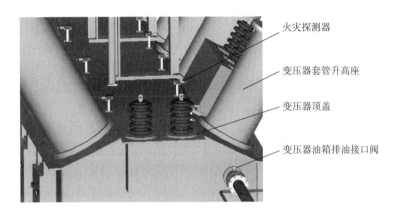

图 1−7−9−15　火灾探测器分布示意图

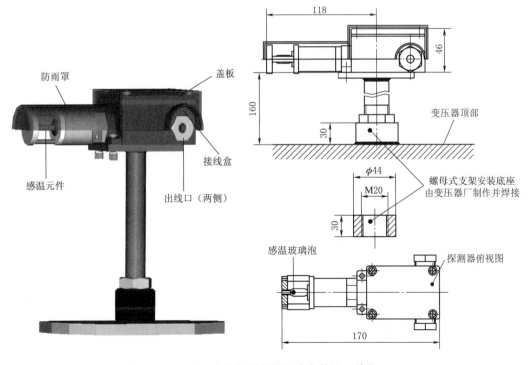

图 1−7−9−16　火灾探测器螺母式安装图（单位：mm）

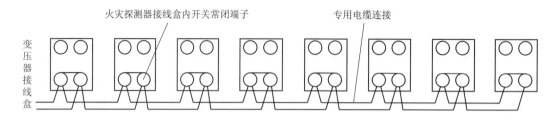

图 1-7-9-17　火灾探测器接线示意图

（五）电气安装

1. 电缆敷设及接线

（1）变压器制造厂在变压器接线箱内应预留火灾探测器及断流阀信号接线端子（至少6个）；火灾探测器、断流阀采用专用耐高温电缆连接（随机提供）。

（2）变压器接线箱至消防柜用 6 芯电缆（1.5mm²），消防柜至控制单元用 14 芯电缆（1.5mm²），由用户提供和敷设连接。

（3）火灾探测器、断流阀接线完毕后应拧紧穿线接头（图 1-7-9-18），火灾探测器应加盖防雨罩。

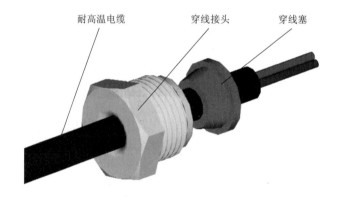

注：火灾探测器、断流阀专用电缆接线时，必须按图穿过接头和穿线塞，接线结束后紧固穿线接头，最终合盖以确保防雨密封性。

图 1-7-9-18　断流阀、火灾探测器穿线结构图

（4）系统接线时，应按电缆走向图［图 1-7-9-19 可编程控制器（PLC）控制方式］的要求接线。

2. 电气控制箱（柜）的安装

（1）电气控制箱（柜）安装于变电站控制室内，有上屏式和柜式两种，安装方法如图 1-7-9-20 所示。

（2）吊装与拆装必须小心，避免冲击与碰撞。

（3）安装在易于观察和操作的地方。

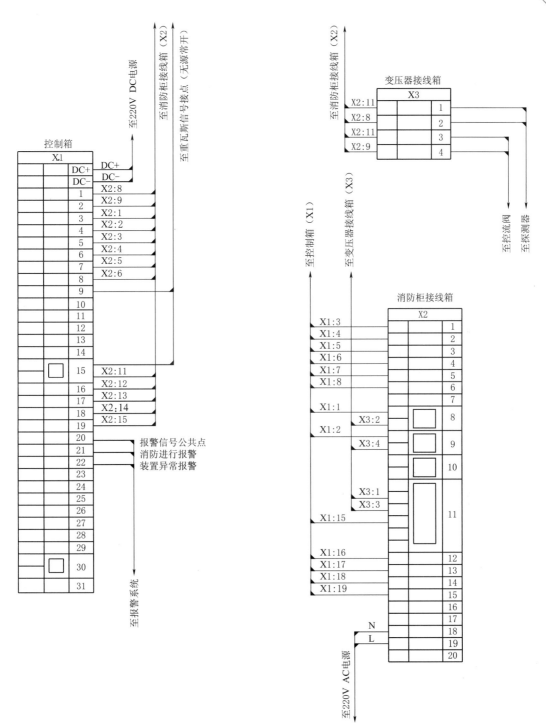

注：（1）X3端子为变压器本体接线箱，由变压器厂预留。

　　（2）X3上的一对火灾探测器接线端子为若干个火灾探测器并联后的最终输出。

　　（3）本装置用重瓦斯信号接点是无源常开接点。

　　（4）可根据用户要求添加自动启动信号（如压力释放阀与断路器跳闸信号）及扩充远程通信接口。

图1-7-9-19　电缆走向图（PLC控制方式）

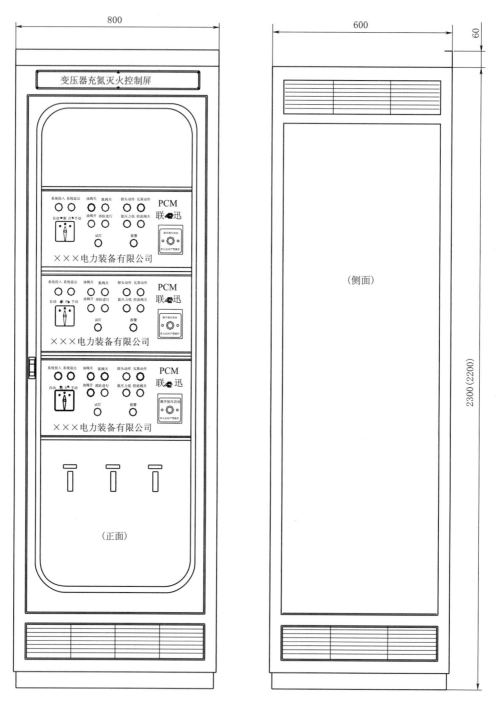

图 1-7-9-20　控制柜外形尺寸图（单位：mm）

（六）管道组件

1. 排油部分

排油部分管道组件如图 1-7-9-21、图 1-7-9-22 所示。

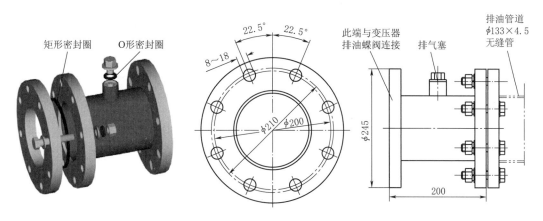

图 1-7-9-21　PCM 型油管排气组件（单位：mm）

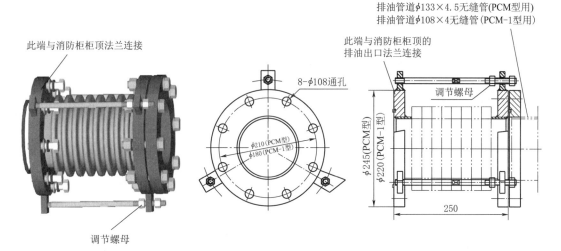

图 1-7-9-22　油管补偿器（单位：mm）

2. 注氮部分

注氮部分管道组件如图 1-7-9-23、图 1-7-9-24 所示。

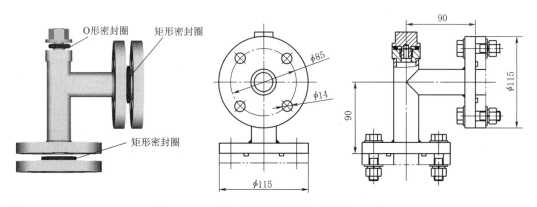

图 1-7-9-23　氮管排气组件（单位：mm）

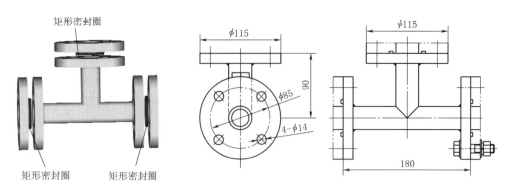

图 1-7-9-24 氮气分流组件（单位：mm）

3. 断流阀用波纹管

断流阀用波纹管如图 1-7-9-25 所示。

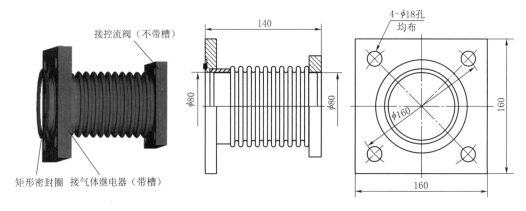

图 1-7-9-25 断流阀波纹管组件（单位：mm）

三、使用

（一）投运前的检查

1. 机械部分的检查

（1）所有管道螺栓是否紧固，密封良好。

（2）打开消防柜内排油阀检查孔，检查排油阀的密封性。

（3）排油重锤和注氮重锤应在机械锁定状态。

（4）氮气瓶瓶阀全部关闭。

（5）氮气软管接头可靠拧紧。

（6）断流阀手柄已锁定在运行状态。

2. 电气部分检查

（1）电缆接线正确，接触良好。

（2）火灾探测器接线正确，接线盒及出线口密封完好且已加盖防雨罩。

（3）控制单元电压为 220V（DC）或 110V（DC），消防柜电压为 220V（AC），工作电压正确。

（4）接地可靠。

（5）控制箱操作面板上"自动/断开/手动"转换开关置于"手动"位置。

（6）报警信号检查。

（二）投运步骤

（1）排油管注油。将断流阀手柄扳到"手动打开"位置并锁紧（防止排油管注油引起断流阀动作），再拧松"油管排气组件"上的排气塞，缓慢打开变压器端的排油接口阀，当排气塞处冒油且无气泡时，拧紧排气塞，再次打开消防柜内排油阀检查孔，确认无泄漏后，全部打开变压器端排油接口阀，然后将断流阀手柄扳到"运行"位置并锁紧。

（2）注氮管注油。拧松"氮管排气组件"上的排气塞，缓慢打开变压器端的注氮接口阀，当排气塞处冒油且无气泡时，拧紧排气塞，再全部打开变压器端的注氮接口阀。

（3）完全打开氮瓶瓶阀，压力稳定时，瓶压应大于 10MPa。

（4）设定氮瓶压力表报警值（图 1-7-9-26）。下限指针至 5MPa 处，上限指针调至表最大值处。

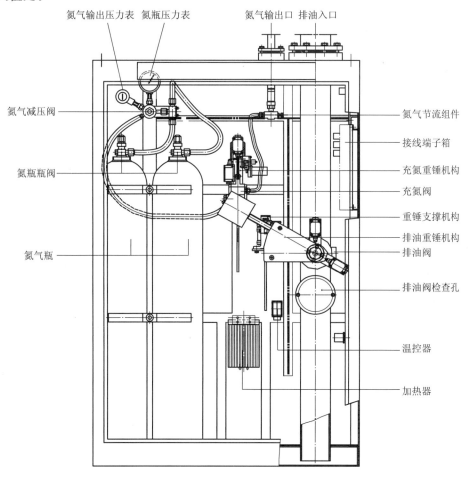

图 1-7-9-26　PCM 型消防柜总体布置图

（5）调整氮气减压阀（图1-7-9-26）。顺时针旋紧减压阀，将氮气输出压力表值调整至0.5～0.8MPa。

（6）合上消防柜内开关，接通消防柜加热器电源。

（7）合上控制单元内开关，接通控制单元电源。

（8）解除消防柜内"排油""注氮"重锤的机械锁定。

（三）启动和恢复

1. 启动

（1）当"自动/断开/手动"三位选择开关置于"自动"状态时，变压器发生火灾，则装置将自动执行灭火动作。

（2）当选择开关置于"手动"状态时，变压器发生火灾，则需运行人员确认火灾发生后，打开控制箱面板上的防护罩按下"手动启动"按钮，本装置将立即执行灭火动作。

2. 恢复

当装置因火灾原因发生排油注氮灭火动作后，需按以下步骤进行恢复：

（1）更换单向节流阀的隔离密封垫。

（2）恢复断流阀到正常工作位置。

（3）更换损坏的探测器。

（4）氮气瓶重新充入高纯氮气。

（5）按要求步骤重新投运。

四、维护

（一）日常维护

（1）因氮气管路使用了软管连接，因而会有微量的气体泄漏。为保证在每一检查周期内气瓶保持足够的压力，气瓶压力应每月记录一次，安排必要的充气计划。充气步骤如

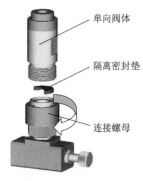

图1-7-9-27　单向节流阀

下：首先将运行状态切换至"断开"位置；其次将排油及注氮重锤机械锁定，并将氮气瓶瓶阀关闭后拆下瓶上的高压软管，气瓶充高纯氮气；最后将充好气的氮气瓶用高压软管连接（确保拧紧），将运行状态切换至原来位置，指示灯显示正常后解除开阀装置机械锁定。

（2）为保证氮气管路中气与油完全可靠隔离，在单向节流阀（图1-7-9-27）之间装有专用隔离密封垫，建议每十年更换一次。更换步骤如下：用扳手卡住单向阀体，用另一扳手按箭头方向拧下联接螺母使两阀分离，分离后向下移动联接螺帽取出隔离密封垫，换入完好备件后（有密封膜端在上）重新装好。

（二）功能校验

1. 校验步骤

（1）关闭氮瓶瓶阀。

（2）排油重锤支承机构机械锁定（图1-7-9-28）。拧出挡块螺栓，顺时针扳动挡块

柄，转过 90°后，压下锁定信号开关，重新将挡块螺栓拧入。

（3）卸下排油重锤机构上的连板（图 1-7-9-29）。重锤动作时不打开蝶阀，即不排油，严禁扳动扇形板。

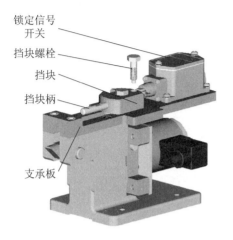

图 1-7-9-28　排油重锤支承机构机械锁定

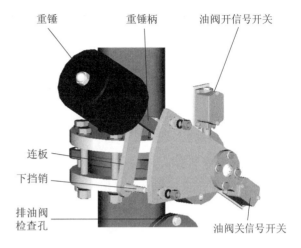

图 1-7-9-29　排油重锤连板拆开状态

（4）注氮重锤系统机械锁定（图 1-7-9-30）。把锁定插销插入锁定孔（必须穿过重锤杆孔）。

（5）卸下氮气释放阀上的顶帽（图 1-7-9-31）。注氮重锤动作时不打开氮气释放阀，即不向变压器内部充气。

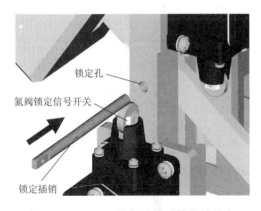

图 1-7-9-30　注氮重锤系统机械锁定

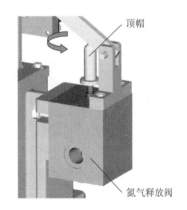

图 1-7-9-31　卸下氮气释放阀
（充氮阀）上顶帽

（6）将两重锤系统机械锁定去除。与机械锁定执行相反操作，即拧出挡块螺栓，扳动挡块柄使挡块上缺口与支撑板上缺口对齐并拧入挡块螺栓，手扶住注氮重锤后拔出锁定插销。

（7）装置的启动校验。

1）手动启动。将控制面板上运行方式转换开关置于"手动"位置，操作"手动启动"

按钮，排油电磁铁应动作，释放排油重锤，此时"油阀关"灯灭，"油阀开"和"报警"灯亮。延时一段时间后，注氮电磁铁也应动作，释放注氮重锤，此时"氮阀关"灯灭，"氮阀开"灯亮。

2）自动启动。将控制面板上运行方式转换开关置于"自动"位置，先触发重瓦斯输入端子，此时"瓦斯动作"和"报警"灯亮，再短接探测器输入端子，此时"探头动作"灯亮，随后装置启动，动作状况和控制面板指示灯显示情况应与"手动"时一致。

2. 装置复位

（1）将控制面板上运行方式转换开关置于"断开"位置。

（2）排油重锤支撑机构复位操作步骤如下：

1）向下按挡杆（图1-7-9-32）到底，听到复位时的撞击声后放开，用手指按支承块，确认其不能向下。

2）向上抬重锤，将重锤柄抬到支承块刚好能落下时停止，当支承块复位后放下重锤，使其架在支承块上，确保扇形板的上挡销紧贴在重锤柄上。

3）装上排油重锤机构上的连板。

（3）注氮重锤系统复位操作步骤如下：将支承杆拉出后，抬起重锤至上支点，放开支承杆再将重锤柄架在支承杆上（图1-7-9-33）；拧上氮气释放阀顶帽。注意：无论何时，不可向下压氮气释放阀顶帽。

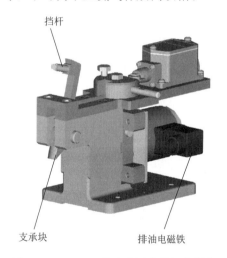

图1-7-9-32　排油重锤支承机构复位

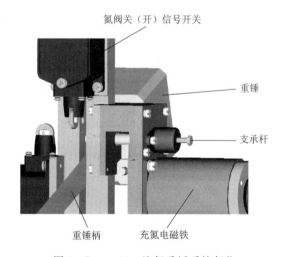

图1-7-9-33　注氮重锤系统复位

（三）注意事项

（1）如本装置退出运行，除切断电源外，必须将排油及注氮重锤机械锁定并关闭氮瓶瓶阀。

（2）在变压器运行期间，必须避免从底部大流量取油样；应控制其流量小于40L/min，防止断流阀关闭。断流阀一旦关闭，只能人工操作解除。

（3）功能校验时，不能随意打开氮气释放阀，即使在氮瓶关闭的情况下也是如此。试验重锤动作时，必须卸下氮气释放阀顶帽，投入运行时必须装上。

（4）为了保证安全，在正式投入运行前不要打开氮瓶瓶阀。

（5）在最终解除排油及注氮重锤的机械锁定前，应仔细检查排油及注氮重锤的支承机构处在可靠闭锁状态；控制单元面板上只有"系统退出""油阀关""氮阀关""油阀锁""氮阀锁"五种信号显示，如出现其他信号，应排除后才能解除机械锁定。

（6）解除排油及注氮重锤的机械锁定之后，控制单元面板上的"系统退出"灯应熄灭。

（7）运行中出现报警信号时必须首先确认报警类别，然后把运行方式转换开关切换到"断开"位置后切断电源，消除报警因素后可按投运步骤重新投入运行。

（8）将运行方式转换开关先切换到"断开"位置后再切换至"手动"或"自动"位置，可消除本装置的"瓦斯动作"自保持信号。

（四）可能故障及排除方法

可能故障及排除方法见表 1-7-9-1。

表 1-7-9-1　　　　　　　　　可能故障及排除方法

可能故障	可能原因	排除方法
氮气压力下降过快	氮气软管接头处松动或电接点压力表、减压器上安全阀接头处松动	检查拧紧
断流阀观察窗漏油	观察窗紧固松动；玻璃裂纹；密封件老化	更换
单向节流阀或氮气释放阀底部滴油	单向阀体螺纹联接处松动	拧紧螺纹
	隔离密封垫薄膜破裂	更换隔离密封垫
"断流阀关"灯亮	（1）提取化验油样时流量大于40L/min。 （2）从油枕向油箱补油时	人工将断流阀打开，需要大流量取（补）油时应将手柄置于"手动打开"位置
"氮压低"灯亮	氮瓶未打开致使瓶的压力低于下限设定值	将氮瓶瓶阀完全打开

第十节　PWZ型泡沫喷雾灭火装置

一、PWZ型泡沫喷雾灭火装置概述

人类灭火从最初用的水发展到今天用的气体灭火系统、化学灭火系统等，从古至今，人类一直在寻求更有效、更安全、更经济的灭火方式。PWZ型泡沫喷雾灭火装置是采用合成泡沫灭火剂中添加高能阻燃剂作为灭火药剂，在一定压力下通过专用的水雾喷头，将其喷射到灭火对象上，使之迅速灭火的一种新型灭火系统。此灭火系统吸收了水雾灭火和泡沫灭火的优点，借助水雾和泡沫的冷却、窒息、乳化、隔离等综合作用实现迅速灭火的目的，是一种高效、安全、经济、环保的灭火系统。

××× 有限公司生产的 PWZ 型泡沫喷雾灭火装置具有以下优点：

(1) 采用国际先进的灭火剂，可灭 A 类火、B 类火、C 类火。

(2) 动力源采用气压式贮存，无需其他任何电动力源。

(3) 无需水池以及其他供、排水设备。

(4) 不需要泡沫发生设备。

(5) 具有良好的绝缘性能。

(6) 系统安装、操作、维修简单，工作压力低，启动可靠性好。

(7) 灭火剂具有生物降解性，对环境无污染、无毒。

PWZ 型泡沫喷雾灭火装置主要由储液罐、合成泡沫灭火剂、分区阀、控制阀、安全阀、驱动装置、动力瓶组、减压阀、单向阀、控制盘、水雾喷头及管网等组成，如图 1 - 7 - 10 - 1 所示。

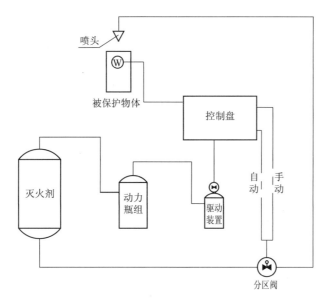

图 1 - 7 - 10 - 1　PWZ 型泡沫喷雾灭火装置的组成

控制盘接收到被保护物火警信号后，打开驱动装置启动动力瓶组，动力瓶组内的高压氮气经减压阀减压后，通过集流管进入储液罐；当储液罐内压力达到一定值后，控制盘打开分区阀，灭火剂在气体推动下，通过灭火剂流通管路，最后从喷头喷向被保护物。

二、PWZ 型泡沫喷雾灭火装置型号

目前取得消防产品 3C 强制性认证证书的泡沫喷雾灭火装置型号见表 1 - 7 - 10 - 1。

表 1 - 7 - 10 - 1　　　　　　　PWZ 型泡沫喷雾灭火装置型号

序号	名称	规格型号	备注
1	泡沫喷雾灭火装置	PWZ 0.7/5000 SP	主型
2	泡沫喷雾灭火装置	PWZ 0.7/7500 SP	

序号	名称	规格型号	备注
3	泡沫喷雾灭火装置	PWZ 0.7/9000 SP	
4	泡沫喷雾灭火装置	PWZ 0.7/10000 SP	
5	泡沫喷雾灭火装置	PWZ 0.7/12000 SP	
6	泡沫喷雾灭火装置	PWZ 0.7/14000 SP	
7	泡沫喷雾灭火装置	PWZ 0.7/15000 SP	
8	泡沫喷雾灭火装置	PWZ 0.7/18000 SP	
9	泡沫喷雾灭火装置	PWZ 0.7/20000 SP	

PWZ 型泡沫喷雾灭火装置型号说明（以 PWZ 0.7/5000 SP 为例）如下：

PWZ——泡沫喷雾灭火装置；

0.7——储液罐最大工作压力，MPa；

5000——灭火剂预混液充装量，L；

S——灭火剂类别代号，合成泡沫灭火剂；

P——厂家代号。

三、PWZ 型泡沫喷雾灭火装置设计

（一）系统设计

（1）PWZ 型合成泡沫喷雾灭火系统的喷头流量应按下式计算：

$$q = K\sqrt{10P}$$

式中　q——喷头的流量，L/min；

　　　P——喷头的工作压力，MPa，式中取 $P = 0.35$MPa；

　　　K——喷头的流量系数，$K = 2.6$、5、10、16。

（2）保护面积按保护对象的水平投影面积计算。

（3）保护对象的喷头数量应按下式计算：

$$N = \frac{SW}{q}$$

式中　N——保护对象的喷头数量；

　　　S——保护对象的水平投影面积，m²；

　　　W——保护对象的合成泡沫灭火剂设计供给强度，L/(min·m²)，取 $W = 8$L/(min·m²)。

（二）设计举例

某 220kV 变电所变压器参数为：长 8.5m，宽 8m，本体高 5m，油枕高 7m。

（1）保护面积计算为

$$S = 8.5 \times 8 = 68 \ (\text{m}^2)$$

（2）合成泡沫灭火剂用量为

$$V = SWt$$

其中 $S=68$，$W=8L/(min \cdot m^2)$，$t=15min$，则
$$V=68 \times 8 \times 15 = 8160 （L）$$

修正 V 值为 9000L。

（3）喷头的数量为：

$$N=\frac{SW}{q}=\frac{68 \times 8}{20}=27.2（只）$$

取 28 只，即要使用 28 只喷头才能起到保护作用。

四、PWZ 型泡沫喷雾灭火装置特性

PWZ 型泡沫喷雾灭火系统适用于油浸电力变压器室、燃油锅炉房、燃油发电机房、小型石油库、小型储油罐、小型汽车库、小型修车库、船舶机舱及发动机舱等场所。

（一）主要特性

（1）结构合理。系统为整体设备，各部件无需现场装配，从而保证良好的密封性能。

（2）灭火剂优良。该灭火剂具有良好的稳定性，对环境无污染，既有优良的灭火能力又有超强的抗燃能力，不含动物蛋白和植物蛋白，使用寿命至少达到 5 年。

（3）安装方便。安装时只需将罐体出口和管道、喷头相连接。

（4）操作安全。系统通过报警联动控制系统完成自动、手动及机械式应急启动三种方式。

（5）维护方便。只需定期检测设备完好与可靠性。

（二）主要性能参数

（1）系统工作压力范围：0.5～1.0MPa。

（2）系统灭火剂连续供给时间：≥15min。

（3）系统灭火剂供给强度：$8L/(min \cdot m^2)$。

（4）分区阀启动电源要求：DC 24V，1.5A。

（5）灭火剂有效期：≥5 年。

（6）水雾喷头工作压力：≥0.35MPa。

（三）与其他灭火系统比较

4 种灭火系统的特征、适用场所、性能比较见表 1-7-10-2～表 1-7-10-4。

表 1-7-10-2　　　　　　　　4 种灭火系统特征比较

序号	特征	PWZ	CO_2	水喷淋	水喷雾
1	重量比	100	110～150	250	180
2	噪声污染	—	—	高	高
3	呼吸污染	—	强	—	低
4	环境污染	—	有	—	—

表 1-7-10-3　　　　　　　　　　　　4 种灭火系统适用场所比较

序号	适用场所	PWZ	CO₂	水喷淋	水喷雾
1	发动机房	Y	Y	N	Y
2	公共场所	Y	N	Y	Y*
3	飞机仓库	Y	N	N	N
4	游览船只岸上应用	Y	N	N	Y*
5	饭馆、办公室、家庭	Y	N	Y	Y
6	工厂、储藏间	Y	N	Y	Y
7	电影院、戏院	Y	N	Y	Y
8	机动车	Y	N	N	Y
9	变压器	Y	Y*	N	Y
10	B 类火	Y	Y	N	变化
11	纤维	Y	Y	Y	Y
12	电类	Y	Y	Y	Y
13	金属	Y	Y	N	变化
14	气体、液化气罐	Y	N	N	N
15	油罐、电缆隧道	Y	Y*	N	Y*
16	输煤桥	Y	Y*	Y	Y*

注：Y*—室内可以使用；Y—可以使用；N—不可以使用。

表 1-7-10-4　　　　　　　　　　　　4 种灭火系统性能比较

灭火系统	PWZ	CO₂	水喷淋	水喷雾
灭火方式	多样	缺氧灭火	淋湿	窒息
降温效果	非常好	低	一般	很好
环境影响	—	地球变暖	—	—
呼吸影响	—	严重	—	低或无
突变性	低	高	低	低
通风影响	小	不能	低	不能或多样
重新安装成本	低	高	—	低
重新安装时间	0.5d	7d	0.5d	0.5d
需排水量	少	—	多	一般
系统控制	简单	复杂	简单	复杂
安装设计	简单	比较复杂	简单	复杂
高空灭火	很好	差	差	不能使用
灭液体火	很好	好，但有复燃危险	差	高闪点油类有效
灭固体火	很好	多样，根据地方而定	好	很好
电缆、油漆	很好	多样，根据地方而定	多样	好

灭火系统	PWZ	CO₂	水喷淋	水喷雾
垃圾、金属、电类	很好	多样，根据地方而定	差	良好
隐藏或暗的地方	很好	好	差	好
系统安装成本	一般	高	一般	高

五、PWZ型泡沫喷雾灭火装置操作及维护

PWZ型泡沫喷雾灭火装置应有完善的操作、维护管理规程，并由经过专业培训的人员进行操作和维护管理，从而确保灭火系统能够正常工作。

（一）使用操作

1. 警戒状态

平时，本系统动力瓶组处于警戒待用状态。高压钢瓶中的压缩气体被瓶头容器阀可靠地密封在瓶内，容器阀以外的部件和管路均处于常压状态，瓶内的压力可以通过一个高压阀门和一只压力表测出。

2. 启动过程

当出现火险时，火灾报警系统联动控制系统自动（或手动）打开瓶头的电磁阀，阀内撞针撞破密封膜片，释放出的气体冲破动力瓶组密封膜片，启动动力瓶组。动力源钢瓶内的高压气体随即出瓶，通过瓶头容器阀进入减压阀，减至一定压力后，再输送到储液罐中。罐内压力逐渐增高（压力超出规定压力时，安全阀自动打开），氮气推动灭火剂，通过喷头雾化进行灭火，保护被保护物。

3. 应急启动过程

在停电或控制装置失灵等情况下，无法通过火灾报警联动控制系统（自动或手动）启动动力瓶组时，可由操作人员拔掉启动源瓶头电磁阀上的保险卡环，然后敲打电磁阀上的铜按钮，启动动力瓶组，当罐内压力达到0.5～0.65MPa时使用专用扳手打开电磁控制阀，从而启动灭火系统。

4. 灭火系统的恢复

本系统中的动力瓶组及合成泡沫灭火剂只供一次灭火喷放使用。灭火结束后，必须将动力瓶组的所有空瓶重新充气并复位，以供下次使用；同时将储液罐重新灌装灭火剂。此工作必须由供货商或产品生产商完成。

（二）注意事项

（1）本系统应安放在安全、不易被外人接近的地方。

（2）动力瓶组的瓶内气体压力会随环境温度的变化而变化，因此应避免置于高温或阳光直射的场合。安装场所应干燥、通风良好，避免氮气动源受到冲击和震动。

（3）应定期检测动力瓶组的瓶内压力，并做好记录，当压力高于15MPa时，可以拆去测压表，松开检压阀手柄排气泄压，瓶内气体压力泄漏至规定压力以下时，应及时补充气体。

（4）灭火系统应定期检查维护，以确保其安全有效。

（5）非专业人员不得擅自触动本系统。

（6）减压阀在装置出厂前，已将出口压力调校至固定值，在安装和使用时，不得随意扭动调节手柄。若不慎变动了手柄位置，应由专业人员重新调校。

（7）对灭火系统进行检修、调试时，必需先拆去钢瓶与气体管路之间的连接螺帽，以防误动作造成气体喷放。

（三）灭火剂灌装

合成泡沫灭火剂包装方式为 25L 塑料桶包装，现场灌装时按以下步骤操作：

（1）打开储液罐灭火剂灌装口与排放口堵头。

（2）打开排放阀，将储液罐内残留的水排净。

（3）关闭排放阀，并将排口用堵头密封。

（4）将灭火剂灌装管道插入灭火剂灌装口，管道出口离储液罐底部不超过 10cm。

（5）将灭火剂灌装管道与水泵出口连接并紧固。

（6）接通电源，将桶内灭火剂抽入储液罐内。

（四）维护管理

1. 储液罐

目测巡检完好状况，无碰撞变形及其他机械性损伤。检查周期：每月。

2. 合成泡沫灭火剂

有效期为 5 年，由于各地区自然环境不同，使用寿命也各不相同，5 年后应对灭火剂进行更换。

3. 驱动装置

目测巡检完好状况，无碰撞变形及其他机械性损伤；目测检查铅封完好状况。检查周期：每月。检测压力，压力值不应小于 4MPa。检查周期：每年。

4. 动力瓶组

目测巡检完好状况，无碰撞变形及其他机械性损伤；目测检查铅封完好状况。检查周期：每月。

检测压力，压力值不应小于 8MPa。检查周期：每年。

5. 电磁阀

目测巡检完好状况，无碰撞变形及其他机械性损伤；目测检查铅封完好状况。检查周期：每月。

6. 分区阀

目测巡检完好状况，无碰撞变形及其他机械性损伤；目测表盘为"SHUT"或"CLOSE"状态。检查周期：每月。

7. 减压阀

目测巡检完好状况，无碰撞变形及其他机械性损伤。检查周期：每月。

8. 安全阀

目测巡检完好状况及开闭状态。检查周期：每月。

9. 压力表

目测巡检完好状况，压力值为"0"。检查周期：每月。

10. 水雾喷头

目测巡检完好状况，检查有无异物堵塞喷头。检查周期：每月。

11. 专用房

温度计检查室温，室温不得低于0℃。检查周期：寒冷季节每天。

第十一节　电气设备辅助消防技术及方案

一、无源化防水防凝露综合解决方案

电气设备无源化防水防凝露综合解决方案由×××科技有限公司研发、制订，如图1-7-11-1所示。

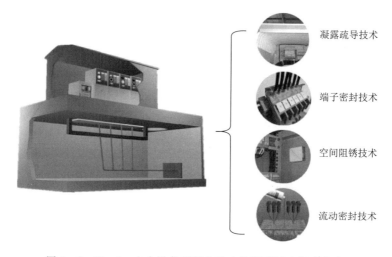

图1-7-11-1　电力设备无源化防水防凝露综合解决方案

（1）采用流动密封技术——BBS防凝露气密封堵组料，对设备底板进行气密封堵，有效防止水及水蒸气透过，阻断凝露产生的潮气源头。

（2）采用凝露疏导技术——DFC隔露棉（防凝露棉板），对设备顶板进行凝露疏导及隔绝热量传导，有效阻止设备顶板产生明水滴落。

（3）采用可剥离防凝露技术——PCS可剥离端子密封胶，对二次端子、导线进行防水绝缘密封，有效防护裸露端子，避免短路故障。

（4）采用分子级空间阻锈技术——ARB阻锈魔盒，对设备舱室内金属元件进行长效防锈保护，延长设备服役周期。

（一）开关柜内凝露

1. 情况说明

高压开关柜内凝露，设备表面污损，大环境潮湿，如图1-7-11-2所示。

图 1-7-11-2　开关柜凝露

2. 原因

开关柜电缆夹层或电缆沟长期潮湿，缺乏有效封堵措施，且临近热力管道。高温潮气上升穿越设备底板进入开关柜内部形成凝露，同时使带电金属裸露点发生锈蚀，进而引发短路、跳闸。

3. 解决方案

采用流动密封技术，利用液体流动性，对于平面进行密封。液体材料沉浸于各个缝隙和孔洞之中，而后涨发、凝胶，同时利用其膨胀过程中产生的挤压力，在纵向形成密封体系，从而实现"气密性"密封效果。可不停电施工，在夹层井内部安装，直接浇筑在预制好的模板上，如图 1-7-11-3 所示。处理后气密区划隔离，隔绝电缆夹层及电缆沟潮气进入开关柜内部。

图 1-7-11-3（一）　流动密封技术施工

图 1-7-11-3（二）　流动密封技术施工

（二）接线端子裸露锈蚀

1. 情况说明

高压开关柜二次接线端子裸露锈蚀，如图 1-7-11-4 所示。

图 1-7-11-4　接线端子裸露锈蚀

2. 原因

在入冬及入春季节，气温变化剧烈，端子及线夹会由于发热导致"出汗"凝露，使金属裸露点发生腐蚀，同时造成短路故障。

3. 解决方案

采用可剥离端子密封技术，利用材料良好的绝缘性、疏水性、耐水性、耐污性、阻燃性及易剥离的特点，用于设备外壳缝隙空洞封堵及端子排裸露端子表面防水保护，保护重要带电裸露部位。将材料直接注射到端子排作业面，使用毛刷进行涂刷抹平，如图 1-7-11-5 所示。处理后可避免裸露端子排因凝露造成短路故障，检修时可整体从设备上剥离下来，无胶痕残留，不伤害设备表面。

图 1-7-11-5（一）　可剥离端子密封技术施工

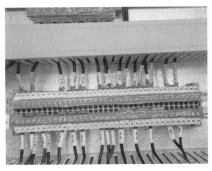

图 1-7-11-5（二）　可剥离端子密封技术施工

（三）设备顶部凝露

1. 情况说明

设备顶部易凝露，产生明水滴落，如图 1-7-11-6 所示。

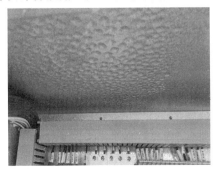

图 1-7-11-6　设备顶部凝露

2. 原因

柜体顶板产生凝露，缺乏有效的疏导措施，凝露聚集形成大片水滴，滴落在设备元器件表面，进而引发短路、跳闸。

3. 解决方案

采用凝露疏导技术，材料由高吸水、高锁水能力棉状物质组成，利用具有的良好吸水性、锁水性、耐潮性及耐久性，防止顶部产生凝露。清理工作面，根据现场进行材料裁剪，撕掉背胶粘贴在顶部，如图 1-7-11-7 所示。处理后可防止顶板凝露，产生明水滴落。

图 1-7-11-7（一）　凝露疏导技术施工

图 1-7-11-7（二） 凝露疏导技术施工

（四）金属锈蚀

1. 情况说明

开关柜柜内狭小空间接线端子等金属锈蚀，如图 1-7-11-8 所示。

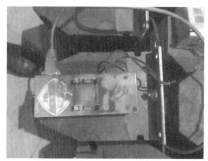

图 1-7-11-8 金属锈蚀

2. 原因

柜体内部空间狭小，元器件裸露部位接触空气发生电化学反应，产生锈蚀。

3. 解决方案

采用分子级空间阻锈技术，在相对密闭空间，阻锈粒子扩散在空气中，通过电荷的吸附作用形成分子膜附着在生锈金属表面。直接放置在相对密闭空间内部，每个发射器保护空间为 0.3m³，如图 1-7-11-9 所示。可应用于相对密闭空间内金属防腐，在金属表面生成阻锈分子膜。

图 1-7-11-9（一） 分子级空间阻锈技术施工

图1-7-11-9（二） 分子级空间阻锈技术施工

（五）电缆隧道/夹层渗水

1. 情况说明

雨季电缆墙体及电缆管道/夹层可能渗水，潮气入侵，如图1-7-11-10所示。

图1-7-11-10 电缆隧道/夹层渗水

2. 原因

电缆通过墙体孔洞、预埋管道进入配电设备底部。电缆穿孔采用速干水泥、胶泥等材料封堵，材料经过季节变换开裂脱落，同时墙体由于电缆重力作用产生细小裂缝，造成雨季管道漏水及墙体渗水。

3. 解决方案

采用流动密封技术，利用液体流动性，液体材料沉浸于各个缝隙和孔洞之中，而后涨发、凝胶，同时利用其膨胀过程中产生的挤压力，在纵向形成密封体系，从而实现"气密性"密封效果。

4. 应用

（1）WCS墙体电缆防水气密封堵。针对电缆密集部位采用WCS墙体密封组料，不拆除原有电缆贯穿位置的水泥及其他堵料，在原墙体外侧直接切砖墙，砖墙与墙体之间预留200mm空隙，浇注WCS组料，如图1-7-11-11所示。

图 1-7-11-11　WCS 墙体防水气密封堵

（2）CDS＋IWAB 电缆管道防水气密封堵。对单个异形管道，采用 CDS＋IWAB 电缆管道气密封堵组料对单个管道进行防水气密封堵，产品照片如图 1-7-11-12 所示，施工前后的照片如图 1-7-11-13 所示。

(a) CDS电缆管道密封组料　　　　　(b) IWAB智能自愈水密带

图 1-7-11-12　CDS＋IWAB 产品照片

(a) 施工前（一）　　　　　　　　　(b) 施工后（一）

(c) 施工前（二）　　　　　　　　　(d) 施工后（二）

图 1-7-11-13　CDS＋IWAB 电缆管道防水气密封堵

二、开闭所 TPM 综合维护方案

开闭所 TPM 综合维护方案由×××电气有限公司研发、制订，如图 1-7-11-14 所示。

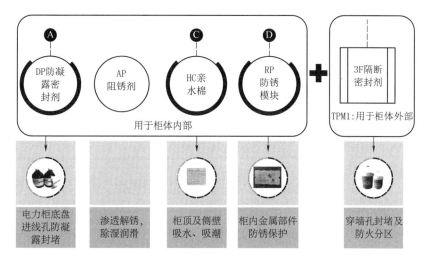

图 1-7-11-14　开闭所 TPM 综合维护方案

（一）DP 防凝露密封剂

1. 应用背景

电缆沟内水汽随着设备底板间隙或电缆通道上升至设备内部形成凝露，造成柜体元件锈蚀、设备短路。且鼠、蛇类动物也有可能进入设备内部造成短路现象。

2. DP 防凝露密封剂应用优势

（1）DP 混合浇筑，自动找平，完整密封。

（2）DP 耐高温、低温，耐腐蚀。

（3）不含卤素、不渗油。

3. 工程量预算

16 台高压开关柜预计 $15m^2$ 左右，使用 10 组左右 DP 防凝露密封剂。

（二）HC 亲水棉

1. 应用背景

站室湿气较大时，柜体内部极易形成凝露，不仅造成内部构件锈蚀，而且凝露积结成水滴滴落到内部裸露器件上，造成设备短路烧坏。

2. HC 亲水棉应用优势

（1）HC 亲水棉是一种吸液量很大的新型纤维，吸水量可达自重的 10 倍以上，不仅可吸收液态水，还可持续吸收湿气。

（2）阻燃，可达 B1 级。

（3）可根据空气环境的湿度，完成自动调节吸潮、释潮的循环过程，使柜体内部达到良好状态。

3．工程量预算

16 台高压开关柜，预计使用 20 张 HC 亲水棉。

（三）RP 防锈模块

1．应用背景

设备内部湿气较大，内部金属构件吸附大量的氧气和水造成电化学腐蚀。尤其是设备中的金属动作部件，比如微动开关、电操机构，无法用传统的涂刷方式进行防锈。而 RPM 防锈模块在常温下可以缓慢地气化，挥发出的气体吸附在裸露的金属表面，形成几个分子厚的稳定保护膜，以防止氧气、湿气对金属的腐蚀。

2．RP 防锈模块应用优势

（1）气体扩散型防锈，无孔不入，解决了传统涂刷工艺不能涂刷到的窄细盲孔的防锈。

（2）可持续性的防锈材料，能够将防锈状态持续下去，而防锈油和涂料在涂层受到破坏后就失去了防锈功能。

（3）使用方便，只需将防锈模块放入柜体内部即可，无毒、无污染。

（4）阻锈期为 2 年。

（5）阻锈范围为 $0.5m^3$/个。

3．工程量预算

16 台高压开关柜，预计使用 32 个 RP 防锈。

（四）3F 隔断密封剂

1．应用背景

开闭所、配电室等线缆穿墙孔洞，传统方法采用水泥、防火泥等材料简单封堵。而水泥和防火泥会在季节转换时出现开裂脱落，同时墙体由于电缆弯曲应力和重力作用产生细小裂缝，无法阻止水、火焰、潮气、烟气等穿越，基本形同虚设。电缆沟积水导致电缆绝缘降低，击穿放电。同时积水、淤泥、建筑垃圾聚集长时间浸泡会产生诸如甲烷、氨气、氢气等易燃、易爆有毒气体，有很大的人身及财产安全隐患。

2．3F 隔断密封剂应用优势

（1）3F 隔断密封剂防火隔烟，耐火极限可达 3h 以上。

（2）3F 隔断密封剂密封防水、防潮、耐老化、抗冻融，轻质体、易扩容。

3．工程量预计

4 个隔断，预计 $0.4m^3$ 左右，共需要 4 组 3F 隔断密封剂。

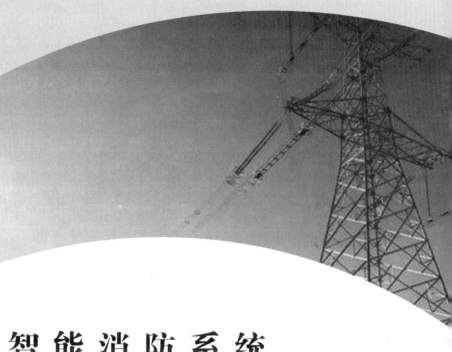

第二篇

智能消防系统

第一章

消 防 系 统

第一节　概　述

一、消防系统形成与发展

1. 消防系统的形成

消防系统是人们经历了一次次火灾教训后，研究和发明的控制火灾、战胜火灾的最有效的方法。

早期的防火、灭火均是靠人的体力实现的，当人们发现火灾时，有号召力的人员立即组织所能动员的人力并在统一指挥下采取一切可能措施迅速灭火，这可以说是早期消防系统的雏形。随着科学技术的发展，人们逐步学会使用仪器监视火情，用仪器发出火警信号，然后在有关领导统一指挥下，用灭火器械去灭火，这便是较为发达的消防系统。

2. 消防系统的发展

消防系统无论从消防器件、线制上，还是从类型上，其发展大体经历了从传统型到现代型的过程。传统型主要指开关量多线制系统，而现代型主要是指可寻址总线制系统及模拟量智能系统。

智能建筑、高层建筑及其群体的出现，展示了高科技的巨大威力，消防系统作为智能大厦中的子系统之一，必须与建筑业同步发展，这就要求消防工程技术人员必须将现代电子技术、自动控制技术、计算机技术及通信网络技术等较好地运用于消防系统，以适应智能建筑的发展。

目前，自动化消防系统在功能上可实现自动检测现场、确认火灾，发出声、光报警信号，启动灭火设备自动灭火、排烟、封闭火区等，还能实现向城市或地区消防救援队发出救灾请求，及时进行通信联络。

在结构上，组成消防系统的设备、器件结构紧凑，反应灵敏，工作可靠，同时还具有良好的性能指标，智能化设备及器件的开发与应用，使自动化消防系统的结构趋向于微型化和多功能化。

自动化消防系统的设计，已经大量融入微机控制技术、电子技术、通信网络技术及现代自动控制技术，并且消防设备及仪器的生产已经系列化、标准化。

总之，现代消防系统，作为高科技的结晶，为适应智能建筑的需求，正以日新月异的速度发展着。

二、消防系统组成

消防系统的组成如图 2-1-1-1、图 2-1-1-2 所示，一般主要由三大部分组成。第一部分为感应机构即火灾自动报警系统；第二部分为执行机构，即灭火自动控制系统；第三部分为避难诱导系统（后两部分也可称为消防联动系统）。

火灾自动报警系统由火灾探测器、手动火灾报警按钮、火灾报警器等构成，以完成检测火情并及时报警的作用，如图 2-1-1-3 所示。

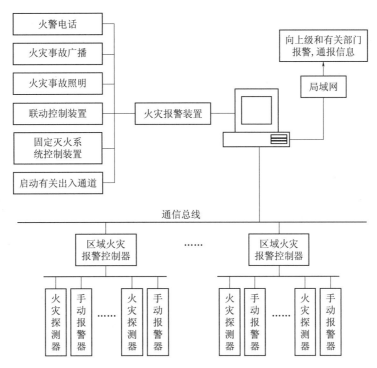

图 2-1-1-1 有传输的消防系统组成框图

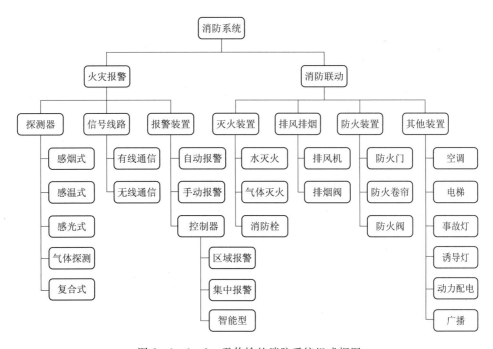

图 2-1-1-2 无传输的消防系统组成框图

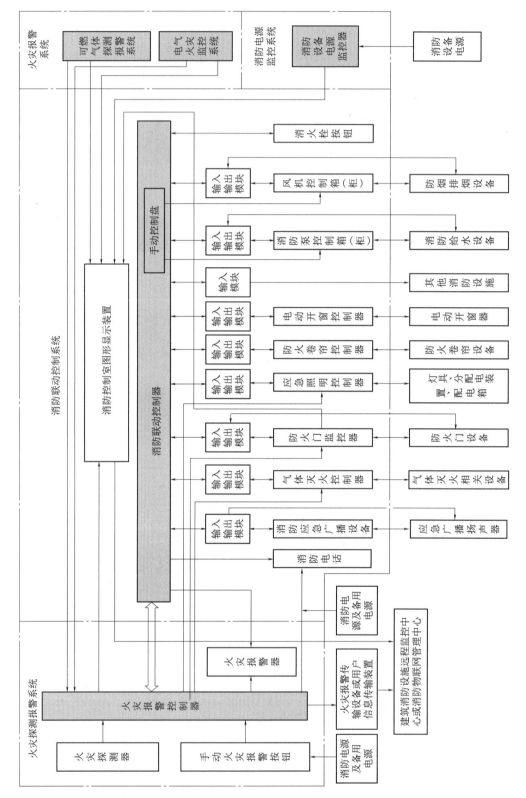

图2-1-1-3　火灾自动报警系统组成框图

现场消防设备种类繁多,从功能上可分为三大类:第一类是灭火系统,包括各种介质(如液体、气体、干粉)的喷洒装置,是直接用于灭火的;第二类是灭火辅助系统,是用于限制火势、防止灾害扩大的各种设备;第三类是信号指示系统,用于报警并通过灯光与声响来指挥现场人员的各种设备。

对应于这些现场消防设备的相关的消防联动控制装置主要包括:

(1)室内消火栓灭火系统的控制装置。

(2)自动喷水灭火系统的控制装置。

(3)卤代烷、二氧化碳等气体灭火系统的控制装置。

(4)电动防火门、防火卷帘等防火分割设备的控制装置。

(5)通风、空调、防烟、排烟设备及电动防火阀的控制装置。

(6)电梯的控制装置、断电控制装置。

(7)备用发电控制装置。

(8)火灾事故广播系统及其设备的控制装置。

(9)消防通信系统、火警电铃、火警灯等现场声光报警控制装备。

(10)事故照明装置等。

在建筑物防火工程中,消防联动系统可由上述部分或全部控制装置组成。

综上所述,消防系统的主要功能是:自动捕捉火灾探测区域内火灾发生时的烟雾或热气,从而发出声光报警并控制自动灭火系统,同时联动其他设备的输出接点,控制事故照明及疏散标记、事故广播及通信、消防给水和防排烟设施,以实现监测、报警和灭火的自动化。

三、消防系统分类

消防系统按报警和消防方式可分为以下两种类型。

1. 自动报警、人工消防

中等规模的旅馆在客房等处设置火灾探测器,当火灾发生时,在本层服务台处的火灾报警器发出信号(即自动报警),同时在总服务台显示出某一层(或某分区)发生火灾,消防人员根据报警情况采取消防措施(即人工灭火)。

2. 自动报警、自动消防

这种系统与上述的不同点在于,在火灾发生时自动喷水进行消防,而且在消防中心的报警器附设有直接通往消防部门的电话。消防中心在接到火灾报警信号后,立即发出疏散通知,并启动消防泵和电动防火门等消防设备,从而实现了自动报警、自动消防。

四、智慧消防简介

1. 智慧消防的含义

智慧消防是指运用物联网、大数据等技术手段,将消防设施、社会化消防监督管理、灭火救援等各种要素,通过物联网信息传感与通信等技术有机链接,实现实时、动态、互动、融合的消防信息采集、传递和处理,全面促进与提高消防监督与管理水平,增强灭火救援的指挥、调度、决策和处置能力,提升消防管理智能化、社会化水平,满足火灾防控自动化、灭火救援指挥智能化、日常执法工作系统化、消防救援队伍管理精细化的实际需求，实现智慧防控、智慧作战、智慧执法、智慧管理，最大限度做到早预判、早发现、早除患、早扑救，打造从城市到家庭的"防火墙"。智慧消防作为智慧城市安全领域的重要组成部分，已经逐渐由市场行为转变为政府力挺的城市发展模式，成为各地政府为民服务工作的一项实事工程。

2. 智慧消防的优势

（1）智慧消防通过在单位的消防重点部位及消防设施上张贴加密的 NFC 射频标签并建立身份证标识，运用 RFID 技术，手机扫描标签进行每日防火巡查工作。并且系统还会自动提示各种消防设施及重点部位的检查标准和方法，自动记录巡查人员检查痕迹，代替了传统纸质检查记录。改变了传统防火巡查不到位、检查记录不真实的现状。智慧消防可帮助实现每日巡查痕迹化、检查方法标准化、单位用电情况数据化、消防重点部位情况可视化、消防重点单位报警数据及时化、建筑消防用水实时状态数据化、消防安全知识培训系统化。通过"人防＋技防"，提高安全管理水平，将隐患关进"智慧"的笼子。通过智慧消防，消防部门、公安派出所、街道办事处、社区居委会、行业主管部门检查可以更加规范、便捷。在平台中点开单位，就可以统计出哪些人员去检查过，检查情况如何。系统创造性地将消防监督检查记录表与执法记录仪统一结合到手机端，将监督检查执法记录表从纸质版升级为电子版，可将该表导入公安内网，避免了重复工作。当开始检查时，会自动开启执法记录仪，视频可以实时查看也可以事后回放，音视频和检查记录表都会保存在平台上，真正实现了"留迹"。

（2）智慧消防通过数据传输装置和前端采集单元相互配合，实现对消防用水信息的全实时采集、传递和处理，确保消防用水设施在位、可用。可以实时监测消防用水的水位、水压的状态数据，能够第一时间发现消火栓系统、喷淋系统、水池水箱的异常情况，确保消防用水系统的健康运行。一旦收到消防用水报警信息，将会在地图中异常位置显示报警图标，并发出报警声音，同时支持实时数据和历史趋势曲线的展示，解决了原有模式难以及时发现的水管爆管、接错慢漏问题，同时改善了传统人工试水巡查间隔长、工作繁重等弊端，实现消防用水可视化管理，提高消防管理的便捷性。

（3）智慧消防可以采用通信模式，基于云服务器上传、下发，推送数据量大、速度快，前端以多种探测器为核心，视频监控为后盾，利用单位自身监控设施，加装联动模块，改变传统摄像发生问题后只能调取监控记录，实现了发生问题自动报警，无需人工24h盯着画面，科学解决视频监控的难题。通过采用监控＋防盗、消防报警＋紧急预警结合的安全看护模式，真正把视频监控与防盗消防报警防融为一体，可以构建一套立体防控、多元防御、实时防范的安全隐患预警体系，更有效地保障人身、财产安全，让用户安心的同时。

（4）智慧消防可以实现消防管理的网格化和户籍化。将城市管理辖区按照一定的标准划分成为多个单元网格，通过加强对单元网格的巡查管理，建立起一种全新的监督管理体系。网格化管控理念为政府、行业、企业提供一个实用的管理方案，将网格化管理模式应用于消防安全管理工作中，不仅有助于消防安全管理工作真正落到实处，也能够有效推动消防安全监督管理的有效性，提高消防安全管理的工作效率和质量，从而让消防安全管理更好地服务社会、服务实战、服务民生。

（5）智慧消防可以实现对市政消火栓等灭火剂资源进行采集，并通过电子地图展示灭火剂资源的分布情况，既实现了辅助规划建设的目的，又实现了火灾周边可用灭火剂资源查询的目的，同时结合火警智能派发以及实时路径导航功能，最大限度地加快出警时间和出警效率。当收到火警出警电话后，可以根据报警人提供的火灾地址模糊关键字进行查询。智慧消防基于海量地址库进行匹配查询，并可立即定位到火灾所在的详细位置，显示相应操作功能，可以自动结合当前的实时路况计算出各灭火救援中队、辖区派出所或周边微型消防站到达火灾现场的最佳路径、具体历程和所需时间，从而实现优先派发、最快到达。还可以显示火灾所在地的天气情况，还包括温度、风速、风向等信息。同时，可以自动查询周边范围内可用的灭火剂资源，方便调度。还可以自动查询出所有周边 300m～3km 范围内可用的灭火剂资源，方便进行资源调度。针对种类众多、应对方法不一的各类危化品，给出具有针对性的救援办法，指导消防救援队伍迅速展开现场灭火救援工作。

（6）智慧消防突破了传统的消防管理监管模式，极大提高了监管效率；明确细化检查标准，弥补了监管能力不足的短板；平台精准推送工作任务，解决了职责不清任务不明的问题；实现了网上监管，缓解了监管力量不足的矛盾，填补了对社会单位实施动态监管的空白。

智慧消防可以通过"人防＋技防"帮助实现社会化消防管理模式，强化落实主体责任制，通过对云平台的运用，可以实现政府下发年度或阶段性工作任务，下级政府执行进度实时上传，实时掌握各地区消防工作现状，分析本地区消防安全形势，开展有针对性的专项整治工作，实时掌握全市所有消防队站建设情况，消防实力以及市政消火栓水源建设情况，帮助落实政府领导职责。可以根据政府文件要求，制定本行业内部的检查任务，检查工作执行情况将自动上传至平台，落实行业监管责任，各行业主管部门也可以实时在线监管本行业、系统内的社会单位履职情况，更好的管理行业系统内单位消防安全工作，提供行业主管部门在防火管理层面所需的各种大数据及预警分析，帮助落实行业监管职责。可以提升单位消防管理水平，保证消防巡查检查记录的真实，实现隐患闭环管理，24h 采集汇总分析单位消防安全全面数据，实现人防与技防的有机结合，消防管理掌控全面升级，事前预警，提前防范，避免火灾造成生命财产损失，帮助落实单位全面负责。

第二节　消防系统设计

一、电网消防系统设计依据

（一）国家标准和行业标准

电网消防系统设计依据的国家标准和行业标准见表 2-1-2-1。

表 2-1-2-1　　　　　　　　　电网消防系统设计依据的国家标准和行业标准

序号	标准号	标准名称	序号	标准号	标准名称
1	GB 50016	建筑设计防火规范	10	GB 13495.1	消防安全标志　第1部分：标志
2	GB 50116	火灾自动报警系统设计规范	11	GB 16806/XG1	消防联动控制系统
3	GB 50166	火灾自动报警系统施工及验收规范	12	GB 50343	建筑物电子信息系统防雷技术规范
4	CECS 154	建筑防封堵应用技术规范	13	GB 50098	人民防空工程设计防火规范
5	GB 50084	自动喷水灭火系统设计规范	14	GB 23757	消防电子产品防护要求
6	GB 50261	自动喷水灭火系统施工及验收规范	15	GB 17945	消防应急照明和疏散指示系统
7	GB 50219	水喷雾灭火系统技术规范	16	GB 51054	城市消防站设计规范
8	GB 50229	火力发电厂与变电站设计防火标准	17	GB/T 50314	智能建筑设计标准
9	DL 5027	电力设备典型消防规程			

（二）委托设计任务书

设计单位根据国家规范、建设单位提供的委托设计任务书综合考虑进行初步设计。初步设计对整个工程建设，日后工程的安全、可靠、经济、合理运行都起着决定性的作用。

委托设计任务书是建设单位（甲方）提供给设计单位做初步设计时参考的。委托设计任务书应多方兼顾、综合考虑，既要使建设投资费用节省，又要使建设施工项目竣工后，达到安全、可靠、经济、合理的标准，因此委托设计任务书是很重要的一个环节。

二、委托设计任务书

物业管理部门委托设计任务书应由有经验的专业技术人员执笔编写，要经过充分的讨论，还应征求施工单位（乙方）、监理单位的意见。特别是要尊重物业管理部门的意见，因为工程竣工后，要交给运行管理。但目前有些建设单位或业主在工程开工后，才聘用物业运行维护人员，物业运行维护人员无法参与委托设计任务书的审核，这对工程的安全可靠、经济、合理的技术质量要求是很不利的。×××工程委托设计任务书示例如图 2-1-2-1 所示。

三、消防设计内容

（一）消防系统工作原理

消防系统主要由火灾报警系统、自动灭火系统和应急、诱导照明系统几部分组成。消防系统的总控制中心（以下简称"总控中心"或"消防控制室"）一般设置在大楼的首层或地下一层，紧靠外墙，消防控制室的大门应为防火门，并向大楼外方向开设。

消防系统的总控制中心，即"消防控制室"，相当于人的中枢神经系统，它对火灾自动报警、自动灭火和防排烟起着管理和控制作用，消防系统工作原理框图如图2-1-2-2所示。

×××工程委托设计任务书

（1）总平面图布局和平面布置中涉及的消防控制中心的位置，以及安全防火措施、安全防火间距、消防车道、消防水源等。

（2）建筑构造、建筑防火、防烟分区的划分及其电动卷帘门的位置。

（3）安全疏散通道、电梯、消防电梯的位置。

（4）消防控制中心（以下简称"消防控制室"）应设置在大楼首层，紧靠外墙，门应为阻燃防火门，向外开，并应设置直通室外的安全出口。消防控制室地面应设置防静电活动地板，活动地板距地面高20cm左右。活动地板下，四周做40mm×4mm镀锌扁钢接地网，活动地板的每个金属支架均应做保护接地（PE），保护接地线应为不小于4mm² 裸铜线。消防系统的所有进出线，均应敷设于活动地板下。活动地板的敷线通道，应通向消防控制室外墙的桥架、线槽、各种穿线管，然后通向弱电竖井。消防控制室室内的四面墙上，不应有明敷设的桥架、线槽、穿线管等。

（5）消防系统的所有监控模块，均应安装于所监控的配电（柜）、箱、盘内，在配电（柜）、箱、盘的订货技术要求中应告知生产厂家留有消防监控模块的安装位置和安装支架。

（6）消防系统监控模块的穿线管敷设时，应和配电（柜）、箱、盘安装电工一起协商确定好具体位置再进行设计。如果是明敷管，应和强电线管协调，整齐敷设，保证美观大方。

（7）所有监控模块的电压均为DC24V，被控设备的电器元件应按DC24V选择。

（8）强电系统的插座、接线盒、照明开关、风机盘管、空调系统的调温、调速开关、消防系统的接线盒、手动报警按钮等，如果安装在同一房间或同一场所，其安装距地标高应一致。

（9）消防用电设备的两个电源或两路供电线路应在末端切换。

（10）紧急广播的联动控制，紧急广播与背景音乐宜合用扬声器，既节省投资，又减少了扬声器的布设面积，大灾时背景音乐有强制转入紧急广播的功能。

（11）应确定乘客电梯是否为消防电梯。

图2-1-2-1　×××工程委托设计任务书示例

（二）消防控制中心主要组成部分

1. 消防控制室

消防控制室设置有火灾报警控制机、联动控制台、CRT显示器、打印机、应急广播设备、消防直通对讲电话设备、电梯监控盘和UPS电源设备等。安防自动化系统（SAS）的摄像显示系统有时也装于消防控制室内。CRT显示系统是以微型计算机、打印机等设备组成的彩色图形显示系统，显示监视范围内的消防报警及被控设备的状态。当发生火灾报警时，该系统能迅速定位火灾的位置，为下达联动控制指令提供准确信息。该系统可以手动或自动将信息存盘，并可查询保存在硬件媒体的信息，便于将来的故障追踪，并可将各种信息打印存档。CRT是一个操作简便、功能强大的报警显示及实时控制系统，操作人员通过简洁明确的图形显示、通俗易懂的中文提示，可对整个报警联动系统进行监视和控制。

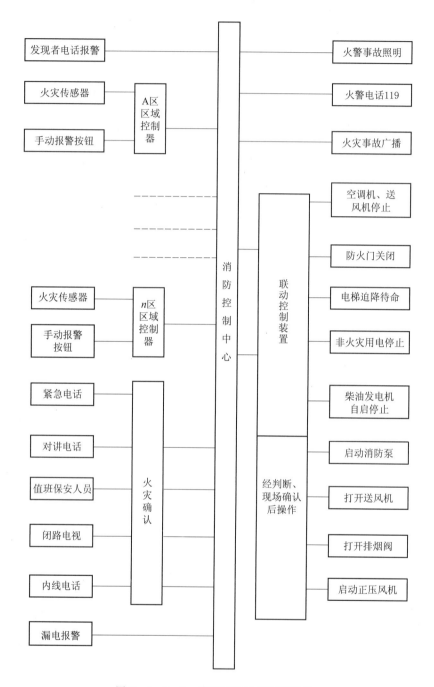

图 2-1-2-2　消防系统工作原理框图

2. 火灾自动报警系统

火灾自动报警系统一般采用集中报警控制系统，消防控制室可接收感烟、感温、燃气探测器的火灾报警信号，水流指示器、检修阀、防火阀、压力报警阀、手动报警按钮、消火栓启泵按钮的动作信号，消防水池水位信号，供配电系统漏电信号等。

3. 消防联动控制装置

消防控制室内设置琴台式联动控制台，控制方式分自动控制、手动直接控制。通过联动控制台，可实现对消火栓灭火系统、自动喷洒灭火系统、防排烟系统的监视和控制，火灾发生时手动/自动切断空调机组、通风机及一般照明等非消防电源。

4. 消防电源

消防电源一般应有两个独立电源，除了具有外部电网的可靠电源外，还应备有柴油发电机或大容量不停电装置（UPS）作为应急电源。备用发电机或 UPS 的容量，主要应保证消防设备和事故照明装置的供电。备用发电机组，应设有自启动和自动投入装置。

（1）为了保证消防控制中心的供电可靠，除上述考虑外，还应有后备镉—镍蓄电池组，作为第三电源，保证防火通信系统、事故照明系统等重要负荷供电的要求。为保证供电方式的灵活性，消防系统的配电方式应力求简单、灵活，便于维护管理，能适应负荷的变化，并留有必要的发展余地。消防用电设备的配电方式按防火分区进行设计，消防用电设备的两个电源或两路供电线路应在末端切换。从配电柜或配电箱至消防设备，应是放射式供电，每个回路的保护，应当分开设置，以免相互影响。配电线路不设漏电保护装置，当电路发生接地故障时，可根据需要设置单相接地报警装置。为了保证消防用电设备的供电可靠性，要求从电源端至负荷端的消防用电设备的供电系统与非消防设备供电系统截然分开。

（2）发生火灾时，火情可能危及供电系统，因此消防设备、消防电源，应采用耐火、耐热的设备和材料。消防设备的配电线路，应选用防火、耐热的铜芯绝缘导线，穿钢管敷设，导线截面积选择应适当放宽，因为在火灾情况下，有可能因导线受热而使回路电阻增加。除此之外，还应满足机械强度的要求，电缆线路在室内应采用线槽或托盘，并加有盖板。在大楼内垂直敷设的电缆应有专门的消防电缆竖井，在竖井内分别装有敷设消防电源电缆的桥架和敷设消防控制线的钢管或金属线槽，消防电源电缆和消防控制线应分开设，竖井内消防电源电缆和消防控制线穿楼板处宜每层做防火封堵。钢管、桥架均应可靠接地。

（3）采用钢管保护的消防控制、通信和报警线路，宜暗敷在非燃烧体结构内，其保护层厚度不应小于 30mm。如必须明敷时，应在钢管上采用防火保护措施。施工时，通常把消防水泵的配电线路穿管埋入地坪或楼板内。楼梯间的事故照明线路，则穿管设在剪力墙或楼板内。对于消防电梯，可采用防火电缆配电或采用导线穿钢管在电缆竖井内明敷，钢管外用石棉缠绕或防火漆保护。由于接线盒、穿线盒面板的防火措施不好解决，一般采取加大穿线钢管直径，而不用接线盒、穿线盒的方法，或在不易燃的部位埋设接线盒或穿线盒。

（4）设置电气火灾监控系统，负责主干线、照明配电系统的电气火灾监视控制。各层电力配电箱及总配电柜进线回路均设剩余电流监控探测器，各探测器间设总线联络，最终引至消防控制室处的监控主机。电气火灾监控系统监控主机安装在消防控制室，所有电气火灾监控系统监控探测器均安装在本配电柜（箱）内，各箱探测器间预留 SC20 镀锌钢管。

四、消防设计审核

在应急管理部消防局成立之前，消防系统工程属于公安部门行业专项管理。在应急管理部成立后，成建制移交给应急管理部消防局。建设部门应当了解公安部门对消防设施的有关文件规定，在消防设施设计前，应把委托设计任务书提供给设计部门，然后将新建、改建、扩建、建筑内部装修以及用途变更的工程项目的消防设计图纸和有关资料及整个建筑物的内外布置和其他专业设备的布置图送公安消防监督机构审核，并填写相应的建筑消防设计防火审核申报表、自动消防设施设计防火审核申报表等，经审核批准后，方可开工兴建。设计单位按照建筑工程消防设计审核意见书修改消防设计图。

消防设计审核的主要内容如下：

（1）总平面图布局和平面布置中涉及的消防控制中心（消防控制室），以及安全防火措施，安全防火间距、消防车道、消防水源等。

（2）建筑的火灾危险性类别耐火等级。

（3）建筑构造、建筑防火、防烟、防火分区的划分及其电动卷帘门的位置。

（4）安全疏散通道和消防电梯。

（5）消防给水和自动灭火系统。

（6）防烟、排烟和通风、空调系统的防火及联动控制的设计。

（7）消防电源及其配电系统的强电切换电路和防火分区是否一致。

（8）火灾应急照明及其放电时间、应急广播和疏散标志所在位置是否合乎要求。

（9）火灾自动报警系统和消防控制中心（消防控制室）。

（10）建筑内部装修、外部装修的防火设计。

（11）建筑灭火器的配制、安放位置。

（12）有爆炸危险的甲、乙类厂房的防爆设计。

（13）国家建设工程标准中有关消防设计的内容。

（14）有关消防设施、器材的技术质量认证。

第三节　消防系统施工

一、选择施工单位

建设单位（甲方）有多种方法来选择消防系统施工单位。

（一）双方座谈法

通过建设单位（甲方）、施工单位（乙方）座谈、介绍情况，了解施工单位的施工技术、施工经验。

（1）甲方座谈参加人员应由建设部门经理、项目经理、专业工程师、物业主管等组成。甲方组成的座谈人员应具有施工技术、施工质量的鉴别能力、对比能力、选择能力，并了解消防系统工程目前在国内、国外的技术水平。必要时，应多参观几个乙方施工安装过的工程项目。

（2）乙方座谈参加人员应由施工单位经理、专业工程师、施工负责人、施工班（组）长、预算人员等组成。乙方应保证参加座谈的所有人员，就是施工安装时的所有参加人员，绝不应座谈是一批人，施工时又换了另一批人，必要时，应在合同附件上留有身份证复印件。

应聘的施工单位（乙方）应在合同附件中说明，在设计师技术交底前，应把施工图纸详细读完，特别是土建、上下水、暖通、强电、弱电等专业的配合部分，施工图中没考虑到的问题，向设计师提出修改意见，尽量避免在施工过程中用协商解决问题。

（二）其他方法

（1）通过使用单位推荐来选择施工单位。

（2）通过物业运行维护人员介绍来选择施工单位。

（3）通过参观访问和物业运行维护人员的介绍来选择施工单位。

必须注意施工单位是总承包商还是分承包商。

（1）总承包商一般都以土建为主，再去招聘其他各专业的分承包商。这样的结构，总承包商和分承包商在经济上有着密切的关系，但是在技术上，总承包商没有能力对分承包商进行技术管理，因此建设单位就得配备充足的专业技术人员，对各分承包商直接进行施工技术的管理，以保证建筑的施工质量。当然最理想的状态是，各专业的施工项目，总承包商都能承担。

（2）对于分承包商消防系统的施工安装，往往汇报资料写得好，施工安装做得不好，使图纸、资料和实际施工安装脱节，其原因可能如下：

1）没有配备现场施工技术人员。

2）一般消防系统的施工安装要在整个工程的中、后期进行，但现场施工技术负责人应提前进驻现场、读图和各专业如给排水专业、暖通专业、电专业协调管道走向，确定配电（相）、箱、盘的具体位置，核实被消防监控模块控制的被控设备的电压，制定消防系统各元器件、管线的施工安装进度，该进度应征得土建专业、给排水专业、电气专业的认可同意。

3）上述内容可能都做了，但没有在现场对施工安装人员进行详细交代。

4）没有详细读图，更没有详读其他专业的施工图。

5）施工安装人员不了解本专业的各种技术规范。

6）施工安装人员没有受过技术训练。

7）监理工作没有完全到位。

二、施工注意事项

（一）详细阅读和理解施工设计图

目前国内设计的施工图都没有管线的详细坐标走向，更没有安装详图，这就需要施工人员具有丰富的施工经验，并且充分做好施工前的技术准备工作。施工前应详细阅读本专业、土建专业、给排水专业、暖通专业、电专业、智能弱电专业的施工图纸，并和这些专业的施工技术负责人协调各自的管线走向，协调好后，画好草图，作为现场施工的参考，草图应由各专业技术负责人签字作为凭据。

（二）与电专业的协调配合

（1）与电专业确定好配电柜、箱、盘的安装位置。

（2）与电专业确定好配电柜、箱、盘的管线进出线位置。如果是明敷设管，应考虑横平竖直，美观、整齐。如果是暗管敷设，应在水泥浇筑或砌墙时和强电专业、智能弱电专业一起敷设，在土建专业抹完墙后进行。明管的敷设位置应照顾到周围环境的美观。

（三）与其他专业的协调配合

（1）探测器底座的安装，应在土建专业的地面抹灰工作、顶棚粉刷工作全部完成后进行。

（2）探测器底座上有4个导体片，片上带接线端子，底座上不设定位卡，便于探测器安装时调整探测器报警确认灯的方向，探测器报警指示灯的方向，应调整为物业运行、维护巡视人员能直接观察到的方向。

（3）敷设管路、安装底座前，技术负责人应向施工人员进行详细的技术交底。

（4）管内或线槽内的配线，应在建筑抹灰及地面工程结束后进行。在配线前，应将管内或线槽内的积水及杂物除干净，不同系统、不同电压等级、不同电流类别的线路，不应布在同一管或线槽的同一槽孔内。

（5）导线在管内或线槽内，不应有接头或扭结。导线的接头，应在接线盒内焊接或用端子连接。从接线盒、线槽等处引到探测器底座盒、控制设备盒、扬声器的线路，当采用金属软管保护时，其长度不应大于2m。

（6）金属铁管入盒时，盒外侧应套锁母，内侧应装护口，在吊顶内敷设时，盒的内外侧均应套锁母，明设各路管路和线槽时，应采用单独的卡具吊装或支撑物固定，吊装线槽或管路的直径不应小于6mm。

（7）线槽设时，应根据工程实际情况设置吊点或支点，一般应在下列部位设置：

1）线槽始端、终端及接头处，直线段不大于3m处。

2）距接线盒0.2m处。

3）线槽转角或分支处。

（8）线槽接口应平直、严密，槽盖应齐全、平整、无翘角，并排安装时，槽盖应便于开启。

（9）管线经过建筑物的变形缝（包括沉降缝、伸缩缝，抗震缝等）处，应采取补偿措施，导线跨越变形缝的两侧应固定，并留有适当余量。

（10）顶棚内的明敷管和配线，应在吊顶前完成。

（11）配线工作应在土建工作基本完成后进行，消防系统的配线，最好和强电系统、智能弱电系统一起穿线、配线，管道穿好的线，两端的线头应妥善保护好，昼夜应安排人巡视保护。

（12）穿线前，应严格检查导线，不应有铰接、死弯、绝缘、破皮、接头等现象存在。

（13）穿线配线时，应按照图纸的要求，分清导线颜色表示的意义，在同一建筑物内，一旦导线颜色表示的意义确定，就不要随意更改，随意使用。

（14）探测器安装前，探测器底座的穿线孔应进行防火封堵。

（15）探测器的安装应在竣工验收前进行。

（四）线路敷设

1. 注意事项

为了保证着火时火灾报警系统能快速、正确地报警，对防排烟和灭火设备进行联动，火灾报警系统线路应具备耐火性，同时需具有抗干扰性。火灾报警系统的传输线路均应采用铜芯绝缘导线或铜芯阻燃电缆，其电压等级不应低于 AC500V。线路应采用镀锌钢管或镀锌金属线槽，暗敷时可采用阻燃 PVC 管的保护方式布线，其中报警、通信和消防控制线路及联动线路，宜采取穿金属管布线方式，管线走向应尽量采取短距离，并应将金属管敷设在非燃烧体的结构内，其保护层厚度不应小于 3cm。当必须明敷设时，应在金属管上采取防火保护措施，例如在金属管涂刷防火涂料，采用绝缘和保护套为非延燃性材料的电缆时，可不穿金属管敷设，但应敷设在电缆竖井内。电缆或穿管线在竖井内敷设时，除阻燃电缆外，其导线均应穿镀锌钢管或金属线槽，金属钢管或金属线槽均应做接零（或接地）保护。

（1）火灾报警系统属于弱电系统，为避免干扰，弱电系统与强电系统的电缆应尽量设置在各自的电缆竖井内，如受条件限制必须合用时，弱电和强电缆线路应分设在竖井的两侧。

（2）竖井中应每层对竖井楼板孔洞进行防火封堵，以防止竖井的烟囱效应带来损失，桥架、托盘、线槽、穿线孔均应做防火封堵。

（3）火灾报警系统的线路，应敷设在单独的金属管或金属线槽内，不同防火分区的线路，不宜穿入同一根金属管内。当敷设在金属线槽内，穿越防火分区时，应在穿越防火分区处进行可靠的防火封堵。

（4）火灾报警信号线、控制线、联动线应尽量采取穿管暗敷设，应暗敷设在不可燃的结构体内，其保护层厚度不应小于 3cm。电线保护管应沿最近的路线敷设，并应减少弯曲。埋入建筑物、构筑物内的电线保护管与建筑物、构筑物表面的距离不应小于 15cm。当电线保护管遇到下列情况或超过下列长度时，中间应加装接线盒，接线盒的位置应便于穿线和接线：①管长长度每超过 45m，无弯曲时（但根据实际情况，可以适当加大管径来延长管路直线长度）；②管长每超过 30m，有 1 个弯曲时；③管长每超过 20m，有 2 个弯曲时；④管长每超过 12m，有 3 个弯曲时。电线保护管不应穿过设备或建筑物、构筑物的基础，当必须穿过时，应采取保护措施。

（5）当线路暗配时，弯曲半径不应小于管外径的 6 倍，当埋设于地下或混凝土内时，其弯曲半径不应小于管外径的 10 倍。潮湿场所和直埋于地下的电缆保护管，应采用厚壁钢管，钢管的内壁、外壁均应做防腐处理，而当埋设于混凝土内时，钢管外壁可不做防腐处理。直埋于土层内的钢管外壁应涂两层沥青采用镀锌钢管时，锌层剥落处应涂防腐漆，设计如有特殊要求时，应按设计规定进行防腐处理。钢管不应有折扁和裂缝，管内应无铁屑及毛刺，切断口应平整，管口应光滑。钢管采用螺纹连接时，管端螺纹长度不应小于管接头的1/2，连接后，其螺纹应外露2～3扣，螺纹表面应光滑，无缺损，钢管采用暗敷设套管连接时，套管长度应为管外径的1.5～3倍，管与管的对口处应位于套管的中心。套管采用焊接连接时，焊缝应牢固严密，并应采取防腐处理，用固定螺钉连接时，螺钉应拧紧，在有振动的场所固定螺钉应有防松的措施。

PVC管应尽量采用暗敷设，不应敷设在高温和易受机械损伤的场所。塑料管的管口应平整、光滑，管与管、管与盒（箱）等器件采用插入法连接，连接处接合面应涂专用胶合剂，接口应牢固密封。管与管之间采用套管连接时，套管长度应为管外径的1.5～3倍，管与管的对口处应位于套管的中心 PVC管与器件连接时，插入深度应为管径的1.1～1.8倍。直埋于地下或楼板内的硬PVC管，在露出地面易受机械损伤的一段，应采取保护措施。PVC管直埋于现浇混凝土内时，在浇混凝土时，应采取防止塑料管发生机械损伤及PVC管接口处、接线盒处灌浆的保护措施。PVC管及其配件的敷设、安装和撼弯制作均应在原材料规定的允许环境温度下进行，其温度不应低于－15℃。

（6）穿管线明敷设时，弯曲半径不应小于管外径的6倍，当两个接线盒间只有一个弯曲时，其弯曲半径不应小于管外径的4倍。镀锌钢管和薄壁钢管应采用螺纹连接或套管固定螺钉连接，不应采用熔焊连接。连接处的管内表面应平整、光滑，黑色钢管与盒（箱）或设备的连接可采用焊接，管口应高出盒（箱）内壁35mm，且焊后应补涂防锈漆。明敷设管或略配管的镀锌钢管与盒（箱）连接应采用锁紧螺母或护口帽固定，用锁紧螺母固定的管端螺纹应外露锁紧、螺母2～3扣。当钢管与设备直接连接时，应将钢管设在设备的接线盒内，与设备连接的钢管管口与地面的距离应大于200mm。当黑色钢管采用螺纹连接时，连接处的两端应焊接跨接接地线或采用专用接地线卡跨接。镀锌钢管的跨接地线应采用专用接地线卡跨接，不应采用熔焊连接。

明敷设钢管应排列整齐，固定点间距应均匀，钢管管卡间的最大距离应符合表2-1-3-1的规定。管卡与终端、弯头中点、电气器具或盒（箱）边缘的距离应为150～500mm。

表2-1-3-1　　　　　　　　　明敷设钢管管卡间的最大距离　　　　　　　　单位：m

敷设方式	钢管种类	钢管直径/mm			
		15～20	25～32	40～50	65 以上
吊架、支架	厚壁钢管	1.5	2.0	2.5	3.5
沿墙敷设	薄壁钢管	1.0	1.5	2.0	—

明敷设PVC管在穿过楼板易受机械损伤的地方应采用钢管保护，其保护高度距楼板表面的距离不应小于500mm。明敷设PVC管应排列整齐，固定点间距离应均匀，管卡间最大距离应符合表2-1-3-2的规定。

管卡与终端、转弯中点、电气器具或盒（箱）边缘的距离为150～500mm。PVC管直线段超过15m或直角弯超过3个时，应设接线盒。火灾自动报警系统导线敷设完毕后，两端管口应做耐火封堵用500V绝缘电阻表摇测导线绝缘电阻，每回路对地（金属管管壁）绝缘电阻值应不小于 20MΩ。

表 2－1－3－2　　　　　　　　明敷设硬 PC 管管卡间最大距离　　　　　　　　单位：m

敷设方式	管内径 20mm 及以下	管内径 25～40mm	管内径 50mm 及以上
吊架、支架	1.0	1.5	2.0
沿墙敷设	1.0	1.5	2.0

2. 导线规格

（1）信号总线。信号总线是由火灾报警控制器回路引出的，连接探测器、模块以及消火栓等编码设备的线路。工程中通常采用阻燃塑料绝缘对绞软铜线：ZR－RVS－2×（1.0～2.5)m^2，导线截面积应随布线距离加长而增加，分线应尽量避免分支。"＋"极线为红色，"－"极线为蓝色。

（2）控制总线。控制总线即 DC24V 电源线，由火灾报警控制器直流电源引出，连接被控设备。通过输出模块提供 DC24V 电源给各电动阀、排烟口、声光报警器等。工程中通常采用阻燃塑料绝缘对绞软铜线：ZR－RVS－2×（1.5～4)mm^2，截面积应满足电源的容量要求。

（3）广播线。广播线是由中控室（消防控制室）消防广播盘引至各扬声器的导线，一般采用 120V 定压式接线方式。工程中通常采用阻燃塑料绝缘对绞软铜线：ZR－RVS－2×1mm^2。如与其他消防线共线槽时，为避免它对其他线路的干扰一般采用屏蔽线 RVP，无极性。

（4）电话线。消防电话是专用电话系统，不能利用一般电话线路或综合布线中的电话线路，应该单独布线。火灾电话布线不应与其他消防线路同管、同线槽布线。电话线是由消防控制室电话盘引至各消防点和预防点的专用电话导线，对于总线制的电话，现场需布两根电话音频信号线及两根 DC24V 电源线。信号线无极性，DC24V 电源线分"＋""－"极性。至插口的电话线路，现场只需布 2 根音频信号线即可。工程中电话线一般采用阻燃塑料绝缘双软铜线：ZR－RVS－2×1mm^2，穿镀锌钢管或封闭式金属线槽，做屏蔽保护或采用 RVP 屏蔽线。

（5）直启线。直启线一般称硬线连接或硬拉线控制。直启线是由消防控制室联动控制台引出至直接启动的重要设备的控制线路的启动环节。规范规定，对消防泵、正压送风、机械排烟除在联动控制台自动启动外，还要能在消防控制室直接启动。一组直接启动的启动环节，通常需要的导线是 4～5 芯，其中包括启停控制线和回答信号线。清火栓泵按钮至消火栓泵房控制柜也应具有直启线及启泵信号回答线。导线一般采用阻燃塑料绝缘铜芯 RVS 对绞线，或采用阻燃塑料绝缘铜芯 BV 型单股线，截面面积不小于 0.7mm^2。

（6）485 通信总线。在消防控制室内部，485 通信总线用来连接与控制器配套组合的设备，如直启盘、气体灭火控制盘。在控制室外部，485 通信总线用来连接楼层火灾显示盘、现场电源等，通常采用屏蔽线：RVVP－2×1.5mm^2，其截面面积随着布线距离的加长而增加。

第四节 消防系统竣工验收

一、竣工验收前准备工作

消防系统竣工实际上是整个工程的最后一个竣工项目，由于消防系统综合性很强，关系到很多专业的配合，土建专业、给排水专业、强电专业、智能弱电专业、通信专业、暖通专业等都基本竣工完成，才能为消防系统的竣工创造条件。为了配合消防系统工程的竣工验收，其他专业须做好详细的验收准备工作，见表 2-1-4-1。

表 2-1-4-1　　　消防系统工程竣工验收相关专业配合验收准备工作

序号	相关专业	配合验收准备工作要求及工作内容
1	土建专业	消防通道、汽车库车道、逃生通道、建筑设备（动能设备）运行巡视通道（设备运行安全线应画好）等应清理干净、畅通无阻；建筑结构、二次结构、设备基础、排水沟道等应全部完成；门窗安装、房屋粉刷、吊顶等均应完成
2	强电专业	保证供配电系统安全可靠的供电；消防用电的末端双路电源保证切换正确、无误消防控制室的 UPS 电源能正确切换；整个建筑照明能全部点亮，紧急疏散标识灯安装位置正确，放电时间不小于 30min；消防控制室联动台、消火栓泵配电盘、喷洒泵配电盘应正常送电、避雷设施、等电位设施，应测试合格。为了保证以上各项要求的正常供电，强电专业应提前做好如下试验：验收的技术保证工作： （1）在变配电室内悬挂好 10/0.4kV 供配电系统模拟板。 （2）高压配电柜、低压配电、直流电源柜、电力变压器、分体式空调器四周应铺设好宽 1m、厚 10mm 橡胶绝缘垫（耐压试验为 AC32kV/1min，50Hz）。 （3）10kV 电力电缆耐压试验（AC32kV/min）。 （4）0.4kV 电力电缆绝缘电阻摇测。 （5）高压柜耐压试验。 （6）高压继电保护整定。 （7）电能表的尖峰、峰、平、谷四时段整定。 （8）指针式电压表、电流表调整为指示系统一次侧电压值、电流值。 （9）变压器耐压试验（变压器一次绕组对二次绕组，一次绕组对铁芯，二次绕组对铁芯的耐压试验）。 （10）变压器一次绕组对变压器外壳、变压器二次绕组对外壳的耐压试验。 （11）变压器高压侧分接点直流电阻值的测定。 （12）变压器 5 次冲击试验。 （13）变压器空载运行试验，空载运行 24h，并每 1h 记录一次空载电压空载电流。 （14）高压系统不送电，试合、分高压断路器。 （15）低压系统不送电，试合、分低压断路器。 （16）高压系统不送电，把断路器抽屉放置工作位置，断路器合闸，检验断路器的一次系统、二次系统均能接通；断路器分闸，把断路器抽屉放置试验位置，断路器合闸，此时断路器的一次（主触头）不接通，二次（辅助触头）接通，可以对断路器进行合、分闸试验；断路器分闸，把断路器抽屉放置断开位置，此时，对断路器不能进行合闸操作，断路器的一次、二次都不接通。 （17）对高压断路器进行远动、就地、机械手合、分闸试验

序号	相关专业	配合验收准备工作要求及工作内容
3	给排水专业	（1）给水系统。如是埋地管道，甲方、监理方，应在施工过程中，边施工边验收，并做书面记录。在施工过程中应检查管道基础，不应有下沉现象。检查管路连接件是否牢靠、正确，管路阀门是否灵活可靠并按要求开启及关闭。管道井上下及操作阀门是否方便。管道试压应在覆土覆盖之前进行。管道地上及室内部分应按规范所要求的颜色刷漆。检查过滤器是否有效，并安装正确。检查凝结水系统坡度、破损情况等。消防水池、消防水箱应放满水，检验是否有渗漏现象，同时检验消防水池、消防水箱的水位浮动开关是否灵活好用，是否能够发出水位信号。给水管道水压试验后，竣工验收前应冲洗消毒。水冲洗的速度不应小于1.0m/s，连续冲洗，直至从各用水点流出的水目测与入水处色度、浊度基本相同为止。正常送水后，生活用水管道的压力应保持在0.3~0.35MPa（市政供水压力）。 （2）排水系统。排水系统主要是生活污水排水系统，如室内生活污水、室内厨房污水、地下生活污水以及不可预见的各种给水管道的泄漏，这些水均要经集水坑，经潜水泵提升排至室外污水井。各分支排水系统、总排水系统应畅通无阻，潜水泵自启动灵活
4	暖通专业	暖通专业冷、热水给水系统、中央空调系统应调试完毕或和消防系统同时进行。 （1）空调系统送风机、新风机、回风机应运行、停止正常，检验消防控制模块和被控环节接收的电压是否一致。 （2）新风阀、回风阀、防火阀手动操作、电动操作应灵活可靠。检验消防系统的输出输入模块的电压和被控环节接收的电压是否一致。 （3）加压风机、送风机、排风机、排风兼排烟风机应能手动正常开启、运行、停止
5	通信专业	保证所有电话畅通。消防控制室专用电话应和各通话点试通话一次
6	电梯专业	消防梯、客梯、货梯均应调试完毕运行正常
7	智能弱电专业	智能弱电系统是指建筑设备（动能设备）自动化系统（BAS）。从建筑设备自动化系统中，可以了解大楼内动能设备的平面布置立体布置系统流程情况，一般智能弱电对动能设备只进行系统运行监视，不进行控制，可对如下的各专业数据进行监视： （1）10/0.4kV供配电系统的监视数据。10kV进线电源电压、电流、电能（kW·h）指示情况，0.4kV电源电压、电流、电能（kW·h）等指示情况，变压器温度、消防电源运行情况。 （2）给水（生活用水）系统监视数据。给水压力、流量显示。 （3）排水系统监视数据。 （4）中央空调系统监视数据。冷水压力、温度，回水压力、温度，热水压力、温度，热水、回水压力、温度，给水泵、回水泵运行情况显示。冷却水塔运行情况（指风机），给水阀开闭情况，冷水机组运行情况，新风阀、回风阀、防火阀开闭情况。 （5）排水系统潜水泵开停运行情况显示。 （6）存车库照明的开停

二、竣工技术文件

（一）系统验收前的自检自查

系统验收前，施工单位应组织专业人员首先进行自查，有些检验项目，应在施工过程中进行边施工边自检，例如，各回路导线，穿完线后就应摇测绝缘电阻值，模块在安装前应鉴定其好坏，并做好书面记录。

专业人员自检完后，要填写好各种试验报告。

(二) 系统验收前，建设单位应向公安消防监督机构提交验收申请报告

系统验收前，建设单位应向公安消防监督机构提交验收申请报告并附交下列技术文件（技术文件由施工单位或调试单位在竣工验收前填写好，统一交给建设单位）。

1. 器件编码

填写好器件编码（地址码）表，如表2-1-4-2所示。在表中填写好该器件在表中排列的序号、所在施工图中线路的回路号、器件编程中的地址码、器件名称及其型号，名称如：感烟探测器、感温探测器、感光探测器、手动报警按钮、信号模块，如新风阀信号模块、回风阀信号模块、防火阀信号模块、潜水泵信号模块等，控制模块，如排风兼排烟风机控制模块、加压风机控制模块、消火栓泵控制模块、喷淋泵控制模块、给水压力信号模块、卷帘门控制模块、电源强切控制模块、稳压泵控制模块等消防器件安装的楼层、地点、位置等逐一填写清楚。

表2-1-4-2　　　　　　　　　　　消防系统设备地址码表

序号	回路名称	地址码	消防器件名称	消防器件型号	模块型号	消防设备及器件安装位置

2. 消防设施联动关系

消防系统消防设施联动关系见表2-1-4-3，根据此关系可以进行编程。

表2-1-4-3　　　　　　　　　　消防系统消防设施联动关系

消防控制中心联动控制台：输入端（条件探测器）	消防控制中心联动控制台：输出端（执行探测器）
任何一个报警点：感烟探测器、感温探测器、消火栓、手动报警按钮（经确认）	启动相关区域的广播、声光报警器、警铃、打开排烟口、排烟风机、电梯迫降到基站、自动切断相关区域非消防电源
卷帘门附近的烟感探测器和温感探测器	烟感探测器动作，卷帘门降至距地面1.8m；温感探测器动作，卷帘门降至底；水幕下泄
报警阀压力开关	启动喷淋泵
消火栓按钮	启动消防泵
70℃防火阀动作	停中央空调
280℃防火阀动作	停排烟风机
气体灭火的烟感探测器和温感探测器	延时启动气体灭火，同时报警
水流指示器	报警

3. 安装工程量

安装工程量指综合布线系统工程的主要安装工程量，如线缆长度、保护的长度、规格，导线长度、规格、楼层配线架的规格、数量的明细表。

4. 工程说明

工程说明主要包括关键部位的施工说明。

5. 设备说明书、器材明细表

设备说明书中应有设备原理图、接线图及工作原理说明；器材明细表应清晰地列出设备和器材的型号、规格、数量和产地。这些均由施工单位统一收齐、统计好，一并交给建设单位。

6. 竣工图

竣工图为最终的存档图。如果施工仅有少量修改，可利用原工程设计图进行更改补充，不需再作竣工图。如果施工中改动较大，竣工图应重新绘制。

7. 测试记录

测试记录是指工程完工后，测试的各项技术指标，如电缆及导线的直流电阻值、长度、绝缘电阻值；光缆的光学传输特性的测试数据。消防系统消防设施调试报告表格式见表 2-1-4-4，消防系统消防设施验收抽检复查项目见表 2-1-4-5。

表 2-1-4-4　　　　　　　　消防系统消防设施调试报告表格式

工程名称			
建设单位		联系人、电话	
调试单位		联系人、电话	
施工单位		联系人、电话	
设计单位		联系人、电话	
工程地址			
测试情况			
调试人（签字）		建设单位（签字）	
施工单位（签字）		设计单位（签字）	
监理单位（签字）			

序号	设备名称	型号及技术规格	数量	试验数据	生产厂

表 2 - 1 - 4 - 5　　　　　　消防系统消防设施验收抽检复查项目表

序号	测试项目		安装总数	抽检比例	操作次数
1	手动报警按钮		≤5 台	全部	1～2
			6～10 台	5 台	
			≥10 台	30％～50％不少于 10 台	
2	感烟探测器感温探测器		≤100 只	10 台（各 5 只）	1～2
			≥100 只	5％～10％不少于各 5 只	
3	室内消火栓泵	工作泵、备用泵互投	全部		1～3
		控制中心启、停泵	全部		
		消火栓处启、停泵	5％～10％		
4	自动喷淋灭火系统	工作泵、备用起互投	全部		1～3
		控制中心启、停泵	全部		
		水流指示器	5％～10％		—
5	气体或泡沫等系统	人工启动和紧急切断	20％～30％		1～3
		联动控制	20％～30％		
		喷放试验	一个保护区域		—
6	联动控制	电动防火卷帘门	10％～20％		1～3
		通风空调和防排烟设施	10％～20％		1～3
		电梯	全部		1～2
		防火区域电源强切	全部		1～2
7	消防广播	消防控制室选层广播	10％～20％		1～2
		共用扬声器强行切换	10％～20％		1～2
		备用扩音机控制功能	10％～20％		1～2
8	消防通信设备	对讲电话	全部		1～3
		电话插孔	5％～10％		—
		外线电话与 119	全部		1～3

注：室内消火栓处应设置启、停消防泵的按钮。

8. 工程协商记录

施工中修改、变更、补充原设计或采取相关技术措施时由建设、设计、施工单位之间对这些变动情况进行的协商记录。

9. 随工验收记录

随工验收记录是记录设备安装和缆线设工序告一段落时工程监理人员随工检查的证明记录。

10. 隐蔽工程图及签证

直埋电缆地下缆线工程经工程监理人员认可的签证。

施工验收以《火灾自动报警系统施工及验收规范》（GB 50166）为准。

火灾报警系统的验收，应在公安消防监督机构监督下，由建设单位主持，监理工程师、设计单位、施工单位及相关专业人员，调试单位、物业单位等参加，共同进行。

三、竣工验收测试

（一）消防控制室内测试

（1）控制室接地系统的测试。活动地板下的接地系统的接地电阻应不大于 1Ω，所有机架、设备金属外壳、金属支架、金属穿线管端点均应用不小于 4mm² 的裸铜线接于活动地板下的接地网上。

（2）控制室内 380V/220V 交流电源的测试。主机外壳应有可靠接地，其接地电阻不大于 1Ω，主机电源为双路自投电源 AC380V，取掉主机上所有负载。测试双路自投装置，双路电源互为自投，当人为停掉一路电源后，另一路电源自动投入，并测量三相线电压 AB、BC、AC 电压均为 AC380V，三相相电压 AN、BN、CN 电压均为 AC220V。当两路自投电源全没电时，UPS 电源应自动投入，带上假负载后，观察其放电时间，并对放电电流、放电电压、假负载容量做记录。

（二）线路测试

分别摇测控制总线、信号总线、广播线、电话线、直启线 485 通信总线的对地绝缘电阻。

（三）点位上线

对信号总线上各个元件的地址编码进行检查，确认地址码是否准确，排除漏码、重号等问题。

（四）手动报警按钮、探测器测试

对手动报警按钮及感烟、感温探测器进行单点报警测试，按比例进行测试。根据手动报警按钮接线图，核对报警总线、应答线、电话线接线是否正确。采用电话手柄对现场各手动报警按钮内的电话插孔进行通话试验，各电话插孔应均能与主机进行呼叫并通话且音质清晰。

（五）被控设备单点测试

被控设备测试应由生产厂家、施工单位（乙方）、建设单位（甲方）、监理单位的给排水专业、暖通专业、电专业、消防专业的专业人员参加，由甲方负责组织，乙方负责实施。调试过程中，生产厂家应将设备详细说明书、调试数据书面向乙方交代清楚。测试前，乙方应向甲方提供书面的单台设备调试步骤，经审核后方可进行。调试过程中，要分工明确，各负其责，相互配合，共同搞好调试消防联动系统。需单点测试的，有如下设备：

（1）消火栓泵的调试。

1）检查给水管路是否有漏水现象，柔性连接件是否正确，管道阀门是否灵活可靠，并按要求开启、关闭，检查压力表是否有效并安装正确。

2）检查泵本体紧固件是否牢靠，手盘联轴器检查电动机转子及轴承情况，水泵叶轮、联轴器等部件旋转、润滑是否正常。

3）摇测电动机绕组间、绕组对外壳绝缘电阻值绕组间绝缘电阻大于等于 1MΩ，绕组对外壳绝缘电阻大于等于 0.5MΩ。

4）检查配电箱外壳接地，主回路、控制回路导线压线是否牢靠，三相线电压、三相

相电压应三相平衡。

5）点动水泵，检查水泵叶轮旋转方向是否正确，若否应立即纠正。

6）启动水泵，检查启动时间、启动电流、工作电压、运行功率、水泵转速、电机及元器件发热情况。检查水泵及管路压力、水流状况，滴漏状况，噪声与震动柔性连接、阀门调节是否正常。检查泵组工作状况，工作泵与备用泵切换状况。

7）手动启动泵的巡检环节，测量电动机三相频率、电压、电流，测量泵转速，观察泵声音，是否达到巡检时启泵的目的，否则应重新设定变频器的频率、电压或改变电动机绕组的接线（一般巡检运行时，电动机为Y形接线），以及消火栓泵巡检柜上触摸屏的手动启泵步骤、工作状况、故障状况查看及启泵密码等。生产厂家测试完后，应把详细的说明书或书面资料当场交给施工方，此后，任何一方不应再随意改变启泵密码。

8）测试完后，水泵正常运行2h，由施工单位负责运行，并记录调试、运行情况。

（2）被控设备正压送风口、正压送风机、排烟口、排烟风机、补风机、防火阀、空调机组、消火栓泵、水喷淋泵，电动防火卷帘门、门禁系统、应急照明、非消防电源强切、电梯、消防广播等。

（六）消防控制室联动控制台的测试

（1）主机外壳应有可靠接地，其接地电阻不大于1Ω，主机电源为双路自投电源AC380V/220V，取掉主机上所有负载。

（2）消防主机通电后，用万用表检测各个出线输出电压是否正常，检测每个信号回路卡的DC输出电压、485输出总线电压、输出电源电压。

（3）检查总线设备（直接启动盘、操作盘、楼层显示器）与控制器通信是否正常。

（4）在电话主机后，接一电话插孔或电话分机检查电话主机是否正常工作。

（5）检查广播系统，在功放输出端接1个扬声器，检测功放单元和录放单元是否正常。

（6）确认主机的自检、消音、复位、故障报警、火灾优先、报警记录、主备互投等功能正常。

（七）消防系统联动调试

单点测试完成后，进行联动调试。联动调试检查所编程序是否符合规范要求。联动调试成功后，需连续运行120h无故障，然后写出调试报告。

第五节　消防系统运行维护

一、消防运行维护人员的职责

1. 消防值班运行人员要求

消防值班运行人员应具备供配电系统、空调系统、给排水系统、消防系统、电梯系统等各专业的综合技术知识，并了解其系统运行情况。

2. 消防值班运行人员岗位技能

运行维护人员是单位消防系统的管理者、使用者，对了解系统、调节系统的最佳运行最有发言权。一个消防系统的运行管理者，应能了解如下图纸资料和设备工作原理：

（1）建筑平面图、剖面图。

（2）给排水系统图、平面布置图、详图。

（3）空调系统图、空调系统的工作流程图、空调系统冷热水的流程图。

（4）10/0.4kV供配电系统图、高低压断路器工作原理。

（5）电梯工作原理、电梯接到火灾信号后的工作程序。

（6）消防设施平面布置图、详图。

（7）消防系统图。

（8）消防控制室内联动工作台的接线图。

（9）联动工作台的工作程序。

（10）感烟、感温、感光探测器的工作原理。

（11）防火卷帘门的工作原理图。

（12）排风、排烟风机的工作原理图。

（13）新风阀、回风阀、防火阀的工作原理。

（14）加压送风机的工作原理图。

（15）稳压泵工作原理图。

（16）消火栓泵工作原理图。

（17）喷淋泵工作原理图。

（18）双路投切电源工作原理图。

（19）UPS电源工作原理图。

（20）喷水灭火系统的运行流程。

（21）喷头、水流指示器、检修信号阀、湿式报警阀、延迟器、水力警铃、压力开关等的工作原理及其性能。

（22）输入模块、输出输入模块、隔离模块、声光报警驱动模块、专用输入模块、微型监视模块、输出模块、多路输出模块、单输入单输出控制模块、双输入双输出控制模块等的内部工作原理图。

（23）供配电系统断电强切电路。

（24）广播系统强切电路。

（25）联动控制台内各印制电路板的功能。

（26）印制电路板的印制电路图。

（27）印制电路板的工作原理线路图。

（28）工作原理线路图中的元器件的性能及其工作原理，如电阻、电容、电感元件、二极管、三极管、场效应管、晶闸管等，集成电路，光电耦合器等。

3. 运行维护人员职责

单位消防系统运行维护人员，在遵守消防控制室值机制度，努力完成值机任务的情况下，要认真学习、掌握如上应知应会技术内容，不断积累丰富的技术经验，在工作中，就能够得心应手处理一些疑难故障。

二、消防系统运行维护内容

1. 检查电源状态

（1）交流电源供电。检查供电电压、电流是否在额定范围之内，双路自投电源是否发生过切换。有自备发电机的，自备发电机是否投入过运行，不间断电源装置（UPS）是否投入过运行。

（2）直流电源状态。CRT 显示器供电是否正常，直流电压 DC24V 输出是否正常。

2. 检查消防控制室控制器

（1）操作控制器上自检装置，观察控制器声光报警情况，按下面板上的"自检"键，控制器将自动进行自检，CRT 显示屏显示自检画面，依次鸣叫动作音、故障音、火警音。

（2）模拟火灾信息（火灾探测器或手动报警按钮），控制器处于火灾报警状态，查看控制器的画面提示，声、光报警信号及记录情况。控制器具有存储和打印火灾报警的部位及时间的功能。

（3）控制器第一次报警时，手动消除报警声音，此时如再有故障或火灾报警信号输入时，应能重新启动报警声音，指示出报警部位并保持，直到手动复位为止。

3. 记录运行维护情况

消防系统能安全、可靠地运行，除了设计安装外，更重要的是靠日常运行维护。日常设备运行情况应记入运行记录表中。表 2-1-5-1 所示为消防控制室的运行记录表，表 2-1-5-2 所示为消防系统的运行记录表。

表 2-1-5-1　　　　　　　　　消防控制室的运行记录表

序号	交流电源	直流电源	自检	复位	消音	探测器巡检	火警	故障	漏报	误报	广播	电话	运行情况	运行值机人（签名）

表 2-1-5-2　　　　　　　　　消防系统的运行记录表

序号	水池	水箱	稳压泵稳压罐	消火栓泵巡检启动	喷淋泵巡检启动	正送风机	补风机	通风机	排烟风机	卷帘门	新风阀	回风阀	防火阀	电梯	运行情况	值机人（签名）

第六节　消防系统火灾报警
后的应急启动

一、火灾紧急处理程序

在消防控制室，应张贴火灾紧急处理程序框图，如图 2-1-6-1 所示。

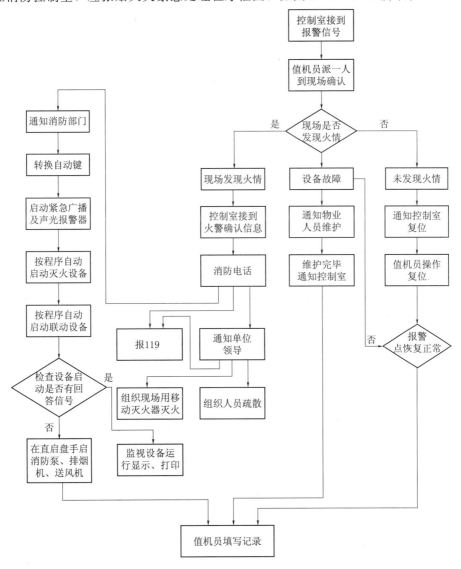

图 2-1-6-1　火灾紧急处理程序框图

消防控制室当班值机人员都是两人，两人中必须有一人对火灾紧急处理程序框图非常熟悉。

（1）了解相关专业的系统情况。

（2）了解消防系统的运行情况。

（3）了解消防设施的工作原理及其性能。

（4）了解联动设备在需要动作时，各个联动环节。

值机人员应了解各个联动环节是否灵活好用，每个直启按钮是否灵活好用，反馈信号是否反馈正确，水池水位、水箱水位是否正常，水泵、喷淋泵、稳压泵开启后是否能够正常运转。如果联动系统失灵，直启盘启动按钮失灵，就地启动按钮失灵，是否还有其他方法让消火栓或喷淋泵、稳压泵运转起来。排烟风机、正压风机、补风机是否能开起来，送风机是否能停下来，非消防电源是否能停掉，这些只有在平时检查中多留心才能积累经验，才能临阵不惊。除此之外，平日在巡视时，还应注意每个防火分区的工作性质、人员数量，周围及其设备是否有易燃物和正在工作的人员，当警报广播响时是否能够听得见；发生火灾时每道防火卷门都要经过多少人，需要多长时间，最佳进出路线有多少条，都有哪些人可以参加救援。这些信息都是非常宝贵的，提供给人员疏散组织者，能最大限度地减少经济损失和人员伤亡。

二、火灾报警的确认

1. 消防控制室接到的火灾报警信息

在消防控制室接到的火灾报警信息主要是探测器或水流指示器报警，此时控制室内将出现火警的声光信息，同时显示屏上显示报警时间、报警地点（探测区域）的记录。此类报警误报率较高，一般在程序设置中采用逻辑"与"（串联关系）的信号作为联动的启动条件，即将探测器的报警信号、水流指示器的报警信号、手报按钮的信号串联起来，形成"与"操作信号，作为确认信号。

2. 人工确认

人工确认是最可靠的措施。运行人员积累了丰富的经验，会在他们的脑海中、记忆中形成一幅很全面的消防系统图，这样在每进行一个手控操作时，就会既慎重又坚定。在消防控制室值机的两人中，一人坚守在消防控制室，另一人带着专用的消防对讲机，按显示屏上提供的报警点到现场确认。去现场确认的值机员要沉着冷静，把情况及时准确地通知消防控制室，不要延误时间，讲清着火位置，燃烧的是什么物质，火势大小，有无人员被困。消防控制室值机人员接到现场调查人员的报警信息后，应及时向有关部门报告。各相关单位组织在场人员立即扑救火灾，疏散人员和重要物资。消防控制室值机人员必须坚守岗位，保证通信畅通，并做好记录。

3. 启动应急广播及求救系统

消防控制室值机人员接到确切报警后，应操作消防报警设备，对于有联动系统的消防设备，只需用确认键或手自动转换键加以确认，声光报警器发出声光报警并启动应急广播。

（1）声光报警器发出报警火灾信息确认后，值机人员相应打开防火分区的声光报警器。

（2）启动应急广播火灾信息确认后，值机人员相应切换防火分区的应急广播。

（3）消防值机室有直拨119的电话，当火灾发生时，值机人员应及时向领导、向119

汇报火情，并通知本单位的消防部门。

在向领导汇报的同时，消防值机人员可以用消防专用电话的群呼功能，通知各相关部门，如变配电站、总机房、暖通、智能楼宇等部门。

4. 组织人员疏散

发生火灾时，如有人员被火围困，要立即组织力量抢救，坚持救人是第一原则，救人胜于救物，救人是火场上首要任务。这项工作由单位消防负责人组织完成，消防值机员应配合工作，给领导当好参谋，也可利用广播指挥疏散工作。

三、按程序启动灭火联动设备

1. 直启操作联动设备时注意事项

消防系统的现场设备都是消防专用的，错误的操作一方面可能导致不应有的损失，另一方面可能会削弱固有的消防能力，因此操作人应慎重使用。对现场设备进行直启操作应符合下列条件：

（1）操作人员，必须是经过本控制器操作培训合格的人或对本控制器性能非常了解的人。

（2）火情已确定，了解所要启动设备所在的环境和控制的区域。

（3）清楚所启动设备的功能，并能预料到启动本设备后所产生的结果。

2. 直接启动消火栓水泵

（1）消火栓水泵可在多处启动，是消防系统各设备中可操作位置最多的设备，它在各消火栓按钮处、消防控制室、泵房内配电柜处均可启动。在何处启动最及时，应根据当时火灾情况酌情考虑。如果时间许可，最好是在泵房内启动，可以直观泵的运转情况，因为有时虽然有泵启动后的反馈信号，但泵运转不一定正常，这将会造成设备事故或消防电源的停电事故。

（2）在消防控制室内，消火栓水泵有两种启动方式，一种是总线自动控制启动方式，另一种是手动直接启动方式，又叫硬线控制启动。

（3）在启动按钮上装设的发光二极管（LED）点亮，说明消火栓水泵已运转。无论在何处按下启动按钮启动泵，泵运转后，所有该泵的启动按钮上的 LED 都点亮，说明泵已运转。

3. 喷淋泵的直启

水喷淋系统是靠火灾时温度升高触发喷淋头玻璃管爆裂，压力水冲出喷口，水流通过喷头喷洒灭火。此时水力警铃发出声响报警，水流指示器动作，将动作信号送至消防控制室控制器。由于水流在喷洒，压力开关动作，将信号送至泵房喷淋泵控制柜，自动启动喷淋泵，则喷淋泵运转，运转信号应返回。如没有运转信号返回，有可能喷淋泵没有启动，也可能泵已启动运转，返回信号回路有问题，在确认水流信号、水压信号正确的情况下，可利用直启盘手动操作启动或去泵房启动。

4. 启动气体灭火系统

火灾要经人工确认后，气体灭火系统才延时启动，一般调整延时时间为 30s，驱动气体，利用压力释放灭火剂。释放灭火剂的同时，放气灯点亮，并发出声光报警，在控制室内可以看到监视信号。

四、按程序启动防火联动设备

1. 自动开启正压送风机

按程序确认命令后，应自动开启正压送风机及其相关层的正压送风口。在控制器上若看不到正压送风机已启动的回答信号，可利用直启操作盘手动直启，但直启时要分清防火分区。

2. 开启排烟风机

联动控制系统发出确认命令后，按程序设定开启排烟风机及相关层的排烟口。在控制器上若看不到排烟机已启动的回答信号，可在直启盘上直接手动直启，但直启操作时，要分清防火分区。

3. 自动启动稳压泵

稳压泵是根据稳压罐的压力自动启动的，稳压泵的运转信号返回到消防控制室控制台，如果没有返回信号，应去现场查看。

4. 防火卷帘关闭

防火卷帘的关闭只能靠防火卷帘附近的感烟、感温探测器动作后，依靠联动功能完成，不能在控制室的直启盘上对它进行手动直启。当火灾发生时，感烟、感温探测器信号通过控制总线使卷帘门自动落下关闭，以免烟气扩散。

5. 切断通风空调机

空调通风管道当火灾发生时，通风管道内的气体达到一定温度，系统会关闭相应的70℃防火阀，同时切断通风空调机，并返回控制室停机信号。

6. 切断非消防电源

应切断非消防电源及联动切断本层非消防电源，并应有反馈信号反馈至消防控制室的控制器。

7. 电梯迫降

所有电梯接到火灾信号后，均应迫降到基站（首层），客梯降至基站后，功能变为消防电梯，等待消防人员。

8. 启动消防应急照明系统

非消防电源切断后，启动消防应急照明系统，应急照明系统应自动点亮。

第二章

火灾自动报警系统

第一节　火灾自动报警系统基本规定

一、火灾自动报警系统一般规定

近年来国内市场出现了许多新型火灾探测报警产品，并已经应用在不同的工业和民用建筑中。电气火灾发生率一直在总火灾发生率中占很大的比例，电气火灾预防技术也已成熟，为降低电气火灾发生率有必要增加电气火灾监控系统的设置。世界各国火灾报警系统的设置场所已由公共场所扩展到普通民用住宅，我国的民用住宅火灾发生率居高不下，有必要增加住宅建筑火灾报警系统的设计要求。同时，一些特殊场所由于缺乏火灾自动报警系统设计依据的现状也要求增加典型场所的火灾自动报警系统的设计要求，以满足对该产品的设计、质量监督和行业管理的需要，降低火灾发生率，提高整个社会的火灾预防能力。

1. 火灾报警系统相关术语

火灾报警系统相关术语及其定义或说明见表 2-2-1-1。

表 2-2-1-1　　　　　　　火灾报警系统相关术语及其定义或说明

序号	术　语	定 义 或 说 明
1	火灾自动报警系统（automatic fire alarm system）	探测火灾早期特征、发出火灾报警信号，为人员疏散、防止火灾蔓延和启动自动灭火设备提供控制与指示的消防系统
2	报警区域（alarm zone）	将火灾自动报警系统的警戒范围按防火分区或楼层等划分的单元
3	探测区域（detection zone）	将报警区域按探测火灾的部位划分的单元。报警区域和探测区域划分的实际意义在于便于系统设计和管理
4	保护面积（monitoring area）	一只火灾探测器能有效探测的面积
5	安装间距（installation spacing）	两只相邻火灾探测器中心之间的水平距离
6	保护半径（monitoring radius）	一只火灾探测器能有效探测的单向最大水平距离
7	联动控制信号（control signal to start & stop an automatic equipment）	由消防联动控制器发出的用于控制消防设备（设施）工作的信号
8	联动反馈信号（feedback signal from automatic equipment）	受控消防设备（设施）将其工作状态信息发送给消防联动控制器的信号
9	联动触发信号（signal for logical program）	消防联动控制器接收的用于逻辑判断的信号

消防联动控制信号、消防联动反馈信号和消防联动触发信号是消防联动控制器与受控消防设备（设施）之间互相联系的非常重要的信号，消防联动控制器在接收到消防联动触发信号后，根据预先设定的逻辑进行判断，然后发出消防联动控制信号，受控消防设备（设施）在接收到消防联动控制信号并执行相应的动作后向消防联动控制器发出消防联动反馈信号，从而实现消防联动控制功能。受控的自动消防设备启动后，其工作状态信息应

反馈到消防控制室，这样消防控制室才能及时掌握各类设备的工作状态。

2. 火灾自动报警系统使用场所

火灾自动报警系统可用于人员居住和经常有人滞留的场所、存放重要物资或燃烧后产生严重污染需要及时报警的场所，体现了火灾自动报警系统保护生命安全和财产安全的设计、安装目标。

3. 火灾自动报警系统一般规定

（1）火灾自动报警系统应设有自动和手动两种触发装置。火灾自动报警系统中设置的火灾探测器属于自动触发报警装置，而手动火灾报警按钮则属于人工手动触发报警装置。在设计中，两种触发装置均应设置。

（2）火灾自动报警系统设备应选择符合国家有关标准和市场准入制度的产品。消防产品作为保护人民生命和财产安全的重要产品，其性能和质量至关重要。为了确保消防产品的质量，国家对生产消防产品的企业和法人提出了市场准入要求，凡符合要求的企业和法人方可生产和销售消防产品，就是通常所说的市场准入制度。这些制度是选用消防产品的重要依据。《中华人民共和国消防法》第二十四条规定，消防产品必须符合国家标准，没有国家标准的，必须符合行业标准。禁止生产、销售或者使用不合格的消防产品以及国家明令淘汰的消防产品。依法实行强制性产品认证的消防产品，由具有法定资质的认证机构按照国家标准、行业标准的强制性要求认证合格后，方可生产、销售和使用。实行强制性产品认证的消防产品目录，由国务院产品质量监督部门会同国务院公安部门制定并公布。新研制的尚未制定国家标准、行业标准的消防产品，应当按照国务院产品质量监督部门会同国务院公安部门规定的办法，经技术鉴定符合消防安全要求的，方可生产、销售和使用。经强制性产品认证合格或者技术鉴定合格的消防产品的相关信息，在中国消防产品信息网上予以公布。火灾自动报警设备的质量直接影响系统的稳定性、可靠性指标，所以符合国家有关标准和有关准入制度的要求是保证产品质量一种必要的要求和手段。

（3）系统中各类设备之间的接口和通信协议的兼容性应符合现行国家标准《火灾自动报警系统组件兼容性要求》（GB 22134）的有关规定，这是保证火灾自动报警系统运行的基本技术要求。

（4）任一台火灾报警控制器所连接的火灾探测器、手动火灾报警按钮和模块等设备总数和地址总数，均不应超过 3200 点，其中每一总线回路连接设备的总数不宜超过 200 点，且应留有不少于额定容量 10% 的余量。任一台消防联动控制器地址总数或火灾报警控制器（联动型）所控制的各类模块总数不应超过 1600 点，每一联动总线回路连接设备的总数不宜超过 100 点，且应留有不少于额定容量 10% 的余量。

多年来对各类建筑中设置的火灾自动报警系统的实际运行情况以及火灾报警控制器的检验结果统计分析表明，火灾报警控制器所连接的火灾探测器、控制和信号模块的地址总数量，应控制在总数低于 3200 点，这样系统的稳定工作情况及通信效果均能较好地满足系统设计的预计要求，并降低整体风险。目前，国内外各厂家生产的火灾报警控制器，每台一般均有多个总线回路，对于每个回路所能连接的地址总数，规定为不宜超过 200 点，是考虑了其工作稳定性。另外要求每一总线回路连接设备的地址总数宜留有不少于其额定容量的 10% 的余量，主要考虑到在许多建筑中，从初步设计到最终的装修设计，其建筑平面格局经常发生变化，房间隔断改变和增加，需要增加相应的探测器或其他设备，同时留有一定的余量也有利于该回路的稳定与可靠运行。保障系统工作的稳定性、可靠性，对消防联动控制器所连接的模块地址数量作出限制，从总数量上限制为不应超过 1600 点，对于每一个总线回路，限制为不宜超过 100 点，每一回路应留有不少于其额定容量的 10% 的余量，除考虑系统工作的稳定、可靠性外，还可灵活应对建筑中相应的变化和修改，而不至于因为局部的变化需要增加总线回路。

（5）系统总线上应设置总线短路隔离器，每只总线短路隔离器保护的火灾探测器、手动火灾报警按钮和模块等消防设备的总数不应超过 32 点。总线穿越防火分区时，应在穿越处设置总线短路隔离器。这是保证火灾自动报警系统整体运行稳定性的基本技术要求，短路隔离器是最大限度地保证系统整体功能不受故障部件影响的关键。

（6）高度超过 100m 的建筑中，除消防控制室内设置的控制器外，每台控制器直接控制的火灾探测器、手动报警按钮和模块等设备不应跨越避难层。对于高度超过 100m 的建筑，为便于火灾条件下消防联动控制的操作，防止受控设备的误动作，在现场设置的火灾报警控制器应分区控制，所连接的火灾探测器、手动报警按钮和模块等设备不应跨越火灾报警控制器所在区域的避难层。由于报警和联动总线线路没有使用耐火线的要求，如果控制器直接控制的火灾探测器、手动报警按钮和模块等设备跨越避难层，一旦发生火灾，将因线路烧断而无法报警和联动。

（7）水泵控制柜、风机控制柜等消防电气控制装置不应采用变频启动方式，这是为保证消防水泵、防排烟风机等消防设备的运行可靠性。

（8）地铁列车上设置的火灾自动报警系统，应能通过无线网络等方式将列车上发生火灾的部位信息传输给消防控制室。近几年，国内地铁建设十分迅速，由于地铁中人员密集、疏散难度与救援难度都非常大，因此有必要在地铁列车上设置火灾自动报警系统，及早发现火灾，并采取相应的疏散与救援预案。而地铁列车发生火灾的部位直接影响到疏散救援预案的制定，因此要求将发生火灾的部位传输给消防控制室。由于列车是移动的，信号只能通过无线网络传输，这种情况下，通过地铁本身已有的无线网络系统传输无疑是最好的选择。

二、火灾自动报警系统形式选择和设计要求

1. 设计安装火灾自动报警系统的重要意义

火灾自动报警系统的形式和设计要求与保护对象及消防安全目标的设立直接相关。正确理解火灾发生、发展的过程和阶段，对合理设计火灾自动报警系统有着十分重要的指导意义。如图 2-2-1-1 所示为与火灾相关的几个消防过程。

图 2-2-1-1　与火灾相关的消防过程示意图

在"以人为本，生命第一"的今天，建筑内设置消防系统的第一任务就是保障人身安全，这是设计消防系统最基本的理念。从这一基本理念出发，就会得出这样的结论：尽早

发现火灾，及时报警，启动有关消防设施，引导人员疏散，在人员疏散完后，如果火灾发展到需要启动自动灭火设施的程度，就应启动相应的自动灭火设施，扑灭初期火灾，防止火灾蔓延。自动灭火系统启动后，火灾现场中的幸存者，只能依靠消防救援人员帮助逃生了。因为火灾发展到这个阶段时，滞留人员由于毒气、高温等原因已经丧失了自我逃生的能力，这也是图2-1-1所示的与火灾相关的几个消防过程的基本含义。由图2-1-1还可以看出，火灾报警与自动灭火之间还有一个人员疏散阶段，这一阶段根据火灾发生的场所、火灾起因、燃烧物等因素不同，有几分钟到几十分钟不等的时间，这是直接关系到人身安全最重要的阶段。因此，在任何需要保护人身安全的场所，设置火灾自动报警系统均具有不可替代的重要意义。只有设置了火灾自动报警系统，才会形成有组织的疏散，也才会有应急预案，确定的火灾发生部位是疏散预案的起点。疏散是指有组织的、按预订方案撤离危险场所的行为，没有组织的离开危险场所的行为只能叫逃生，不能称为疏散。而人员疏散之后，只有火灾发展到一定程度，才需要启动自动灭火系统，自动灭火系统的主要功能是扑灭初期火灾、防止火灾扩散和蔓延，不能直接保护人们的生命安全，不可能替代火灾自动报警系统的作用。在保护财产方面，火灾自动报警系统也有着不可替代的作用，使用功能复杂的高层建筑、超高层建筑及大体量建筑，由于火灾危险性大，一旦发生火灾会造成重大财产损失。保护对象内存放重要物质，物质燃烧后会产生严重污染及施加灭火剂后导致物质价值丧失，这些场所均应在保护对象内设置火灾预警系统，在火灾发生前，探测可能引起火灾的征兆特征，彻底防止火灾发生或在火势很小尚未成灾时就及时报警。电气火灾监控系统和可燃气体探测报警系统均属于火灾预警系统。

2. 火灾自动报警系统形式的选择

设定的安全目标直接关系到火灾自动报警系统形式的选择，火灾自动报警系统的形式可分为区域报警系统、集中报警系统和控制中心报警系统三种形式。火灾自动报警系统形式的选择，应符合下列规定：

（1）仅需要报警，不需要联动自动消防设备的保护对象宜采用区域报警系统。区域报警系统，适用于仅需要报警不需要联动自动消防设备的保护对象。

（2）不仅需要报警，同时需要联动自动消防设备，且只设置一台具有集中控制功能的火灾报警控制器和消防联动控制器的保护对象，应采用集中报警系统，并应设置一个消防控制室。集中报警系统适用于具有联动要求的保护对象。

（3）设置两个及以上消防控制室的保护对象，或已设置两个及以上集中报警系统的保护对象，应采用控制中心报警系统。控制中心报警系统一般适用于建筑群或体量很大的保护对象，这些保护对象中可能设置几个消防控制室，也可能由于分期建设而采用了不同企业的产品或同一企业不同系列的产品，或由于系统容量限制而设置了多个起集中作用的火灾报警控制器等情况，这些情况下均应选择控制中心报警系统。

3. 区域报警系统的设计规定

（1）系统应由火灾探测器、手动火灾报警按钮、火灾声光警报器及火灾报警控制器等组成，系统中可包括消防控制室图形显示装置和指示楼层的区域显示器。区域报警系统可以根据需要增加消防控制室图形显示装置或指示楼层的区域显示器，区域报警系统不具有消防联动功能。在区域报警系统里，可以根据需要不设消防控制室。若有消防控制室，火灾报警控制器和消防控制室图形显示装置应设置在消防控制室。若没有消防控制室，则应设置在平时有专人值班的房间或场所。

（2）火灾报警控制器应设置在有人值班的场所。

（3）系统设置消防控制室图形显示装置时，该装置应具有传输《火灾报警、建筑消防设施运行状态信息》和《消防安全管理信息》等规定的有关信息的功能；区域报警系统应具有将相关运行状态信息传输到城市消防远程监控中心的功能。

（4）系统未设置消防控制室图形显示装置时，应设置火警传输设备。

4. 集中报警系统的设计规定

（1）系统应由火灾探测器、手动火灾报警按钮、火灾声光警报器、消防应急广播、消防专用电话、消防控制室图形显示装置、火灾报警控制器、消防联动控制器等组成。规定了集中报警系统的最小组成，其中可以选用火灾报警控制器和消防联动控制器组合或火灾报警控制器（联动型）。

（2）系统中的火灾报警控制器、消防联动控制器和消防控制室图形显示装置、消防应急广播的控制装置、消防专用电话总机等起集中控制作用的消防设备，应设置在消防控制室内。规定了集中报警系统中火灾报警控制器、消防联动控制器和消防控制室图形显示装置、消防应急广播的控制装置、消防专用电话总机等起集中控制作用的消防设备应设置在消防控制室内。在集中报警系统里，消防控制室图形显示装置是必备设备，因为是由该设备实现相关信息的传输功能的。

（3）系统设置的消防控制室图形显示装置应具有传输《火灾报警、建筑消防设施运行状态信息》和《消防安全管理信息》等规定的有关信息的功能。

5. 控制中心报警系统的设计规定

（1）有两个及以上消防控制室时，应确定一个主消防控制室。有两个及以上集中报警系统或设置两个及以上消防控制室的保护对象应采用控制中心报警系统。对于设有多个消防控制室的保护对象，应确定一个主消防控制室，对其他消防控制室进行管理。根据建筑的实际使用情况界定消防控制室的级别。

（2）主消防控制室应能显示所有火灾报警信号和联动控制状态信号，并应能控制重要的消防设备。各分消防控制室内消防设备之间可互相传输、显示状态信息，但不应互相控制。主消防控制室内应能集中显示保护对象内所有的火灾报警部位信号和联动控制状态信号，并能显示设置在各分消防控制室内的消防设备的状态信息。为了便于消防控制室之间的信息沟通和信息共享，各分消防控制室内的消防设备之间可以互相传输、显示状态信息；同时为了防止各个消防控制室内的消防设备之间的指令冲突，规定分消防控制室的消防设备之间不应互相控制。一般情况下，整个系统中共同使用的水泵等重要的消防设备可根据消防安全的管理需求及实际情况，由最高级别的消防控制室统一控制。在控制中心报警系统里，消防控制室图形显示装置是必备设备，因为由该设备实现相关信息的传输功能。

（3）系统设置的消防控制室图形显示装置应具有传输《火灾报警、建筑消防设施运行状态信息》和《消防安全管理信息》等规定的有关信息的功能。

（4）其他设计应符合有关标准中集中报警系统设计的规定。

三、报警区域和探测区域划分

1. 报警区域划分的意义

报警区域的划分主要是为了迅速确定报警及火灾发生部位，并解决消防系统的联动设计问题。发生火灾时，涉及发生火灾的防火分区及相邻防火分区的消防设备需联动启动，这些设备需要协调工作，因此需要划分报警区域。

2. 报警区域划分规定

报警区域是指将火灾自动报警系统的警戒范围按防火分区或楼层等划分的单元。报警区域的划分应符合下列规定：

（1）报警区域应根据防火分区或楼层划分。可将一个防火分区或一个楼层划分为一个报警区域，也可将发生火灾时需要同时联动消防设备的相邻几个防火分区或楼层划分为一个报警区域。

（2）电缆隧道的一个报警区域宜由一个封闭长度区间组成，一个报警区域不应超过相连的 3 个封闭长度区间。道路隧道的报警区域应根据排烟系统或灭火系统的联动需要确定，且不宜超过 150m。

（3）甲、乙、丙类液体储罐区的报警区域应由一个储罐区组成，每个 50000m³ 及以上的外浮顶储罐应单独划分为一个报警区域。

（4）列车的报警区域应按车厢划分，每节车厢应划分为一个报警区域。

3. 探测区域划分规定

探测区域是指将报警区域按探测火灾的部位划分的单元。为了迅速而准确地探测出被保护区内发生火灾的部位，需将被保护区按顺序划分成若干探测区域。探测区域的划分应符合下列规定：

（1）探测区域应按独立房（套）间划分。一个探测区域的面积不宜超过 500m²，从主要入口能看清其内部，且面积不超过 1000m² 的房间，也可划为一个探测区域。

（2）红外光束感烟火灾探测器和缆式线型感温火灾探测器的探测区域的长度，不宜超过 100m，空气管差温火灾探测器的探测区域长度宜为 20～100m。

4. 应单独划分探测区域的场所

（1）敞开或封闭楼梯间、防烟楼梯间。

（2）防烟楼梯间前室，消防电梯前室，消防电梯、防烟楼梯间合用的前室，走道、坡道。

（3）电气管道井、通信管道井、电缆隧道。

（4）建筑物闷顶、夹层。

四、消防控制室

1. 设置消防控制室的理由与条件

具有消防联动功能的火灾自动报警系统的保护对象应设置消防控制室。建筑消防系统的显示、控制等日常管理及火灾状态下应急指挥，以及建筑与城市远程控制中心的对接等均需要在此完成，是重要的设备用房。

2. 消防控制室内设置的消防设备

消防控制室是建筑消防系统的信息中心、控制中心、日常运行管理中心和各自动消防系统运行状态监视中心，也是建筑发生火灾和日常火灾演练时的应急指挥中心。在有城市远程监控系统的地区，消防控制室也是建筑与监控中心的接口，可见其地位是十分重要的。每个建筑使用性质和功能各不相同，其包括的消防控制设备也不尽相同。作为消防控制室，应将建筑内的所有消防设施包括火灾报警和其他联动控制装置的状态信息都能集中控制、显示和管理，并能将状态信息通过网络或电话传输到城市建筑消防设施远程监控中心。《火灾报警、建筑消防设施运行状态信息》中规定的内容就是在消防控制室内，消防管理人员通过火灾报警控制器消防联动控制器、消防控制室图形显示装置或其组合设备对建筑物内的消防设施的运行状态信息进行查询和管理的内容。

消防控制室内设置的消防设备应包括火灾报警控制器、消防联动控制器、消防控制室图形显示装置、消防专用电话总机、消防应急广播控制装置、消防应急照明和疏散指示系统控制装置、消防电源监控器等设备或具有相应功能的组合设备。

消防控制室内设置的消防控制室图形显示装置应能显示《火灾报警、建筑消防设施运行状态信息》规定的建筑物内设置的全部消防系统及相关设备的动态信息，以及《消防安全管理信息》规定的消防安全管理信息，并应为远程监控系统预留接口，同时应具有向远程监控系统传输《火灾报警、建筑消防设施运行状态信息》和《消防安全管理信息》规定的有关信息的功能。

火灾报警、建筑消防设施运行状态信息见表2-2-1-2。表2-2-1-2分成两部分：一部分是火灾探测报警系统；另一部分是消防联动控制系统。表2-2-1-2中的序号1为火灾探测报警系统，序号2以后都属于消防联动控制系统。

表2-2-1-2　　　　　　　　　火灾报警、建筑消防设施运行状态信息

序号	消防设施名称	运行状态信息内容
1	火灾探测报警系统	火灾报警信息、可燃气体探测报警信息、电气火灾监控报警信息、屏蔽信息、故障信息
2	消防联动控制器	动作状态、屏蔽信息、故障信息
3	消火栓系统	（1）消防水泵电源的工作状态。 （2）消防水泵的启、停状态和故障状态。 （3）消防水箱（池）水位、管网压力报警信息。 （4）消火栓按钮的报警信息
4	自动喷水灭火系统、水喷雾（细水雾）灭火系统（泵供水方式）	（1）喷淋泵电源工作状态。 （2）喷淋泵的启、停状态和故障状态。 （3）水流指示器、信号阀、报警阀、压力开关的正常工作状态和动作状态
5	气体灭火系统、细水雾灭火系统（压力容器供水方式）	（1）系统的手动、自动工作状态及故障状态。 （2）阀驱动装置的正常工作状态和动作状态。 （3）防护区域中的防火门（窗）、防火阀、通风空调等设备的正常工作状态和动作状态。 （4）系统的启、停信息，紧急停止信号和管网压力信号

续表

序号	消防设施名称	运行状态信息内容
6	泡沫灭火系统	（1）消防水泵、泡沫液泵电源的工作状态。 （2）系统的手动、自动工作状态及故障状态。 （3）消防水泵、泡沫液泵的正常工作状态和动作状态
7	干粉灭火系统	（1）系统的手动、自动工作状态及故障状态。 （2）阀驱动装置的正常工作状态和动作状态。 （3）系统的启、停信息。 （4）紧急停止信号和管网压力信号
8	防烟排烟系统	（1）系统的手动、自动工作状态。 （2）防烟排烟风机电源的工作状态。 （3）风机、电动防火阀、电动排烟防火阀、常闭送风口、排烟阀（口）。 （4）电动排烟窗、电动挡烟垂壁的正常工作状和动作状态
9	防火门及卷帘系统	（1）防火卷帘控制器、防火门监控器的工作状态和故障状态。 （2）卷帘门的工作状态。 （3）具有反馈信号的各类防火门、疏散门的工作状态和故障状态等动态信息
10	消防电梯	消防电梯的停用和故障状态
11	消防应急广播	消防应急广播的启动、停止和故障状态
12	消防应急照明和疏散指示系统	消防应急照明和疏散指示系统的故障状态和应急工作状态信息
13	消防电源	系统内各消防用电设备的供电电源和备用电源工作状态和欠压报警信息

消防安全管理信息分为四个部分，见表2-2-1-3～表2-2-1-6，分别为消防安全管理基本情况和火灾信息表、消防安全管理单位主要建构筑物表、消防安全管理室内外消防设施表和消防安全管理设施维护巡查表。

表2-2-1-3　　　　　消防安全管理基本情况和火灾信息表

序号	消防安全管理项目名称	消防安全管理信息内容
1	基本情况	（1）单位名称、编号、类别、地址、联系电话、邮政编码、消防控制室电话。 （2）单位职工人数、成立时间、上级主管（或管辖）单位名称、占地面积、总建筑面积、单位总平面图（含消防车道，毗邻建筑等）。 （3）单位法人代表、消防安全责任人、消防安全管理人及专兼职消防管理人的姓名、身份证号码、电话
2	单位（场所）内消防安全重点部位	重点部位名称，所在位置，使用性质，建筑面积，耐火等级，有无消防设施，责任人姓名、身份证号码及电话
3	火灾信息	起火时间、起火部位、起火原因、报警方式（指自动、人工等）、灭火方式（指气体、喷水、水喷雾、泡沫、干粉灭火系统、灭火器、消防队等）

表 2 - 2 - 1 - 4　　　　　　　　　消防安全管理单位主要建构筑物表

序号	消防安全管理项目名称	消防安全管理信息内容
1	建构筑物	（1）建筑物名称、编号、使用性质、耐火等级、结构类型、建筑高度、地上层数及建筑面积、地下层数及建筑面积、隧道高度及长度等、建造日期、主要储存物名称及数量、建筑物内最大容纳人数、建筑立面图及消防设施平面布置图。 （2）消防控制室位置、安全出口的数量、位置及形式（指疏散楼梯）。 （3）毗邻建筑的使用性质、结构类型、建筑高度、与本建筑的间距
2	堆场	堆场名称、主要堆放物品名称、总储量、最大堆高、堆场平面图（含消防车道、防火间距）
3	储罐	储罐区名称、储罐类型（指地上、地下、立式、卧式、浮顶、固定顶等）、总容积、最大单罐容积及高度、储存物名称，性质和形态、储罐区平面图（含消防车道、防火间距）
4	装置	装置区名称、占地面积、最大高度、设计日产量、主要原料、主要产品、装置区平面图（含消防车道、防火间距）

表 2 - 2 - 1 - 5　　　　　　　　　消防安全管理室内外消防设施表

序号	消防安全管理项目名称	消防安全管理信息内容
1	火灾自动报警系统	（1）设置部位，系统形式，维保单位名称、联系电话。 （2）控制器（含火灾报警，消防联动，可燃气体报警，电气火灾监控等）、探测器（含火灾探测、可燃气体探测，电气火灾探测等）、手动火灾报警按钮、消防电气控制装置等的类型、型号、数量、制造商。 （3）火灾自动报警系统图
2	消防水源	（1）市政给水管网形式（指环状、支状）、管径，市政管网向建（构）筑物供水的进水管数量、管径。 （2）消防水池位置及容量、屋顶水箱位置及容量、其他水源形式及供水量、消防泵房设置位置及水泵数量。 （3）消防给水系统平面布置图
3	室外消火栓	（1）室外消火栓管网形式（指环状、支状）、管径、消火栓数量。 （2）室外消火栓平面布置图
4	室内消火栓系统	（1）室内消火栓管网形式（指环状，支状）、管径，消火栓数量，水泵接合器位置及数量，有无与本系统相连的屋顶消防水箱。 （2）室内消火栓平面布置图
5	自动喷水灭火系统	（1）设置部位、系统形式（指湿式、干式、预作用，开式、闭式等）、报警阀位置及数量、水泵接合器位置及数量、有无与本系统相连的屋顶消防水箱。 （2）自动喷水灭火系统图
6	水喷雾（细水雾）灭火系统	设置部位、报警阀位置及数量、水喷雾（细水雾）灭火系统图
7	气体灭火系统	（1）气体灭火系统形式（指有管网、无管网，组合分配，独立式，高压、低压等）。 （2）系统保护的防护区数量及位置、手动控制装置的位置、钢瓶间位置、灭火剂类型。 （3）气体灭火系统图

序号	消防安全管理项目名称	消防安全管理信息内容
8	泡沫灭火系统	（1）设置部位、泡沫种类（指低倍、中倍、高倍，抗溶、氟蛋白等）。 （2）系统形式（指液上、液下，固定、半固定等）。 （3）泡沫灭火系统图
9	干粉灭火系统	设置部位、干粉储罐位置、干粉灭火系统图
10	防烟排烟系统	（1）设置部位、风机安装位置、风机数量、风机类型。 （2）防烟排烟系统图
11	防火门及防火卷帘	设置部位、数量、防火门及防火卷帘平面布置图
12	消防应急广播	设置部位、数量、消防应急广播系统图
13	应急照明及疏散指示系统	设置部位、数量、应急照明及疏散指示系统图
14	消防电源	（1）设置部位、消防主电源在配电室是否有独立配电柜供电。 （2）备用电源形式（市电、发电机、EPS应急电源等）
15	灭火器	设置部位、配置类型（指手提式、推车式等）、数量、生产日期、更换药剂日期

表 2-2-1-6　　　　　消防安全管理设施维护巡查表

序号	消防安全管理项目名称	消防安全管理信息内容
1	消防设施定期检查及维护保养信息	（1）检查人姓名、检查日期、检查类别（指日检、月检、季检、年检等）、检查内容（指各类消防设施相关技术规范规定的内容）及处理结果。 （2）维护保养日期、内容
2	日常防火巡查记录	（1）基本信息：值班人员姓名、每日巡查次数、巡查时间、巡查部位。 （2）用火、用电、用气有无违章情况。 （3）疏散通道：安全出口、疏散通道、疏散楼梯是否畅通，是否堆放可燃物；疏散走道、疏散楼梯、顶棚装修材料是否合格。 （4）防火门：常闭防火门是否处于正常工作状态，是否被锁闭。 （5）防火卷帘：防火卷帘是否处于正常工作状态，防火卷帘下方是否堆放物品影响使用。 （6）疏散指示标志、应急照明是否处于正常完好状态。 （7）火灾自动报警系统探测器是否处于正常完好状态。 （8）自动喷水灭火系统喷头、末端放（试）水装置、报警阀是否处于正常完好状态。 （9）室内、室外消火栓系统是否处于正常完好状态。 （10）灭火器是否处于正常完好状态

3. 消防控制室内的其他设备

（1）消防控制室应设有用于火灾报警的外线电话，以便于确认火灾后及时向消防救援队报警。

（2）消防控制室应有相应的竣工图纸、各分系统控制逻辑关系说明、设备使用说明书、系统操作规程、应急预案、值班制度、维护保养制度及值班记录等文件资料，以便为在日常巡查和管理过程中或在火灾条件下采取应急措施提供相应的参考资料，要求消防控制室应有的资料是消防管理人员对自动报警系统日常管理所依据的基础资料，特别是应急处置的重要依据。

4. 对消防控制室的基本要求

（1）消防控制室送、回风管的穿墙处应设防火阀。为了保证消防控制室的安全，控制室的通风管道上设置防火阀是十分必要的。在火灾发生后，烟、火通过空调系统的送、排风管扩大蔓延的实例很多，为了确保消防控制室在火灾时免受火灾影响，在通风管道上应设置防火阀门。

（2）消防控制室内严禁穿过与消防设施无关的电气线路及管路。根据消防控制室的功能要求，火灾自动报警系统、自动灭火系统、防排烟等系统的信号传输线，控制线路等均必须进入消防控制室。控制室内（包括吊顶上、地板下）的线路管道已经很多，大型工程更多，为保证消防控制设备安全运行，便于检查维修，其他与消防设施无关的电气线路和管网不得穿过消防控制室，以免互相干扰造成混乱或事故。这是保障消防设施运行稳定性和可靠性的基本要求。

（3）消防控制室不应设置在电磁场干扰较强及其他影响消防控制室设备工作的设备用房附近。电磁场干扰对火灾自动报警系统设备的正常工作影响较大，为保证系统设备正常运行，要求控制室周围不布置干扰场强超过消防控制室设备承受能力的其他设备用房。

5. 消防控制室内设备布置规定

消防控制室内设备的布置应符合下列规定：

（1）设备面盘前的操作距离，单列布置时不应小于1.5m，双列布置时不应小于2m。

（2）在值班人员经常工作的一面，设备面盘至墙的距离不应小于3m。

（3）设备面盘后的维修距离不宜小于1m。

（4）设备面盘的排列长度大于4m时，其两端应设置宽度不小于1m的通道。

（5）在与建筑其他弱电系统合用的消防控制室内，消防设备应集中设置，并应与其他设备间有明显间隔。

6. 其他要求

（1）消防控制室的显示与控制应符合现行国家标准《消防控制室通用技术要求》（GB 25506—2010）的有关规定。

（2）消防控制室的信息记录、信息传输，应符合现行国家标准《消防控制室通用技术要求》（GB 25506—2010）的有关规定。

第二节　消防联动控制

一、消防联动控制一般规定

（1）消防联动控制器应能按设定的控制逻辑向各相关的受控设备发出联动控制信号，

并接收相关设备的联动反馈信号。

（2）消防联动控制器的电压控制输出应采用直流24V，其电源容量应满足受控消防设备同时启动且维持工作的控制容量要求。

（3）各受控设备接口的特性参数应与消防联动控制器发出的联动控制信号相匹配。

（4）消防水泵、防烟和排烟风机的控制设备，除应采用联动控制方式外，还应在消防控制室设置手动直接控制装置。

（5）启动电流较大的消防设备宜分时启动。

（6）需要火灾自动报警系统联动控制的消防设备，其联动触发信号应采用两个独立的报警触发装置报警信号的"与"逻辑组合。

二、自动喷水灭火系统的联动控制设计

（一）湿式系统和干式系统的联动控制设计规定

湿式系统和干式系统的联动控制设计应符合下列规定：

（1）联动控制方式应由湿式报警阀压力开关的动作信号作为触发信号，直接控制启动喷淋消防泵，联动控制不应受消防联动控制器处于自动或手动状态影响。

（2）手动控制方式应将喷淋消防泵控制箱（柜）的启动、停止按钮用专用线路直接连接至设置在消防控制室内的消防联动控制器的手动控制盘，直接手动控制喷淋消防泵的启动、停止。

（3）水流指示器、信号阀、压力开关、喷淋消防泵的启动和停止动作信号应反馈至消防联动控制器。

（二）预作用系统的联动控制设计规定

预作用系统的联动控制设计应符合下列规定：

（1）联动控制方式应由同一报警区域内两只及以上独立的感烟火灾探测器或一只感烟火灾探测器与一只手动火灾报警按钮的报警信号，作为预作用阀组开启的联动触发信号。由消防联动控制器控制预作用阀组的开启，使系统转变为湿式系统。当系统设有快速排气装置时，应联动控制排气阀前的电动阀的开启，湿式系统的联动控制设计应符合有关标准湿式系统和干式系统的联动控制设计的规定。

（2）手动控制方式应将喷淋消防泵控制箱（柜）的启动和停止按钮、预作用阀组和快速排气阀入口前的电动阀的启动和停止按钮，用专用线路直接连接至设置在消防控制室内的消防联动控制器的手动控制盘，直接手动控制喷淋消防泵的启动停止及预作用阀组和电动阀的开启。

（3）水流指示器、信号阀、压力开关、喷淋消防泵的启动和停止的动作信号，有压气体管道气压状态信号和快速排气阀入口前电动阀的动作信号应反馈至消防联动控制器。

（三）雨淋系统的联动控制设计规定

雨淋系统的联动控制设计应符合下列规定：

（1）联动控制方式应由同一报警区域内两只及以上独立的感温火灾探测器或一只感温

火灾探测器与一只手动火灾报警按钮的报警信号，作为雨淋阀组开启的联动触发信号。应由消防联动控制器控制雨淋阀组的开启。

（2）手动控制方式应将雨淋消防泵控制箱（柜）的启动和停止按钮、雨淋阀组的启动和停止按钮，用专用线路直接连接至设置在消防控制室内的消防联动控制器的手动控制盘，直接手动控制雨淋消防泵的启动、停止及雨淋阀组的开启。

（3）水流指示器、压力开关、雨淋阀组、雨淋消防泵的启动和停止的动作信号应反馈至消防联动控制器。

（四）自动控制的水幕系统的联动控制规定

自动控制的水幕系统的联动控制设计应符合下列规定：

（1）联动控制方式当自动控制的水幕系统用于防火卷帘的保护时，应由防火卷帘下落到楼板面的动作信号与本报警区域内任一火灾探测器或手动火灾报警按钮的报警信号作为水幕阀组启动的联动触发信号，并应由消防联动控制器联动控制水幕系统相关控制阀组的启动。仅用水幕系统作为防火分隔时，应由该报警区域内两只独立的感温火灾探测器的火灾报警信号作为水幕阀组启动的联动触发信号，并应由消防联动控制器联动控制水幕系统相关控制阀组的启动。

（2）手动控制方式应将水幕系统相关控制阀组和消防泵控制箱（柜）的启动、停止按钮用专用线路直接连接至设置在消防控制室内的消防联动控制器的手动控制盘，并应直接手动控制消防泵的启动、停止及水幕系统相关控制阀组的开启。

（3）压力开关、水幕系统相关控制阀组和消防泵的启动、停止的动作信号，应反馈至消防联动控制器。

三、消火栓系统的联动控制设计

（1）联动控制方式应由消火栓系统出水干管上设置的低压压力开关、高位消防水箱出水管上设置的流量开关或报警阀压力开关等信号作为触发信号，直接控制启动消火栓泵，联动控制不应受消防联动控制器处于自动或手动状态影响。当设置消火栓按钮时，消火栓按钮的动作信号应作为报警信号及启动消火栓泵的联动触发信号，由消防联动控制器联动控制消火栓泵的启动。

（2）手动控制方式应将消火栓泵控制箱（柜）的启动、停止按钮用专用线路直接连接至设置在消防控制室内的消防联动控制器的手动控制盘，并应直接手动控制消火栓泵的启动、停止。

（3）消火栓泵的动作信号应反馈至消防联动控制器。

四、气体灭火系统、泡沫灭火系统的联动控制设计

气体灭火系统、泡沫灭火系统应分别由专用的气体灭火控制器、泡沫灭火控制器控制。

（一）气体灭火系统、泡沫灭火系统的自动控制方式

1. 气体灭火控制器、泡沫灭火控制器直接连接火灾探测器

气体灭火控制器、泡沫灭火控制器直接连接火灾探测器时，气体灭火系统、泡沫灭火

系统的自动控制方式应符合下列规定：

（1）应由同一防护区域内两只独立的火灾探测器的报警信号、一只火灾探测器与一只手动火灾报警按钮的报警信号或防护区外的紧急启动信号，作为系统的联动触发信号，探测器的组合宜采用感烟火灾探测器和感温火灾探测器，各类探测器应分别计算其保护面积。

（2）气体灭火控制器、泡沫灭火控制器在接收到满足联动逻辑关系的首个联动触发信号后，应启动设置在该防护区内的火灾声光警报器，且联动触发信号应为任一防护区域内设置的感烟火灾探测器、其他类型火灾探测器或手动火灾报警按钮的首次报警信号。在接收到第二个联动触发信号后，应发出联动控制信号，且联动触发信号应为同一防护区域内与首次报警的火灾探测器或手动火灾报警按钮相邻的感温火灾探测器、火焰探测器或手动火灾报警按钮的报警信号。

（3）联动控制信号应包括下列内容：

1）关闭防护区域的送（排）风机及送（排）风阀门。

2）停止通风和空气调节系统及关闭设置在该防护区域的电动防火阀。

3）联动控制防护区域开口封闭装置的启动，包括关闭防护区域的门、窗。

4）启动气体灭火装置、泡沫灭火装置，气体灭火控制器、泡沫灭火控制器，可设定不大于30s的延迟喷射时间。

（4）平时无人工作的防护区，可设置为无延迟的喷射，应在接收到满足联动逻辑关系的首个联动触发信号后按规定执行除启动气体灭火装置、泡沫灭火装置外的联动控制。在接收到第二个联动触发信号后，应启动气体灭火装置、泡沫灭火装置。

（5）气体灭火防护区出口外上方应设置表示气体喷洒的火灾声光警报器，指示气体释放的声信号应与该保护对象中设置的火灾声警报器的声信号有明显区别。启动气体灭火装置、泡沫灭火装置的同时，应启动设置在防护区入口处表示气体喷洒的火灾声光警报器。组合分配系统应首先开启相应防护区域的选择阀，然后启动气体灭火装置、泡沫灭火装置。

2. 气体灭火控制器、泡沫灭火控制器不直接连接火灾探测器

气体灭火控制器、泡沫灭火控制器不直接连接火灾探测器时，气体灭火系统、泡沫灭火系统的自动控制方式应符合下列规定：

（1）气体灭火系统、泡沫灭火系统的联动触发信号应由火灾报警控制器或消防联动控制器发出。

（2）气体灭火系统、泡沫灭火系统的联动触发信号和联动控制均应符合上条的规定。

（二）气体灭火系统、泡沫灭火系统的手动控制方式

气体灭火系统、泡沫灭火系统的手动控制方式应符合下列规定：

（1）在防护区疏散出口的门外应设置气体灭火装置、泡沫灭火装置的手动启动和停止按钮，手动启动按钮按下时，气体灭火控制器、泡沫灭火控制器应执行联动操作。手动停止按钮按下时，气体灭火控制器、泡沫灭火控制器应停止正在执行的联动操作。

（2）气体灭火控制器、泡沫灭火控制器上应设置对应于不同防护区的手动启动和

停止按钮，手动启动按钮按下时，气体灭火控制器、泡沫灭火控制器应执行联动操作。手动停止按钮按下时，气体灭火控制器、泡沫灭火控制器应停止正在执行的联动操作。

（三）系统的联动反馈信号

1. 系统的联动反馈信号内容

气体灭火装置、泡沫灭火装置启动及喷放各阶段的联动控制及系统的反馈信号，应反馈至消防联动控制器。系统的联动反馈信号应包括下列内容：

（1）气体灭火控制器、泡沫灭火控制器直接连接的火灾探测器的报警信号。

（2）选择阀的动作信号。

（3）压力开关的动作信号。

2. 工作状态信号显示和反馈

在防护区域内设有手动与自动控制转换装置的系统，其手动或自动控制方式的工作状态应在防护区内、外的手动和自动控制状态显示装置上显示，该状态信号应反馈至消防联动控制器。

五、防烟排烟系统的联动控制设计

（一）防烟系统的联动控制方式

防烟系统的联动控制方式应符合下列规定：

（1）应由加压送风口所在防火分区内的两只独立的火灾探测器或一只火灾探测器与一只手动火灾报警按钮的报警信号，作为送风口开启和加压送风机启动的联动触发信号，并应由消防联动控制器联动控制相关层前室等需要加压送风场所的加压送风口开启和加压送风机启动。

（2）应由同一防烟分区内且位于电动挡烟垂壁附近的两只独立的感烟火灾探测器的报警信号，作为电动挡烟垂壁降落的联动触发信号，并应由消防联动控制器联动控制电动挡烟垂壁的降落。

（二）排烟系统的联动控制方式

排烟系统的联动控制方式应符合下列规定：

（1）应由同一防烟分区内的两只独立的火灾探测器的报警信号，作为排烟口、排烟窗或排烟阀开启的联动触发信号，并应由消防联动控制器联动控制排烟口、排烟窗或排烟阀的开启，同时停止该防烟分区的空气调节系统。

（2）应由排烟口、排烟窗或排烟阀开启的动作信号，作为排烟风机启动的联动触发信号，并应由消防联动控制器联动控制排烟风机的启动。

（三）防烟系统、排烟系统的手动控制方式

防烟系统、排烟系统的手动控制方式应能在消防控制室内的消防联动控制器上手动控制送风口、电动挡烟垂壁、排烟口、排烟窗、排烟阀的开启或关闭及防烟风机、烟风机等设备的启动或停止，防烟、排烟风机的启动、停止按钮应采用专用线路直接连接至设置在消防控制室内的消防联动控制器的手动控制盘，并应直接手动控制防烟、排烟风机的启动、停止。

（四）信号反馈

（1）送风口、排烟口、排烟窗或排烟阀开启和关闭的动作信号，防烟、排烟风机启动和停止及电动防火阀关闭的动作信号，均应反馈至消防联动控制器。

（2）排烟风机入口处的总管上设置的280℃排烟防火阀在关闭后应直接联动控制风机停止，排烟防火阀及风机的动作信号应反馈至消防联动控制器。

六、防火门及防火卷帘系统的联动控制设计

（一）防火门系统的联动控制设计

防火门系统的联动控制设计应符合下列规定：

（1）应由常开防火门所在防火分区内的两只独立的火灾探测器或一只火灾探测器与一只手动火灾报警按钮的报警信号，作为常开防火门关闭的联动触发信号，联动触发信号应由火灾报警控制器或消防联动控制器发出，并应由消防联动控制器或防火门监控器联动控制防火门关闭。

（2）疏散通道上各防火门的开启、关闭及故障状态信号应反馈至防火门监控器。

（二）防火卷帘系统的联动控制设计

（1）防火卷帘的升降应由防火卷帘控制器控制。

（2）疏散通道上设置的防火卷帘的联动控制设计应符合下列规定：

1）联动控制方式，防火分区内任两只独立的感烟火灾探测器或任一只专门用于联动防火卷帘的感烟火灾探测器的报警信号应联动控制防火卷帘下降至距楼板面1.8m处；任一只专门用于联动防火卷帘的感温火灾探测器的报警信号应联动控制防火卷帘下降到楼板面；在卷帘的任一侧距卷帘纵深0.5～5m内应设置不少于2只专门用于联动防火卷帘的感温火灾探测器。

2）手动控制方式应由防火卷帘两侧设置的手动控制按钮控制防火卷帘的升降。

（3）非疏散通道上设置的防火卷帘的联动控制设计应符合下列规定：

1）联动控制方式应由防火卷帘所在防火分区内任两只独立的火灾探测器的报警信号，作为防火卷帘下降的联动触发信号，并应联动控制防火卷帘直接下降到楼板面。

2）手动控制方式应由防火卷帘两侧设置的手动控制按钮控制防火卷帘的升降，并应能在消防控制室内的消防联动控制器上手动控制防火卷帘的降落。

（4）防火卷帘下降至距楼板面1.8m处、下降到楼板面的动作信号，以及防火卷帘控制器直接连接的感烟、感温火灾探测器的报警信号，应反馈至消防联动控制器。

七、电梯的联动控制设计

（一）功能

消防联动控制器应具有发出联动控制信号强制所有电梯停于首层或电梯转换层的功能。

（二）信号反馈

电梯运行状态信息和停于首层或转换层的反馈信号，应传送给消防控制室显示，轿厢内应设置能直接与消防控制室通话的专用电话。

八、火灾警报和消防应急广播系统的联动控制设计

（一）火灾警报系统的联动控制设计

（1）火灾自动报警系统应设置火灾声光警报器，并应在确认火灾后启动建筑内的所有火灾声光警报器。

（2）未设置消防联动控制器的火灾自动报警系统，火灾声光警报器应由火灾报警控制器控制；设置消防联动控制器的火灾自动报警系统，火灾声光警报器应由火灾报警控制器或消防联动控制器控制。

（3）公共场所宜设置具有同一种火灾变调声的火灾声警报器。具有多个报警区域的保护对象，宜选用带有语音提示的火灾声警报器；学校、工厂等各类日常使用电铃的场所，不应使用警铃作为火灾声警报器。

（4）火灾声警报器设置带有语音提示功能时，应同时设置语音同步器。

（5）同一建筑内设置多个火灾声警报器时，火灾自动报警系统应能同时启动和停止所有火灾声警报器工作。

（6）火灾声警报器单次发出火灾警报时间宜为 8～20s，同时设有消防应急广播时，火灾声警报应与消防应急广播交替循环播放。

（二）消防应急广播

（1）集中报警系统和控制中心报警系统应设置消防应急广播。

（2）消防应急广播系统的联动控制信号应由消防联动控制器发出。当确认火灾后，应同时向全楼进行广播。

（3）消防应急广播的单次语音播放时间宜为 10～30s，应与火灾声警报器分时交替工作，可采取 1 次火灾声警报器播放、1 次或 2 次消防应急广播播放的交替工作方式循环播放。

（4）在消防控制室应能手动或按预设控制逻辑联动控制选择广播分区、启动或停止应急广播系统，应能监听消防应急广播。在通过传声器进行应急广播时，应自动对广播内容进行录音。

（5）消防控制室内应能显示消防应急广播的广播分区工作状态。

（6）消防应急广播与普通广播或背景音乐广播合用时，应具有强制切入消防应急广播的功能。

九、消防应急照明和疏散指示系统的联动控制设计

（一）消防应急照明和疏散指示系统的联动控制设计规定

消防应急照明和疏散指示系统的联动控制设计应符合下列规定：

（1）集中控制型消防应急照明和疏散指示系统应由火灾报警控制器或消防联动控制器启动应急照明控制器实现。

（2）集中电源非集中控制型消防应急照明和疏散指示系统应由消防联动控制器联动应急照明集中电源和应急照明分配电装置实现。

（3）自带电源非集中控制型消防应急照明和疏散指示系统应由消防联动控制器联动消

防应急照明配电箱实现。

(二) 启动顺序和启动时间

当确认火灾后，由发生火灾的报警区域开始，顺序启动全楼疏散通道的消防应急照明和疏散指示系统，系统全部投入应急状态的启动时间不应大于5s。

十、消防联动控制器的相关联动控制设计

(一) 切断非消防电源功能

消防联动控制器应具有切断火灾区域及相关区域的非消防电源的功能，当需要切断正常照明时宜在自动喷淋系统、消火栓系统动作前切断。

(二) 自动打开涉及疏散的电动栅杆等的功能

消防联动控制器应具有自动打开涉及疏散的电动栅杆等的功能，宜开启相关区域安全技术防范系统的摄像机监视火灾现场。

(三) 打开疏散通道上由门禁系统控制的门和庭院电动大门的功能

消防联动控制器应具有打开疏散通道上由门禁系统控制的门和庭院电动大门的功能，并应具有打开停车场出入口挡杆的功能。

第三节　火灾探测器选择

一、火灾探测器选择一般规定

(一) 火灾探测器的分类

按针对火灾特种参数的不同，分为5大类：感烟火灾探测器、感温火灾探测器、感光火灾探测器、气体火灾探测器、复合式火灾探测器。每个类型火灾探测器又根据其工作原理的不同而分为若干种火灾探测器，如图2-2-3-1所示。

(1) 感烟火灾探测器分为点型火灾探测器和线型火灾探测器。

1) 点型火灾探测器：离子感烟型火灾探测器、光电感烟型火灾探测器、电容式感烟型火灾探测器、半导体感烟型火灾探测器。

2) 线型火灾探测器：红外光线束型火灾探测器、激光型火灾探测器。

(2) 感温火灾探测器分为点型火灾探测器和线型火灾探测器。

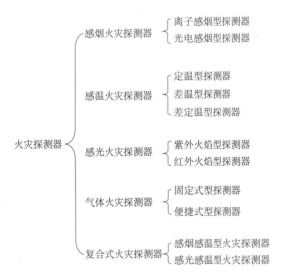

图2-2-3-1　火灾探测器分类示意图

1）点型火灾探测器：定温型火灾探测器、差温型火灾探测器、定差温型火灾探测器。

2）线型火灾探测器：定温型火灾探测器、差温型火灾探测器。

（3）感光火灾探测器分为：红外火焰型火灾探测器、紫外火焰型火灾探测器。

（4）气体火灾探测器分为：铂丝型火灾探测器、铂钯型火灾探测器、半导体型火灾探测器。

（5）复合式火灾探测器分为：复合式感烟感温型火灾探测器、红外光束线型感烟感温型火灾探测器、复合式感光感温型火灾探测器、紫外线感光感温型火灾探测器。

另外还有其他火灾探测器，如漏电流感应型火灾探测器、静电感应型火灾探测器、微差压型火灾探测器、超声波型火灾探测器。

（二）选择火灾探测器种类的基本原则

（1）对火灾初期有阴燃阶段，产生大量的烟和少量的热，很少或没有火焰辐射的场所，应选择感烟火灾探测器。

（2）对火灾发展迅速，可产生大量热、烟和火焰辐射的场所，可选择感温火灾探测器、感烟火灾探测器、火焰探测器或其组合。

（3）对火灾发展迅速，有强烈的火焰辐射和少量烟、热的场所，应选择火焰探测器。

（4）对火灾初期有阴燃阶段，且需要早期探测的场所，宜增设一氧化碳火灾探测器。

（5）对使用、生产可燃气体或可燃蒸气的场所，应选择可燃气体探测器。

（6）应根据保护场所可能发生火灾的部位和燃烧材料的分析，以及火灾探测器的类型、灵敏度和响应时间等选择相应的火灾探测器，对火灾形成特征不可预料的场所，可根据模拟试验的结果选择火灾探测器。

（7）同一探测区域内设置多个火灾探测器时，可选择具有复合判断火灾功能的火灾探测器和火灾报警控制器。

二、点型火灾探测器的选择

（一）点型火灾探测器的分类和按房间高度选择

（1）点型火灾探测器分为点型感烟火灾探测器、点型感温火灾探测器和点型火焰探测器。

（2）对不同高度的房间，可按表2-2-3-1选择点型火灾探测器类型。

表2-2-3-1　　　　不同高度房间选择点型火灾探测器类型指南

房间高度 h/m	点型感烟火灾探测器	点型感温火灾探测器 A1、A2	点型感温火灾探测器 B	点型感温火灾探测器 C、D、E、F、G	点型火焰探测器
$12<h\leqslant20$	不适合	不适合	不适合	不适合	适合
$8<h\leqslant12$	适合	不适合	不适合	不适合	

房间高度 h/m	点型感烟火灾探测器	点型感温火灾探测器 A1、A2	点型感温火灾探测器 B	点型感温火灾探测器 C、D、E、F、G	点型火焰探测器
$6<h\leqslant8$	适合	适合	不适合	不适合	
$4<h\leqslant6$	适合	适合	适合	不适合	
$h\leqslant4$	适合	适合	适合	适合	适合

注：A1、A2、B、C、D、E、F、G为点型感温探测器的不同类别，其具体参数见表2-2-3-2的规定。

（二）点型感温火灾探测器分类和规格参数

点型感温火灾探测器分类和规格参数见表2-2-3-2。

表2-2-3-2　　　　　点型感温火灾探测器分类和规格参数　　　　　单位：℃

探测器类别	典型应用温度	最高应用温度	动作温度下限值	动作温度上限值
A1	25	50	54	65
A2	25	50	54	70
B	40	65	69	85
C	55	80	84	100
D	70	95	99	115
E	85	110	114	130
F	100	125	129	145
G	115	140	144	160

（三）点型火灾探测器的类型选择

如何为不同场所选择正确的点型火灾探测器见表2-2-3-3。

表2-2-3-3　　　　　为不同场所选择正确的点型火灾探测器指南

序号	场 所 名 称	点型火灾探测器的类型
1	（1）饭店、旅馆、教学楼、办公楼的厅堂、卧室、办公室、商场、列车载客车厢等。 （2）计算机房、通信机房、电影或电视放映室等。 （3）楼梯、走道、电梯机房、车库等。 （4）书库、档案库等	宜选择点型感烟火灾探测器
2	（1）相对湿度经常大于95%。 （2）气流速度大于5m/s。 （3）有大量粉尘、水雾滞留。 （4）可能产生腐蚀性气体。 （5）在正常情况下有烟滞留。 （6）产生醇类、醚类、酮类等有机物质	不宜选择点型离子感烟火灾探测器
3	（1）有大量粉尘、水雾滞留。 （2）可能产生蒸气和油雾。 （3）高海拔地区。 （4）在正常情况下有烟滞留	不宜选择点型光电感烟火灾探测器

续表

序号	场 所 名 称	点型火灾探测器的类型
4	（1）相对湿度经常大于95%。 （2）可能发生无烟火灾。 （3）有大量粉尘。 （4）吸烟室等在正常情况下有烟或蒸汽滞留的场所。 （5）厨房、锅炉房、发电机房、烘干车间等不宜安装感烟火灾探测器的场所。 （6）需要联动熄灭"安全出口"标志灯的安全出口内侧。 （7）其他无人滞留且不适合安装感烟火灾探测器，但发生火灾时需要及时报警的场所	宜选择点型感温火灾探测器，且应根据使用所的典型应用温度和最高应用温度选择适当类别的感温火灾探测器
5	可能产生阴燃火灾或发生火灾不及时报警将造成重大损失的场所	不宜选择点型感温火灾探测器
6	温度在0℃以下的场所	不宜选择点型定温火灾探测器
7	温度变化较大的场所，不宜选择具有差温特性的探测器	不宜选择具有差温特性的火灾探测器
8	（1）火灾时有强烈的火焰射。 （2）可能发生液体燃烧等无阴燃阶段的火灾。 （3）需要对火焰做出快速反应	宜选择点型火焰探测器或图像型火焰探测器
9	（1）在火焰出现前有浓烟扩散。 （2）探测器的镜头易被污染。 （3）探测器的"视线"易被油雾，烟雾、水雾和冰雪遮挡。 （4）探测区域内的可燃物是金属和无机物。 （5）探测器易受阳光、白炽灯等光源直接或间接照射	不宜选择点型火焰探测器和图像型火焰探测器
10	探测区域内正常情况下有高温物体的场所	不宜选择单波段红外火焰探测器
11	正常情况下有明火作业，探测器易受X射线、弧光和闪电等影响的场所	不宜选择紫外火焰探测器
12	（1）使用可燃气体的场所。 （2）燃气站和燃气表房以及存储液化石油气罐的场所。 （3）其他散发可燃气体和可燃蒸气的场所	宜选择可燃气体火灾探测器
13	在火灾初期产生一氧化碳的下列场所： （1）烟不容易对流或顶棚下方有热屏障的场所。 （2）在棚顶上无法安装其他点型火灾探测器的场所。 （3）需要多信号复合报警的场所	选择点型一氧化碳火灾探测器
14	污物较多且必须安装感烟火灾探测器的场所	应选择间断吸气的点型采样吸气式感烟火灾探测器或具有过滤网和管路自清洗功能的管路采样吸气式感烟火灾探测器

三、线型火灾探测器的选择

（一）线型火灾探测器分类

线型火灾探测器是相对于点型火灾探测器而言的，所谓线型火灾探测器是感知某一连续线路附近火灾产生的物理或化学现象的探测器。因此线型火灾探测器也可以分感烟、感温或感光探测器。但在工程实践中的成型产品主要有线型红外光束感烟探测器、缆式线型定温火灾探测器和空气管线型差温火灾探测器。

（二）线型火灾探测器的类型选择

如何为不同场所选择正确的线型火灾探测器见表 2-2-3-4。

表 2-2-3-4　　　　　　为不同场所选择正确的线型火灾探测器指南

序号	场　所　名　称	线型火灾探测器类型
1	无遮挡的大型空间或有特殊要求的房间	宜选择线型光束感烟火灾探测器
2	（1）有大量粉尘水雾滞留。 （2）可能产生蒸气和油雾。 （3）在正常情况下有烟滞留。 （4）固定探测器的建筑结构由于振动等原因会产生较大位移的场所	不宜选择线型光束感烟火灾探测器
3	（1）电缆隧道、电缆竖井、电缆夹层、电缆桥架。 （2）不易安装点型探测器的夹层、闷顶。 （3）各种皮带输送装置。 （4）其他环境恶劣不适合点型火灾探测器安装的场所	宜选择缆式线型感温火灾探测器
4	（1）除液化石油气外的石油储罐。 （2）需要设置线型感温火灾探测器的易燃易爆场所。 （3）需要监测环境温度的地下空间等场所宜设置具有实时温度监测功能的线型光纤感温火灾探测器。 （4）公路隧道、敷设动力电缆的铁路隧道和城市地铁隧道等	宜选择线型光纤感温火灾探测器
5	保证其不动作温度符合设置场所的最高环境温度的要求	选择线型定温火灾探测器

四、吸气式感烟火灾探测器的选择

（一）吸气式感烟火灾探测器的分类和特点

1. 吸气式感烟火灾探测器的分类

吸气式感烟火灾探测器又叫空气采样火灾探测器，这种探测器灵敏度非常高。空气采样火灾探测器可分为单管型、双管型、四管型（多管型），可根据环境要求不同选用不同规格的空气采样火灾探测器。

吸气式感烟火灾探测器是由探测器和管道系统组成的，管道成网络分布，从探测器延伸至被保护区域。探测腔内的抽气扇通过空气采样点及管路系统从被保护区采集空气并送回探测器主机，探测器会对空气是否含有火灾产物进行检测分析。就位置和间距而言，吸气式感烟火灾探测器的每个采样点都应被视为一个点式探测器。从最远处的采样点到探测器的最长采样空气传输时间不能超过120s。

吸气式感烟火灾探测器有四个工作阶段，分别是警告、行动、火警1、火警2。

2. 吸气式感烟火灾探测器的特点

（1）最灵敏的探测能力。能在烟之前数小时内发现火灾的存在，对火灾在酝酿阶段时固体受热升华产生的微小烟雾颗粒较为敏感，可以在肉眼看不见烟雾的阶段发布预警信号，其灵敏度可达传统局限型探测器的1000倍以上。

（2）最先进的火灾探测手段适用于任何环境（吸气式空气采样）。

（3）最低廉的维护成本（维护成本几乎可忽略不计）。

（4）绝不受任何环境因素的影响造成误报。

3. 传统的烟感、温感以及红外光束等型探测器的缺陷

（1）灵敏度低，对防火等级要求比较高的场所难以达到早期预警的目的。

（2）被动侦测，只有等火灾浓烟滚滚时才能侦测出来，而此时已晚。

（3）误报率高，容易受空气中的灰尘、湿度影响而误报。

（二）吸气式感烟火灾探测器的类型选择

如何为不同场所选择正确的吸气式感烟火灾探测器见表2-2-3-5。

表2-2-3-5　　　　为不同场所选择正确的吸气式感烟火灾探测器指南

序号	场　所　名　称	吸气式感烟火灾探测器类型
1	（1）具有高速气流的场所。 （2）点型感烟、感温火灾探测器不适宜的大空间、舞台上方、建筑高度超过12m或有特殊要求的场所。 （3）低温场所。 （4）需要进行隐蔽探测的场所。 （5）需要进行火灾早期探测的重要场所。 （6）人员不宜进入的场所	宜选择吸气式感烟火灾探测器
2	灰尘比较大的场所	不应选择没有过滤网和管路自清洗功能的管路采样式吸气感烟火灾探测器

第四节　火灾自动报警系统设备的设置

一、火灾报警控制器和消防联动控制器的设置

（一）设置在消防控制室

（1）火灾报警控制器和消防联动控制器应设置在消防控制室内或有人值班的房间和场所。

（2）火灾报警控制器和消防联动控制器等在消防控制室内的布置应符合有关消防控制室内设备的布置规定。

（3）火灾报警控制器和消防联动控制器安装在墙上时，其主显示屏高度宜为1.5～1.8m，其靠近门轴的侧面距墙不应小于0.5m，正面操作距离不应小于1.2m。

（二）设置在无人值班场所

集中报警系统和控制中心报警系统中的区域火灾报警控制器在满足下列条件时，可设置在无人值班的场所：

（1）本区域内无需手动控制的消防联动设备。

（2）本火灾报警控制器的所有信息在集中火灾报警控制器上均有显示，且能接收起集中控制功能的火灾报警控制器的联动控制信号，并自动启动相应的消防设备。

（3）设置的场所只有值班人员可以进入。

二、火灾探测器的设置

（一）探测器的具体设置部位

火灾探测器可设置在下列部位：

（1）财贸金融楼的办公室、营业厅、票证库。

（2）电信楼、邮政楼的机房和办公室。

（3）商业楼、商住楼的营业厅、展览楼的展览厅和办公室。

（4）旅馆的客房和公共活动用房。

（5）电力调度楼、防灾指挥调度楼等的微波机房、计算机房、控制机房、动力机房和办公室。

（6）广播电视楼的演播室、播音室、录音室、办公室、节目播出技术用房、道具布景房。

（7）图书馆的书库、阅览室、办公室。

（8）档案楼的档案库、阅览室、办公室。

（9）办公楼的办公室、会议室、档案室。

（10）医院病房楼的病房，办公室、医疗设备室、病历档案室、药品库。

（11）科研楼的办公室、资料室、贵重设备室、可燃物较多的和火灾危险性较大的实验室。

（12）教学楼的电化教室、理化演示和实验室、贵重设备和仪器室。

（13）公寓（宿舍、住宅）的卧房、书房、起居室（前厅）、厨房。

（14）甲、乙类生产厂房及其控制室。

（15）甲、乙、丙类物品库房。

（16）设在地下室的丙、丁类生产车间和物品库房。

（17）堆场、堆垛、油罐等。

（18）地下铁道的地铁站厅、行人通道和设备间，列车车厢。

（19）体育馆、影剧院、会堂、礼堂的舞台、化妆室、道具室、放映室、观众厅、休息厅及其附设的一切娱乐场所。

（20）陈列室、展览室、营业厅、商业餐厅、观众厅等公共活动用房。

（21）消防电梯、防烟楼梯的前室及合用前室、走道、门厅、楼梯间。

（22）可燃物品库房、空调机房、配电室（间）、变压器室、自备发电机房、电梯机房。

（23）净高超过 2.6m 且可燃物较多的技术夹层。

（24）敷设具有可延燃绝缘层和外护层电缆的电缆竖井、电缆夹层、电缆隧道、电缆配线桥架。

（25）贵重设备间和火灾危险性较大的房间。

（26）电子计算机的主机房、控制室、纸库、光或磁记录材料库。

（27）经常有人停留或可燃物较多的地下室。

（28）歌舞娱乐场所中经常有人滞留的房间和可燃物较多的房间。

（29）高层汽车库、Ⅰ类汽车库、Ⅰ类和Ⅱ类地下汽车库、机械立体汽车库、复式汽车库、采用升降梯作汽车疏散出口的汽车库（敞开车库可不设）。

（30）污衣道前室垃圾道前室、净高超过 0.8m 的具有可燃物的闷顶、商业用或公共厨房。

（31）以可燃气为燃料的商业和企、事业单位的公共厨房及燃气表房。

（32）其他经常有人停留的场所、可燃物较多的场所或燃烧后产生重大污染的场所。

（33）需要设置火灾探测器的其他场所。

（二）点型火灾探测器的设置规定

点型火灾探测器的设置应符合下列规定：

（1）探测区域的每个房间应至少设置一只火灾探测器。

（2）感烟火灾探测器和 A1、A2、B 型感温火灾探测器的保护面积和保护半径应按表 2-2-4-1 确定，C、D、E、F、G 型感温火灾探测器的保护面积和保护半径，应根据生产企业设计说明书确定，但不应超过表 2-2-4-1 的规定。

表 2-2-4-1　　感烟火灾探测器和 A1、A2、B 型感温火灾探测器的保护面积和保护半径

火灾探测器的种类	地面面积 S/m^2	房间高度 h/m	一只探测器的保护面积 A 和保护半径 R					
			屋顶坡度 θ					
			$\theta \leqslant 15°$		$15° < \theta \leqslant 30°$		$\theta > 30°$	
			A/m^2	R/m	A/m^2	R/m	A/m^2	R/m
感烟火灾探测器	$S \leqslant 80$	$h \leqslant 12$	80	6.7	80	7.2	80	8.0
	$S > 80$	$6 < h \leqslant 12$	80	6.7	100	8.0	120	9.9
		$h \leqslant 6$	60	5.8	80	7.2	100	9.0
感温火灾探测器	$S \leqslant 30$	$h \leqslant 8$	30	4.4	30	4.9	30	5.5
	$S > 30$	$h \leqslant 8$	20	3.6	30	4.9	40	6.3

注：建筑高度不超过 14m 的封闭探测器空间，且火灾初期会产生大量的烟时，可设置点型感烟火灾探测器。

（3）感烟火灾探测器、感温火灾探测器的安装间距，应根据探测器的保护面积 A 和保护半径 R 确定，并不应超过图 2-2-4-1 所示的探测器安装间距的极限曲线 $D_1 \sim D_{11}$（含 D_9'）规定的范围。

（4）一个探测区域内所需设置的探测器数量，不应小于公式（2-2-4-1）的计算值：

$$N = \frac{S}{KA} \qquad (2-2-4-1)$$

式中　N——探测器数量，只，N 应取整数；

　　　S——该探测区域面积，m^2；

　　　K——修正系数，容纳人数超过 10000 人的公共场所宜取 0.7～0.8；容纳人数为

　　　　　2000～10000 人的公共场所宜取 0.8～0.9，容纳人数为 500～2000 人的公共

　　　　　场所宜取 0.9～1.0，其他场所可取 1.0；

　　　A——探测器的保护面积，m^2。

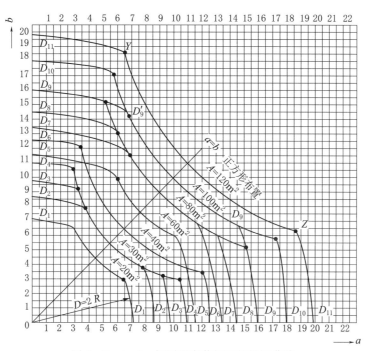

图 2-2-4-1　探测器安装间距的极限曲线

A—探测器的保护面积（m^2）；a、b—探测器的安装间距（m）；

$D_1 \sim D_{11}$（含 D'_9）—在不同保护面积 A 和保护半径下确定探测器安装间距 a、b 的极限曲线；

Y、Z—极限曲线的端点（在 Y 和 Z 两点间的曲线范围内，保护面积可得到充分利用）

（三）在有梁的顶棚上设置点型火灾探测器的规定

在有梁的顶棚上设置点型感烟火灾探测器、感温火灾探测器时应符合下列规定：

（1）当梁突出顶棚的高度小于 200mm 时，可不计梁对探测器保护面积的影响。

（2）当突出顶棚的高度为 200～600mm 时，应按《火灾自动报警系统设计规范》（GB 50116—2013）附录 F、附录 G 确定梁对探测器保护面积的影响和一只探测器能够保护的梁间区域的数量。

（3）当梁突出顶棚的高度超过 600mm 时，被梁隔断的每个梁间区域应至少设置一只探测器。

（4）当被梁隔断的区域面积超过一只探测器的保护面积时，被隔断的区域应按公式 （2-2-4-1）规定计算探测器的设置数量。

（5）当梁间净距小于 1m 时，可不计梁对探测器保护面积的影响。

（四）点型火灾探测器布置和安装规定

（1）在宽度小于3m的内走道顶棚上设置点型探测器时，宜居中布置，感温火灾探测器的安装间距不应超过10m。感烟火灾探测器的安装间距不应超过15m；探测器至端墙的距离，不应大于探测器安装间距的1/2。

（2）点型探测器至墙壁、梁边的水平距离不应小于0.5m。

（3）点型探测器周围0.5m内不应有遮挡物。

（4）房间被书架设备或隔断等分隔，其顶部至顶棚或梁的距离小于房间净高的5%时，每个被隔开的部分应至少安装一只点型探测器。

（5）点型探测器至空调送风口边的水平距离不应小于1.5m，并宜接近回风口安装，探测器至多孔送风顶孔口的水平距离不应小于0.5m。

（6）当屋顶有热屏障时，点型感烟火灾探测器下表面至顶棚或屋顶的距离应符合表2-2-4-2规定。

表2-2-4-2　　　点型感烟火灾探测器下表面至顶棚或屋顶的距离

探测器的安装高度 h/m	点型感烟火灾探测器下表面至顶棚或屋顶的距离 d/mm					
	顶棚或屋顶坡度 θ					
	$\theta \leqslant 15°$		$15° < \theta \leqslant 30°$		$\theta > 30°$	
	最小	最大	最小	最大	最小	最大
$h \leqslant 6$	30	200	200	300	300	500
$6 < h \leqslant 8$	70	250	250	400	400	600
$8 < h \leqslant 10$	100	300	300	500	500	700
$10 < h \leqslant 12$	150	350	350	600	600	800

（7）钢齿形屋顶和坡度大于15°的人字形屋顶，应在每个屋脊处设置一排点型探测器，探测器下表面至屋顶最高处的距离，应符合表2-2-4-2的规定。

（8）点型探测器宜水平安装，当倾斜安装时，倾斜角不应大于45°。

（9）在电梯井、升降机井设置点型探测器时，其位置宜在井道上方的机房顶棚上。

（五）一氧化碳火灾探测器设置规定

一氧化碳火灾探测器可设置在气体能够扩散到的任何部位。

（六）火焰探测器和图像型火灾探测器的设置规定

火焰探测器和图像型火灾探测器的设置应符合下列规定：

（1）应计及探测器的探测视角及最大探测距离，可通过选择探测距离长、火灾报警响应时间短的火焰探测器，提高保护面积要求和报警时间要求。

（2）探测器的探测视角内不应存在遮挡物。

（3）应避免光源直接照射在探测器的探测窗口。

（4）单波段的火焰探测器不应设置在平时有阳光、白炽灯等光源直接或间接照射的场所。

（七）线型光束感烟火灾探测器设置规定

线型光束感烟火灾探测器的设置应符合下列规定：

（1）探测器的光束轴线至顶棚的垂直距离宜为 0.3～1.0m，距地高度不宜超过 20m。

（2）相邻两组探测器的水平距离不应大于 14m，探测器至侧墙水平距离不应大于 7m，且不应小于 0.5m，探测器的发射器和接收器之间的距离不宜超过 100m。

（3）探测器应设置在固定结构上。

（4）探测器的设置应保证其接收端避开日光和人工光源直接照射。

（5）选择反射式探测器时，应保证在反射板与探测器间任何部位进行模拟试验时，探测器均能正确响应。

（八）线型感温火灾探测器设置规定

线型感温火灾探测器的设置应符合下列规定：

（1）探测器在保护电缆、堆垛等类似保护对象时，应采用接触式布置；在各种皮带输送装置上设置时，宜设置在装置的过热点附近。

（2）设置在顶棚下方的线型感温火灾探测器，至顶棚的距离宜为 0.1m，探测器的保护半径应符合点型感温火灾探测器的保护半径要求探测器至墙壁的距离宜为 1～1.5m。

（3）光栅光纤感温火灾探测器每个光栅的保护面积和保护半径应符合点型感温火灾探测器的保护面积和保护半径要求。

（4）设置线型感温火灾探测器的场所有联动要求时，宜采用两只不同火灾探测器的报警信号组合。

（5）与线型感温火灾探测器连接的模块不宜设置在长期潮湿或温度变化较大的场所。

（九）管路采样式吸气感烟火灾探测器设置规定

管路采样式吸气感烟火灾探测器的设置应符合下列规定：

（1）非高灵敏型探测器的采样管网安装高度不应超过 16m。高灵敏型探测器的采样管网安装高度可超过 16m；采样管网安装高度超过 16m 时，灵敏度可调的探测器应设置为高灵敏度，且应减小采样管长度和采样孔数量。

（2）探测器的每个采样孔的保护面积、保护半径应符合点型感烟火灾探测器的保护面积，保护半径的要求。

（3）一个探测单元的采样管总长不宜超过 200m，单管长度不宜超过 100m，同一根采样管不应穿越防火分区，采样孔总数不宜超过 100 个，单管上的采样孔数量不宜超过 25 个。

（4）当采样管道采用毛细管布置方式时，毛细管长度不宜超过 4m。

（5）吸气管路和采样孔应有明显的火灾探测器标识。

（6）有过梁、空间支架的建筑中，采样管路应固定在过梁空间支架上。

（7）当采样管道布置形式为垂直采样时，每 2℃温差间隔或 3m 间隔（取最小者）应设置一个采样孔，采样孔不应背对气流方向。

（8）采样管网应按经过确认的设计软件或方法进行设计。

（9）探测器的火灾报警信号、故障信号等信息应传给火灾报警控制器，涉及消防联动控制时，探测器的火灾报警信号还应传给消防联动控制器。

（十）感烟火灾探测器在格栅吊顶场所设置规定

感烟火灾探测器在格栅吊顶场所的设置应符合下列规定：

（1）镂空面积与总面积的比例不大于15％时，探测器应设置在吊顶下方。

（2）镂空面积与总面积的比例大于30％时，探测器应设置在吊顶上方。

（3）镂空面积与总面积的比例为15％～30％时，探测器的设置部位应根据实际试验结果确定。

（4）探测器设置在吊顶上方且火警确认灯无法观察时，应在吊顶下方设置火警确认灯。

（5）地铁站台等有活塞风影响的场所，空面积与总面积的比例为30％～70％时，探测器宜同时设置在吊顶上方和下方。

（十一）其他规定

上述未涉及的其他火灾探测器的设置应按企业提供的设计手册或使用说明书进行设置，必要时可通过模拟保护对象火灾现场场景等方式对探测器的设置情况进行验证。

三、手动火灾报警按钮的设置

（一）手动火灾报警按钮的设置数量和位置

（1）每个防火分区应至少设置一只手动火灾报警按钮。

（2）从一个防火分区内的任何位置到最邻近的手动火灾报警按钮的步行距离不应大于30m。

（3）手动火灾报警按钮设置在疏散通道或出入口处，列车上设置的手动火灾报警按钮，应设置在每节车厢的出口和中间部位。

（二）手动火灾报警按钮安装要求

手动火灾报警按钮应设置在明显和便于操作的部位，当采用壁挂方式安装时，其底边距地高度宜为1.3～1.5m，且应有明显的标志。

四、区域显示器的设置

（一）区域显示器的设置数量和位置

（1）每个报警区域宜设置一台区域显示器（火灾显示盘）。

（2）宾馆，饭店等场所应在每个报警区域设置一台区域显示器，当一个报警区域包括多个楼层时，宜在每个楼层设置一台仅显示本楼层的区域显示器。

（二）区域显示器安装要求

区域显示器应设置在出入口等明显和便于操作的部位。当采用壁挂方式安装时，其底边距地高度宜为1.3～1.5m。

五、火灾警报器和消防应急广播的设置

（一）火灾警报器的设置要求

（1）火灾警报器应设置在每个楼层的楼梯口、消防电梯前室、建筑内部拐角等处的明显部位，且不宜与安全出口指示标志灯具设置在同一面墙上。

(2) 每个报警区域内应均匀设置火灾警报器，其声压级不应小于60dB。在环境声大于60dB的场所，其声压级应高于背景噪声15dB。

(3) 当火灾警报器采用壁挂方式安装时，其底边距地面高度应大于2.2m。

（二）消防应急广播的设置

消防应急广播的设置和安装应符合下列规定：

(1) 民用建筑内扬声器应设置在走道和大厅等公共场所，每个扬声器的额定功率不应小于3W，其数量应能保证从一个防火分区内的任何部位到最近一个扬声器的直线距离不大于25m，走道末端距最近的扬声器距离不应大于12.5m。

(2) 在环境噪声大于60dB的场所设置的扬声器，在其播放范围内最远点的播放声压级应高于背景噪声15dB。

(3) 在客房设置专用扬声器时，其功率不宜小于1W。

(4) 壁挂扬声器的底边距地面高度应大于2.2m。

六、消防专用电话的设置

（一）消防专用电话设置基本要求

(1) 消防专用电话网络应为独立的消防通信系统。

(2) 消防控制室应设置消防专用电话总机。

(3) 多线制消防专用电话系统中的每个电话分机应与总机单独连接。

(4) 消防控制室、消防值班室或企业消防站等处，应设置可直接报警的外线电话。

（二）电话分机或电话插孔的设置规定

(1) 消防水泵房、发电机房、配变电室、计算机网络机房、主要通风和空调机房、防排烟机房、灭火控制系统操作装置处或控制室、企业消防站、消防值班室、总调度室、消防电梯机房及其他与消防联动控制有关的且经常有人值班的机房应设置消防专用电话分机，消防专用电话分机，应固定安装在明显且便于使用的部位，并应有区别于普通电话的标识。

(2) 设有手动火灾报警按钮或消火栓按钮等处，宜设置电话插孔，并宜选择带有电话插孔的手动火灾报警按钮。

(3) 各避难层应每隔20m设置一个消防专用电话分机或电话插孔。

(4) 电话插孔在墙上安装时，其底边距地面高度宜为1.3~1.5m。

七、模块的设置

（一）模块的分类和作用

消防模块分为监视模块和控制模块。

(1) 消防监视模块就是输入模块，用来监视水流指示器、信号阀、风阀各设备的启动信号的反馈。它的工作原理是如果外部设备动作时，监视的模块就会接受启动信号并且将信号反馈到火灾报警主机上而实现反馈。

(2) 消防控制模块是指输入输出模块，它是用于控制防火阀、消防警铃、水泵控制柜、防火卷帘门、消防广播的外部设备的启动和停止功能。总线工作电压24V，模块上有两个指示灯，一个是巡检指示灯，另外一个是动作指示灯，模块内置有一对常开、常闭触点，连接外部设备动作触点上。它的工作原理是当模块收到启动信号模块闭合，外部动作，当模块复位就会停止启动。

（二）模块的设置要求

（1）每个报警区域内的模块宜相对集中设置在本报警区域内的金属模块箱中。

（2）模块严禁设置在配电（控制）柜（箱）内。

（3）本报警区域内的模块不应控制其他报警区域的设备。

（4）未集中设置的模块附近应有尺寸不小于 100mm×100mm 的标识。

八、消防控制室图形显示装置的设置

（一）消防控制室图形显示装置的设置要求

消防控制室图形显示装置应设置在消防控制室内，并应符合火灾报警控制器的安装设置要求。消防控制室图形显示装置可逐层显示区域平面图、设备分布情况，可以对消防信息进行实时反馈、及时处理、长期保存，消防控制室内要求 24h 有人值班，将消防控制室图形显示装置设置在消防控制室可更迅速地了解火情，指挥现场处理火情。

（二）消防控制室图形显示装置连接要求

消防控制室图形显示装置与火灾报警控制器、消防联动控制器、电气火灾监控器、可燃气体报警控制器等消防设备之间，应采用专用线路连接。

九、火灾报警传输设备或用户信息传输装置的设置

火灾报警传输设备或用户信息传输装置的设置要求如下：

（1）火灾报警传输设备或用户信息传输装置应设置在消防控制室内，未设置消防控制室时，应设置在火灾报警控制器附近的明显部位。

（2）火灾报警传输设备用户信息传输装置与火灾报警控制器、消防联动控制器等设备之间，应采用专用线路连接。

（3）火灾报警传输设备或用户信息传输装置的设置应保证有足够的操作和检修间距。

（4）火灾报警传输设备或用户信息传输装置的手动报警装置应设置在便于操作的明显部位。

十、防火门监控器的设置

防火门监控器的设置要求如下：

（1）防火门监控器应设置在消防控制室内，未设置消防控制室时，应设置在有人值班的场所。

（2）电动开门器的手动控制按钮应设置在防火门内侧墙面上，距门不宜超过 0.5m，底边距地面高度宜为 0.9～1.3m。

（3）防火门监控器的设置应符合火灾报警控制器的安装设置要求。

第五节 电气火灾监控系统

一、一般规定

1. 电气火灾监控系统的作用

电气火灾监控系统可用于具有电气火灾危险的场所。

根据引发火灾的三个主要原因（电气故障、违章作业和用火不慎）来看，电气故障原因引发的火灾居于首位。根据我国近几年的火灾统计，电气火灾年均发生次数占火灾年均总发生次数的 27％，占重特大火灾总发生次数的 80％，居各火灾原因之首位，且损失占火灾总损失的 53％，而发达国家每年电气火灾发生次数占总火灾发生次数的 8％～13％。其原因是多方面的，主要包括电缆老化、施工的不规范、电气设备故障等。通过合理设置电气火灾监控系统，可以有效探测供电线路及供电设备故障，以便及时处理，避免电气火灾发生。

电气火灾一般初起于电气柜、电缆隧道等内部，当火蔓延到设备及电缆表面时，已形成较大火势，此时火势往往不容易被控制，扑灭电气火灾的最好时机已经错过了。电气火灾监控系统能在发生电气故障、产生一定电气火灾隐患的条件下发出报警，提醒专业人员排除电气火灾隐患，实现电气火灾的早期预防，避免电气火灾的发生，因此具有很强的电气防火预警功能，尤其适用于变电站、石油石化、冶金等不能中断供电的重要供电场所。

2. 电气火灾监控系统组成

电气火灾监控系统应由下列部分或全部设备组成：

（1）电气火灾监控器。

（2）剩余电流式电气火灾监控探测器。

（3）测温式电气火灾监控探测器。

系统中包括了目前广泛使用且已成熟的用于电气保护的电气火灾监控产品，在故障电弧探测器、静电探测器技术成熟后，也将并入电气火灾监控系统行列。

3. 电气火灾监控系统的选择原则

（1）电气火灾监控系统应根据建筑物的性质及电气火灾危险性设置，并应根据电气线路敷设和用电设备的具体情况，确定电气火灾监控探测器的形式与安装位置，在无消防控制室且电气火灾监控探测器设置数量不超过 8 只时，可采用独立式电气火灾监控探测器。

（2）非独立式电气火灾监控探测器不应接入火灾报警控制器的探测器回路。

4. 其他规定

（1）在设置消防控制室的场所，电气火灾监控器的报警信息和故障信息应在消防控制室图形显示装置或具有集中控制功能的火灾报警控制器上显示，但该类信息与火灾报警信息的显示应有区别。

（2）电气火灾监控系统的设置不应影响供电系统的正常工作，不宜自动切断供电电源。

（3）当线型感温火灾探测器用于电气火灾监控时，可接入电气火灾监控器。

二、电气火灾监控器的设置

（1）设有消防控制室时，电气火灾监控器应设置在消防控制室内或保护区域附近；设置在保护区域附近时，应将报警信息和故障信息传入消防控制室。

电气火灾监控器是发出报警信号并对报警信息进行统一管理的设备，因此该设备应设置在有人值班的场所。一般情况下，可设置在保护区域附近或消防控制室。在有消防控制室的场所，电气火灾监控器发出的报警信息和故障信息应能在消防控制室内的火灾报警控制器或消防控制室图形显示装置上显示，但应与火灾报警信息和可燃气体报警信息有明显区别，这样有利于整个消防系统的管理和应急预案的实施。

（2）未设消防控制室时，电气火灾监控器应设置在有人值班的场所。

三、剩余电流式电气火灾监控探测器的设置

1. 剩余电流式电气火灾监控探测器的设置原则

（1）剩余电流式电气火灾监控探测器应以设置在低压配电系统首端为基本原则，宜设置在第一级配电柜（箱）的出线端，在供电线路泄漏电流大于 500mA 时，在其下一级配电柜（箱）设置。

（2）剩余电流式电气火灾监控探测器不宜设置在 IT 系统的配电线路和消防配电线路中。

2. 剩余电流式电气火灾监控探测器的选择原则

（1）选择剩余电流式电气火灾监控探测器时，应计及供电系统自然漏流的影响，并应选择参数合适的探测器，探测器报警值宜为 300～500mA。

（2）具有探测线路故障电弧功能的电气火灾监控探测器，其保护线路的长度不宜大于 100m。

四、测温式电气火灾监控探测器的设置

1. 测温式电气火灾监控探测器的设置部位

测温式电气火灾监控探测器应设置在电缆接头、端子、重点发热部件等部位。

测温式电气火灾监控探测器的探测参数是监测保护对象的温度变化，因此探测器应采用接触或贴近保护对象的电缆接头、电缆本体或开关等容易发热的部位的方式设置。对于低压供电系统，宜采用接触式设置；对于高压供电系统，宜采用光纤测温式或红外测温式电气火灾监控探测器。若采用线型感温火灾探测器，为便于统一管理，宜将其报警信号接入电气火灾监控器。

根据对供电线路发生的火灾统计，在供电线路本身发生过载时，接头部位反应最强烈，因此保护供电线路过载时，应重点监控其接头部位的温度变化。

2. 测温式电气火灾监控探测器的布置方式

（1）保护对象为 1000V 及以下的配电线路，测温式电气火灾监控探测器应采用接触式布置。

（2）保护对象为 1000V 以上的供电线路，测温式电气火灾监控探测器宜选择光栅光

纤测温式或红外测温式电气火灾监控探测器，光栅光纤测温式电气火灾监控探测器应直接设置在保护对象的表面。

五、独立式电气火灾监控探测器的设置

1. 独立式电气火灾监控探测器的设置要求

独立式电气火灾监控探测器的设置要求同剩余电流式电气火灾监控探测器、测温式电气火灾监控探测器的设置要求。

2. 信息显示

（1）设有火灾自动报警系统时，独立式电气火灾监控探测器的报警信息和故障信息应在消防控制室图形显示装置或集中火灾报警控制器上显示，但该类信息与火灾报警信息的显示应有区别。

（2）未设火灾自动报警系统时，独立式电气火灾监控探测器应将报警信号传至有人值班的场所。

第六节　火灾自动报警系统供电和布线

一、火灾自动报警系统供电

1. 一般规定

（1）火灾自动报警系统应设置交流电源和蓄电池备用电源。

（2）火灾自动报警系统的交流电源应采用消防电源，备用电源可采用火灾报警控制器和消防联动控制器自带的蓄电池电源或消防设备应急电源，当备用电源采用消防设备应急电源时，火灾报警控制器和消防联动控制器应采用单独的供电回路，并应保证在系统处于最大负载状态下不影响火灾报警控制器和消防联动控制器的正常工作。

（3）消防控制室图形显示装置、消防通信设备等的电源，宜由 UPS（不间断电源设备）电源装置或消防设备应急电源（EPS）供电。

（4）火灾自动报警系统主电源不应设置剩余电流动作保护和过负荷保护装置。

（5）消防设备应急电源输出功率应大于火灾自动报警及联动控制系统全负荷功率的120%，蓄电池组的容量应保证火灾自动报警及联动控制系统在火灾状态同时工作负荷条件下连续工作 3h 以上。

（6）消防用电设备应采用专用的供电回路，其配电设备应设有明显标志。其配电线路和控制回路宜按防火分区划分。

2. 火灾自动报警系统接地装置和等电位连接

（1）火灾自动报警系统接地装置的接地电阻值应符合下列规定：

1）采用共用接地装置时，接地电阻值不应大于 1Ω。

2）采用专用接地装置时，接地电阻值不应大于 4Ω。

（2）消防控制室内的电气和电子设备的金属外壳、机柜、机架和金属管、槽等，应采

用等电位连接。

（3）由消防控制室接地板引至各消防电子设备的专用接地线应选用铜芯绝缘导线，其线芯截面面积不应小于 4mm²。

（4）消防控制室接地板与建筑接地体之间，应采用线芯截面面积不小于 25mm² 的铜芯绝缘导线连接。

二、火灾自动报警系统布线

1. 一般规定

（1）火灾自动报警系统的传输线路和 50V 以下供电的控制线路，应采用电压等级不低于交流 300V/500V 的铜芯绝缘导线或铜芯电缆。采用交流 220V/380V 的供电和控制线路，应采用电压等级不低于交流 450V/750V 的铜芯绝缘导线或铜芯电缆。

（2）火灾自动报警系统传输线路的线芯截面选择，除应满足自动报警装置技术条件的要求外，还应满足机械强度的要求，铜芯绝缘导线和铜芯电缆线芯的最小截面面积，不应小于表 2-2-6-1 的规定。

表 2-2-6-1　　　　　铜芯绝缘导线和铜芯电缆线芯的最小截面面积

序号	导　线　类　别	线芯的最小截面面积/mm²
1	穿管敷设的绝缘导线	1.00
2	线槽内敷设的绝缘导线	0.75
3	多芯电缆	0.50

（3）火灾自动报警系统的供电线路和传输线路设置在室外时，应埋地敷设。

（4）火灾自动报警系统的供电线路和传输线路设置在地（水）下隧道或湿度大于 90％ 的场所时，线路及接线处应做防水处理。

（5）采用无线通信方式的系统设计，应符合下列规定：

1）无线通信模块的设置间距不应大于额定通信距离的 75％。

2）无线通信模块应设置在明显部位，且应有明显标识。

2. 室内布线

（1）火灾自动报警系统的传输线路应采用金属管，可挠（金属）电气导管，B1 级以上的刚性塑料管或封闭式线槽保护。

（2）火灾自动报警系统的供电线路、消防联动控制线路应采用耐火铜芯电线电缆，报警总线、消防应急广播和消防专用电话等传输线路应采用阻燃或阻燃耐火电线电缆。

（3）线路暗敷设时，应采用金属管、可挠（金属）电气导管或 B1 级以上的刚性塑料管保护，并应设在不燃烧体的结构层内，保护层厚度不宜小于 30mm。

（4）线路明敷设时，应采用金属管、可挠（金属）电气导管或金属封闭线槽保护，矿物绝缘类不燃性电缆可直接明敷设。

（5）火灾自动报警系统用的电缆竖井，宜与电力照明用的低压配电线路电缆竖井分别设置，受条件限制必须合用时，应将火灾自动报警系统用的电缆和电力、照明用的低压配电线路电缆分别布置在竖井的两侧。

（6）不同电压等级的线缆不应穿入同一根保护管内，当合用同一线槽时，线槽内应有隔板分隔。

（7）采用穿管水平敷设时，除报警总线外，不同防火分区的线路不应穿入同一根管内。

（8）从接线盒、线槽等处引到探测器底座盒、控制设备盒、扬声器箱的线路，均应加金属保护管保护。

（9）火灾探测器的传输线路，宜选择不同颜色的绝缘导线或电缆。正极"＋"线应为红色，负极"－"线应为蓝色或黑色。同一工程中相同用途导线的颜色应一致，接线端子应有标号。

第七节　典型场所的火灾自动报警系统

一、油罐区的火灾自动报警系统

1. 外浮顶油罐

（1）外浮顶油罐宜采用线型光纤感温火灾探测器，且每只线型光纤感温火灾探测器应只能保护一个油罐，并应设置在浮盘的堰板上。

（2）采用光栅光纤感温火灾探测器保护外浮顶油罐时，两个相邻光栅间距离不应大于3m。

2. 其他油罐

除浮顶和卧式油罐外的其他油罐宜采用火焰探测器。

3. 油罐区

油罐区可在高架杆等高位处设置点型红外火焰探测器或图像型火灾探测器做辅助探测。

4. 信号联动

火灾报警信号宜联动报警区域内的工业视频装置确认火灾。

二、电缆隧道的火灾自动报警系统

1. 电缆隧道外

隧道外的电缆接头、端子等发热部位应设置测温式电气火灾监控探测器，探测器的设置应符合电气火灾监控系统的有关规定。

2. 电缆隧道内

（1）隧道内所有电缆的燃烧性能均为A级。

（2）隧道内应沿电缆设置线型感温火灾探测器，且在电缆接头、端子等发热部位应保证有效探测长度。

（3）隧道内设置的线型感温火灾探测器可接入电气火灾监控器。

3. 线型感温火灾探测器设置方法

（1）无外部火源进入的电缆隧道应在电缆层上表面设置线型感温火灾探测器；有外部

火源进入可能的电缆隧道在电缆层上表面和隧道顶部，均应设置线型感温火灾探测器。

（2）线型感温火灾探测器采用S形布置或有外部火源进入可能的电缆隧道内，应采用能响应火焰规模不大于100mm的线型感温火灾探测器。

（3）线型感温火灾探测器应采用接触式的敷设方式对隧道内的所有的动力电缆进行探测。缆式线型感温火灾探测器应采用S形布置在每层电缆的上表面，线型光纤感温火灾探测器应采用一根感温光缆保护一根动力电缆的方式，并应沿动力电缆敷设。

（4）分布式线型光纤感温火灾探测器在电缆接头、端子等发热部位敷设时，其感温光缆的延展长度不应少于探测单元长度的1.5倍。线型光栅光纤感温火灾探测器在电缆接头、端子等发热部位应设置感温光栅。

（5）其他隧道内设置动力电缆时，除隧道顶部可不设置线型感温火灾探测器外，探测器设置均应符合上述规定。

三、高度大于12m的空间场所的火灾自动报警系统

1. 基本要求

（1）高度大于12m的空间场所宜同时选择两种及以上火灾参数的火灾探测器。

（2）火灾初期产生大量烟的场所，应选择线型光束感烟火灾探测器、管路吸气式感烟火灾探测器或图像型感烟火灾探测器。

2. 线型光束感烟火灾探测器设置要求

线型光束感烟火灾探测器的设置应符合下列要求：

（1）探测器应设置在建筑顶部。

（2）探测器宜采用分层组网的探测方式。

（3）建筑高度不超过16m时，在6～7m增设一层探测器。

（4）建筑高度超过16m但不超过26m时，宜在6～7m和11～12m处各增设一层探测器。

（5）由开窗或通风空调形成的对流层为7～13m时，可将增设的一层探测器设置在对流层下面1m处。

（6）分层设置的探测器保护面积可按常规计算，并宜与下层探测器交错布置。

3. 管路吸气式感烟火灾探测器设置要求

管路吸气式感烟火灾探测器的设置应符合下列要求：

（1）探测器的采样管宜采用水平和垂直结合的布管方式，并应保证至少有两个采样孔在16m以下，并宜有2个采样孔设置在开窗或通风空调对流层下面1m处。

（2）可在回风口处设置起辅助报警作用的采样孔。

4. 其他火灾探测器设置要求

（1）火灾初期产生少量烟并产生明显火焰的场所，应选择Ⅰ级灵敏度的点型红外火焰探测器或图像型火焰探测器，并应降低探测器设置高度。

（2）电气线路应设置电气火灾监控探测器，照明线路上应设置具有探测故障电弧功能的电气火灾监控探测器。

第三章

自动喷水灭火系统

第一节　自动喷水灭火系统作用和组成

一、自动喷水灭火系统的作用

1. 自动喷水灭火系统发展历史

自动喷水灭火系统是当今世界上公认的最为有效的自动灭火设施之一，是应用最广泛、用量最大的自动灭火系统。国内外应用实践证明，该系统具有安全可靠、经济实用、灭火成功率高等优点。国外应用自动喷水灭火系统已有 200 多年的历史。在这长达两个多世纪的时间内，一些经济发达的国家，从研究到应用，从局部应用到普遍推广使用，有过许许多多成功的经验和失败的教训，他们在总结经验教训的基础上，制定了本国的自动喷水灭火系统设计安装规范或标准，而且进行了一次又一次的修订。如美国消防协会标准《自动喷水灭火系统安装标准》（NFPA 13）、英国标准《固定式灭火系统　自动喷水灭火系统　设计、安装和维护》（BSEN 12845）等。发达国家的自动喷水灭火系统不仅已经在公共建筑、厂房和仓库中推广应用，而且也在住宅建筑中开始安装使用。

我国从 20 世纪 30 年代开始应用自动喷水灭火系统，至今已有 80 多年的历史。首先是在外国人开办的纺织厂、烟厂以及高层民用建筑中应用，如上海第十七毛纺厂是 1926 年由英国人所建，在厂房、库房和办公室装设了自动喷水灭火系统。1979 年，该厂从日本和联邦德国引进生产设备，在新建的厂房内也设计安装了国产的湿式系统。又如上海国际饭店是 1934 年建成投入使用的，该建筑中所有客房、厨房、餐厅、走道、电梯间等部位均装设了喷头，并扑灭过数起初期火灾。20 世纪 50 年代，苏联援建的一些纺织厂和我国自行设计的一些工厂中也装设了自动喷水灭火系统，1956 年兴建的上海乒乓球厂，我国自行设计安装了自动喷水灭火系统，并于 1978 年 10 月成功地扑救了由于赛璐珞丝缠绕马达引起的火灾。又如 1958 年建的厦门纺织厂，至 20 世纪 80 年代曾 4 次发生火灾，均成功地将火扑灭。时至今日，该系统已经成为国际上公认的最为有效的自动扑救室内火灾的消防设施，在我国的应用范围和使用量也在不断扩展与增长。

2. 自动喷水灭火系统的社会效益和经济效益

在建筑防火设计中推广应用自动喷水灭火系统，能够获得巨大的社会与经济效益。美国 1965 年统计资料数据表明，早在技术远不如目前发达的 1925—1964 年间，在安装自动喷水灭火系统的建筑物中，共发生火灾 75290 次，控、灭火的成功率高达 96.2%，其中厂房和仓库占有的比例高达 87.46%。美国纽约对 1969—1978 年 10 年中 1648 起高层建筑自动喷水灭火系统案例的统计表明，高层办公楼的控、灭火成功率为 98.4%，其他高层建筑 97.7%。又如澳大利亚和新西兰，从 1886—1968 年的几十年中，安装这一灭火系统的建筑物，共发生火灾 5734 次，灭火成功率达 99.8%。有些国家和地区，近几年安装这一灭火系统的，有的灭火成功率达 100%。

国外安装自动喷水灭火系统的建筑物将在投保时享受一定的优惠条件，一般在该系统安装后的几年时间内，因优惠而少缴的保险费就够安装系统的费用了，一般在 1.5～3 年的时间内，就可以抵消建设资金。

推广应用自动喷水灭火系统，不仅可从减少火灾损失中受益，而且可减少消防总开支。如美国加利福尼亚州的费雷斯诺城，在市区制定的建筑条例中，要求在非居住区安装自动喷水灭火系统结果使这个城市的火灾损失大大减小。从 1955—1975 年的 20 年间，非居住区的火灾损失占该全市火灾总损失从 61.6％下降至 43.5％。

二、自动喷水灭火系统的组成和分类

1. 自动喷水灭火系统的组成

自动喷水灭火系统具有自动探火报警和自动喷水、灭火的优良性能，是当今国际上应用范围最广、用量最多且造价低廉的自动灭火系统。自动喷水灭火系统是由洒水喷头、报警阀组、水流报警装置（水流指示器或压力开关）等组件，以及管道、供水设施等组成，能在发生火灾时喷水的自动灭火系统。

2. 自动喷水灭火系统的分类

自动喷水灭火系统的类型较多，从广义上分，可分为闭式系统和开式系统；从使用功能上分，其基本类型又包括湿式系统、干式系统、预作用系统及雨淋系统和水幕系统等。其中用量最多的是湿式系统，在已安装的自动喷水灭火系统中，70％以上为湿式系统。国内外常用的自动喷水灭火系统类型见表 2-3-1-1。

表 2-3-1-1　　　　　　　　国内外常用的自动喷水灭火系统类型

国家	常用的自动喷水灭火系统类型
中国	湿式系统、干式系统、预作用系统、雨淋系统、水幕系统等
苏联	湿式系统、干式系统、干湿式系统、雨淋系统、水幕系统等
德国	湿式系统、干式系统、干湿式系统、预作用系统等
日本	湿式系统、干式系统、预作用系统、干式—预作用联合系统雨淋系统、限量供水系统（由高压水罐供水的湿式系统）等
英国	湿式系统、干式系统、干湿式系统、尾端干湿式或尾端干式系统、预作用系统、雨淋系统等
美国	湿式系统、干式系统、预作用系统、干式—预作用联合系统、闭路循环系统（与非消防用水设施连接，平时利用共用管道供给采暖或冷却用水，水不排出，循环使用）、防冻系统（用防冻液充满系统管网，火灾时，防冻液喷出后，随即喷水）、雨淋系统等

3. 湿式系统组成和特点

湿式系统是一种准工作状态时配水管道内充满用于启动系统的有压水的闭式系统，闭式系统是指采用闭式洒水喷头的自动喷水灭火系统。湿式系统由闭式洒水喷头、水流指示器、湿式报警阀组以及管道和供水设施等组成，管道内始终充满有压水。湿式系统必须安装在全年不结冰及不会出现过热危险的场所内，该系统在喷头动作后立即喷水，其灭火成功率高于干式系统。

4. 干式系统组成和特点

干式系统是一种准工作状态时配水管道内充满用于启动系统的有压气体的闭式系统。干式系统在准工作状态时配水管道内充有压气体，因此使用场所不受环境温度的限制。与湿式系统的区别在于，干式系统采用干式报警阀组，并设置保持配水管道内气压的充气设施，该系统适用于有冰冻危险或环境温度有可能超过 70℃、使管道内的充水汽化升压的场所。干式系统的缺点是发生火灾时，配水管道必须经过排气充水过程，因此延迟了开始喷水的时间，对于可能发生蔓延速度较快火灾的场所，不适合采用此种系统。

5. 预作用系统组成和特点

预作用系统是一种准工作状态时配水管道内不充水，发生火灾时由火灾自动报警系统、充气管道上的压力开关联锁控制预作用装置和启动消防水泵，向配水管道供水的闭式系统。预作用系统由闭式喷头、预作用装置、管道、充气设备和供水设施等组成，在准工作状态时配水管道内不充水根据预作用系统的使用场所不同，预作用装置有两种控制方式：一是仅有火灾自动报警系统一组信号联动开启；二是由火灾自动报警系统和自动喷水灭火系统闭式洒水喷头两组信号联动开启。预作用系统可以分为常规预作用系统和重复启闭预作用系统。重复启闭预作用系统能在扑灭火灾后自动关阀、复燃时再次开阀喷水的预作用系统。重复启闭预作用系统与常规预作用系统的不同之处，在于其采用了一种既可输出火警信号又可在环境恢复常温时输出灭火信号的感温探测器。当其感应到环境温度超出预定值时，报警并启动消防水泵和打开具有复位功能的雨淋报警阀，为配水管道充水，并在喷头动作后喷水灭火。喷水过程中，当火场温度恢复至常温时，探测器发出关停系统的信号，在按设定条件延迟喷水一段时间后，关闭雨淋报警阀停止喷水。若火灾复燃、温度再次升高时，系统则再次启动，直至彻底灭火。

6. 雨淋系统组成和特点

雨淋系统由开式洒水喷头、雨淋报警阀组等组成，发生火灾时由火灾自动报警系统或传动管控制，自动开启雨淋报警阀组和启动消防水泵，用于灭火的开式系统。开式系统是指采用开式洒水喷头的自动喷水灭火系统。雨淋系统采用开式洒水喷头和雨淋报警阀组，由火灾自动报警系统或传动管联动雨淋报警阀和消防水泵，使与雨淋报警阀连接的开式喷头同时喷水。雨淋系统通常安装在发生火灾时火势发展迅猛、蔓延迅速的场所，如舞台等。

7. 水幕系统组成和特点

水幕系统是一种由开式洒水喷头或水幕喷头、雨淋报警阀组或感温雨淋报警阀等组成，用于防火分隔或防护冷却的开式系统。水幕系统用于挡烟阻火和冷却分隔物。系统组成的特点是采用开式洒水喷头或水幕喷头，控制供水通断的阀门可根据防火需要采用雨淋报警阀组或人工操作的通用阀门，小型水幕可用感温雨淋报警阀控制。水幕系统包括防火分隔水幕和防护冷却水幕两种类型。防火分隔水幕是由开式洒水喷头或水幕喷头、雨淋报警阀组或感温雨淋报警阀等组成，发生火灾时密集喷洒形成水墙或水帘的水幕系统。防火分隔水幕利用密集喷洒形成的水墙或水帘阻火挡烟而起到防火分隔作用。防护冷却水幕由水幕喷头、雨淋报警阀组或感温雨淋报警阀等组成，发生火灾时用于冷却防火卷帘、防火玻璃墙等防火分隔设施的水幕系统。防护冷却水幕是利用水的冷却作用，配合防火卷帘等分隔物进行防火分隔。

8. 喷水系统的新技术——防护冷却系统

防护冷却系统是由闭式洒水喷头、湿式报警阀组等组成，发生火灾时用于冷却防火卷帘、防火玻璃墙等防火分隔设施的闭式系统。该系统在系统组成上与湿式系统基本一致，但其主要与防火卷帘、防火玻璃墙等防火分隔设施配合使用，通过对防火分隔设施的防护冷却，起到防火分隔功能。

9. 洒水喷头分类

（1）快速响应洒水喷头是响应时间指数 $RTI \leqslant 50 (\mathrm{m \cdot s})^{0.5}$ 的闭式水喷头。响应时间指数是反映闭式洒水喷头的热敏性能指标。

（2）特殊响应洒水喷头是响应时间指数 $50 < RTI \leqslant 80 (\mathrm{m \cdot s})^{0.5}$ 的闭式洒水喷头。

（3）标准响应洒水喷头是响应时间指数 $80 < RTI \leqslant 350 (\mathrm{m \cdot s})^{0.5}$ 的闭式洒水喷头。

（4）标准覆盖面积洒水喷头是流量系数 $K \geqslant 80$，一只喷头的最大保护面积不超过 $20\mathrm{m}^2$ 的直立型、下垂型洒水喷头及一只喷头的最大保护面积不超过 $18\mathrm{m}^2$ 的边墙型水喷头。一只喷头的保护面积是指同一根配水支管上相邻洒水喷头的距离与相邻配水支管之间距离的乘积。

（5）扩大覆盖面积洒水喷头是流量系数 $K \geqslant 80$，一只喷头的最大保护面积大于标准覆盖面积洒水喷头的保护面积，且不超过 $36\mathrm{m}^2$ 的洒水喷头，包括直立型下垂型和边墙型扩大覆盖面积洒水喷头。K 是喷头的流量系数，也叫喷头参数，一般是指喷头在常温常压下，标准压力下一分钟的喷水量，例如 $K = 80$，就是喷头一分钟可以喷 80L 水，即 $80\mathrm{L/min}$（$1.33\mathrm{L/s}$，$4.68\mathrm{m}^3/\mathrm{h}$）。

（6）标准流量洒水喷头是流量系数 $K = 80$ 的标准覆盖面积洒水喷头。

（7）早期抑制快速响应喷头是流量系数 $K \geqslant 161$，响应时间指数 $RTI \leqslant 28 \pm 8 (\mathrm{m \cdot s})^{0.5}$，用于保护堆垛与高架仓库的标准覆盖面积洒水喷头。

（8）特殊应用喷头是流量系数 $K \geqslant 161$，具有较大水滴粒径，在通过标准试验验证后，可用于民用建筑和厂房高大空间场所以及仓库的标准覆盖面积洒水喷头，包括非仓库型特殊应用喷头和仓库型特殊应用喷头。特殊应用喷头是指在通过试验验证的情况下，能够对一些特殊场所或部位进行有效保护的洒水喷头。考核特殊应用喷头的试验主要有：特定的灭火试验、喷头的洒水分布性能试验以及喷头的热敏感性能试验等。非仓库型特殊应用喷头用于民用建筑和厂房高大空间场所，国内外的试验研究表明，在民用建筑和厂房高大空间场所内设置合理的自动喷水灭火系统，能提供可靠、有效的保护。但并非所有喷头均适用于此类场所，只有在给定的火灾试验模型下能够有效控、灭火的喷头才能应用。试验表明适用于该类场所的喷头应具有流量系数大和工作压力低等特点，且喷洒的水滴粒径较大。仓库型特殊应用喷头是用于高堆垛或高货架仓库的大流量特种洒水喷头，与早期抑制快速响应喷头相比，其以控制火灾蔓延为目的，喷头最低工作压力较 ESFR 喷头低，且障碍物对喷头洒水的影响较小。

（9）家用喷头是适用于住宅建筑和非住宅类居住建筑的一种快速响应洒水喷头。家用喷头是适用于住宅建筑和宿舍、公寓等非住宅类居住建筑内的一种快速响应喷头，其作用是在火灾初期迅速启动喷洒，降低起火部位周围的火场温度及烟密度并控制居所内火灾的扩大及蔓延。与其他类型喷头相比，家用喷头更有利于保护人员疏散。

美国消防协会标准《自动喷水灭火系统安装标准》（NFPA 13）规定，家用喷头可用于住宅单元及相邻的走道内，并规定住宅单元除普通住宅外，还包括宾馆客房、宿舍、用于寄宿和出租的房间、护理房（供需要人照顾的体弱人员居住，有医疗设施）及类似的居住单元等。并且规定，家用喷头须具有 3 个特征：①适用于居住场所；②用于保护人员逃生；③具有快速响应功能。

10. 配水管道分类

配水管道分为配水干管、配水管及配水支管的总称。

（1）配水干管是报警阀后向配水管供水的管道。

（2）配水管是向配水支管供水的管道。

（3）配水支管是直接或通过短立管向洒水喷头供水的管道。

（4）短立管是连接洒水喷头与配水支管的立管。

（5）消防洒水软管是连接洒水喷头与配水管道的挠性金属软管及洒水喷头调定装置。

11. 信号阀

信号阀是具有输出启闭状态信号功能的阀门。

第二节　设置自动喷水灭火系统场所的火灾危险等级

一、设置场所的火灾危险等级划分

1. 火灾危险等级

设置场所的火灾危险等级应划分为轻危险级、中危险级（Ⅰ级、Ⅱ级）、严重危险级（Ⅰ级、Ⅱ级）和仓库危险级（Ⅰ级、Ⅱ级、Ⅲ级）。

（1）轻危险级，一般是指可燃物品较少，可燃性低和火灾发热量较低，外部增援和疏散人员较容易的场所。

（2）中危险级，一般是指内部可燃物数量为中等，可燃性也为中等，火灾初期不会引起剧烈燃烧的场所。大部分民用建筑和厂房划归为中危险级，根据此类场所种类、范围广的特点，划分中Ⅰ级和中Ⅱ级。商场内物品密集、人员密集，发生火灾的频率较高，容易酿成大火造成群死群伤和高额财产损失的严重后果，因此将大规模商场列入中Ⅱ级。

（3）严重危险级，一般是指火灾危险性大，可燃物品数量多，火灾时容易引起猛烈燃烧并可能迅速蔓延的场所。除摄影棚、舞台葡萄架下部外，包括存在较多数量易燃固体、液体物品工厂的备料和生产车间。

（4）仓库危险级的划分，参考了美国消防协会标准《自动喷水灭火系统安装标准》（NFPA 13）并结合我国国情，将 NFPA 13 标准中的 1 类、2 类、3 类、4 类和塑料橡胶类储存货品综合归纳并简化为Ⅰ级、Ⅱ级、Ⅲ级仓库，其中，仓库危险级Ⅰ级与 NFPA 13 的 1 类、2 类货品相一致，仓库危险级Ⅱ级与 3 类、4 类货品一致，仓库危险级Ⅲ级为 A 组塑料、橡胶制品等。

2. 火灾危险等级类别场所

设置场所的火灾危险等级应根据其用途、容纳物品的火灾荷载及室内空间条件等因素，在分析火灾特点和热气流驱动洒水喷头开放及喷水到位的难易程度后确定，设置场所应按表 2-3-2-1 分类。当建筑物内各场所的火灾危险性及灭火难度存在较大差异时，宜按各场所的实际情况确定系统选型与火灾危险等级。

表 2-3-2-1　　　　　　　自动喷水灭火系统设置场所火灾危险等级分类

火灾危险等级类别	自动喷水灭火系统设置场所
轻危险级	住宅建筑、幼儿园、老年人建筑、建筑高度为 24m 及以下的旅馆、办公楼；仅在走道设置闭式系统的建筑等
中危险级　Ⅰ级	（1）高层民用建筑：旅馆、办公楼、综合楼、邮政楼、金融电信楼、指挥调度楼、广播电视楼（塔）等。 （2）公共建筑（含单、多高层）：医院、疗养院、图书馆（书库除外）、档案馆、展览馆（厅）；影剧院、音乐厅和礼堂（舞台除外）及其他娱乐场所；火车站、机场及码头的建筑；总建筑面积小于 5000m² 的商场、总建筑面积小于 1000m² 的地下商场等。 （3）文化遗产建筑：木结构古建筑、国家文物保护单位等。 （4）工业建筑：食品、家用电器、玻璃制品等工厂的备料与生产车间等；冷藏库、钢屋架等建筑构件
中危险级　Ⅱ级	（1）民用建筑：书库、舞台（葡萄架除外）、汽车停车场（库）、总建筑面积 5000m² 及以上的商场、总建筑面积 1000m² 及以上的地下商场，净空高度不超过 8m、物品高度不超过 3.5m 的超级市场等。 （2）工业建筑：棉毛麻丝及化纤的纺织织物及制品，木材木器及胶合板、谷物加工、烟草及制品、饮用酒（啤酒除外）、皮革及制品、造纸及纸制品、制药等工厂的备料与生产车间等
严重危险级　Ⅰ级	印刷厂、酒精制品、可燃液体制品等工厂的备料与车间，净空高度不超过 8m、物品高度超过 3.5m 的超级市场等
严重危险　Ⅱ级	易燃液体喷雾操作区域、固体易燃物品，可燃的气溶胶制品、溶剂清洗、喷涂油漆、沥青制品等工厂的备料及生产车间，摄影棚、舞台葡萄架下部等
仓库危险级　Ⅰ级	食品、烟酒；木箱、纸箱包装的不燃、难燃物品等
仓库危险级　Ⅱ级	木材、纸、皮革、谷物及制品、棉毛麻丝化纤及制品、家用电器，电缆、B 组塑料与橡胶及其制品、钢塑混合材料制品、各种塑料瓶盒包装的不燃、难燃物品及各类物品混杂储存的仓库等。 B 组塑料与橡胶及其制品包括： （1）醋酸纤维素、醋酸丁酸纤维素、乙基纤维素、氟塑料、锦纶（锦纶 6、锦纶 6/6）、三聚氰胺甲醛、酚醛塑料、硬聚氯乙烯（PVC，如管道、管件等）、聚偏二氟乙烯（PVDC）、聚偏氟乙烯（PVDF）、聚氟乙烯（PVF）、脲甲醛等。 （2）氯丁橡胶、不发泡类天然橡胶、硅橡胶等。 （3）粉末、颗粒、压片状的 A 组塑料
仓库危险级　Ⅲ级	A 组塑料与橡胶及其制品；沥青制品等。 A 组塑料与橡胶及其制品包括： （1）丙烯腈-丁二烯-苯乙烯共聚物（ABS）、缩醛（聚甲醛）、聚甲基丙烯酸甲酯、玻璃纤维增强聚酯（FRP）、热塑性聚酯（PET）、聚丁二烯、聚碳酸酯、聚乙烯、聚丙烯、聚苯乙烯、聚氨基甲酸酯、高增塑聚氯乙烯（PVC，如人造革、胶片等）、苯乙烯-丙烯（SAN）等。 （2）丁基橡胶、乙丙橡胶（EPDM）、发泡类天然橡胶、腈橡胶（丁腈橡胶）、聚酯合成橡胶、丁苯橡胶（SBR）等

二、设置场所的火灾危险等级划分依据

建筑物内存在物品的性质、数量以及其结构的疏密、包装和分布状况，将决定火灾荷载及发生火灾时的燃烧速度与放热量，是划分自动喷水灭火系统设置场所火灾危险等级的重要依据。

1. 火灾荷载的大小

可燃物性质对燃烧速度的影响因素，包括材料的燃烧性能、结构的疏密程度以及堆积摆放的形式等。不同性质的可燃物发生火灾时表现的燃烧性能及扑救难度不同，例如纸制品和发泡塑料制品，就具有不同的燃烧性能。造纸及纸制品厂被划归中危险级，发泡塑料及制品按固体易燃物品被划归严重危险级。火灾荷载大，燃烧时蔓延速度快、放热量大、有害气体生成量大的保护对象，需要设置反应速度快、喷水强度大以及作用面积（作用面积是指一次火灾中系统按喷水强度保护的最大面积）大的系统。火灾荷载的大小，对确定设置场所火灾危险等级是十分重要的依据。表2-3-2-2给出了不同火灾荷载密度情况下的火灾放热量数据。

表2-3-2-2　　　　　　　　　不同火灾荷载密度与燃烧特性

火灾荷载密度	燃 烧 特 性		火灾荷载密度	燃 烧 特 性	
可燃物数量/ $(kg \cdot m^{-2})$ $(lb \cdot ft^{-2})$	燃烧时间—相当标准温度曲线的时间/h	热量/ $(MJ \cdot m^{-2})$	可燃物数量/ $(kg \cdot m^{-2})$ $(lb \cdot ft^{-2})$	燃烧时间—相当标准温度曲线的时间/h	热量/ $(MJ \cdot m^{-2})$
5（24）	0.5	454	40（195）	4.5	3636
10（49）	1.0	909	50（244）	7.0	4545
15（73）	1.5	1363	60（288）	8.0	5454
20（98）	2.0	1819	70（342）	9.0	6363
30（147）	3.0	2727			

火灾荷载是衡量建筑物室内所容纳可燃物数量多少的一个参数，是研究火灾全面发展阶段性状的基本要素。火灾荷载就是建筑物容积所有可燃物由于燃烧而可能释放出的总能量。在建筑物发生火灾时，火灾荷载直接决定着火灾持续时间的长短和室内温度的变化情况。因此，在进行建筑结构防火设计时，很有必要了解火灾荷载的概念，合理确定火灾荷载数值。

2. 物品的摆放形式

物品的摆放形式包括密集程度及堆积高度，是划分设置场所火灾危险等级的另一个重要依据。松散堆放的可燃物，因与空气的接触面积大，燃烧时的供氧条件比紧密堆放时好，所以燃烧速度快，放热速率高，因此需求的灭火能力强。可燃物的堆积高度越大，火焰的竖向蔓延速度越快，另外由于高堆物品的遮挡作用，使喷水不易直接送达位于可燃物底部的起火部位，导致灭火难度增大，容易使火灾得以水平蔓延。为了避免这种情况的发生，要求以较大的喷水强度或具有较强穿透力的喷水，以及开放较多喷头形成较大的喷水面积来控制火势。

3. 建筑物的室内空间条件

建筑物的室内空间条件也会影响闭式喷头受热开放时间和喷水灭火效果。小面积场所，火灾烟气流因受墙壁阻挡而很快在顶板或吊顶下积聚并淹没喷头而使喷头热敏元件迅速升温动作；而大面积场所，火灾烟气流则可在顶板或吊顶下不受阻挡的自由流散，喷头热敏元件只受对流传热的影响，升温较慢，动作较迟钝。室内净空高度的增大使火灾烟气流在上升过程中，与被卷吸的空气混合而逐渐降低温度和流速的作用增大，流经喷头热气流温度与速度的降低将造成喷头推迟动作。喷头开放时间的推迟，将为火灾继续蔓延提供时间，喷头开放时将面临放热速率更大、更难扑救的火势，使系统喷水灭火的难度增大。对于喷头的洒水，则因与上升热烟气流接触的时间和距离的加大，使被热气流吹离布水轨迹和汽化的水量增大，导致送达到位的灭火水量减少，同样会加大灭火的难度。有些建筑构造，还会影响喷头的布置和均匀布水。上述影响喷头开放和喷水送达灭火的因素，由于影响系统控灭火的效果，将导致设置场所火灾危险等级的改变。

第三节　自动喷水灭火系统基本要求

一、自动喷水灭火系统一般规定

1. 自动喷水灭火系统的适用场所

自动喷水灭火系统设置场所应符合国家现行相关标准的规定。

设置自动喷水灭火系统的场所，应按《建筑设计防火规范》（GB 50016）、《汽车库、修车库、停车场设计防火规范》（GB 50067）、《人民防空工程设计防火规范》（GB 50098）等现行国家相关标准的规定执行。

近年来，自动喷水灭火系统在我国消防界及建筑防火设计领域中的可信赖程度不断提高。尽管如此，该系统在我国的应用范围仍与发达国家存在明显差距，是否需要设置自动喷水灭火系统，决定性的因素是火灾危险性和自动扑救初期火灾的必要性，不是建筑规模。因此，大力提倡和推广应用自动喷水灭火系统是很有必要的。

2. 自动喷水灭火系统不适用场所

自动喷水灭火系统不适用于存在较多下列物品的场所：

（1）遇水发生爆炸或加速燃烧的物品。

（2）遇水发生剧烈化学反应或产生有毒有害物质的物品。

（3）洒水将导致喷溅或沸溢的液体。

凡发生火灾时可以用水灭火的场所，均可采用自动喷水灭火系统；而发生火灾不能用水灭火的场所，包括遇水产生可燃气体或氧气，并导致加剧燃烧或引起爆炸后果的对象，以及遇水产生有毒有害物质的对象，例如存在较多金属钾、钠、锂、钙、锶、氯化锂、氧化钠、氧化钙、碳化钙磷化钙等的场所，则不适采用自动喷水灭火系统。再如存放一定量原油、渣油、重油等的敞口容器（罐、槽、池），洒水将导致喷溅或沸溢事故，也不能采用自动喷水灭火系统。

3. 自动喷水灭火系统的设计原则

自动喷水灭火系统的设计原则应符合下列规定：

（1）闭式洒水喷头或启动系统的火灾探测器，应能有效探测初期火灾。

（2）湿式系统、干式系统应在开放一只洒水喷头后自动启动，预作用系统、雨淋系统和水幕系统应根据其类型由火灾探测器、闭式洒水喷头作为探测元件，报警后自动启动。

（3）作用面积内开放的洒水喷头，应在规定时间内按设计选定的喷水强度持续喷水。

（4）喷头洒水时，应均匀分布，且不应受阻挡。

以上四条是对设计系统的原则性要求，设置自动喷水灭火系统的目的是为了有效扑救初期火灾。大量的应用和试验证明，为了保证和提高自动喷水灭火系统的可靠性，离不开四个方面的因素。一是闭式系统的洒水喷头或与预作用、雨淋系统和水幕系统配套使用的火灾自动报警系统，要能有效地探测初期火灾。二是对于湿式、干式系统，要在开放一只喷头后立即启动系统；预作用系统则应根据其类型由火灾探测器、闭式洒水喷头作为探测元件，报警后自动启动；雨淋系统和水幕系统则是通过火灾探测器报警或传动管控制后自动启动。三是整个灭火进程中，要保证喷水范围不超出作用面积，并按设计确定的喷水强度持续喷水。四是要求开放喷头的出水均匀喷洒、覆盖起火范围，并不受严重阻挡。以上四个方面的因素缺一不可，系统的设计只有满足了这四个方面的技术要求，才能确保系统的可靠性。

二、自动喷水灭火系统选型

1. 自动喷水灭火系统选型的基本原则

自动喷水灭火系统选型应根据设置场所的建筑特征、环境条件和火灾特点等选择相应的开式或闭式系统，露天场所不宜采用闭式系统。设置场所的建筑特征、环境条件和火灾特点，是合理选择系统类型和确定火灾危险等级的依据。例如，环境温度是确定选择湿式或干式系统的依据；综合考虑火灾蔓延速度、人员密集程度及疏散条件是确定是否采用快速系统的因素等。对于室外场所，由于系统受风、雨等气候条件的影响，难以使闭式喷头及时感温动作，势必难以保证灭火和控火效果，所以露天场所不适合采用闭式系统。

2. 采用自动喷水灭火湿式系统的场所

环境温度不低于4℃且不高于70℃的场所，应采用湿式系统。

自动喷水灭火湿式系统如图2-3-3-1所示。湿式系统由闭式喷头、水流指示器、湿式报警阀组，以及管道和供水设施等组成，准工作状态时管道内始终充满水并保持一定压力。

湿式系统具有以下特点与功能：

（1）与其他自动喷水灭火系统相比，结构相对简单，系统平时由消防水箱、稳压泵或气压给水设备等稳压设施维持管道内水的压力。发生火灾时，由闭式喷头探测火灾，水流指示器报告起火区域，消防水箱出水管上的流量开关、消防水泵出水管上的压力开关或报警阀组的压力开关输出启动消防水泵信号，完成系统的启动。系统启动后，由消防水泵向开放的喷头供水，开放的喷头将供水按不低于设计规定的喷水强度均匀喷洒，实施灭火。为了保证扑救初期火灾的效果，喷头开放后要求在持续喷水时间内连续喷水。

（2）湿式系统适合在温度不低于4℃且不高于70℃的环境中使用，因此绝大多数的常温场所采用此类系统。经常低于4℃的场所存在使管内充水冰冻的危险，高于70℃的场所又有管内充水汽化加剧从而破坏管道的危险。

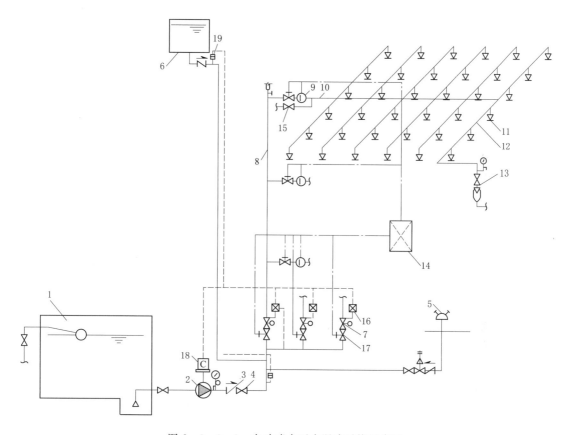

图2-3-3-1 自动喷水灭火湿式系统示意图

1—消防水池；2—消防水泵；3—止回阀；4—闸阀；5—消防水泵接合器；
6—高位消防水箱；7—湿式报警阀组；8—配水干管；9—水流指示器；10—配水管；
11—闭式洒水喷头；12—配水支管；13—末端试水装置；14—报警控制器；
15—泄水阀；16—压力开关；17—信号阀；18—水泵控制柜；19—流量开关

3. 采用自动喷水灭火干式系统的场所

环境温度低于4℃或高于70℃的场所，应采用干式系统。

环境温度不适合采用湿式系统的场所，可以采用能够避免充水结冰和高温加剧汽化的干式系统或预作用系统。干式系统由闭式洒水喷头、管道、充气设备、干式报警阀、报警装置和供水设施等组成，如图2-3-3-2所示。

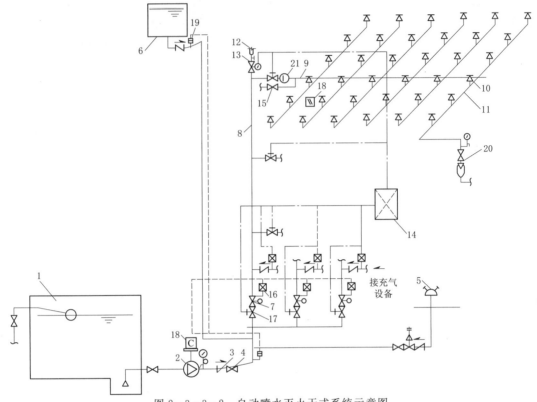

图 2-3-3-2 自动喷水灭火干式系统示意图

1—消防水池；2—消防水泵；3—止回阀；4—闸阀；5—消防水泵接合器；

6—高位消防水箱；7—干式报警阀组；8—配水干管；9—配水管；

10—闭式洒水喷头；11—配水支管；12—排气阀；13—电动阀；

14—报警控制器；15—泄水阀；16—压力开关；17—信号阀；

18—水泵控制柜；19—流量开关；20—末端试水装置；21—水流指示器

　　在准工作状态时，干式报警阀前（水源侧）的管道内充以压力水，干式报警阀后（系统侧）的管道内充以有压气体，报警阀处于关闭状态。发生火灾时，闭式喷头受热动作，喷头开启，管道中的有压气体从喷头喷出，干式报警阀系统侧压力下降，造成干式报警阀水源侧压力大于系统侧压力，干式报警阀被自动打开，压力水进入供水管道，剩余压缩空气从系统立管顶端或横干管最高处的排气阀或已打开的喷头处喷出，然后喷水灭火。在干式报警阀被打开的同时，通向水力警铃和压力开关的通道也被打开，水流冲击水力警铃和压力开关，压力开关直接自动启动系统消防水泵供水。

　　干式系统与湿式系统的区别在于干式系统采用干式报警阀组，准工作状态时配水管道内充以压缩空气等有压气体。为保持气压，需要配套设置补气设施。干式系统配水管道中维持的气压，根据干式报警阀入口前管道需要维持的水压结合干式报警阀的工作性能确定。闭式喷头开放后，配水管道有一个排气充水过程。系统开始喷水的时间将因排气充水过程而产生滞后，因此削弱了系统的灭火能力，这一点是干式系统的固有缺陷。

4. 采用自动喷水灭火预作用系统的场所

（1）具有下列要求之一的场所，应采用预作用系统：

1）系统处于准工作状态时严禁误喷的场所。

2）系统处于准工作状态时严禁管道充水的场所。

3）用于替代干式系统的场所。

（2）灭火后必须及时停止喷水的场所，应采用重复启闭预作用系统。

自动喷水灭火预作用系统如图 2-3-3-3 所示。

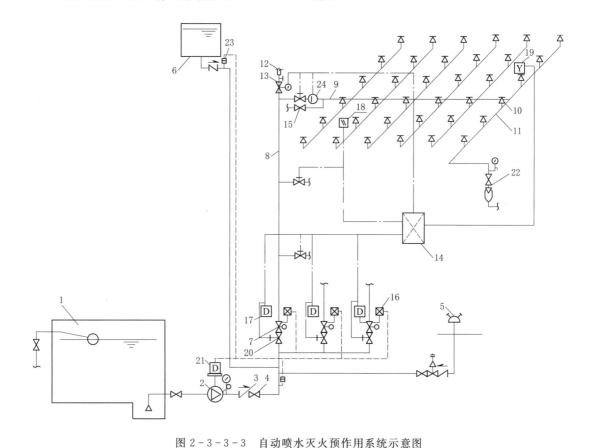

图 2-3-3-3　自动喷水灭火预作用系统示意图

1—消防水池；2—消防水泵；3—止回阀；4—闸阀；5—消防水泵接合器；

6—高位消防水箱；7—预作用装置；8—配水干管；9—配水管；10—闭式洒水喷头；

11—配水支管；12—排气阀；13—电动阀；14—报警控制器；15—泄水阀；

16—压力开关；17—电磁阀；18—感温探测器；19—感烟探测器；20—信号阀；

21—水泵控制柜；22—末端试水装置；23—流量开关；24—水流指示器

　　自动喷水灭火预作用系统适用于准工作状态时不允许误喷而造成水渍损失的一些性质重要的建筑物内（如档案库等），以及在准工作状态时严禁管道充水的场所（如冷库等），也可用于替代干式系统。预作用系统既兼有湿式、干式系统的优点，又避免了湿式、干式系统的缺点，在不允许出现误喷或管道漏水的重要场所，可替代湿式系统使用；在低温或高温场所中替代干式系统使用，可避免喷头开启后延迟喷水的缺点。

重复启闭预作用系统能在扑灭火灾后自动关闭报警阀、发生复燃时又能再次开启报警恢复喷水，适用于灭火后必须及时停止喷水，要求减少不必要水渍损失的场所。

5. 采用雨淋系统的场所

具有下列条件之一的场所，应采用雨淋系统：

（1）火灾的水平蔓延速度快、闭式洒水喷头的开放不能及时使喷水有效覆盖着火区域的场所。

（2）设置场所的净空高度超过表2-3-3-1中洒水喷头类型和场所净空高度的规定，且必须迅速扑救初期火灾的场所。

表 2-3-3-1　　　　　　　　　　洒水喷头类型和场所净空高度

设置场所		喷头类型			场所净空高度 h/m
		一只喷头的保护面积	响应时间性能	流量系数 K	
民用建筑	普通场所	标准覆盖面积洒水喷头	快速响应喷头	$K \geqslant 80$	$h \leqslant 8$
		扩大覆盖面积洒水喷头	快速响应喷头	$K \geqslant 80$	
	高大空间场所	标准覆盖面积洒水喷头	快速响应喷头	$K \geqslant 115$	$8 < h \leqslant 12$
		非仓库型特殊应用喷头			
		非仓库型特殊应用喷头			$12 < h \leqslant 18$
厂房		标准覆盖面积洒水喷头	特殊响应喷头 标准响应喷头	$K \geqslant 80$	$h \leqslant 8$
		扩大覆盖面积洒水喷头	标准响应喷头	$K \geqslant 80$	
		标准覆盖面积洒水喷头	特殊响应喷头 标准响应喷头	$K \geqslant 115$	$8 < h \leqslant 12$
		非仓库型特殊应用喷头			
仓库		标准覆盖面积洒水喷头	特殊响应喷头 标准响应喷头	$K \geqslant 80$	$h \leqslant 9$
		仓库型特殊应用喷头			$h \leqslant 12$
		早期抑制快速响应喷头			$h \leqslant 13.5$

（3）火灾危险等级为严重危险级Ⅱ级的场所。这是对适合采用雨淋系统的场所作的规定，包括火灾水平蔓延速度快的场所和室内净空高度超过表2-3-3-1规定、不适合采用闭式系统的场所。室内物品顶面与顶板或吊顶的距离加大，将使闭式喷头在火场中的开放时间推迟，喷头动作时间的滞后使火灾得以继续蔓延，而使开放喷头的喷水难以有效覆盖火灾范围，上述情况使闭式系统的控火能力下降，而采用雨淋系统则可消除上述不利影响。雨淋系统启动后立即大面积喷水，遏制和扑救火灾的效果更好，但水损失大于闭式系统，适用场所包括舞台葡萄架下部和电影摄影棚等。雨淋系统采用开式洒水喷头、雨淋报警阀组，由配套使用的火灾自动报警系统或传动管联动雨淋

报警阀，由雨淋报警阀控制其配水管道上的全部喷头同时喷水。可以做冷喷试验的雨淋系统，应设末端试水装置。

自动喷水灭火电动启动雨淋系统示意图如图2-3-3-4所示，自动喷水灭火充液（水）传动管启动雨淋系统示意图如图2-3-3-5所示。

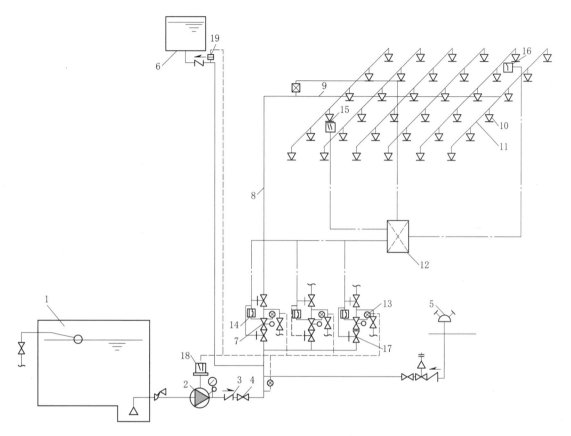

图2-3-3-4　自动喷水灭火电动启动雨淋系统示意图

1—消防水池；2—消防水泵；3—止回阀；4—闸阀；5—消防水泵接合器；

6—高位消防水箱；7—雨淋报警阀组；8—配水干管；9—配水管；10—开式洒水喷头；

11—配水支管；12—报警控制器；13—压力开关；14—电磁阀；15—感温探测器；

16—感烟探测器；17—信号阀；18—水泵控制柜；19—流量开关

6. 采用早期抑制快速响应喷头的自动喷水灭火系统的场所

符合下列条件之一的场所，宜采用设置早期抑制快速响应喷头的自动喷水灭火系统。当采用早期抑制快速响应喷头时，系统应为湿式系统，且系统设计基本参数应符合表2-3-3-2中采用早期抑制快速响应喷头系统设计基本参数的规定。

（1）最大净空高度不超过13.5m且最大储物高度不超过12.0m，储物类别为仓库危险级Ⅰ级、Ⅱ级或沥青制品、箱装不发泡塑料的仓库及类似场所。

（2）最大净空高度不超过12.0m且最大储物高度不超过10.5m，储物类别为袋装不发泡塑料、箱装发泡塑料和袋装发泡塑料的仓库及类似场所。

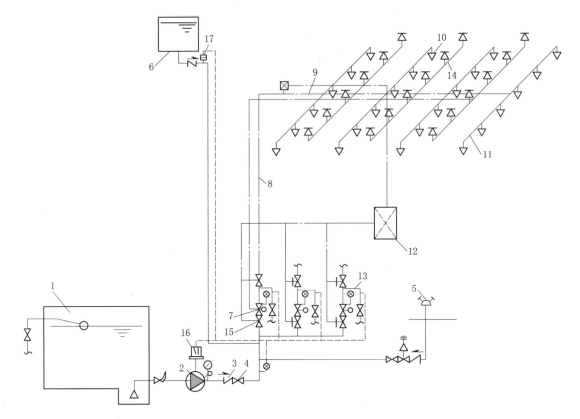

图 2-3-3-5　自动喷水灭火充液（水）传动管启动雨淋系统示意图

1—消防水池；2—消防水泵；3—止回阀；4—闸阀；5—消防水泵接合器；

6—高位消防水箱；7—雨淋报警阀组；8—配水干管；9—配水管；

10—开式喷头；11—配水支管；12—报警控制器；13—压力开关；

14—闭式洒水喷头；15—信号阀；16—水泵控制柜；17—流量开关

　　自动喷水灭火系统经过长期的实践和不断的改进与创新，其灭火效能已为许多统计资料所证实。但是，也逐渐暴露出常规类型的系统不能有效扑救高堆垛仓库火灾的难点问题。自 20 世纪 70 年代中期开始，美国工厂联合保险研究所（FM Global）为扑灭和控制高堆垛仓库火灾做了大量的试验和研究工作。从理论上确定了"早期抑制、快速响应"火灾的三要素：一是喷头感应火灾的灵敏程度；二是喷头动作时刻燃烧物表面需要的灭火喷水强度；三是实际送达燃烧物表面的喷水强度。早期抑制快速响应喷头是专为仓库开发的一种仓库专用型喷头，对保护高堆垛和高货架仓库具有特殊的优势。试验表明，对净空高度不超过 13.5m 的仓库，采用 ESFR 喷头时可不需再装设货架内置喷头。与标准流量洒水喷头相比，该喷头在火灾初期能快速反应，且水滴产生的冲量能穿透上升的火羽流，直至燃烧物表面。

　　早期抑制快速响应喷头仅适用于湿式系统，因为如果用于干式系统或预作用系统，由于报警阀打开后因管道排气充水需要一定的时间，导致喷水延迟，从而达不到快速喷水灭火的目的。

表 2 - 3 - 3 - 2　采用早期抑制快速响应喷头的系统设计基本参数

储物类别	最大净空高度/m	最大储物高度/m	喷头流量系数 K	喷头设置方式	喷头最低工作压力/MPa	喷头最大间距/m	喷头最小间距/m	作用面积内开放的喷头数
Ⅰ级、Ⅱ级、沥青制品、箱装不发泡塑料	9.0	7.5	202	直立型	0.35	3.7	2.4	12
				下垂型				
			242	直立型	0.25			
				下垂型				
			320	下垂型	0.20			
			363	下垂型	0.15			
	10.5	9.0	202	直立型	0.50	3.0		
				下垂型				
			242	直立型	0.35			
				下垂型				
			320	下垂型	0.25			
			363	下垂型	0.20			
	12.0	10.5	202	下垂型	0.50			
			242	下垂型	0.35			
			363	下垂型	0.30			
	13.5	12.0	363	下垂型	0.35			
袋装不发泡塑料	9.0	7.5	202	下垂型	0.50	3.7		
			242	下垂型	0.35			
			363	下垂型	0.25			
	10.5	9.0	363	下垂型	0.35	3.0		
	12.0	10.5	363	下垂型	0.40			
箱装发泡塑料	9.0	7.5	202	直立型	0.35	3.7		
				下垂型				
			242	直立型	0.25			
				下垂型				
			320	下垂型	0.25			
			363	下垂型	0.15			
	12.0	10.5	363	下垂型	0.40	3.0		
袋装发泡塑料	7.5	6.0	202	下垂型	0.50	3.7		
			242	下垂型	0.35			
			363	下垂型	0.20			
	9.0	7.5	202	下垂型	0.70			
			242	下垂型	0.50			
			363	下垂型	0.30			
	12.0	10.5	363	下垂型	0.50	3.0		20

7. 采取仓库型特殊应用喷头的自动喷水灭火系统的场所

符合下列条件之一的场所，宜采用设置仓库型特殊应用喷头的自动喷水灭火系统，系统设计基本参数应符合表2-3-3-3中采用仓库型特殊应用喷头的湿式系统设计基本参数的规定。

表2-3-3-3　采用仓库型特殊应用喷头的湿式系统设计基本参数

储物类别	最大净空高度/m	最大储物高度/m	喷头流量系数K	喷头设置方式	喷头最低工作压力/MPa	喷头最大间距/m	喷头最小间距/m	作用面积内开放的喷头数	持续喷水时间/h
Ⅰ级、Ⅱ级	7.5	6.0	161	直立型	0.20	3.7	2.4	15	1.0
				下垂型					
			200	下垂型	0.15				
			242	直立型	0.10			12	
			363	下垂型	0.07				
				直立型	0.15				
	9.0	7.5	161	直立型	0.35			20	
				下垂型					
			200	下垂型	0.25				
			242	直立型	0.15				
			363	直立型	0.15			12	
				下垂型	0.07				
	12.0	10.5	363	直立型	0.10	3.0		24	
				下垂型	0.20			12	
箱装不发泡塑料	7.5	6.0	161	直立型	0.35	3.7		15	
				下垂型					
			200	下垂型	0.25				
			242	直立型	0.15				
			363	直立型	0.15				
				下垂型	0.07				
	9.0	7.5	363	直立型	0.15			12	
				下垂型	0.07				
	12.0	10.5	363	下垂型	0.20	3.0			
箱装发泡塑料	7.5	6.0	161	直立型	0.35	3.7		15	
				下垂型					
			200	下垂型	0.25				
			242	直立型	0.15				
			363	直立型	0.07				
				下垂型					

（1）最大净空高度不超过 12.0m 且最大储物高度不超过 10.5m，储物类别为仓库危险级 Ⅰ 级、Ⅱ 级或箱装不发泡塑料的仓库及类似场所。根据国外试验情况，对于净空高度不超过 12m 的仓库，该喷头能够起到很好的保护作用，动作喷头数在可控制范围。

（2）最大净空高度不超过 7.5m 且最大储物高度不超过 6.0m，储物类别为袋装不发泡塑料和箱装发泡塑料的仓库及类似场所。

三、自动喷水灭火系统其他要求

1. 允许其他系统串联接入湿式系统的配水干管

建筑物中保护局部场所的干式系统、预作用系统、雨淋系统、自动喷水—泡沫联用系统，可串联接入同一建筑物内的湿式系统，并应与其配水干管连接。

当建筑物内设置多种类型的系统时，按此条规定设计，允许其他系统串联接入湿式系统的配水干管使各个其他系统从属于湿式系统，既不相互干扰，又简化系统的构成、减少投资，如图 2-3-3-6 所示。

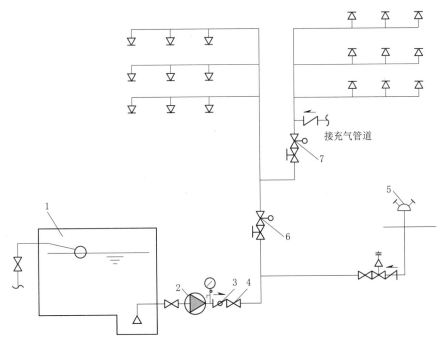

图 2-3-3-6 其他系统接入湿式系统示意图

1—消防水池；2—消防水泵；3—止回阀；4—闸阀；

5—消防水泵接合器；6—湿式报警阀组；7—其他报警阀组

2. 组件、配件和设施

自动喷水灭火系统应有下列组件、配件和设施：

（1）应设有洒水喷头、报警阀组、水流报警装置等组件和末端试水装置，以及管道、供水设施等。

（2）控制管道静压的区段宜分区供水或设减压阀，控制管道动压的区段宜设减压孔板或节流管。

（3）应设有泄水阀（或泄水口）、排气阀（或排气口）和排污口。设置排气阀是为了使系统的管道充水时不存留空气，设置泄水阀是为了便于检修。排气阀设在其负责区段管道的最高点，泄水阀则设在其负责区段管道的最低点。泄水阀及其连接管的管径见表2-3-3-4。

表2-3-3-4　　　　　　　　与泄水阀连接的管道的管径　　　　　　单位：mm

供水干管管径	≥100	65~80	<65
泄水管管径	≤50	≤40	25

（4）干式系统和预作用系统的配水管道应设快速排气阀，有压充气管道的快速排气阀入口前应设电动阀。干式系统与预作用系统设置快速排气阀，是为了使配水管道尽快排气充水，干式系统和配水管道充有压缩空气的预作用系统中为快速排气阀设置的电动阀平时常闭，系统开始充水时打开。

3. 防护冷却水幕

（1）防护冷却水幕应直接将水喷向被保护对象。

（2）防火分隔水幕不宜用于尺寸超过15m（宽）×8m（高）的开口（舞台口除外），不推荐采用防火分隔水幕作防火分区内的防火分隔设施。近年各地在新建大型会展中心、商业建筑、高架仓库及条件类似的高大空间建筑时，常采用防火分隔水幕代替防火墙作为防火分区的分隔设施，以解决单层或连通层面积超出防火分区规定的问题。为了达到上述目的，防火分隔水长度动辄几十米，甚至上百米，造成防火分隔水幕系统的用水量很大，室内消防用水量猛增。此外，储存的大量消防用水不用于主动灭火而用于被动防火的做法，不符合火灾中应积极主动灭火的原则，也是一种浪费。

第四节　自动喷水灭火系统验收

一、系统验收一般要求

1. 系统工程验收的意义

系统竣工后，必须进行工程验收，验收不合格不得投入使用。

竣工验收是自动喷水灭火系统工程交付使用前的一项重要技术工作。近年来不少地区已制定了工程竣工验收暂行办法或规定，但各自做法不一，标准更不统一，验收的具体要求不明确。验收工作应如何进行、依据什么评定工程质量等问题较为突出，对验收的工程是否达到了设计功能要求，能否投入正常使用等重大问题不十分清楚，失去了验收的作用。鉴于上述情况，为确保系统功能，把好竣工验收关，强调工程竣工后必须进行竣工验收，验收不合格不得投入使用。切实做到投资建设的系统能充分起到扑灭火灾、保护人身和财产安全的作用。自动喷水灭火系统施工安装完毕后，应对系统的供水、水源、管网、喷头布置及功能等进行检查和试验，以保证喷水灭火系统正式投入使用后安全可靠，达到减少火灾危害、保护人身和财产安全的目的。我国已安装的自动喷水灭火系统中，或多或少地存在问题，如有些系统水源不可靠，电源只有一个，管网管径不合理，无末端试水装置，向下安装的喷头带短管很长，备用电源切换不可靠等。这些问题的存在，如不及时采取措施，一旦发生火灾，灭火系统又不能起到及时控火、灭火的作用，反而贻误时机，造成损失，而且将使人们对这一灭火系统产生疑问。因此，自动喷水灭火系统施工安装后，必须进行检查试验，验收合格后才能投入使用。

2．工程验收的记录

（1）自动喷水灭火系统工程验收应按要求填写自动喷水灭火系统工程验收记录。

（2）检查项目包括天然水源、消防水池、消防水箱、消防水泵、管网、水泵接合器、报警阀组、喷头等。

3．施工单位应提供的资料

系统验收时，施工单位应提供下列资料：

（1）竣工验收申请报告、设计变更通知书、竣工图。

（2）工程质量事故处理报告。

（3）施工现场质量管理检查记录。

（4）自动喷水灭火系统施工过程质量管理检查记录。

（5）自动喷水灭火系统质量控制检查资料。

（6）系统试压、冲洗记录。

（7）系统调试记录。

二、检查验收项目和要求

1．检查验收项目和要求

自动喷水灭火系统检查验收项目和要求见表2-3-4-1。

表2-3-4-1　　　　　　自动喷水灭火系统检查验收项目和要求

序号	检查验收项目	要　求	检查数量	检查方法
1	系统供水水源	（1）应检查室外给水管网的进水管管径及供水能力，并应检查高位消防水箱和消防水池容量，均应符合设计要求。		对照设计资料观察检查，对照图纸，尺量检查
		（2）当采用天然水源作系统的供水水源时，其水量、水质应符合设计要求，并应检查枯水期最低水位时确保消防用水的技术措施。		
		（3）消防水池水位显示装置、最低水位装置应符合设计要求。	全数检查	
		（4）高位消防水箱、消防水池的有效消防容积，应按出水管或吸水管喇叭口（或防止旋流器淹没深度）的最低标高确定	全数检查	

续表

序号	检查验收项目	要　　求	检查数量	检查方法
2	消防泵房	（1）消防泵房的建筑防火要求应符合相应的建筑设计防火规范的规定。		
		（2）消防泵房设置的应急照明、安全出口应符合设计要求。		
		（3）备用电源，自动切换装置的设置应符合设计要求	全数检查	对照图纸，观察检查
3	消防水泵	（1）工作泵、备用泵、吸水管、出水管及出水管上的阀门、仪表的规格、型号、数量，应符合设计要求；吸水管、出水管上的控制阀应锁定在常开位置，并有明显标记。	全数检查	对照图纸，观察检查
		（2）消防水泵应采用自灌式引水或其他可靠的引水措施。	全数检查	观察和尺量检查
		（3）分别开启系统中的每一个末端试水装置和试水阀，水流指示器、压力开关等信号装置的功能应均符合设计要求；湿式自动喷水灭火系统的最不利点做末端放水试验时，自放水开始至水泵启动时间不应超过5min。	全数检查	观察检查
		（4）打开消防水泵出水管上试水阀，当采用主电源启动消防水泵时，消防水泵应启动正常；关掉主电源，主、备电源应能正常切换，备用电源切换时，消防水泵应在1min或2min内投入正常运行自动或手动启动消防泵时应在55s内投入正常运行。	全数检查	观察检查
		（5）消防水泵停泵时，水锤消除设施后的压力不应超过水泵出口额定压力的1.3～1.5倍。	全数检查	在阀门出口用压力表检查
		（6）对消防气压给水设备，当系统气压下降到设计最低压力时，通过压力变化信号应能启动稳压泵。	全数检查	使用压力表，观察检查
		（7）消防水泵启动控制应置于自动启动挡，消防水泵应互为备用	全数检查	观察检查
4	报警阀组	（1）报警阀组的各组件应符合产品标准要求。	全数检查	观察检查
		（2）打开系统流量压力检测装置放水阀，测试的流量、压力应符合设计要求。	全数检查	使用流量计、压力表观察检查
		（3）水力警铃的设置位置应正确测试时，水力警铃喷嘴处压力不应小于0.05MPa，且距水力警铃3m远处警铃声声强不应小于70dB。	全数检查	打开阀门放水，使用压力表、声级计和尺量检查
		（4）打开手动试水阀或电磁阀时，雨淋阀组动作应可靠。	全数检查	观察检查
		（5）控制阀均应锁定在常开位置。		
		（6）空气压缩机或火灾自动报警系统的联动控制，应符合设计要求。		
		（7）打开末端试（放）水装置，当流量达到报警阀动作流量时，湿式报警阀和压力开关应及时动作，带延迟器的报警阀应在90s内压力开关动作，不带延迟器的报警阀应在15s内压力开关动作。雨淋报警阀动作后15s内压力开关动作		

续表

序号	检查验收项目	要 求	检查数量	检查方法
5	管网	（1）管道的材质、管径、接头、连接方式及采取的防腐、防冻措施，应符合设计规范及设计要求。		
		（2）管网排水坡度及辅助排水设施：管道横向安装宜设2‰～5‰的坡度，且应坡向排水；当局部区域难以利用排水管将水排净时，应采取相应的排水措施；当喷头数量小于或等于5只时，可在管道低凹处加设堵头；当数量大于5只时，宜装设带阀门的排水管。	全数检查	水平尺和尺量检查
		（3）系统中的末端试水装置、试水阀、排气阀应符合设计要求。		
		（4）管网不同部位安装的报警阀组、压力开关、止回阀、减压阀、泄压阀、电磁阀均应符合设计要求，合格率应为100%。	全数检查	对照图纸观察检查
		（5）管网不同部位安装的闸阀、信号阀、水流指示器、减压孔板、节流管、柔性接头、排气阀等均应符合设计要求，合格率应为100%。	抽查设计数量的30%，数量均不少于5个	对照图纸观察检查
		（6）干式系统、由火灾自动报警系统和充气管道上设置的压力开关开启预作用装置的预作用系统，其配水管道充水时间不宜大于1min；雨淋系统和仅由火灾自动报警系统联动开启预作用装置的预作用系统，其配水管道充水时间不宜大于2min	全数检查	通水试验，用秒表检查
6	喷头	（1）喷头设置场所、规格、型号、公称动作温度、响应时间指数（RTI）应符合设计要求，合格率100%。	抽查设计数量的10%，总数不少于40	对照图纸尺量检查
		（2）喷头安装间距，喷头与楼板、墙、梁等障碍物的距离应符合设计要求。距离偏差±15mm，合格率不小于95%时为合格。	抽查设计数量的5%，总数不少于20	对照图纸尺量检查
		（3）有腐蚀性气体的环境和有冰冻危险场所安装的喷头，应采取防护措施。	全数检查	观察检查
		（4）有碰撞危险场所安装的喷头应加设防护罩。	全数检查	观察检查
		（5）各种不同规格的喷头均应有一定数量的备用品，其数量不应小于安装总数的1%，且每种备用喷头不应少于10个		

2. 说明

（1）自动喷水灭火系统灭火不成功的因素中，供水中断是主要因素之一。特别是利用天然水源作为系统水源时，除水量应符合设计要求外，水质必须无杂质、无腐蚀性，以防堵塞管道、喷头，腐蚀管道，即水质应符合工业用水的要求。对于个别地方，用露天水池或河水作临时水源时，为防止杂质进入消防水泵和管网，影响喷头布水，需在水源进入消防水泵前的吸水口处，设有自动除渣功能的固液分离装置，而不能用格栅除渣，因格栅被杂质堵塞后，易造成水源中断。如成都某宾馆的消防水池是露天水池，池中有水草等杂质，消防水泵启动后，因水泵吸水量大，杂质很快将格栅堵死，消防水泵因进水口无水，达不到灭火目的。

（2）在自动喷水灭火系统工程竣工验收时，有不少系统消防泵房设在地下室，且出口不便，又未设放水阀和排水措施，一旦安全阀损坏，泵房有被水淹没的危险。另外，对泵进行启动试验时，有些系统未设放水阀，不好进行试验，有些将试水阀和出水口均放在地下泵房内，无法进行试验。

（3）消防水泵大多按照一用一备进行设置，部分按照两用一备设置。在实际工程中对于水泵的控制存在一些问题。水泵在进行联动试验时，只能一个主水泵运行，另外一个备用水泵无法正常试运行，除非主水泵有故障不能运行时，备用水泵才能运行。水泵的这种控制方式不管是系统施工过程中的调试、竣工时的验收，以及平时维护管理过程中，都无法真正检验备用水泵是否能达到设计要求，故有关标准规定消防水泵要互为备用的要求，这样就可以通过联动试验检验水泵是否都能正常运行。

（4）报警阀组是自动喷水灭火系统的关键组件，验收中常见的问题是控制阀安装位置不符合设计要求，不便操作，有些控制阀无试水口和试水排水措施，无法检测报警阀处压力、流量及警铃动作情况。使用闸阀又无锁定装置，有些闸阀处于半关闭状态，这是很危险的，所以要求使用闸阀时需有锁定装置，否则应使用信号阀代替闸阀。另外，干式系统和预作用系统等还需检验空气压缩机与控制阀、报警系统与控制阀的联动是否可靠，警铃设置位置，应靠近报警阀，使人们容易听到铃声。距警铃 3m 处，水力警铃喷嘴处压力不小于 0.05MPa 时，其警铃声强度应不小于 70dB。确保压力开关及时动作，启动消防泵。

（5）系统管网检查验收内容，是针对已安装的喷水灭火系统通常存在的问题而提出的。如有些系统用的管径、接头不合规定，甚至管网未支撑固定等；有的系统处于有腐蚀气体的环境中而无防腐措施；有的系统冬天最低气温低于 4℃，也无保温防冻措施，致使喷头爆裂；有的系统没有排水坡度，或坡向不合理；比较多的系统每层末端没有设试水装置；有的系统分区配水干管上没有设信号阀，而用的闸阀处于关闭或半关闭状态；有些系统最末端最上部没有设排气阀，往往在试水时产生强烈晃动甚至拉坏管网支架，充水调试难以达到要求；有些系统的支架、吊架、防晃支架设置不合理、不牢固，试水时易被损坏；有的系统上接消火栓或接洗手水龙头等。这些问题，表面上不是什么严重问题，但会影响系统控火灭火功能，严重的可能造成系统在关键时不能发挥作用，形同虚设，必须要进行逐项验收。

（6）自动喷水灭火系统最常见的违规问题是喷头布水被挡，特别是进行施工设计时，没有考虑喷头布置和装修的协调，致使不少喷头在装修施工后被遮挡或影响喷头布水，所以验收时必须检查喷头布置情况。对有吊顶的房间，因配水支管在闷顶内，三通以下接喷头时中间要加短管，如短管不超过 15cm，则系统试验和换水时，短管中水也不能更换。但当短管太长时，不仅会使杂质在短管中沉积，而且形成较多死水，所以三通以下接短管时要求不宜大于 15cm，最好三通以下直接接喷头。实在不能满足要求时，支管靠近顶棚布置，三通下接 15cm 短管，喷头可安装在顶棚贴近处，有些支管布置离顶棚较远，短管超过 15cm，可采用带短管的专用喷头，即干式喷头。使水不能进入短管，喷头动作后，短管才充水，这样，就不会形成死水和杂质沉积。有腐蚀介质的场所应用经防腐处理的喷头或玻璃球喷头,有装饰要求的地方,可选用半隐蔽或隐蔽型装饰效果好的喷头,有碰撞危险场所的喷头应加设防护罩。喷头的动作温度以喷头公称动作温度来表示,该温度一般高于喷头使用环境的最高温度30℃左右,这是多年实际使用和试验研究得出的经验数据。

三、系统试验

1. 系统试验项目和要求

系统试验项目和要求见表2-3-4-2。

表2-3-4-2　　　　　　　　　自动喷水灭火系统试验项目和要求

序号	试验项目	要　　求	检查数量	检查方法
1	水泵接合器	水泵接合器数量及进水管位置应符合设计要求,消防水泵接合器应进行充水试验,且系统最不利点的压力、流量应符合设计要求	全数检查	使用流量计、压力表和观察检查
2	系统流量、压力的验收	系统流量、压力的验收,应通过系统流量压力检测装置进行放水试验,系统流量、压力应符合设计要求	全数检查	观察检查
3	系统模拟灭火功能试验	(1) 报警阀动作,水力警铃应鸣响。	全数检查	观察检查
		(2) 水流指示器动作,应有反馈信号显示。	全数检查	观察检查
		(3) 压力开关动作,应启动消防水泵及与其联动的相关设备,并应有反馈信号显示。	全数检查	观察检查
		(4) 电磁阀打开,雨淋阀应开启,并应有反馈信号显示。	全数检查	观察检查
		(5) 消防水泵启动后,应有反馈信号显示。	全数检查	观察检查
		(6) 加速器动作后,应有反馈信号显示。	全数检查	观察检查
		(7) 其他消防联动控制设备启动后,应有反馈信号显示	全数检查	观察检查

2. 说明

(1) 凡设有消防水泵接合器的地方均应进行充水试验,以防止回阀方向装错。另外,通过试验,检验通过水泵接合器供水的具体技术参数,使末端试水装置测出的流量压力达到设计要求,以确保系统在发生火灾时,需利用消防水泵接合器供水时,能达到控火、灭火目的。验收时,还应检验消防水泵接合器数量及位置是否正确,使用是否方便。

(2) 从末端试水装置的结构和功能来分析,通过末端试水装置进行放水试验,只能检验系统启动功能、报警功能及相应联动装置是否处于正常状态,而不能测试和判断系统的流量、压力是否符合要求,此目的只有通过检测试验装置才能达到。

四、系统工程质量验收判定

系统工程质量验收判定应符合下列规定:

(1) 系统工程质量缺陷划分为严重缺陷项(A)、重缺陷项(B)、轻缺陷项(C)。

(2) 系统验收合格判定的条件为:$A=0$,且$B \leqslant 2$,且$B+C \leqslant 6$为合格;否则为不合格。

自动喷水灭火系统工程质量缺陷是按照表2-3-4-3规定划分的。

表 2-3-4-3　　　　　　　　　　　自动喷水灭火系统验收缺陷项目划分

缺陷分类		严重缺陷（A）	重缺陷（B）	轻缺陷（C）
内容		—	—	（1）竣工验收申请报告、设计变更通知书、竣工图。 （2）工程质量事故处理报告。 （3）施工现场质量管理检查记录。 （4）自动喷水灭火系统施工过程质量管理检查记录。 （5）自动喷水灭火系统质量控制检查资料
		（1）应检查室外给水管网的进水管管径及供水能力，并应检查高位消防水箱和消防水池容量，均应符合设计要求。 （2）当采用天然水源作系统的供水水源时，其水量、水质应符合设计要求，并应检查枯水期最低水位时确保消防用水的技术措施	—	—
		—	（1）消防泵房的建筑防火要求应符合相应的建筑设计防火规范的规定。 （2）消防泵房设置的应急照明、安全出口应符合设计要求。 （3）备用电源、自动切换装置的设置应符合设计要求	
		打开消防水泵出水管上试水阀，当采用主电源启动消防水泵时，消防水泵应启动正常；关掉主电源，主、备电源应能正常切换。备用电源切换时，消防水泵应在 1min 或 2min 内投入正常运行，自动或手动启动消防泵时应在 55s 内投入正常运行	（1）工作泵、备用泵、吸水管、出水管及出水管上的阀门、仪表的规格、型号、数量，应符合设计要求；吸水管、出水管上的控制阀应锁定在常开位置，并有明显标记。 （2）消防水泵应采用自灌式引水或其他可靠的引水措施。 （3）分别开启系统中的每一个末端试水装置和试水阀，水流指示器、压力开关等信号装置的功能应均符合设计要求。湿式自动喷水灭火系统的最不利点做末端放水试验时，自放水开始至水泵启动时间不应超过 5min。 （4）消防水泵停泵时，水锤消除设施后的压力不应超过水泵出口额定压力的 1.3～1.5 倍。 （5）对消防气压给水设备，当系统气压下降到设计最低压力时，通过压力变化信号应能启动稳压泵	消防水泵启动控制应置于自动启动挡，消防水泵应互为备用

缺陷分类	严重缺陷（A）	重缺陷（B）	轻缺陷（C）
内容	—	（1）报警阀组的各组件应符合产品标准要求。 （2）打开系统流量压力检测装置放水阀，测试的流量、压力应符合设计要求。 （3）水力警铃的设置位置应正确。测试时，水力警铃喷嘴处压力不应小于0.05MPa，且距水力警铃3m远处警铃声声强不应小于70dB。 （4）打开手动试水阀或电磁阀时，雨淋阀组动作应可靠。 （5）空气压缩机或火灾自动报警系统的联动控制，应符合设计要求	控制阀均应锁定在常开位置
	管道的材质、管径、接头、连接方式及采取的防腐、防冻措施，应符合设计规范及设计要求	（1）管网不同部位安装的报警阀组、闸阀、止回阀、电磁阀、信号阀、水流指示器、减压孔板、节流管、减压阀、柔性接头、排水管、排气阀、泄压阀等，均应符合设计要求。 （2）干式系统、由火灾自动报警系统和充气管道上设置的压力开关开启预作用装置的预作用系统，其配水管道充水时间不宜大于1min；雨淋系统和仅由火灾自动报警系统联动开启预作用装置的预作用系统，其配水管道充水时间不宜大于2min	（1）管网排水坡度及辅助排水设施，应符合"管道横向安装宜设2%～5%的坡度，且应坡向排水管；当局部区域难以利用排水管将水排净时，应采取相应的排水措施。当喷头数量小于或等于5只时，可在管道低凹处加设堵头；当喷头数量大于5只时，宜装设带阀门的排水管"的规定。 （2）系统中的末端试水装置、试水阀、排气阀应符合设计要求
	喷头设置场所、规格、型号、公称动作温度、响应时间指数（RTI）应符合设计要求	喷头安装间距，喷头与楼板、墙、梁等障碍物的距离应符合设计要求	（1）有腐蚀性气体的环境和有冰冻危险场所安装的喷头，应采取防护措施。 （2）有碰撞危险场所安装的喷头应加设防护罩。 （3）各种不同规格的喷头均应有一定数量的备用品，其数量不应小于安装总数的1%，且每种备用喷头不应少于10个

续表

缺陷分类	严重缺陷（A）	重缺陷（B）	轻缺陷（C）
内容	—	水泵接合器数量及进水管位置应符合设计要求，消防水泵接合器应进行充水试验，且系统最不利点的压力、流量应符合设计要求	—
	系统流量、压力的验收，应通过系统流量压力检测装置进行放水试验，系统流量、压力应符合设计要求	—	—
	系统应进行系统模拟灭火功能试验，且应符合下列要求： （1）压力开关动作，应启动消防水泵及与其联动的相关设备，并应有反馈信号显示。 （2）电磁阀打开，雨淋阀应开启，并应有反馈信号显示	系统应进行系统模拟灭火功能试验，且应符合下列要求： （1）消防水泵启动后，应有反信号显示。 （2）加速器动作后，应有反馈信号显示。 （3）其他消防联动控制设备启动后，应有反馈信号显示	系统应进行系统模拟灭火功能试验，且应符合下列要求： （1）报警阀动作，水力警铃应鸣响。 （2）水流指示器动作，应有反馈信号显示

第五节　自动喷水灭火系统操作与控制

一、自动喷水灭火系统的启泵方式

1. 湿式系统、干式系统启泵方式

湿式系统、干式系统应由消防水泵出水干管上设置的压力开关、高位消防水箱出水管上的流量开关和报警阀组压力开关直接自动启动消防水泵。

2. 预作用系统启泵方式

预作用系统应由火灾自动报警系统、消防水泵出水干管上设置的压力开关、高位消防水箱出水管上的流量开关和报警阀组压力开关直接自动启动消防水泵。

3. 雨淋系统和自动控制的水幕系统启泵方式

雨淋系统和自动控制的水幕系统消防水泵的启泵方式应符合下列要求：

（1）当采用火灾自动报警系统控制雨淋报警阀时，消防水泵应由火灾自动报警系统、消防水泵出水干管上设置的压力开关、高位消防水箱出水管上的流量开关和报警阀组压力开关直接自动启动。

（2）当采用充液（水）传动管控制雨淋报警阀时，消防水泵应由消防水泵出水干管上设置的压力开关高位消防水箱出水管上的流量开关和报警阀组压力开关直接启动。

二、自动喷水灭火系统消防水泵的其他启动方式

1. 消防水泵其他启泵方式

消防水泵除具有自动控制启动方式外，还应具备下列启动方式：

（1）消防控制室（盘）远程控制。

（2）消防水泵房现场应急操作。

2. 预作用装置

预作用装置的自动控制方式可采用仅有火灾自动报警系统直接控制，或由火灾自动报警系统和充气管道上设置的压力开关控制，并应符合下列要求：

（1）处于准工作状态时严禁误喷的场所，宜采用仅有火灾自动报警系统直接控制的预作用系统。

（2）处于准工作状态时严禁管道充水的场所和用于替代干式系统的场所，宜由火灾自动报警系统和充气管道上设置的压力开关控制的预作用系统。

3. 雨淋报警阀

雨淋报警阀的自动控制方式可采用电动、液（水）动或气动。当雨淋报警阀采用充液（水）传动管自动控制时，闭式喷头与雨淋报警阀之间的高程差，应根据雨淋报警阀的性能确定。

4. 预作用系统、雨淋系统和自动控制的水幕系统

预作用系统、雨淋系统和自动控制的水幕系统，应同时具备下列三种开启报警阀组的控制方式：

（1）自动控制。

（2）消防控制室（盘）远程控制。

（3）预作用装置或雨淋报警阀处现场手动应急操作。

5. 整体湿式系统局部预作用系统

当建筑物整体采用湿式系统，局部场所采用预作用系统保护且预作用系统串联接入湿式系统时，除应符合湿式系统、干式系统启泵的规定外，预作用装置的控制方式还应符合预作用系统、雨淋系统和自动控制的水幕系统启泵的规定。

6. 电动阀

快速排气阀入口前的电动阀应在启动消防水泵的同时开启。

三、消防控制室

消防控制室（盘）应能显示水流指示器、压力开关、信号阀、消防水泵、消防水池及水箱水位、有压气体管道气压，以及电源和备用动力等是否处于正常状态的反馈信号，并应能控制消防水泵、电磁阀、电动阀等的操作。

自动喷水灭火系统灭火失败的教训很多是由于维护不当和误操作等原因造成的。加强对系统状态的监视与控制，能有效消除事故隐患。对系统的监视与控制要求

包括：

（1）监视电源及备用动力的状态。

（2）监视系统的水源、水箱（罐）及信号阀的状态。

（3）可靠控制水泵的启动并显示反馈信号。

（4）可靠控制雨淋报警阀、电磁阀、电动阀的开启并显示反馈信号。

（5）监视水流指示器、压力开关的动作和复位状态。

（6）可靠控制补气装置，并显示气压。

第六节　自动喷水灭火系统维护管理

一、自动喷水灭火系统维护管理基本要求

1. 管理制度

自动喷水灭火系统应具有管理、检测、维护规程，并应保证系统处于准工作状态。维护管理工作，应按表 2 - 3 - 6 - 1 的要求进行。

表 2 - 3 - 6 - 1　　自动喷水灭火系统维护管理检查部位和工作内容及周期

序号	维护管理检查部位	工 作 内 容	周期
1	水源控制阀、报警控制装置	目测巡检，设备完好状况及开闭状态	每日
2	电源	接通状态，电压	每日
3	内燃机驱动消防水泵	启动试运转	每月
4	喷头	检查完好状况、清除异物、备用量	每月
5	系统所有控制阀门	检查铅封、锁链完好状况	每月
6	电动消防水泵	启动试运转	每月
7	稳压泵	启动试运转	每月
8	消防气压给水设备	检测气压、水位	每月
9	蓄水池、高位水箱	检测水位及消防储备水不被他用的措施	每月
10	电磁阀	启动试验	每季
11	信号阀	启闭状态	每月
12	水泵接合器	检查完好状况	每月
13	水流指示器	试验报警	每季
14	室外阀门井中控制阀门	检查开启状况	每季
15	报警阀、试水阀	放水试验，启动性能	每月
16	泵流量检测	启动、放水试验	每年
17	水源	测试供水能力	每年

序号	维护管理检查部位	工 作 内 容	周期
18	水泵接合器	通水试验	每年
19	过滤器	排渣、完好状态	每月
20	储水设备	检查完好状态	每年
21	系统联动试验	系统运行功能	每年
22	内燃机	油箱油位，驱动泵运行	每月
23	设置储水设备的房间	检查室温（寒冷季节）	每天

　　维护管理是自动喷水灭火系统能否正常发挥作用的关键环节，灭火设施必须在平时的精心维护管理下才能发挥良好的作用。我国已有多起特大火灾事故发生在安装有自动喷水灭火系统的建筑物内，由于系统不符合要求或施工安装完毕投入使用后，没有进行日常维护管理和试验，以致发生火灾时，事故扩大，人员伤亡，损失严重。

　　2. 人员素质和技能

　　维护管理人员应经过消防专业培训，应熟悉自动喷水灭火系统的原理、性能和操作维护规程。自动喷水灭火系统组成的部件较多，系统比较复杂，每个部件的作用和应处于的状态及如何检验、测试都需要具有对系统作用原理了解和熟悉的专业人员来操作、管理。因此，为提高维护管理人员的素质，承担这项工作的维护管理人员应当经专业培训，持证上岗。

　　3. 故障修理程序

　　自动喷水灭火系统发生故障需停水进行修理前，应向主管值班人员报告，取得维护负责人的同意并临场监督，加强防范措施后方能动工。自动喷水灭火系统的水源供水不应间断，关闭总阀断水后忘记再打开，以致发生火灾时无水，而造成重大损失，在国内外火灾事故中均已发生过。因此，停水修理时，必须向主管人员报告，并应有应急措施和有人临场监督，修理完毕应立即恢复供水。在修理过程中，万一发生火灾，也能及时采取紧急措施。

　　4. 设计修改

　　建筑物、构筑物的使用性质或贮存物安放位置、堆存高度的改变，影响到系统功能而需要进行修改时，应重新进行设计。建筑物、构筑物使用性质的改变是常有的事，而且多层、高层综合性大楼的修建，也为各租赁使用单位提供方便。因此，必须强调因建、构筑物使用性质改变而影响到自动喷水灭火系统功能时，如需要提高等级或修改，应重新进行设计。

二、水源、电源、水池、水箱、消防气压给水设备

　　1. 水源和电源

　　每年应对水源的供水能力进行一次测定，每日应对电源进行检查，检查内容见表 2 - 3 - 6 - 2。

表 2 - 3 - 6 - 2　　　　　　　　　自动喷水灭火系统水源及电源检查表

序号	项目名称	检 查 内 容	周期
1	水源	（1）进户管路锈蚀状况。 （2）控制阀全开启。 （3）过滤网保证过水能力。 （4）水池（或水箱）的控制阀（液位控制阀或浮球控制阀等）关、开正常。 （5）水池（或水箱）水位显示或报警装置完好。 （6）水质符合设计要求。 （7）水池（或水箱）无变形、无裂纹、无渗漏等现象	每年
2	电源	（1）进户两路电源正常。 （2）高低压配电柜元器件、仪表、开关正常。 （3）泵房内双电源互投柜和控制柜元器件、仪表、开关正常。 （4）控制柜和电机的电源线压接牢固。 （5）控制柜内熔丝完好。 （6）电动机接地装置可靠。 （7）电机绝缘性良好（大于 0.5MΩ）。 （8）电源切换时间不大于 2s。 （9）主泵故障备用泵切换时间不大于 60s。 （10）电源、电压值符合设计要求并稳定	每日

　　水源的水量、水压有无保证，是自动喷水灭火系统能否起到应有作用的关键。由于市政建设的发展、单位建筑的增加、用水量变化等，水源的供水能力也会有变化。因此，每年应对水源的供水能力测定一次，发现不能达到要求时，及时采取必要的补救措施。

　　2. 消防水池、消防水箱及消防气压给水设备

　　自动喷水灭火系统消防水池、消防水箱及消防气压给水设备检查内容见表 2 - 3 - 6 - 3。

表 2 - 3 - 6 - 3　　　　　　　　自动喷水灭火系统消防水池、
消防水箱及消防气压给水设备检查表

序号	项目名称	检 查 内 容	周期
1	消防水池、消防水箱及消防气压给水设备	（1）检查消防水池、消防水箱及消防气压给水设备。 （2）检查消防储备水位及消防气压给水设备的气体压力。 （3）采取措施保证消防用水不作他用，并应对该措施进行检查，发现故障应及时进行处理。 （4）消防水池、消防水箱、消防气压给水设备内的水，应根据当地环境、气候条件不定期更换。消防专用蓄水池或水箱中的水，由于未发生火灾或不进行消防演习试验而长期不动用，成为"死水"。特别在南方气温高、湿度大的地区，微生物和细菌容易繁殖，需要不定期换水。换水时应通知当地消防监督部门，做好此期间万一发生火灾，而水箱、水池无水，需要采用其他灭火措施的准备	每月
2	消防储水设备	寒冷季节，消防储水设备的任何部位均不得结冰。每天应检查设置储水设备的房间，保持室温不低于5℃	每日

续表

序号	项目名称	检 查 内 容	周期
3	消防储水设备	应对消防储水设备进行检查，修补缺损和重新油漆	每年
4	水流指示器	利用末端试水装置对水流指示器进行试验	每月

三、消防水泵或内燃机驱动的消防水泵

消防水泵是供给消防用水的关键设备，必须定期进行试运转，保证发生火灾时启动灵活、不卡壳，电源或内燃机驱动正常，自动启动或电源切换及时无故障。消防水泵或内燃机驱动的消防水泵应每月启动运转一次，当消防水泵为自动控制启动时，应每月模拟自动控制的条件启动运转一次。自动喷水灭火系统消防水泵检查内容见表2-3-6-4。

表2-3-6-4　　　　　　　自动喷水灭火系统消防水泵检查表

序号	项目名称	检 查 内 容	周期
1	内燃机驱动消防泵	（1）曲轴箱内机油油位不少于最高油位的1/2。 （2）燃油箱内燃油油位不少于最高油位的3/4。 （3）蓄电池的电解液液位不少于最高液位的1/2。 （4）蓄电池充电器充电正常，各类仪表正常。 （5）传送带的外观及松紧度正常。 （6）冷却系统温升正常，冷却系统滤网清洁度符合要求。 （7）水泵转速、出水流量、压力符合设计要求	每月
2	电动消防泵	（1）泵启动前用手盘动电机转轴灵活无卡阻现象。 （2）泵腔内无汽蚀。 （3）轴封处无渗漏（小于3滴/min或5mL/h）。 （4）水泵达到正常时水泵转速、出水流量、压力符合设计要求。 （5）轴泵温升正常（小于70℃）。 （6）水泵振动不超限，电机功率、电压、电流均正常	每月
3	消防水泵接合器	检查消防水泵接合器的接口及附件，并应保证接口完好、无渗漏、阀盖齐全	每月

四、阀门

1. 电磁阀

电磁阀是启动系统的执行元件，为保证系统启动的可靠性，电磁阀应每月检查并应做启动试验，动作失常时应及时更换。

2. 报警阀

每个季度应对系统所有的末端试水阀和报警阀旁的放水试验阀进行一次放水试验，检查系统启动、报警功能以及出水情况是否正常，检查内容见表2-3-6-5。

表 2-3-6-5　　　　　　　　　自动喷水灭火系统报警阀检查表

序号	阀类名称	检 查 内 容	周期
1	湿式报警阀	（1）主阀锈蚀状况。 （2）各个部件连接处无渗漏现象。 （3）主阀前后压力式表读数准确及两表压差符合要求（小于0.01MPa）。 （4）延时装置排水畅通。 （5）压力开关动作灵活并迅速反馈信号。 （6）主阀复位到位。 （7）警铃动作灵活、铃声洪亮。 （8）排水系统排水畅通	每月
2	预作用报警阀和干式报警阀	（1）检查符合湿式报警阀内容外，另应检查充气装置启停准确，充气压力值符合设计要求。 （2）加速排气压装置排气速度正常。 （3）电磁阀动作灵敏。 （4）主阀瓣复位严密。 （5）主阀侧腔（控制腔）锁定到位。 （6）阀前稳压值符合设计要求（不得小于0.25MPa）	每月
3	雨淋报警阀	检查符合湿式报警阀内容外，另应检查电磁阀动作灵敏，主报警阀复位严密，主阀侧腔（控制腔）定到位，阀前稳压值符合设计要求（不得小于0.25MPa）	每月
4	控制阀门	（1）系统上所有的控制阀门均应采用铅封或锁链固定在开启或规定的状态。 （2）应对铅封、锁链进行一次检查，当有破坏或损坏时应及时修理更换	每月
5	带锁定的闸阀、蝶阀等阀类	（1）锁定装置位置正确、开启灵活。 （2）阀门处于全开启状态。 （3）阀类开关后不得有漏现象	每月
6	不带锁定的明杆闸阀方位蝶阀等阀类	阀门处于全开启状态，阀类开关后不得有泄漏现象	每周
7	室外阀门井中、进水管上的控制阀门	室外阀门井中，进水管上的控制阀门应每个季度检查一次，核实其处于全开启状态	每季
8	角阀	钢板消防水箱和消防气压给水设备的玻璃水位计两端的角阀，在不进行水位观察时应关闭。消防水箱、消防气压给水设备所配置的玻璃水位计，由于受外力易于碰碎，造成消防储水流失或形成水害，因此在观察过水位后，应将水位计两端的角阀关闭	每季
9	所有阀门	消防给水管路必须保持畅通，报警控制阀在发生火灾时必须及时打开，系统中所配置的阀门都必须处于规定状态。对阀门编号和用标牌标注可以方便检查管理	每季

五、喷头

自动喷水灭火系统喷头检查内容见表 2-3-6-6。

表 2-3-6-6 　　　　　　　　　　自动喷水灭火系统喷头检查表

项目名称	检　查　内　容	周期
喷头	（1）外观及备用数量检查。 （2）喷头的型号正确，布置正确，安装方式正确。 （3）发现有不正常的喷头应及时更换。洒水喷头是系统喷水灭火的功能件，应使每个喷头随时都处于正常状态，所以应当每月检查，更换发现问题的喷头。 （4）当喷头上有异物时应及时清除。 （5）更换或安装喷头均应使用专用扳手。由于喷头的轭臂宽于底座，在安装、拆卸、拧紧或拧下喷头时，利用轭臂的力矩大于利用底座，安装维修人员会误认为这样省力，但喷头设计是不允许利用底座、轭臂来作扭拧支点的，应当利用方形底座作为拆卸的支点，生产喷头的厂家应提供专用配套的扳手，不至于拧坏喷头轭臂。 （6）溅水盘、框架、感温元件、隐蔽式喷头的装饰盖板等无变形，无喷涂层。 （7）喷头不得有渗漏现象	每月

六、水喷雾灭火系统

1. 水喷雾灭火系统原理和应用

水喷雾灭火系统由水源、供水设备、管道、雨淋报警阀（或电动控制阀、气动控制阀）、过滤器和水雾喷头等组成，向保护对象喷射水雾进行灭火或防护冷却的系统。

水喷雾灭火系统是在自动喷水灭火系统的基础上发展起来的，主要用于火灾蔓延快且适合用水但自动喷水灭火系统又难以保护的场所。该系统是利用水雾喷头（在一定压力作用下，在设定区域内能将水流分解为直径 1mm 以下的水滴，并按设计的洒水形状喷出的喷头）在一定水压下将水流分解成细小水雾滴进行灭火或防护冷却的一种固定式灭火系统。水喷雾灭火系统不仅可扑救固体、液体和电气火灾，还可为液化烃储罐等火灾危险性大、扑救难度大的设施或设备提供防护冷却。其广泛应用于石油化工、电力、冶金等行业。近年来，水喷雾灭火系统在酿酒行业得到了推广应用。水喷雾灭火系统的保护对象涵盖了电力、石油、化工等工业设施、设备。水喷雾灭火系统不适用于移动式水喷雾灭火装置或交通运输工具中设置的水喷雾灭火系统。

水喷雾灭火系统不得用于扑救遇水能发生化学反应造成燃烧、爆炸的火灾，以及水雾会对保护对象造成明显损害的火灾。

2. 油浸变压器的水喷雾防护

变压器油是从原油中提炼出的以环烃为主的烃类液体混合物，初馏点大于 300℃，闪点一般在 140℃ 以上，变压器油经过较长时间工作后，因高压电解、局部高温裂解，会产生少量的氢和轻烃，这些气态可燃物质很容易发生爆炸。从国内若干变压器火灾案例分析得知，变压器的火灾模式主要有三种：初期绝缘子根部爆裂火灾、油箱局部爆裂火灾、油箱整体爆裂火灾。其中以初期绝缘子根部爆裂火灾为主，油箱局部爆裂火灾多由绝缘子根部爆裂火灾发展而成。从三种火灾模式来看，固定灭火系统能够扑救的火灾为绝缘子根部爆裂火灾与变压器油沿油箱外壁流向集油池的变压器油箱局部爆裂火灾，油箱整体爆裂火灾是各种固定灭火系统无法保护的。因此，水喷雾灭火系统设计参数的确定立足于扑救绝缘子根部爆裂火灾与变压器油沿油箱外壁流向集油池的变压器油箱局部爆裂火灾。

从模拟试验结果表明，水喷雾灭变压器火灾时，水雾蒸发形成的水气的窒息作用明显，可以较快控制火灾。变压器开孔较少时，变压器内部和外部未形成良好通风条件，火灾规模小，水喷雾可以成功灭火。而在变压器开孔较多时，内、外部易形成良好的通风条件，火灾规模大，较大的喷雾强度也难以灭火。一般情况下，变压器初期火灾规模较小，可能会只有个别绝缘套管爆裂，此时若水喷雾灭火系统及时启动，则可有效扑灭火灾。但若火灾发展到一定规模时，如多个绝缘套管同时爆裂或油箱炸裂时，则水喷雾难以灭火，但此时靠水雾的冷却、窒息作用可以有效控制火灾，可为采取其他消防措施赢得时间。

第四章

智能消防应急照明和疏散指示系统

第一节　智能消防应急照明和疏散指示系统概述

一、智能消防应急照明和疏散指示系统分类和组成

(一) 智能消防应急照明和疏散指示系统分类

1. 按系统形式分类

消防应急照明和疏散指示系统是指为人员疏散、消防作业提供照明和疏散指示的系统，该系统由各类应急灯具及相关装置组成，图2-4-1-1所示，按系统形式可分为：

(1) 自带电源非集中控制型（系统内可包括子母型消防应急灯具）消防应急照明和疏散指示系统。

(2) 自带电源集中控制型（系统内可包括子母型消防应急灯具）消防应急照明和疏散指示系统。

(3) 集中电源非集中控制型消防应急照明和疏散指示系统。

(4) 集中电源集中控制型消防应急照明和疏散指示系统。

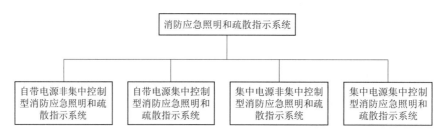

图2-4-1-1　消防应急照明和疏散指示系统分类

2. 按灯具分类

(1) 按灯具用途分类，可分为：

1) 标志灯具型消防应急照明和疏散指示系统。

2) 照明灯具（含疏散用手电筒）型消防应急照明和疏散指示系统。

3) 照明标志复合灯具型消防应急照明和疏散指示系统。

(2) 按工作方式分类，可分为：

1) 持续型消防应急照明和疏散指示系统。

2) 非持续型消防应急照明和疏散指示系统。

(3) 按应急供电形式分类，可分为：

1) 自带电源型消防应急照明和疏散指示系统。

2) 集中电源型消防应急照明和疏散指示系统。

3) 子母型消防应急照明和疏散指示系统。

(4) 按应急控制方式分类，可分为：

1) 集中控制型消防应急照明和疏散指示系统。

2) 非集中控制型消防应急照明和疏散指示系统。

(二) 智能消防应急照明和疏散指示系统组成

1. 自带电源非集中控制型消防应急照明和疏散指示系统组成

(1) 自带电源非集中控制型消防应急照明和疏散指示系统由自带电源型消防应急灯具、应急照明配电箱及相关附件等组成,如图 2-4-1-2 所示。

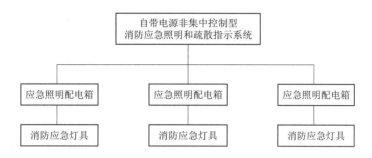

图 2-4-1-2 自带电源非集中控制型消防应急照明和疏散指示系统组成

(2) 消防应急灯具是指为人员疏散、消防作业提供照明和标志的各类灯具,包括消防应急照明灯具和消防应急标志灯具。

(3) 消防应急照明灯具是为人员疏散、消防作业提供照明的消防应急灯具,其中发光部分为便携式的消防应急照明灯具,也称为疏散用手电筒。

(4) 消防应急标志灯具是用图形和/或文字体现下述功能的消防应急灯具:

1) 指示安全出口、楼层和避难层 (间)。

2) 指示疏散方向。

3) 指示灭火器材、消火栓箱、消防电梯残疾人楼梯位置及其方向。

4) 指示禁止入内的通道、场所及危险品存放处。

2. 自带电源集中控制型消防应急照明和疏散指示系统组成

(1) 自带电源集中控制型消防应急照明和疏散指示系统是指由自带电源型消防应急灯具、应急照明控制器、应急照明配电箱及相关附件等组成的消防应急照明和疏散指示系统,如图 2-4-1-3 所示。

(2) 消防应急照明标志复合灯具是指同时具备消防应急照明灯具和消防应急标志灯具功能的消防应急灯具。

(3) 自带电源型消防应急灯具是指电池、光源及相关电路装在灯具内部的消防应急灯具。

(4) 消防应急灯具用应急电源盒是指自带电源型消防应急灯具中与光源未在同一灯具内部的电池及相关电路的部件。

(5) 子母型消防应急灯具是指子消防应急灯具内无独立的电池面由与之相关的母消防应急灯具供电,其工作状态受母灯具控制的一组消防应急灯具。

(6) 持续型消防应急灯具是指光源在主电源和应急电源工作时均处于点亮状态的消防

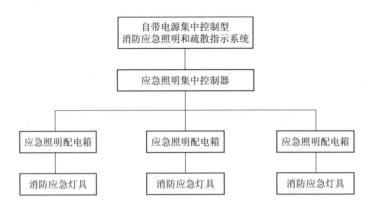

图 2-4-1-3 自带电源集中控制型消防应急照明和疏散指示系统组成

应急灯具。

（7）非持续型消防应急灯具是指光源在主电源工作时不点亮，仅在应急电源工作时处于点亮状态的消防应急灯具。

3. 集中电源非集中控制型消防应急照明和疏散指示系统组成

（1）集中电源非集中控制型消防应急照明和疏散指示系统是指由集中电源型消防应急灯具、应急照明集中电源、应急照明分配电装置及相关附件等成的消防应急照明和疏散指示系统，如图 2-4-1-4 所示。

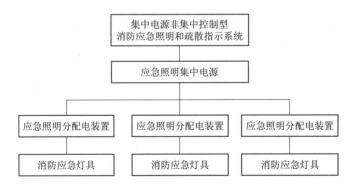

图 2-4-1-4 集中电源非集中控制型消防应急照明和疏散指示系统组成

（2）应急明配电箱是指为自带电源型消防应急灯具供电的供配电装置。

（3）应急明分配电装置是指为应急照明集中电源应急输出进行分配电的供配电装置。

（4）集中电源型消防应急灯具是指灯具内无独立的电池由应急照明集中电源供电的防应急灯具。

（5）应急照明集中电源是指火灾发生时，为集中电源型消防应急灯具供电、以蓄电池为能源的电源。

（6）集中控制型消防应急灯具是指工作状态由应急照明控制器控制的消防应急灯具。

（7）应急照明控制器是指控制并显示集中控制型消防应急灯具、应急照明集中电源、应急照明分配电装置及应急照明配电箱及相关附件等工作状态的控制与显示装置。

4. 集中电源集中控制型消防应急照明和疏散指示系统组成

（1）集中电源集中控制型消防应急照明和疏散指示系统是指由集中控制消防应急灯具、应急照明控制器、应急照明集中电源、应急照明分配电置及相关件组成的消防应急照明和疏散指示系统，如图 2-4-1-5 所示。

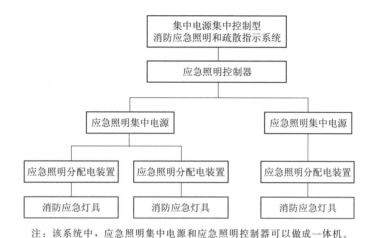

注：该系统中，应急照明集中电源和应急照明控制器可以做成一体机。

图 2-4-1-5　集中电源集中控制型消防应急照明和疏散指示系统组成

（2）终止电压是指过放电保护部分启动，消防应急灯具不再起应急作用时电池的端电压。

（3）系统操作界面由交互式软件支持，具有良好的图形操作界面，易操作管理，可显示建筑平面图、防火分区、疏散路线及系统内设备实时状态，增加及设置本系统设备及火灾报警系统设备图标、状态等。

（4）正常情况下，智能疏散系统可设置智能疏散标志灯常亮工作就近指向最近的安全出口，智能安全出口标志灯点亮。火灾时，系统可根据火灾报警系统的报警位置信息以手动或自动两种方式转入应急状态，控制系统内智能方向疏散标志灯的箭头指示方向，指向真正安全的安全出口，关闭危险区域的安全出口标志灯，开启安全区域的安全出口标志灯起到安全疏散的作用。应急状态下智能疏散标志灯进入频闪工作状态。

二、智能消防应急照明和疏散指示系统配置要求

（一）智能消防应急照明和疏散指示灯系统基本要求

（1）系统构成简单，稳定可靠，安装方便。

（2）系统为集中电源集中控制型，系统内灯具供电和通信线路满足规范要求，系统灯具统一采用集中电源供电，供电电压为直流安全电压 24V。

（3）系统灯具内部均不设蓄电池，由应急照明集中电源供电，采用中央电池总站形式。

（4）所有灯具均有独立地址。

（5）系统应保障长距离信号传输的可靠性。

（6）系统控制主机应能通过标准串行接口（RS232/485）与火灾报警系统主机连接，以实现自动联动功能。

（7）系统应能针对每一报警点进行联动。

（8）系统应具备人工手动和自动输入火灾报警位置信息使系统转入应急状态的功能。

（二）智能消防应急照明和疏散指示灯系统技术要求

（1）智能消防应急照明和疏散指示系统能和火灾报警系统通信，自动接收火灾报警系统的火灾报警信号，以此作为联动预案执行的依据。

（2）智能消防应急照明和疏散指示系统能对应每一个火灾报警探测器发出的火灾报警信号，有一套应急疏散预案。

（3）系统内灯具具有24h不间断巡检、故障主报功能，系统能检测供电电源、供电线路及通信线路的开路、短路故障以及灯具的光源及通信等主要故障，显示故障类型、定位故障点，消防联动转换时间不大于5s。

（4）智能消防应急照明和疏散指示系统具备和火灾报警系统联动的功能。

三、智能消防应急灯具控制器

（一）智能消防应急灯具控制器基本要求和功能要求

1. 智能消防应急灯具分类

智能消防应急灯具分类如图2-4-1-6所示。

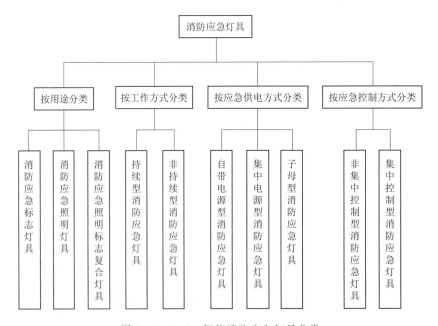

图2-4-1-6 智能消防应急灯具分类

2. 智能消防应急灯具控制器基本要求

（1）主机采用高可靠性工业控制计算机。

（2）采用 19in 以上大屏幕液晶显示器。

（3）系统组成简单，带载能力强。

（4）具有标准串行总线数据接口（RS232/485），可接收消防报警控制器给出的火灾报警信息。

（5）可对每个灯具的工作状态进行实时监控，具有不间断、巡检故障主报功能。

（6）应具有直观的人机交互图形操作界面，可方便系统设备和预案的编辑，采用柜式机落地安装方式，主机安装于建筑内消防控制中心内。

3. 智能消防应急灯具控制器功能要求

（1）主机设免维护备用蓄电池组，通过主机上的消防应急灯具专用应急电源对备用电池组进行充电，同时具备备用电源过压、失压等监视功能，蓄电池组可连续充放电（80％充放电）1000 次以上，应急转换时间不超过 5s。

（2）主机具有最佳疏散路线数据库，发生火灾时，主机能按照最佳疏散路线，控制不同种类的灯具发出频闪、开灯、灭灯、改变指示方向，指引人员沿预案逃生路线逃生。为人员在混乱的火灾现场提供一条快捷、有效的逃生路线。

（3）主机在内部软件和硬件的控制下，具有以下功能：

1）远程控制出口灯具灭灯、开灯、频闪。

2）远程控制双向可调标志灯改变指示方向、开灯、灭灯、频闪。

3）对系统内部设备的运行状态进行监控。

4）监视设备的故障状态和故障发生时间，实时查询、记录和打印信息，发出声光报警提醒监控人员，确保系统的正常运行。

5）向灯具发送控制指令，控制疏散引导的方向，显示其所有工作状态。

6）主机在与其相连的消防应急标志灯之间的连接线开路、短路时，能发出声光故障信号并指示故障部位，声故障信号能手动消除。当有新的故障信号时，声故障信号能再启动，光故障信号在故障排除前可保持。

7）主机在下述情况下将发出声光故障信号并指示故障类型，声故障信号能手动消除，光故障信号在故障排除前将自动消除，故障期间消防应急标志灯应能转入应急状态：

a. 主机的主电源欠压。

b. 主机的备用电源的充电器与备用电源之间的连接线开路短路。

c. 主机与为其供电的备用电源之间的连接线开路短路。

d. 当主机控制灯具时，主机能控制并显示应急电源的工作状态（主电、充电、故障状态），且在与应急电源之间连接线开路或短路时，发出声光故障信号。

e. 主机内对信号总线及电源总线均进行短路保护。

f. 主机能以手动、自动两种方式使与其相连的所有消防应急灯具转入应急状态，且设有强制使所有消防应急标志灯转入应急状态的按钮，该按钮启动后应急电源不受过放电保护的影响。

（二）智能消防应急灯具控制器技术要求和设置要求

1. 智能消防应急灯具控制器技术要求

（1）具有信息的接收、发送和应急灯控制指令的发送及应急灯状态信息的接收功能。

（2）主机由交互式操作软件支持，实时解析底层设备信号，接收来自消防报警设备的火灾联动信息。在日常维护中声光报警显示设备各种故障信息；在火灾发生时，根据火灾联动信号，选择相应应急预案，启动并控制各种标志灯。

（3）主机能保存、打印系统运行时的日志记录，并有自动数据备份功能，数据存储容量不小于100000条。

（4）主机由工业控制计算机、液晶显示器、打印机、集中供电电源、标准的串行接口等组成，构成简单。

（5）主机对故障和火警信息具有精确定位功能，并能调出平面图形。

（6）主机可显示灯具的箭头指示方向，在主机上即可看出疏散路线和方向。

（7）主机联动编程条数无限制，可编制多种疏散方案。

（8）输入电源参数为AC220V、50Hz，自带蓄电池组，控制器自身应急放电时间不小于180min。

（9）所有灯具集中供电，智能疏散标志灯内部不带蓄电池。

2. 智能消防应急灯具控制器设置要求

（1）应设置于消防控制室内，没有消防控制室时，应设置在有人值班的场所。

（2）在消防控制室落地安装时应符合GB 50116中消防控制室内布置的相关要求。

四、应急照明集中电源和应急照明分配电装置

（一）应急照明集中电源基本要求和设置要求

1. 应急照明集中电源基本要求

（1）可监控自身工作状态（主电工作、备电工作、主电故障、备电故障）。

（2）可显示输入、输出电压，输出电流，电池电压。

（3）每一输出支路均可单独保护，且任一支路故障不应影响其他支路的正常工作。

（4）应能故障上传及显示，并具有声光报警及故障消声功能。

（5）与系统主机通信，将自身工作状态上传至主机，实现主机对应急照明集中电源的监控。

（6）内置蓄电池组，并对电池分段保护。

（7）输入电源参数为AC220V、50Hz，自带蓄电池组，应急放电时间不小于90min。

2. 应急照明集中电源设置要求

应急照明集中电源设置于消防监控中心，落地安装时宜高出地面20mm以上（消防控制中心已安装$H=200$mm静电地板），屏前和屏后的通道最小宽度应符合《低压配电设计规范》（GB 50054）标准规定。

（二）应急照明分配电装置基本要求和设置要求

1. 应急照明主分配电装置基本要求

（1）带载各种智能消防应急标志灯具，接收系统主机的指令，控制所带消防应急灯具工作，将灯具工作状态实时上传到系统主机。

（2）每个供电回路都具有短路和开路的保护功能。

（3）在应急工作状态，额定负载条件下，输出电压不应超出额定工作电压的85%。

（4）在应急工作状态，空载条件下，输出电压不应高出额定工作电压的110%。

2. 应急照明主分配电装置设置要求

（1）应急照明主分配电装置可设置于值班室、设备机房、电气管道井、弱电间或配电间内。

（2）安装在墙上时，其底边距地面高度宜为1.3～1.5m，靠近门轴的侧面距墙不应小于0.5m。落地安装时宜高出地面50mm以上，屏前和屏后的通道最小宽度应符合GB 50054的规定。

3. 应急照明终端分配电装置基本要求

（1）每个供电回路都具有短路和开路的保护功能。

（2）对所带灯具进行供电。

（3）在应急工作状态，额定负载条件下，输出电压不应超出额定工作电压的85%。

（4）在应急工作状态，空载条件下，输出电压不应高出额定工作电压的110%。

4. 应急照明终端分配电装置设置要求

（1）应急照明终端分配电装置可设置于设备机房、电气管道井、弱电间或配电间内。

（2）多层建筑可若干层设置一台应急照明终端分配电装置。

（3）安装在墙上时，其底边距地面高度宜为1.3～1.5m，靠近门轴的侧面距墙不应小于0.5m。落地安装时宜高出地面50mm以上，屏前和屏后的通道最小宽度应符合GB 50054的规定。

五、智能疏散标志灯

（一）智能疏散标志灯灯具要求和安装方式

1. 智能疏散标志灯灯具要求

（1）壁挂式智能疏散标志灯外壳及框架结构应采用不燃或难燃铝合金材料，具有防腐功能。

（2）壁挂式疏散标志灯厚度不超过20mm。

（3）方向式智能疏散标志灯采用双箭头图案，针对每一报警点都可改变指示方向。

（4）智能安全出口标志灯采用文字或图形。

（5）袋形走道可采用单向箭头配人形图案。

2. 疏散指示标志灯的图形与文字

（1）疏散指示标志灯的图形应符合《消防安全标志　第1部分：标志》（GB 13495.1）的要求，单色标志灯表面的安全出口指示标志（包括人形、门框，图

2-4-1-7和图2-4-1-8)、疏散方向指示标志（图2-4-1-9）、楼层显示标志应为绿色发光部分，背景部分不应发光（背景宜选择暗绿色或黑色）；白色与绿色组合标志表面的标志灯，背景颜色应为白色，且应发光。

图2-4-1-7　安全出口　　　图2-4-1-8　安全出口　　　图2-4-1-9　疏散
指示标志（1）　　　　　　指示标志（2）　　　　　方向指示标志

（2）疏散指示标志灯使用的疏散方向指示标志中的箭头方向可根据实际需要更改为上、下、左上、右上、右、右下等指向；疏散方向指示标志中的箭头方向应与安全出口指示标志方向一致，双向指示标志如图2-4-1-10所示。

图2-4-1-10　双向疏散指示标志

（3）应选图2-4-1-7、图2-4-1-8、图2-4-1-10、图2-4-1-11或图2-4-1-12所示图形作为疏散指示标志灯的主要标志信息，标志宽度和高度不应小于100mm，图形中线条的最小宽度不应小于10mm，箭头尺寸应符合图2-4-1-11的要求。中型和大型消防应急标志灯的标志图形高度不应小于灯具面板高度的80%，可增加辅助文字，但辅助文字高度应不大于标志图形高度的1/2，且不小于标志图形高度的1/3。楼层指示标志应由阿拉伯数字和F组成，笔画宽度应不小于10mm，地下层应在相应层号前加"－"，如图2-4-1-12所示。

3. 安装方式

智能消防应急标志灯安装于疏散通道地面、墙壁及疏散安全出口处，采用嵌地、壁挂两种安装方式。

（1）墙面安装的智能疏散标志灯以及门上方安装的安全出口标志灯采用壁挂明装方

式，不采用预埋盒安装，墙面预埋普通 86mm 接线盒进行接线，安装方便。

（2）地面安装的智能疏散标志灯应具有防潮防腐功能，具有可靠的防护措施，防护等级应达到 IP65 以上。

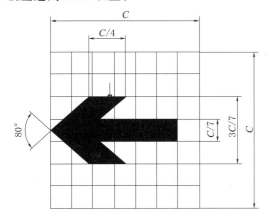

图 2-4-1-11 疏散指示箭头尺寸要求

图 2-4-1-12 楼层显示标志

（二）智能疏散标志灯技术要求

1. 电源要求

（1）智能疏散标志灯采用集中电源集中控制型，灯内不设蓄电池，由系统集中供电，工作电压为直流安全电压（DC24V）。

（2）本系统灯具供电线路和通讯线路敷设必须满足规范要求。

2. 功能要求

（1）智能疏散标志灯均有独立地址编码，主控制电路采用微处理器集成电路，光源智能疏散标志灯应具有频闪、开灯、灭灯、改变方向等功能。

（2）智能疏散标志灯具有频闪功能，通过频闪在视觉上引起人们的注意，闪烁频率等参数满足《消防应急照明和疏散指示系统》（GB 17945）标准的要求。

（3）智能疏散标志灯光源采用超高亮 LED 发光二极管，光源使用寿命不低于 5 万 h；灯具内光源需进行匀光处理，能产生均匀的背景光。

（4）产品通过国家消防电子产品质量监督检验中心检验，获得公安部消防产品合格评定中心型式认可证书。

3. 电气要求

（1）接线要求。智能疏散诱导标志灯内部布线应周密、安全，转线位置应有保护，不会造成短路、断路、漏电现象。导线的耐压级别为不低于 500V，耐温不小于 105℃，导线端头均做涮锡处理，导线最小截面应符合国家标准的要求。

（2）智能疏散诱导标志灯线路连接采用插接方式，便于更换。

（3）智能疏散诱导标志灯主要电气指标如下：

1）额定绝缘电压：500V。

2）额定工作电压：DC12～50V。

3）标志灯表面亮度：表面亮度应大于 80cd/m²，小于 300cd/m²。

4）最大亮度与最小亮度之比：不大于 10:1。

5）整灯功耗：不大于 1.5W。

4. 其他要求

（1）智能疏散标志灯内置变压/稳压器件等发热元件，在 25℃±3℃ 条件下，部件的表面最高温度不超过 85℃。

（2）智能疏散标志灯外部接线应方便日常维护。

（3）智能疏散标志灯内部电路应进行防潮、防霉、防盐雾等处理，智能疏散标志灯内部 LED 光源的设计应便于更换。

（4）灯具内部所有电路板均通过安装螺钉紧固，不会松动，灯具内部各部件布局满足电器安装要求。

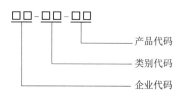

示例：中华应急灯厂生产的自带电源非集中控制持续型标志灯，灯具采用发光二极管为光源，单面小型灯，标志疏散方向向左，额定功率3W。该产品的型号可为ZH-BLZD-1LEI3W。

图 2-4-1-13　消防应急标志灯具
型号的编制方法及示例

（5）智能疏散标志灯应外观平整、光洁、无锈蚀和划痕，表面无腐蚀、涂层剥落和起泡现象，紧固部位无松动，结构稳固，不变形。

5. 产品型号

（1）消防应急标志灯具型号的编制方法及示例如图 2-4-1-13 所示。产品型号由企业代码、类别代码、产品代码三部分组成，其中企业代码不应大于两位。

（2）类别代码和产品代码位数由制造商规定，类别代码应符合表 2-4-1-1 的规定，产品代码应符合表 2-4-1-2 的规定。

表 2-4-1-1　　　　　消防应急标志灯具型号中的类别代码

系统类型分类	类别代码	含　义	系统类型分类	类别代码	含　义
按用途分类	B	标志灯具	按工作方式分类	L	持续型
	Z	照明灯具		F	非持续型
	ZB	照明标志复合灯具	按应急供电形式分类	Z	自带电源型
	D	应急照明集中电源		J	集中电源型
	C	应急照明控制器		M	子母型
	PD	应急照明配电箱	按应急控制方式分类	D	非集中控制型
	FP	应急照明分配电装置		C	集中控制型

表 2-4-1-2　　　　　消防应急标志灯具型号中的产品代码

产品代码	含　义
Ⅳ	消防标志灯中面板尺寸 $D>1000mm$ 的标志灯，属于特大型
Ⅲ	面板尺寸 $1000mm \geqslant D>500mm$ 的标志灯，属于大型
Ⅱ	面板尺寸 $500mm \geqslant D>350mm$ 的标志灯，属于中型

产 品 代 码	含　义
I	面板尺寸 350mm≥D 的标志灯，属于小型
1	标志灯中单面
2	标志灯中双面
L	标志灯的疏散方向向左
R	标志灯的疏散方向向右
LR	标志灯的疏散方向为双向
O	标志灯无疏散方向
Y	光源类型为荧光灯
B	光源类型为白炽灯
P	光源类型为场致发光屏
E	光源类型为发光二极管
W	灯具的额定功率
KVA	应急照明集中电源输出功率

第二节　智能消防应急照明和疏散指示系统设计

一、智能消防应急照明和疏散指示系统设计一般规定

消防应急照明和疏散指示系统的设计，必须遵循国家有关方针、政策，针对使用对象的特点，做到安全可靠、技术先进、经济合理、节能环保。

(一) 选择消防应急照明和疏散指示系统类型

消防应急照明和疏散指示系统（以下简称"系统"）按消防应急灯具（以下简称"灯具"）的控制方式可分为集中控制型系统和非集中控制型系统。系统类型的选择应根据建、构筑物的规模、使用性质及日常管理及维护难易程度等因素确定，并应符合下列规定：

（1）设置消防控制室的场所应选择集中控制型系统。

（2）设置火灾自动报警系统，但未设置消防控制室的场所宜选择集中控制型系统。

（3）其他场所可选择非集中控制型系统。

(二) 消防应急照明和疏散指示系统设计原则

系统设计应遵循系统架构简洁、控制简单的基本设计原则，包括灯具布置、系统配电、系统在非火灾状态下的控制设计、系统在火灾状态下的控制设计，集中控制型系统还应包括应急照明控制器和系统通信线路的设计。

(三) 消防应急照明和疏散指示系统疏散指示方案确定

系统设计前，应根据建、构筑物的结构形式和使用功能，以防火分区、楼层、隧道区间、地铁站台和站厅等为基本单元确定各水平疏散区域的疏散指示方案。疏散指示方案应

包括确定各区域疏散路径、指示疏散方向的消防应急标志灯具（以下简称"方向标志灯"）的指示方向和指示疏散出口、安全出口消防应急标志灯具（以下简称"出口标志灯"）的工作状态，并应符合下列规定：

（1）具有一种疏散指示方案的区域，应按照最短路径疏散的原则确定该区域的疏散指示方案。

（2）具有两种及以上疏散指示方案的区域应符合下列规定：

1）需要借用相邻防火分区疏散的防火分区，应根据火灾时相邻防火分区可借用和不可借用的两种情况，分别按最短路径疏散原则和避险原则确定相应的疏散指示方案。

2）需要采用不同疏散预案的交通隧道、地铁隧道、地铁站台和站厅等场所，应分别按照最短路径疏散原则和避险疏散原则确定相应疏散指示方案。其中，按最短路径疏散原则确定的疏散指示方案应为该场所默认的疏散指示方案。

（四）其他设计要求

（1）系统中的应急照明控制器、应急照明集中电源（以下简称"集中电源"）、应急照明配电箱和灯具应选择符合现行国家标准《消防应急照明和疏散指示系统》（GB 17945）规定和有关市场准入制度的产品。

（2）住宅建筑中，当灯具采用自带蓄电池供电方式时，消防应急照明可以兼用日常照明。

二、消防应急照明和疏散指示系统灯具

（一）消防应急照明和疏散指示系统灯具一般规定

1. 灯具的选择

（1）应选择采用节能光源的灯具，消防应急照明灯具（以下简称"照明灯"）的光源色温不应低于2700K。

（2）不应采用蓄光型指示标志替代消防应急标志灯具（以下简称"标志灯"）。

（3）灯具的蓄电池电源宜优先选择安全性高、不含重金属等对环境有害物质的蓄电池。

（4）设置在距地面8m及以下的灯具的电压等级及供电方式应符合下列规定：

1）应选择A型灯具。

2）地面上设置的标志灯应选择集中电源A型灯具。

3）未设置消防控制室的住宅建筑，疏散走道、楼梯间等场所可选择自带电源B型灯具。

（5）灯具面板或灯罩的材质应符合下列规定：

1）除地面上设置的标志灯的面板可以采用厚度4mm及以上的钢化玻璃外，设置在距地面1m及以下的标志灯的面板或灯罩不应采用易碎材料或玻璃材质。

2）在顶棚、疏散路径上方设置的灯具的面板或灯罩不应采用玻璃材质。

（6）标志灯的规格应符合下列规定：

1）室内高度大于4.5m的场所，应选择特大型或大型标志灯。

2）室内高度为3.5～4.5m的场所，应选择大型或中型标志灯。

3）室内高度小于 3.5m 的场所，应选择中型或小型标志灯。

（7）灯具及其连接附件的防护等级应符合下列规定：

1）在室外或地面上设置时，防护等级不应低于 IP67。

2）在隧道场所、潮湿场所内设置时，防护等级不应低于 IP65。

3）B 型灯具的防护等级不应低于 IP34。

（8）标志灯应选择持续型灯具。

（9）交通隧道和地铁隧道宜选择带有米标的方向标志灯。

2. 灯具布置的原则

灯具的布置应根据疏散指示方案进行设计，且灯具的布置原则应符合下列规定：

（1）照明灯的设置应保证为人员在疏散路径及相关区域的疏散提供最基本的照度。

（2）标志灯的设置应保证人员能够清晰地辨识疏散路径、疏散方向、安全出口的位置、所处的楼层位置。

3. 火灾状态下灯具光源应急点亮熄灭的响应时间

火灾状态下，灯具光源应急点亮、熄灭的响应时间应符合下列规定：

（1）高危险场所灯具光源应急点亮的响应时间不应大于 0.25s。

（2）其他场所灯具光源应急点亮的响应时间不应大于 5s。

（3）具有两种及以上疏散指示方案的场所，标志灯光源点亮、熄灭的响应时间不应大于 5s。

4. 蓄电池电源供电时的持续工作时间

系统应急启动后，在蓄电池电源供电时的持续工作时间应满足下列要求：

（1）建筑高度大于 100m 的民用建筑，不应小于 1.5h。

（2）医疗建筑、老年人照料设施、总建筑面积大于 100000m² 的公共建筑和总建筑面积大于 20000m² 的地下、半地下建筑，不应少于 1.0h。

（3）其他建筑，不应少于 0.5h。

（4）城市交通隧道应符合下列规定：

1）一类、二类隧道不应小于 1.5h，隧道端口外接的站房不应小于 2.0h。

2）三类、四类隧道不应小于 1.0h，隧道端口外接的站房不应小于 1.5h。

（5）本条第（1）款～第（4）款规定的场所中，当按照下列规定设计时，持续工作时间应分别增加设计文件规定的灯具持续应急点亮时间。

在非火灾状态下，系统主电源断电后，系统的控制设计应符合下列规定：

1）集中电源或应急照明配电箱应连锁控制其配接的非持续型照明灯的光源应急点亮、持续型灯具的光源由节电点亮模式转入应急点亮模式；灯具持续应急点亮时间应符合设计文件的规定，且不应超过 0.5h。

2）系统主电源恢复后，集中电源或应急照明配电箱应连锁其配接灯具的光源恢复原工作状态；或灯具持续点亮时间达到设计文件规定的时间，且系统主电源仍未恢复供电时，集中电源或应急照明配电箱应连锁其配接灯具的光源熄灭。

（6）集中电源的蓄电池组和灯具自带蓄电池达到使用寿命周期后标称的剩余容量应保证放电时间满足本条第（1）款～第（5）款规定的持续工作时间。

（二）照明灯

1. 照明灯布置方式

照明灯应采用多点、均匀布置方式，建、构筑物设置照明灯的部位或场所疏散路径地面水平最低照度应符合表 2-4-2-1 的规定。

表 2-4-2-1　　　　　建、构筑物设置照明灯的部位或场所疏散
路径地面水平最低照度

设置部位或场所	地面水平最低照度
Ⅰ-1. 病房楼或手术部的避难间。 Ⅰ-2. 老年人照料设施。 Ⅰ-3. 人员密集场所、老年人照料设施、病房楼或手术部内的楼梯间、前室或合用前室、避难走道。 Ⅰ-4. 逃生辅助装置存放处等特殊区域。 Ⅰ-5. 屋顶直升机停机坪	不应低于 10.0lx
Ⅱ-1. 除Ⅰ-3 规定的敞开楼梯间、封闭楼梯间、防烟楼梯间及其前室，室外楼梯。 Ⅱ-2. 消防电梯间的前室或合用前室。 Ⅱ-3. 除Ⅰ-3 规定的避难走道。 Ⅱ-4. 寄宿制幼儿园和小学的寝室、医院手术室及重症监护室等病人行动不便的病房等需要救援人员协助疏散的区域	不应低于 5.0lx
Ⅲ-1. 除Ⅰ-1 规定的避难层（间）。 Ⅲ-2. 观众厅，展览厅，电影院，多功能厅，建筑面积大于 200m² 的营业厅、餐厅、演播厅，建筑面积超过 400m² 的办公大厅、会议室等人员密集场所。 Ⅲ-3. 人员密集厂房内的生产场所。 Ⅲ-4. 室内步行街两侧的商铺。 Ⅲ-5. 建筑面积大于 100m² 的地下或半地下公共活动场所	不应低于 3.0lx
Ⅳ-1. 除Ⅰ-2、Ⅱ-4、Ⅲ-2～Ⅲ-5 规定场所的疏散走道、疏散通道。 Ⅳ-2. 室内步行街。 Ⅳ-3. 城市交通隧道两侧、人行横通道和人行疏散通道。 Ⅳ-4. 宾馆、酒店的客房。 Ⅳ-5. 自动扶梯上方或侧上方。 Ⅳ-6. 安全出口外面及附近区域、连廊的连接处两端。 Ⅳ-7. 进入屋顶直升机停机坪的途径。 Ⅳ-8. 配电室、消防控制室、消防水泵房、自备发电机房等发生火灾时仍需工作、值守的区域	不应低于 1.0lx

2. 手电筒设置

宾馆、酒店的每个客房内宜设置疏散用手电筒。

（三）标志灯

1. 标志灯设置基本要求

（1）标志灯应设在醒目位置，应保证人员在疏散路径的任何位置、在人员密集场所的任何位置都能看到标志灯。

（2）楼梯间每层应设置指示该楼层的标志灯（以下简称"楼层标志灯"）。

（3）人员密集场所的疏散出口、安全出口附近应增设多信息复合标志灯具。

2. 出口标志灯的设置要求

出口标志灯的设置应符合下列规定：

（1）应设置在敞开楼梯间、封闭楼梯间、防烟楼梯间、防烟楼梯间前室入口的上方。

（2）地下或半地下建筑（室）与地上建筑共用楼梯间时，应设置在地下或半地下楼梯通向地面层疏散门的上方。

（3）应设置在室外疏散楼梯出口的上方。

（4）应设置在直通室外疏散门的上方。

（5）在首层采用扩大的封闭楼梯间或防烟楼梯间时，应设置在通向楼梯间疏散门的上方。

（6）应设置在直通上人屋面、平台、天桥、连廊出口的上方。

（7）地下或半地下建筑（室）采用直通室外的竖向梯疏散时，应设置在竖向梯开口的上方。

（8）需要借用相邻防火分区疏散的防火分区中，应设置在通向被借用防火分区甲级防火门的上方。

（9）应设置在步行街两侧商铺通向步行街疏散门的上方。

（10）应设置在避难层、避难间、避难走道防烟前室、避难走道入口的上方。

（11）应设置在观众厅、展览厅、多功能厅和建筑面积大于 $400m^2$ 的营业厅、餐厅、演播厅等人员密集场所疏散门的上方。

3. 方向标志灯的设置要求

方向标志灯的设置应符合下列规定：

（1）有维护结构的疏散走道、楼梯应符合下列规定：

1）应设置在走道、楼梯两侧距地面、梯面高度 1m 以下的墙面、柱面上。

2）当安全出口或疏散门在疏散走道侧边时，应在疏散走道上方增设指向安全出口或疏散门的方向标志灯。

3）方向标志灯的标志面与疏散方向垂直时，灯具的设置间距不应大于 20m；方向标志灯的标志面与疏散方向平行时，灯具的设置间距不应大于 10m。

（2）展览厅、商店、候车（船）室、民航候机厅、营业厅等开敞空间场所的疏散通道应符合下列规定：

1）当疏散通道两侧设置了墙、柱等结构时，方向标志灯应设置在距地面高度 1m 以下的墙面、柱面上。

2）当疏散通道两侧无墙、柱等结构时，方向标志灯应设置在疏散通道的上方。

3）方向标志灯的标志面与疏散方向垂直时，特大型或大型方向标志灯的设置间距不应大于 30m，中型或小型方向标志灯的设置间距不应大于 20m。

4）方向标志灯的标志面与疏散方向平行时，特大型或大型方向标志灯的设置间距不应大于 15m，中型或小型方向标志灯的设置间距不应大于 10m。

（3）保持视觉连续的方向标志灯应符合下列规定：

1）应设置在疏散走道、疏散通道地面的中心位置。

2）灯具的设置间距不应大于 3m。

（4）方向标志灯箭头的指示方向应按照疏散指示方案指向疏散方向，并导向安全出口。

三、消防应急照明和疏散指示系统配电的设计

（一）配电设计一般规定

1. 基本要求

系统配电应根据系统的类型、灯具的设置部位、灯具的供电方式进行设计。灯具的电源应由主电源和蓄电池电源组成，且蓄电池电源的供电方式分为集中电源供电方式和灯具自带蓄电池供电方式。

2. 灯具的供电与电源转换应符合的规定

（1）当灯具采用集中电源供电时，灯具的主电源和蓄电池电源应由集中电源提供，灯具主电源和蓄电池电源在集中电源内部实现输出转换后应由同一配电回路为灯具供电。

（2）当灯具采用自带蓄电池供电时，灯具的主电源应通过应急照明配电箱一级分配电后为灯具供电，应急照明配电箱的主电源输出断开后，灯具应自动转入自带蓄电池供电。

3. 其他要求

应急照明配电箱或集中电源的输入及输出回路中不应装设剩余电流动作保护器，输出回路严禁接入系统以外的开关装置、插座及其他负载。

（二）灯具配电回路的设计

1. 水平疏散区域灯具配电回路的设计

水平疏散区域灯具配电回路的设计应符合下列规定：

（1）应按防火分区、同一防火分区的楼层、隧道区间、地铁站台和站厅等为基本单元设置配电回路。

（2）除住宅建筑外，不同的防火分区、隧道区间、地铁站台和站厅不能共用同一配电回路。

（3）避难走道应单独设置配电回路。

（4）防烟楼梯间前室及合用前室内设置的灯具应由前室所在楼层的配电回路供电。

（5）配电室、消防控制室、消防水泵房、自备发电机房等发生火灾时仍需工作、值守的区域和相关疏散通道，应单独设置配电回路。

2. 竖向疏散区域灯具配电回路的设计

竖向疏散区域灯具配电回路的设计应符合下列规定：

（1）封闭楼梯间、防烟楼梯间、室外疏散楼梯应单独设置配电回路。

（2）敞开楼梯间内设置的灯具应由灯具所在楼层或就近楼层的配电回路供电。

（3）避难层和避难层连接的下行楼梯间应单独设置配电回路。

3. 配接灯具的数量范围要求

任一配电回路配接灯具的数量、范围应符合下列规定：

（1）配接灯具的数量不宜超过 60 只。

（2）道路交通隧道内，配接灯具的范围不宜超过 1000m。

（3）地铁隧道内，配接灯具的范围不应超过一个区间的 1/2。

4．额定功率和额定电流要求

任一配电回路的额定功率、额定电流应符合下列规定：

（1）配接灯具的额定功率总和不应大于配电回路额定功率的 80%。

（2）A 型灯具配电回路的额定电流不应大于 6A。

（3）B 型灯具配电回路的额定电流不应大于 10A。

（三）灯具采用自带蓄电池供电时应急照明配电箱的设计

1．应急照明配电箱的选择

（1）应选择进、出线口分开设置在箱体下部的产品。

（2）在隧道场所、潮湿场所，应选择防护等级不低于 IP65 的产品。

（3）在电气竖井内，应选择防护等级不低于 IP33 的产品。

2．应急照明配电箱的设置

（1）宜设置于值班室、设备机房、配电间或电气竖井内。

（2）人员密集场所，每个防火分区应设置独立的应急照明配电箱。

（3）非人员密集场所，多个相邻防火分区可设置一个共用的应急照明配电箱。

（4）防烟楼梯间应设置独立的应急照明配电箱，封闭楼梯间宜设置独立的应急照明配电箱。

3．应急照明配电箱的供电

（1）集中控制型系统中，应急照明配电箱应由消防电源的专用应急回路或所在防火分区、同一防火分区的楼层、隧道区间、地铁站台和站厅的消防电源配电箱供电。

（2）非集中控制型系统中，应急照明配电箱应由防火分区、同一防火分区的楼层、隧道区间、地铁站台和站厅的正常照明配电箱供电。

（3）A 型应急照明配电箱的变压装置可设置在应急照明配电箱内或其附近。

4．应急照明配电箱的输出回路

（1）A 型应急照明配电箱的输出回路不应超过 8 路；B 型应急照明配电箱的输出回路不应超过 12 路。

（2）沿电气竖井垂直方向为不同楼层的灯具供电时，应急照明配电箱的每个输出回路在公共建筑中的供电范围不宜超过 8 层，在住宅建筑的供电范围不宜超过 18 层。

（四）集中电源的设计

1．集中电源的选择

（1）应根据系统的类型及规模、灯具及其配电回路的设置情况、集中电源的设置部位及设备散热能力等因素综合选择适宜电压等级与额定输出功率的集中电源；集中电源额定输出功率不应大于 5kW；设置在电缆竖井中的集中电源额定输出功率不应大于 1kW。

（2）蓄电池电源宜优先选择安全性高、不含重金属等对环境有害物质的蓄电池（组）。

（3）在隧道场所、潮湿场所，应选择防护等级不低于 IP65 的产品；在电气竖井内，应选择防护等级不低于 IP33 的产品。

2．集中电源的设置

（1）应综合考虑配电线路的供电距离、导线截面、压降损耗等因素，按防火分区的划分情况设置集中电源；灯具总功率大于 5kW 的系统，应分散设置集中电源。

（2）应设置在消防控制室、低压配电室、配电间内或电气竖井内。

（3）在消防控制室地面上设置时，应符合下列规定：

1）设备面盘前的操作距离，单列布置时不应小于 1.5m；双列布置时不应小于 2m。

2）在值班人员经常工作的一面，设备面盘至墙的距离不应小于 3m。

3）设备面盘后的维修距离不宜小于 1m。

4）设备面盘的排列长度大于 4m 时，其两端应设置宽度不小于 1m 的通道。

（4）在消防控制室墙面上设置时，应符合下列规定：

1）设备主显示屏高度宜为 1.5～1.8m。

2）设备靠近门轴的侧面距墙不应小于 0.5m。

3）设备正面操作距离不应小于 1.2m。

（5）集中电源的额定输出功率不大于 1kW 时，可设置在电气竖井内。

（6）设置场所不应有可燃气体管道、易燃物、腐蚀性气体或蒸汽。

（7）酸性电池的设置场所不应存放带有碱性介质的物质；碱性电池的设置场所不应存放带有酸性介质的物质。

（8）设置场所宜通风良好，设置场所的环境温度不应超出电池标称的工作温度范围。

3．集中电源的供电

（1）集中控制型系统中，集中设置的集中电源应由消防电源的专用应急回路供电，分散设置的集中电源应由所在防火分区、同一防火分区的楼层、隧道区间、地铁站台和站厅的消防电源配电箱供电。

（2）非集中控制型系统中，集中设置的集中电源应由正常照明线路供电，分散设置的集中电源应由所在防火分区、同一防火分区的楼层、隧道区间、地铁站台和站厅的正常照明配电箱供电。

4．集中电源的输出回路

（1）集中电源的输出回路不应超过 8 路。

（2）沿电气竖井垂直方向为不同楼层的灯具供电时，集中电源的每个输出回路在公共建筑中的供电范围不宜超过 8 层，在住宅建筑的供电范围不宜超过 18 层。

四、消防应急照明和疏散指示系统应急照明控制器的设计

（一）应急照明控制器的设计

1．应急照明控制器选型

应急照明控制器的选型应符合下列规定：

（1）应选择具有能接收火灾报警控制器或消防联动控制器干接点信号或 DC24V 信号接口的产品。

（2）应急照明控制器采用通信协议与消防联动控制器通信时，应选择与消防联动控制器的通信接口和通信协议的兼容性满足现行国家标准《火灾自动报警系统组件兼容性要求》（GB 22134）有关规定的产品。

（3）在隧道场所、潮湿场所，应选择防护等级不低于 IP65 的产品；在电气竖井内，

应选择防护等级不低于 IP33 的产品。

（4）控制器的蓄电池电源宜优先选择安全性高、不含重金属等对环境有害物质的蓄电池。

2. 应急照明控制器直接控制灯具的总数量

任一台应急照明控制器直接控制灯具的总数量不应大于 3200。

3. 应急照明控制器的控制和显示功能

应急照明控制器的控制、显示功能应符合下列规定：

（1）应能接收、显示、保持火灾报警控制器的火灾报警输出信号。具有两种及以上疏散指示方案场所中设置的应急照明控制器还应能接收、显示、保持消防联动控制器发出的火灾报警区域信号或联动控制信号。

（2）应能按预设逻辑自动、手动控制系统的应急启动，并应符合有关规定。

（3）应能接收、显示、保持其配接的灯具、集中电源或应急照明配电箱的工作状态信息。

4. 起集中控制功能的应急照明控制器的控制和显示功能

系统设置多台应急照明控制器时，起集中控制功能的应急照明控制器的控制、显示功能尚应符合下列规定：

（1）应能按预设逻辑自动、手动控制其他应急照明控制器配接系统设备的应急启动，并应符合有关规定。

（2）应能接收、显示、保持其他应急照明控制器及其配接的灯具、集中电源或应急照明配电箱的工作状态信息。

5. 疏散指示方案和部件工作状态的显示

建、构筑物中存在具有两种及以上疏散指示方案的场所时，所有区域的疏散指示方案、系统部件的工作状态应在应急照明控制器或专用消防控制室图形显示装置上以图形方式显示。

6. 应急照明控制器的设置

（1）应设置在消防控制室内或有人值班的场所；系统设置多台应急照明控制器时，起集中控制功能的应急照明控制器应设置在消防控制室内，其他应急照明控制器可设置在电气竖井、配电间等无人值班的场所。

（2）在消防控制室地面上设置时，应符合下列规定：

1）设备面盘前的操作距离，单列布置时不应小于 1.5m；双列布置时不应小于 2m。

2）在值班人员经常工作的一面，设备面盘至墙的距离不应小于 3m。

3）设备面盘后的维修距离不宜小于 1m。

4）设备面盘的排列长度大于 4m 时，其两端应设置宽度不小于 1m 的通道。

（3）在消防控制室墙面上设置时，应符合下列规定：

1）设备主显示屏高度宜为 1.5~1.8m。

2）设备靠近门轴的侧面距墙不应小于 0.5m。

3）设备正面操作距离不应小于 1.2m。

7. 应急照明控制器电源

（1）应急照明控制器的主电源应由消防电源供电。

（2）控制器的自带蓄电池电源应至少使控制器在主电源中断后工作 3h。

（二）系统通信线路的设计

集中电源或应急照明配电箱应按灯具配电回路设置灯具通信回路，且灯具配电回路和灯具通信回路配接的灯具应一致。

五、消防应急照明和疏散指示系统线路的选择

（一）线路材质选择

系统线路应选择铜芯导线或铜芯电缆。

（二）线路电压等级选择

（1）额定工作电压等级为 50V 以下时，应选择电压等级不低于交流 300V/500V 的线缆。

（2）额定工作电压等级为 220V/380V 时，应选择电压等级不低于交流 450V/750V 的线缆。

（3）地面上设置的标志灯的配电线路和通信线路应选择耐腐蚀橡胶线缆。

（三）线路耐火性能选择

（1）集中控制型系统中，除地面上设置的灯具外，系统的配电线路应选择耐火线缆，系统的通信线路应选择耐火线缆或耐火光纤。

（2）非集中控制型系统中，除地面上设置的灯具外，系统配电线路的选择应符合下列规定：

1）灯具采用自带蓄电池供电时，系统的配电线路应选择阻燃或耐火线缆。

2）灯具采用集中电源供电时，系统的配电线路应选择耐火线缆。

（四）线路颜色标志

（1）同一工程中相同用途电线电缆的颜色应一致。

（2）线路正极"＋"线应为红色，负极"－"线应为蓝色或黑色。

（3）接地线应为黄色绿色相间。

六、集中控制型消防应急照明和疏散指示系统的控制设计

（一）控制设计一般规定

1. 系统控制架构设计

（1）系统设置多台应急照明控制器时，应设置一台起集中控制功能的应急照明控制器。

（2）应急照明控制器应通过集中电源或应急照明配电箱连接灯具，并控制灯具的应急启动、蓄电池电源的转换。

2. 可变疏散指示方向功能

具有一种疏散指示方案的场所，系统不应设置可变疏散指示方向功能。

3.光源由节电点亮模式转入应急点亮模式

(1)集中电源或应急照明配电箱与灯具的通信中断时,非持续型灯具的光源应应急点亮、持续型灯具的光源由节电点亮模式转入应急点亮模式。

(2)应急照明控制器与集中电源或应急照明配电箱的通信中断时,集中电源或应急照明配电箱应连锁控制其配接的非持续型照明灯的光源应急点亮、持续型灯具的光源由节电点亮模式转入应急点亮模式。

(二)非火灾状态下的系统控制设计

1.非火灾状态下系统正常工作模式设计

(1)应保持主电源为灯具供电。

(2)系统内所有非持续型照明灯应宜保持熄灭状态,持续型照明灯的光源应保持节电点亮模式。

(3)标志灯的工作状态应符合下列规定:

1)具有一种疏散指示方案的区域,区域内所有标志灯的光源应按该区域疏散指示方案保持节电点亮模式。

2)需要借用相邻防火分区疏散的防火分区,区域内相关标志灯的光源应按该区域可借用相邻防火分区疏散工况条件对应的疏散指示方案保持节电点亮模式。

3)需要采用不同疏散预案的交通隧道、地铁隧道、地铁站台和站厅等场所,区域内相关标志灯的光源应按该区域默认疏散指示方案保持节电点亮模式。

2.非火灾状态下系统主电源断电后系统的控制设计

(1)集中电源或应急照明配电箱应连锁控制其配接的非持续型照明灯的光源应急点亮、持续型灯具的光源由节电点亮模式转入应急点亮模式;灯具持续应急点亮时间应符合设计文件的规定,且不应超过0.5h。

(2)系统主电源恢复后,集中电源或应急照明配电箱应连锁其配接灯具的光源恢复原工作状态;或灯具持续点亮时间达到设计文件规定的时间,且系统主电源仍未恢复供电时,集中电源或应急照明配电箱应连锁其配接灯具的光源熄灭。

3.非火灾状态下任一防火分区正常照明电源断电后系统的控制设计

(1)为该区域内设置灯具供配电的集中电源或应急照明配电箱应在主电源供电状态下,连锁控制其配接的非持续型照明灯的光源应急点亮、持续型灯具的光源由节电点亮模式转入应急点亮模式。

(2)该区域正常照明电源恢复供电后,集中电源或应急照明配电箱应连锁控制其配接的灯具的光源恢复原工作状态。

(三)火灾状态下的系统控制设计

1.火灾状态下的系统控制设计基本要求

火灾确认后,应急照明控制器应能按预设逻辑手动、自动控制系统的应急启动,具有两种及以上疏散指示方案的区域应作为独立的控制单元,且需要同时改变指示状态的灯具应作为一个灯具组,由应急照明控制器的一个信号统一控制。

2.系统自动应急启动设计

(1)应由火灾报警控制器或火灾报警控制器(联动型)的火灾报警输出信号作为系统

自动应急启动的触发信号。

（2）应急照明控制器接收到火灾报警控制器的火灾报警输出信号后，应自动执行以下控制操作：

1）控制系统所有非持续型照明灯的光源应急点亮，持续型灯具的光源由节电点亮模式转入应急点亮模式。

2）控制 B 型集中电源转入蓄电池电源输出、B 型应急照明配电箱切断主电源输出。

3）A 型集中电源应保持主电源输出，待接收到其主电源断电信号后，自动转入蓄电池电源输出。

4）A 型应急照明配电箱应保持主电源输出，待接收到其主电源断电信号后，自动切断主电源输出。

3．系统手动应急启动设计

应能手动操作应急照明控制器控制系统的应急启动，且系统手动应急启动的设计应符合下列规定：

（1）控制系统所有非持续型照明灯的光源应急点亮，持续型灯具的光源由节电点亮模式转入应急点亮模式。

（2）控制集中电源转入蓄电池电源输出应急照明配电箱切断主电源输出。

4．需要借用相邻防火分区疏散的防火分区改变相应标志灯具指示状态的控制设计

（1）应由消防联动控制器发送的被借用防火分区的火灾报警区域信号作为控制改变该区域相应标志灯具指示状态的触发信号。

（2）应急照明控制器接收到被借用防火分区的火灾报警区域信号后，应自动执行以下控制操作：

1）按对应的疏散指示方案，控制该区域内需要变换指示方向的方向标志灯改变箭头指示方向。

2）控制被借用防火分区入口处设置的出口标志灯的"出口指示标志"的光源熄灭、"禁止入内"指示标志的光源应急点亮。

3）该区域内其他标志灯的工作状态不应被改变。

5．需要采用不同疏散预案场所改变相应标志灯具指示状态的控制设计

需要采用不同疏散预案的交通隧道、地铁隧道、地铁站台和站厅等场所，改变相应标志灯具指示状态的控制设计应符合下列规定：

（1）应由消防联动控制器发送的代表相应疏散预案的联动控制信号作为控制改变该区域相应标志灯具指示状态的触发信号。

（2）应急照明控制器接收到代表相应疏散预案的消防联动控制信号后，应自动执行以下控制操作：

1）按对应的疏散指示方案，控制该区域内需要变换指示方向的方向标志灯改变箭头指示方向。

2）控制该场所需要关闭的疏散出口处设置的出口标志灯的"出口指示标志"的光源熄灭、"禁止入内"指示标志的光源应急点亮。

3）该区域内其他标志灯的工作状态不应改变。

七、非集中控制型消防应急照明和疏散指示系统的控制设计

（一）非火灾状态下的系统控制设计

1. 非火灾状态下系统正常工作模式设计

（1）应保持主电源为灯具供电。

（2）系统内非持续型照明灯的光源应保持熄灭状态。

（3）系统内持续型灯具的光源应保持节电点亮状态。

2. 非火灾状态下非持续型照明灯设计

在非火灾状态下，非持续型照明灯在主电供电时可由人体感应、声控感应等方式感应点亮。

（二）火灾状态下的系统控制设计

1. 火灾状态下的系统控制设计基本要求

（1）火灾确认后，应能手动控制系统的应急启动。

（2）设置区域火灾报警系统的场所，尚应能自动控制系统的应急启动。

2. 系统手动应急启动设计

（1）灯具采用集中电源供电时，应能手动操作集中电源，控制集中电源转入蓄电池电源输出，同时控制其配接的所有非持续型照明灯的光源应急点亮、持续型灯具的光源由节电点亮模式转入应急点亮模式。

（2）灯具采用自带蓄电池供电时，应能手动操作切断应急照明配电箱的主电源输出，同时控制其配接的所有非持续型照明灯的光源应急点亮、持续型灯具的光源由节电点亮模式转入应急点亮模式。

3. 在设置区域火灾报警系统场所系统的自动应急启动设计

（1）灯具采用集中电源供电时，集中电源接收到火灾报警控制器的火灾报警输出信号后，应自动转入蓄电池电源输出，并控制其配接的所有非持续型照明灯的光源应急点亮、持续型灯具的光源由节电点亮模式转入应急点亮模式。

（2）灯具采用自带蓄电池供电时，应急照明配电箱接收到火灾报警控制器的火灾报警输出信号后，应自动切断主电源输出，并控制其配接的所有非持续型照明灯的光源应急点亮、持续型灯具的光源应由节电点亮模式转入应急点亮模式。

八、消防应急照明和疏散指示系统备用照明设计

（一）需要备用照明的区域

避难间（层）及配电室、消防控制室、消防水泵房、自备发电机房等发生火灾时仍需工作、值守的区域应同时设置备用照明、疏散照明和疏散指示标志。

（二）系统备用照明的设计规定

（1）备用照明灯具可采用正常照明灯具，在火灾时应保持正常的照度。

（2）备用照明灯具应由正常照明电源和消防电源专用应急回路互投后供电。

第三节　消防应急照明和疏散指示系统施工

一、消防应急照明和疏散指示系统施工的一般规定

（一）消防应急照明和疏散指示系统工程的子分部分项工程划分

消防应急照明和疏散指示系统工程的子分部分项工程划分见表2-4-3-1。

表2-4-3-1　　消防应急照明和疏散指示系统工程的子分部分项工程划分

序号	子分部工程		分　项　工　程
1	材料、设备进场检查	材料类	管材、槽盒、电缆电线
		控制设备	应急照明控制器
		供配电设备	集中电源、应急照明配电箱
		灯具	照明灯、出口标志灯、方向标志灯、楼层标志灯、多信息复合标志灯
2	系统线路设计检查	灯具配电线路	
		系统通信线路	
3	安装与施工	布线	管材、槽盒、电缆电线
		系统部件安装	应急照明控制器
			集中电源、应急照明配电箱
			照明灯、出口标志灯、方向标志灯、楼层标志灯、多信息复合标志灯
4	系统调试	系统部件功能	应急照明控制器
			集中电源、应急照明配电箱
		系统功能	非火灾状态下的系统功能、火灾状态下的系统控制功能
			备用照明的系统功能
5	系统检验、验收	系统类型和功能选择	集中控制型
			非集中控制型
		系统线路设计检查	灯具配电线路
			系统通信线路
		布线	管材、槽盒、电缆电线
		系统部件安装和功能	应急照明控制器
			集中电源、应急照明配电箱
			照明灯、出口标志灯、方向标志灯、楼层标志灯、多信息复合标志灯
		系统功能	非火灾状态下的系统功能、火灾状态下的系统控制功能
			备用照明的系统功能

（二）系统施工基本要求

（1）系统的施工，应按照批准的工程设计文件和施工技术标准进行。

（2）系统的施工应按设计文件要求编写施工方案，施工现场应具有必要的施工技术标准、健全的施工质量管理体系和工程质量检验制度，建设单位应组织监理单位进行检查，并应按表2-4-3-2的规定填写有关记录。

监理工程师应按表2-4-3-2的规定填写施工现场质量管理检查记录，施工单位项目负责人、监理工程师、建设单位项目负责人应对检查结果确认签章。监理工程师应根据检查结果，在对应记录表格框中勾选相应的记录项，对不合格的项目，应做出说明。

表2-4-3-2　　　　　　　施工现场质量管理检查记录表

工程名称			建设单位		
监理单位			设计单位		
序号	项　目		监理单位检查结果		
			合格	不合格	不合格说明
1	现场质量管理制度		☐	☐	
2	质量责任制		☐	☐	
3	主要专业工种人员操作上岗证书		☐	☐	
4	施工图审查情况		☐	☐	
5	施工组织设计、施工方案及审批		☐	☐	
6	施工技术标准		☐	☐	
7	工程质量检验制度		☐	☐	
8	现场材料、设备管理		☐	☐	
9	其他项目		☐	☐	
检查结论	合格☐			不合格☐	
建设单位项目负责人： （签章） 　年　月　日	监理工程师： （签章） 　年　月　日		施工单位项目负责人： （签章） 　年　月　日		

（三）系统施工前应具备条件

（1）应具备下列经批准的消防设计文件：

1）系统图。

2）各防火分区、楼层、隧道区间、地铁站厅或站台的疏散指示方案。

3）设备布置平面图、接线图、安装图。

4）系统控制逻辑设计文件。

（2）系统设备的现行国家标准、系统设备的使用说明书等技术资料齐全。

（3）设计单位向建设、施工、监理单位进行技术交底，明确相应技术要求。

（4）材料、系统部件及配件齐全，规格、型号符合设计要求，能够保证正常施工。

（5）经检查，与系统施工相关的预埋件、预留孔洞等符合设计要求。

（6）施工现场及施工中使用的水、电、气能够满足连续施工的要求。

（四）施工质量控制

（1）监理单位应按材料、设备进场检查的有关规定和表2-4-3-3中规定的检查项目、检查内容和检查方法，组织施工单位对材料、系统部件及配件进行进场检查，并按表2-4-3-3的规定填写记录，检查不合格者不得使用。

表2-4-3-3　　　　　　　系统材料和设备进场检查、系统线路设计检查、

安装质量检查记录表

工程名称			施工单位		监理单位	
子分部工程名称		□进场检查□系统线路设计□安装质量	执行规范名称及编号		《电气装置安装工程　爆炸和火灾危险环境电气装置施工及验收规范》（GB 50257—2014）、《建筑电气工程施工质量验收规范》（GB 50303—2015）	

施工区域编号	项目	条款	检查内容		施工单位检查记录			监理单位检查记录		
			检查要求	检查方法	合格	不合格	说明	合格	不合格	说明
1 进场检查										
	Ⅰ 类型：☆材料									
	文件资料	4.2.1	应提供清单、有效的质量合格证明文件和国家法定质检机构的检验报告	检查文件是否齐全，质量合格证明文件和检验报告是否有效	□	□		□	□	
	Ⅱ 类型：☆应急照明控制器、☆集中电源、☆应急照明配电箱、☆灯具及配件									
区域编号	1 文件资料	4.2.1	应提供清单、说明书、检验报告、认证证书和认证标识	核查文件是否齐全，检验报告、认证证书和认证标识是否有效	□	□		□	□	
		4.2.2	产品名称、型号、规格应与认证证书和检验报告一致	对照认证证书和检验报告核查产品的名称、型号、规格	□	□		□	□	
	2 选型	4.2.3	规格、型号应符合设计文件的规定	对照设计文件，核查设备的规格、型号	□	□		□	□	
	3 外观检查	4.2.4	表面应无明显划痕、毛刺等机械损伤，紧固部位应无松动	检查设备及配件的外观，用手感检查设备的紧固部位	□	□		□	□	

续表

工程名称			施工单位			监理单位		
子分部工程名称		□进场检查□系统线路设计□安装质量	执行规范名称及编号		《电气装置安装工程　爆炸和火灾危险环境电气装置施工及验收规范》（GB 50257—2014）、《建筑电气工程施工质量验收规范》（GB 50303—2015）			

施工区域编号	项目	条款	检查内容		施工单位检查记录			监理单位检查记录		
			检查要求	检查方法	合格	不合格	说明	合格	不合格	说明

2　系统线路设计检查

施工区域编号	项目	条款	检查要求	检查方法	合格	不合格	说明	合格	不合格	说明
区域编号	**Ⅰ　灯具配电线路设计**									
	1　一般规定	3.3.1	☆1　灯具采用集中电源供电时，灯具的主电源和蓄电池电源均由集中电源提供，灯具主电源和蓄电池电源应在集中电源内部实现输出转换后由同一配电回路为灯具供电	对照设计文件，核查灯具蓄电池电源的供电方式、灯具配电回路的设计原则	□	□		□	□	
			☆2　灯具采用自带蓄电池供电时，灯具的主电源通过应急照明配电箱一级分配电后为灯具供电，切断应急照明配电箱的主电源输出后，灯具自动转入自带蓄电池电源供电							
		3.3.2	2　应急照明配电箱或集中电源的输入及输出配电回路中不应装设剩余电流动作脱扣保护装置，输出回路严禁接入系统以外的配电回路、开关装置、插座及其他负载	对照设计文件，检查应急照明配电箱或集中电源的输入及输出配电回路中是否装设剩余电流动作脱扣保护装置，是否接入系统以外的配电回路、开关装置、插座及其他负载	□	□		□	□	
	2　水平疏散区域配电回路设计	3.3.3	1　应按防火分区、同一防火分区的楼层、隧道区间、站台和站厅为单元设置配电路	对照设计文件，核查该区域每一配电回路的设置情况	□	□		□	□	
			2　除住宅建筑外，不同防火分区、隧道区间、站台和站厅不能共用同一配电回路		□	□		□	□	
			☆3　避难走道应单独设置配电回路		□	□		□	□	

续表

工程名称			施工单位		监理单位		
子分部工程名称		□进场检查□系统线路设计□安装质量	执行规范名称及编号		《电气装置安装工程 爆炸和火灾危险环境电气装置施工及验收规范》（GB 50257—2014）、《建筑电气工程施工质量验收规范》（GB 50303—2015）		

施工区域编号	项目	条款	检查内容		施工单位检查记录			监理单位检查记录		
			检查要求	检查方法	合格	不合格	说明	合格	不合格	说明
区域编号	2 水平疏散区域配电回路设计	3.3.3	☆4 防烟楼梯间前室及合用前室应由灯具所在楼层的配电回路供电		□	□		□	□	
			☆5 配电室、消防控制室、消防水泵房、自备发电机房等发生火灾时仍需工作、值守的区域和相关疏散通道，应单独设置配电回路	对照设计文件，核查该区域每一配电回路的设置情况	□	□		□	□	
	3 竖向疏散区域配电回路设计	3.3.4	1 封闭楼梯间、防烟楼梯间、室外疏散楼梯应单独设置配电回路		□	□		□	□	
			2 敞开楼梯间设置的灯具应由灯具所在楼层或就近楼层的配电回路供电	对照设计文件，核查该区域每一配电回路的设置情况	□	□		□	□	
			3 避难层和避难层连接的下行楼梯间应单独设置配电回路		□	□		□	□	
	4 配电回路配接灯具的数量	3.3.5	1 配接灯具的数量不宜超过60		□	□		□	□	
			☆2 道路交通隧道内，配接灯具的范围不宜超过1000m	对照设计文件，核查每一配电回路配接灯具的数量和范围	□	□		□	□	
			☆3 地铁隧道内，配接灯具的范围不应超过一个区段的1/2		□	□		□	□	
	5 配电回路功率、电流	3.3.6	配接灯具的额定功率总和不应大于配电回路额定功率的80%；A型灯具配电回路的额定电流不应大于6A；B型灯具配电回路的额定电流不应大于10A	对照设计文件核算每一配电回路配接灯具的总功率、额定电流	□	□		□	□	

续表

工程名称			施工单位			监理单位		
子分部工程名称	□进场检查□系统线路设计□安装质量		执行规范名称及编号		《电气装置安装工程 爆炸和火灾危险环境电气装置施工及验收规范》（GB 50257—2014)、《建筑电气工程施工质量验收规范》（GB 50303—2015)			

施工区域编号	项目	条款	检查内容		施工单位检查记录			监理单位检查记录		
			检查要求	检查方法	合格	不合格	说明	合格	不合格	说明
区域编号	☆Ⅱ 系统类型为集中控制型系统时，系统通信线路设计									
	系统通信线路设计	3.4.8	集中电源或应急照明配电箱应按灯具配电回路设置灯具通信回路，且灯具配电回路和灯具通信回路配接的灯具应一致	对照设计文件，核查系统通信线路的设计	□	□		□	□	

3 安装质量检查

区域编号	Ⅰ 布线									
	1 施工工艺	4.1.7	☆在有爆炸危险性场所，系统的布线应符合 GB 50257 的相关规定	检查施工工艺是否符合 GB 50257 的规定	□	□		□	□	
	2 系统线路的防护方式	4.3.1	☆1 线路暗敷时，应采用金属管、可弯曲金属电气导管或 BI 级以上的刚性塑料管保护	对照设计文件核查线缆的种类、敷设方式、管路和槽盒的材质	□	□		□	□	
			☆2 系统线路明敷设时，应采用金属管、可弯曲金属电气导管或槽盒保护							
			☆3 矿物绝缘类不燃性电缆可明敷							
	3 管路敷设	4.3.2	☆明敷时，应在下列部位设置吊点或支点，吊杆直径不应小于 6mm；①管路始端、终端及接头处；②距接线盒 0.2m 处；③管路转角或分支处；④直线段不大于 3m 处	明敷时，检查管路的敷设情况，用卡尺测量吊杆的直径、用尺测量吊点或支点距接线盒的距离、直线段吊点或支点的间距；暗敷时，观察管路敷设情况，并宜留有照片、视频等隐蔽工程的检验记录	□	□		□	□	
		4.3.3	☆暗敷时，应敷设在不燃结构内，且保护层厚度不应小于 30mm							

续表

| 工程名称 | | | 施工单位 | | 监理单位 | | | | |

| 子分部工程名称 | | □进场检查□系统线路设计□安装质量 | | 执行规范名称及编号 | | 《电气装置安装工程　爆炸和火灾危险环境电气装置施工及验收规范》（GB 50257—2014）、《建筑电气工程施工质量验收规范》（GB 50303—2015） | | | |

施工区域编号	项目	条款	检查内容		施工单位检查记录			监理单位检查记录		
			检查要求	检查方法	合格	不合格	说明	合格	不合格	说明
区域编号	3　管路敷设	4.3.4	管线经过建筑物的沉降缝、伸缩缝、抗震缝等变形缝处，应采取补偿措施	施工过程观察管路的敷设情况，并宜留有照片、视频等隐蔽工程的检验记录	□	□		□	□	
		4.3.5	敷设在地面上、多尘或潮湿场所管路的管口和管子连接处，均应做防腐蚀、密封处理	检查管口和管子连接处防腐蚀、密封处理情况	□	□		□	□	
	4　管路接线盒安装	4.3.6	符合下列条件时，应在管路便于接线处装设接线盒：①管子长度每超过30m，无弯曲时；②管子长度每超过20m，有1个弯曲时；③管子长度每超过10m，有2个弯曲时；④管子长度每超过8m，有3个弯曲时	检查管路的敷设情况，用尺测量管路的长度	□	□		□	□	
		4.3.7	金属管子入盒，盒外侧应套锁母，内侧应装护口；在吊顶内敷设时，盒的内外侧均应套锁母；塑料管入盒应采取相应固定措施	施工过程中检查管路的敷设情况，用手感检查管路的固定情况，宜留有照片、视频等隐蔽工程的检验记录	□	□		□	□	
	5　槽盒安装	4.3.8	槽盒敷设时，应在下列部位设置吊点或支点，吊杆直径不应小于 6mm：①槽盒始端、终端及接头处；②槽盒转角或分支处；③直线段不大于3m处	检查槽盒吊点、支点设置情况，用卡尺测量吊杆的直径、用尺测量直线段吊点或支点的间距	□	□		□	□	
		4.3.9	槽盒接口应平直、严密，槽盖应齐全、平整、无翘角，并列安装时，槽盖应便于开启	检查槽盒安装情况，用手感检查槽盖开启情况	□	□		□	□	
	6　系统线路的选择									

续表

工程名称			施工单位		监理单位		
子分部工程名称		□进场检查□系统线路设计□安装质量	执行规范名称及编号		《电气装置安装工程 爆炸和火灾危险环境电气装置施工及验收规范》（GB 50257—2014）、《建筑电气工程施工质量验收规范》（GB 50303—2015）		

施工区域编号	项目	条款	检查内容		施工单位检查记录			监理单位检查记录		
			检查要求	检查方法	合格	不合格	说明	合格	不合格	说明
区域编号	6.1 导体材料	3.5.1	应选择铜芯导线或铜芯电缆	对照设计文件，检查线路导体的材质	□	□		□	□	
	6.2 电压等级	3.5.2	☆电压等级为50V以下时，应选择电压等级不低于交流300V/500V的电线电缆	对照设计文件，核查线路的电压等级和线缆的电压等级	□	□		□	□	
			☆电压等级为220V/380V时，应选择电压等级不低于交流450V/750V的电线电缆							
	6.3 外护套材质	3.5.3	地面上设置的标志灯的配点线路和通信线路应选择耐腐蚀橡胶电缆	对照设计文件，核查线缆导体和外护套的材质	□	□		□	□	
		3.5.4	☆系统类型为集中控制型系统时，除地面上设置的灯具外：							
			1 系统的通信线路应采用耐火线缆或耐火光纤	对照设计文件，核查线缆导体和外护套的材质	□	□		□	□	
			2 灯具的配电线路应采用耐火线缆		□	□		□	□	
		3.5.5	☆系统类型为非集中控制型系统时，除地面上设置的灯具外：							
			☆1 灯具采用自带蓄电池供电时，灯具配电线路应采用阻燃或耐火线缆	对照设计文件，核查灯具蓄电池电源的供电方式、线缆导体和外护套的材质	□	□		□	□	
			☆2 灯具采用集中电源供电时，灯具配电线路应采用耐火线缆							
	6.4 线缆的颜色	3.5.6	同一工程中相同用途电线电缆的颜色应一致；线路正极"＋"应为红色，负极"－"应为蓝色或黑色，接地线应为黄色绿色相间	对照设计文件，核查不同用途线缆的颜色是否一致	□	□		□	□	

工程名称			施工单位		监理单位	
子分部工程名称		□进场检查□系统线路设计□安装质量	执行规范名称及编号		《电气装置安装工程 爆炸和火灾危险环境电气装置施工及验收规范》（GB 50257—2014）、《建筑电气工程施工质量验收规范》（GB 50303—2015）	

施工区域编号	项目	条款	检查内容		施工单位检查记录			监理单位检查记录		
			检查要求	检查方法	合格	不合格	说明	合格	不合格	说明
区域编号	7 导线敷设	4.3.11	在管内或槽盒内的布线，应在建筑抹灰及地面工程结束后进行，管内或槽盒内不应有积水及杂物	施工过程中观察管内或槽盒内的情况，宜留有照片、视频等检验记录	□	□		□	□	
		4.3.12	系统应单独布线，除设计要求以外，不同回路、不同电压等级、交流与直流的线路，不应布在同一管内或槽盒的同一槽孔内	对照设计文件，核查线路的电压等级，检查线路的敷设情况	□	□		□	□	
		4.3.13	1 线缆在管内或槽盒内，不应有接头或扭结	施工过程中观察线路的敷设情况，检查导线接头的连接情况，宜留有照片、视频等检验记录	□	□		□	□	
			2 导线应在接线盒内采用焊接、压接、接线端子可靠连接		□	□		□	□	
		4.3.14	1 在地面上、多尘或潮湿场所，接线盒和导线的接头应做防腐蚀和防潮处理	检查接线盒、管线接头等处的防护情况	□	□		□	□	
			2 具有IP防护等级要求的系统部件，其线路中接线盒、管线接头等均应达到与系统部件相同的IP防护等级要求		□	□		□	□	
		4.3.15	从接线盒、槽盒等处引到系统部件的线路，当采用可弯曲金属导管保护时，其长度不应大于2m，且金属导管应入盒并固定	观察线路的敷设情况，用尺测量可弯曲金属导管的长度，观察可弯曲金属导管的敷设情况，用手感检查管路的固定情况	□	□		□	□	
		4.3.16	线缆跨越建、构筑物的沉降缝、伸缩缝、抗震缝等变形缝的两侧应固定，并留有适当余量	检查线缆跨越变形缝的敷设情况	□	□		□	□	

续表

工程名称			施工单位			监理单位		
子分部工程名称		□进场检查□系统线路设计□安装质量		执行规范名称及编号		《电气装置安装工程 爆炸和火灾危险环境电气装置施工及验收规范》（GB 50257—2014）、《建筑电气工程施工质量验收规范》（GB 50303—2015）		

施工区域编号	项目	条款	检查内容		施工单位检查记录			监理单位检查记录		
			检查要求	检查方法	合格	不合格	说明	合格	不合格	说明
区域编号	7 导线敷设	4.3.17	系统的布线，尚应符合 GB 50303 的相关规定	按 GB 50303 规定检查线路的敷设质量	□	□		□	□	
		4.3.18	回路导线对地的绝缘电阻值不应小于 20MΩ	线缆敷设结束后，用 500V 绝缘电阻表测量每个回路导线对地绝缘电阻	□	□		□	□	
	Ⅱ 系统部件安装									
	部件类型：☆照明灯、☆出口标志灯、☆方向标志灯、☆楼层标志灯、☆多信息复合标志灯									
	1 安装工艺	4.1.7	☆在有爆炸危险性场所的安装，应符合 GB 50257 的相关规定	检查施工工艺是否符合 GB 50257 的规定	□	□		□	□	
	2 部件安装	4.5.1	灯具应固定安装在不燃性墙体或不燃性装修材料上，不应安装在门、窗或其他可移动的物体上	对照设计文件，核查灯具的安装位置，有手感检查灯具固定是否牢固	□	□		□	□	
		4.5.2	灯具安装后不应对人员正常通行产生影响，灯具周围应无遮挡物，并应保证灯具上的各种状态指示灯易于观察	检查灯具是否影响人员通行、周围是否存在遮挡物、指示灯是否易于观察	□	□		□	□	
		4.5.4	☆灯具在侧面墙或柱上安装时，可采用壁挂式或嵌入式安装：安装高度距地面不大于 1m 时，灯具表面凸出墙或柱面的部分不应有尖锐角、毛刺等突出物，凸出墙面或柱面最大水平距离不应超过 20mm	核查灯具的安装部位，用尺测量灯具的安装高度，用卡尺测量安装高度距地面不大于 1m 灯具凸出墙面或柱面的最大水平距离，并检查灯具表面是否有尖锐角、毛刺等突出物	□	□		□	□	
		4.5.5	非集中控制型系统中，自带电源型灯具采用插头连接时，应采用专用工具方可拆卸	对照设计文件核查系统的类型，检查灯具电源线的连接情况	□	□		□	□	

续表

工程名称			施工单位		监理单位	
子分部工程名称		□进场检查□系统线路设计□安装质量	执行规范名称及编号	《电气装置安装工程　爆炸和火灾危险环境电气装置施工及验收规范》（GB 50257—2014）、《建筑电气工程施工质量验收规范》（GB 50303—2015）		

施工区域编号	项目	条款	检查内容		施工单位检查记录			监理单位检查记录		
			检查要求	检查方法	合格	不合格	说明	合格	不合格	说明
区域编号	2　部件安装		部件类型：☆照明灯							
		4.5.6	照明灯宜安装在顶棚上	对照设计文件核查灯具的安装位置、用尺测量灯具的安装高度，检查灯具的安装方式；在距地面1m以下侧面墙上安装时，观察灯具的照射情况	□	□		□	□	
		4.5.3	灯具在顶棚、疏散走道或通道的上方安装时，可采用嵌顶、吸顶和吊装式安装		□			□		
		4.5.7	当条件限制时，照明灯可安装在走道侧面墙上，并应符合下列规定：安装高度不应在距地面1～2m之间；在距地面1m以下侧面墙上安装时，应保证光线照射在灯具的水平线以下		□	□		□	□	
		4.5.8	照明灯不应安装在地面上		□	□		□	□	
			部件类型：☆标志灯							
		4.5.3	1　灯具在顶棚、疏散走道或路径的上方安装时，可采用吸顶和吊装式安装	检查灯具的安装方式，有手感检查吊杆或吊链固定是否牢固	□	□		□	□	
			☆2　室内高度大于3.5m的场所，特大型、大型、中型标志灯宜采用吊装式安装，灯具采用吊装式安装时，应采用金属吊杆或吊链，吊杆或吊链上端应固定在建筑构件上		□	□		□	□	
		4.5.9	标志灯的标志面宜与疏散方向垂直	对照设计文件观察灯具的安装情况	□	□		□	□	

续表

工程名称				施工单位					监理单位			
子分部工程名称		□进场检查□系统线路设计□安装质量		执行规范名称及编号		《电气装置安装工程 爆炸和火灾危险环境电气装置施工及验收规范》（GB 50257—2014）、《建筑电气工程施工质量验收规范》（GB 50303—2015）						

施工区域编号	项目	条款	检查内容		施工单位检查记录			监理单位检查记录		
			检查要求	检查方法	合格	不合格	说明	合格	不合格	说明
区域编号	2 部件安装		部件类型：☆出口标志灯							
		4.5.10	1 应安装在安全出口或疏散门内侧上方居中的位置	检查灯具的安装情况，用尺测量灯具的安装高度、底边离门框的距离、距安全出口或疏散门所在墙面的距离	□	□		□	□	
			2 室内高度不大于3.5m的场所，标志灯底边离门框距离不应大于200mm，受安装条件限制标志灯无法安装在门框上侧时，可安装在门的两侧，但门完全开启时标志灯不能被遮挡；采用吸顶或吊装式安装时，标志灯距安全出口或疏散门所在墙面的距离不宜大于50mm		□	□		□	□	
			3 室内高度大于3.5mm的场所，特大型、大型、中型标志灯底边距地面高度不宜小于3m，且不宜大于6m；标志灯距安全出口或疏散门所在墙面的距离不宜大于50mm		□	□		□	□	
			部件类型：☆方向标志灯							
		4.5.11	1 应保证标志灯的箭头指示方向与疏散指示方案一致	对照疏散指示方案，核查灯具的箭头指示方向	□	□		□	□	
			2 安装高度：							
			☆（1）在疏散走道或路径上方安装时，室内高度不大于3.5m的场所，标志灯底边距地面的高度宜为2.2～2.5m；室内高度不大于3.5m的场所，特大型、大型、中型标志灯底边距地面高度不宜小于3m，且不宜大于6m	对照设计文件，核查设置场所的高度，用尺测量灯具的安装高度	□	□		□	□	

续表

工程名称			施工单位			监理单位			
子分部工程名称		□进场检查□系统线路设计□安装质量		执行规范名称及编号		《电气装置安装工程 爆炸和火灾危险环境电气装置施工及验收规范》（GB 50257—2014）、《建筑电气工程施工质量验收规范》（GB 50303—2015）			

施工区域编号	项目	条款	检查内容		施工单位检查记录			监理单位检查记录		
			检查要求	检查方法	合格	不合格	说明	合格	不合格	说明
区域编号	2 部件安装	4.5.11	☆（2）在疏散走道的侧面墙上安装：标志灯底边距地面的高度应小于1m	对照设计文件，核查设置场所的高度，用尺测量灯具的安装高度	□	□		□	□	
			3 安装在疏散走道拐弯处的上方或两侧时，标志灯与拐弯处边墙的距离不应大于1m	对照设计文件，核查灯具的设置部位，用尺测量标志灯与拐弯处边墙的距离	□	□		□	□	
			☆4 当安全出口或疏散门在疏散走道侧边时，在疏散走道增设的方向标志灯应安装在疏散走道的顶部，且标志灯的标志面应与疏散方向垂直	对照设计文件，核查安全出口或疏散门的位置、疏散走道和标志灯的设置情况	□	□		□	□	
			☆5 在疏散走道、路径地面上安装时							
			（1）标志灯应安装在疏散走道、路径的中心位置	对照设计文件，检查灯具的设置情况	□	□		□	□	
			（2）标志灯的所有金属构件应采用耐腐蚀构件或做防腐处理，标志灯配电、通信线路的连接应采用密封胶密封	核查灯具安装的隐蔽工程检验记录	□	□		□	□	
			（3）标志灯表面应与地面平行，高于地面距离不应大于3mm，标志灯边缘与地面垂直距离高度不应大于1mm	检查灯具的安装情况，用卡尺测量灯具高于地面的距离、标志灯边缘与地面的垂直距离	□	□		□	□	
			部件类型：☆楼层标志灯							
		4.5.12	楼层标志灯应安装在楼梯间内朝向楼梯的正面墙上，标志灯底边距地面的高度宜为2.2~2.5m	检查楼层标志灯的安装位置，用尺测量灯具的安装高度	□	□		□	□	

续表

工程名称			施工单位		监理单位	
子分部工程名称	□进场检查□系统线路设计□安装质量		执行规范名称及编号	《电气装置安装工程 爆炸和火灾危险环境电气装置施工及验收规范》（GB 50257—2014)、《建筑电气工程施工质量验收规范》（GB 50303—2015）		

施工区域编号	项目	条款	检查内容		施工单位检查记录			监理单位检查记录		
			检查要求	检查方法	合格	不合格	说明	合格	不合格	说明
区域编号			部件类型：☆多信息复合标志灯							
	2 部件安装	4.5.13	多信息复合标志灯应安装在疏散走道、疏散通道的顶部，且标志灯的标志面应与疏散方向垂直、指示疏散方向的箭头应指向安全出口、疏散出口	对照设计文件，核查安全出口的位置、标志灯的设置情况	□	□		□	□	
			部件类型：☆应急照明控制器、☆集中电源、☆应急照明配电箱							
	1 安装工艺	4.1.7	☆在有爆炸危险性场所的安装，应符合 GB 50257 的相关规定	检查施工工艺是否符合 GB 50257 的规定	□	□		□	□	
			部件类型：☆集中电源							
	2 安装位置	4.4.4	集中电源前、后部应适当留出更换蓄电池（组）的作业空间	检查集中电源的安装位置	□	□		□	□	
	3 设备安装	4.4.1	1 设备应安装牢固，不得倾斜	用手感检查设备的固定情况，落地安装时，用尺测量设备底边距地（楼）面的距离	□	□		□	□	
			☆2 安装在轻质墙上时，应采取加固措施		□	□		□	□	
			☆3 落地安装时，其底边宜高出地（楼）面 100～200mm		□	□		□	□	
			☆4 设备在电气竖井内安装时，应采用下出口进线方式	对照设计文件核查设备的安装部位，检查设备的进线方式	□	□		□	□	
			5 设备的接地应牢固，并应设置明显的永久性标识	用专用设备检查设备接地线的连接情况，检查设备的接地标识	□	□		□	□	

续表

工程名称				施工单位			监理单位			
子分部工程名称		□进场检查□系统线路设计□安装质量		执行规范名称及编号		《电气装置安装工程　爆炸和火灾危险环境电气装置施工及验收规范》（GB 50257—2014）、《建筑电气工程施工质量验收规范》（GB 50303—2015）				

施工区域编号	项目	条款	检查内容		施工单位检查记录			监理单位检查记录		
			检查要求	检查方法	合格	不合格	说明	合格	不合格	说明
区域编号	4　设备引入线缆	4.4.5	1　配线应整齐，不宜交叉，并应固定牢靠	检查设备内部配线情况	□	□		□	□	
			2　线缆芯线的端部，均应表明编号，并与图纸一致，字迹应清晰且不易褪色	对照设计文件检查逐一线缆的标号	□	□		□	□	
			3　端子板的每个接线端，接线不得超过2根	检查端子接线情况	□	□		□	□	
			4　线缆应留有不小于200mm的余量	用尺测量线缆的余量长度	□	□		□	□	
			5　线缆应绑扎成	检查线缆的布置情况	□	□		□	□	
			6　线缆穿管、槽盒后，应将管口、槽口封堵	检查管口、槽口封堵情况	□	□		□	□	
	☆5 蓄电池（组）安装	4.4.2	应急照明控制器、集中电源的蓄电池（组）需进行现场安装时，蓄电池（组）规格、型号、容量应符合设计文件的规定，蓄电池（组）安装应符合产品使用说明书的要求	对照设计文件核对蓄电池（组）的规格、型号、容量；检查蓄电池（组）的安装情况	□	□		□	□	
	☆6 应急照明控制器电源连接	4.4.3	控制器的主电源应设置明显永久性标识，并应直接与消防电源连接，严禁使用电源插头；设备与其外接备用电源之间应直接连接	检查设备主电源标识设置情况，与消防电源的连接情况、与外接备用电源的连接情况	□	□		□	□	
监理工程师检验结论			合格□				不合格□			

施工单位项目经理：　　　　　　　　　　　　　　监理工程师：

（签章）　　　　　　　　年　　月　　日　　　　（签章）　　　　　　　　年　　月　　日

注：1. 表中的"条款"是指国家标准《消防应急照明和疏散指示系统技术标准》（GB 51309—2018）中的3系统设计和4施工中的有关条款。
　　2. 表中带有"☆"标的项目和检查内容为可选项，当系统的进场检验、安装不涉及此项目或检查内容时，可不填写。如果用到其他表格、文件，应作为附件一并归档。

（2）系统施工过程中，施工单位应做好施工、设计变更等相关记录。

（3）各工序应按照施工技术标准进行质量控制，每道工序完成后应进行检查；相关各专业工种之间交接时，应经监理工程师检验认可；不合格应进行整改，检查合格后方可进入下一道工序。

（4）监理工程师应按照施工区域的划分、系统的安装工序及施工的规定和表 2-4-3-3 中规定的检查项目、检查内容和检查方法，组织施工单位人员对系统的安装质量进行全数检查，并按表 2-4-3-3 的规定填写记录。隐蔽工程的质量检查宜保留现场照片或视频记录。

（五）系统施工结束

系统施工结束后，施工单位应完成竣工图及竣工报告。

（六）其他规定

（1）系统部件的选型、设置数量和设置部位应符合系统设计文件的规定。

（2）在有爆炸危险性场所，系统的布线和部件的安装，应符合现行国家标准《电气装置安装工程　爆炸和火灾危险环境电气装置施工及验收规范》（GB 50257）的相关规定。

二、材料、设备进场检查

（一）文件检查

材料、系统部件及配件进入施工现场应有清单、使用说明书、质量合格证明文件、国家法定质检机构的检验报告、认证证书和认证标识等文件。

（二）产品检查

系统中的应急照明控制器、集中电源、应急照明配电箱、灯具应是通过国家认证的产品，产品名称、型号、规格应与认证证书和检验报告一致。

（三）部件检查

（1）系统部件及配件的规格、型号应符合设计文件的规定。

（2）系统部件及配件表面应无明显划痕、毛刺等机械损伤，紧固部位应无松动。

三、消防应急照明和疏散指示系统布线

（一）系统线路的防护方式

（1）系统线路暗敷时，应采用金属管、可弯曲金属电气导管或 B1 级及以上的刚性塑料管保护。

（2）系统线路明敷设时，应采用金属管、可弯曲金属电气导管或槽盒保护。

（3）矿物绝缘类不燃性电缆可直接明敷。

（二）系统线路敷设要求

1. 明敷设要求

各类管路明敷时，应在下列部位设置吊点或支点，吊杆直径不应小于 6mm：

（1）管路始端、终端及接头处。

（2）距接线盒 0.2m 处。

（3）管路转角或分支处。

（4）直线段不大于 3m 处。

2. 暗敷设要求

各类管路暗敷时，应敷设在不燃性结构内，且保护层厚度不应小于 30mm。

（三）管路补偿和防腐处理

（1）管路经过建、构筑物的沉降缝、伸缩缝、抗震缝等变形缝处，应采取补偿措施。

（2）敷设在地面上、多尘或潮湿场所管路的管口和管子连接处，均应做防腐蚀、密封处理。

（四）接线盒装设及管路入盒规定

1. 接线盒装设

符合下列条件时，管路应在便于接线处装设接线盒：

（1）管子长度每超过 30m，无弯曲时。

（2）管子长度每超过 20m，有 1 个弯曲时。

（3）管子长度每超过 10m，有 2 个弯曲时。

（4）管子长度每超过 8m，有 3 个弯曲时。

2. 管路入盒固定措施

（1）金属管子入盒，盒外侧应套锁母，内侧应装护口。

（2）在吊顶内敷设时，盒的内外侧均应套锁母。

（3）塑料管入盒应采取相应固定措施。

（五）槽盒

1. 吊点或支点设置

槽盒敷设时，应在下列部位设置吊点或支点，吊杆直径不应小于 6mm：

（1）槽盒始端、终端及接头处。

（2）槽盒转角或分支处。

（3）直线段不大于 3m 处。

2. 槽盒接口

槽盒接口应平直、严密，槽盖应齐全、平整、无翘角。并列安装时，槽盖应便于开启。

（六）布线技术要求

（1）导线的种类、电压等级应符合设计文件的规定。

（2）在管内或槽盒内的布线，应在建筑抹灰及地面工程结束后进行，管内或槽盒内不应有积水及杂物。

（3）系统应单独布线。除设计要求以外，不同回路、不同电压等级、交流与直流的线路，不应布在同一管内或槽盒的同一槽孔内。

（4）线缆在管内或槽盒内，不应有接头或扭结；导线应在接线盒内采用焊接、压接、接线端子可靠连接。

（5）在地面上、多尘或潮湿场所，接线盒和导线的接头应做防腐蚀和防潮处理；具有 IP 防护等级要求的系统部件，其线路中接线盒应达到与系统部件相同的 IP 防护等级要求。

（6）从接线盒、管路、槽盒等处引到系统部件的线路，当采用可弯曲金属电气导管保护时，其长度不应大于2m，且金属导管应入盒并固定。

（7）线缆跨越建、构筑物的沉降缝、伸缩缝、抗震缝等变形缝的两侧应固定，并留有适当余量。

（8）系统的布线，除应符合上述规定外，尚应符合现行国家标准《建筑电气工程施工质量验收规范》（GB 50303）的相关规定。

（9）系统导线敷设结束后，应用500V绝缘电阻表测量每个回路导线对地的绝缘电阻，且绝缘电阻值不应小于20MΩ。

四、应急照明控制器、集中电源、应急照明配电箱安装

（一）安装基本规定

（1）应安装牢固，不得倾斜。

（2）在轻质墙上采用壁挂方式安装时，应采取加固措施。

（3）落地安装时，其底边宜高出地（楼）面100～200mm。

（4）设备在电气竖井内安装时，应采用下出口进线方式。

（5）设备接地应牢固，并应设置明显标识。

（二）蓄电池组安装规定

（1）应急照明控制器或集中电源的蓄电池（组），需进行现场安装时，应核对蓄电池（组）的规格、型号、容量，并应符合设计文件的规定。

（2）蓄电池（组）的安装应符合产品使用说明书的要求。

（三）应急照明控制器主电源与备用电源

（1）应急照明控制器主电源应设置明显的永久性标识，并应直接与消防电源连接，严禁使用电源插头。

（2）应急照明控制器与其外接备用电源之间应直接连接。

（四）集中电源

集中电源的前部和后部应适当留出更换蓄电池（组）的作业空间。

（五）接线

（1）引入设备的电缆或导线，配线应整齐，不宜交叉，并应固定牢靠。

（2）线缆芯线的端部，均应标明编号，并与图纸一致，字迹应清晰且不易褪色。

（3）端子板的每个接线端，接线不得超过2根。

（4）线缆应留有不小于200mm的余量。

（5）导线应绑扎成束。

（6）电缆穿管、槽盒后，应将管口、槽口封堵。

五、消防应急照明和疏散指示系统灯具安装

（一）灯具安装

1. 灯具安装一般规定

（1）灯具应固定安装在不燃性墙体或不燃性装修材料上，不应安装在门、窗或其他可

移动的物体上。

（2）灯具安装后不应对人员正常通行产生影响，灯具周围应无遮挡物，并应保证灯具上的各种状态指示灯易于观察。

（3）灯具在顶棚、疏散走道或通道的上方安装时，应符合下列规定：

1）照明灯可采用嵌顶、吸顶和吊装式安装。

2）标志灯可采用吸顶和吊装式安装；室内高度大于3.5m的场所，特大型、大型、中型标志灯宜采用吊装式安装。

3）灯具采用吊装式安装时，应采用金属吊杆或吊链，吊杆或吊链上端应固定在建筑构件上。

2. 灯具在侧面墙或柱上安装规定

（1）可采用壁挂式或嵌入式安装。

（2）安装高度距地面不大于1m时，灯具表面凸出墙面或柱面的部分不应有尖锐角、毛刺等突出物，凸出墙面或柱面最大水平距离不应超过20mm。

3. 非集中控制型系统中自带电源型灯具连接

非集中控制型系统中，自带电源型灯具采用插头连接时，应采用专用工具方可拆卸。

（二）照明灯安装

（1）照明灯宜安装在顶棚上。

（2）当条件限制时，照明灯可安装在走道侧面墙上，并应符合下列规定：

1）安装高度不应在距地面1～2m之间。

2）在距地面1m以下侧面墙上安装时，应保证光线照射在灯具的水平线以下。

（3）照明灯不应安装在地面上。

（三）标志灯安装

1. 标志灯安装一般规定

（1）标志灯的标志面宜与疏散方向垂直。

（2）出口标志灯的安装应符合下列规定：

1）应安装在安全出口或疏散门内侧上方居中的位置；受安装条件限制标志灯无法安装在门框上侧时，可安装在门的两侧，但门完全开启时标志灯不能被遮挡。

2）室内高度不大于3.5m的场所，标志灯底边离门框距离不应大于200mm；室内高度大于3.5m的场所，特大型、大型、中型标志灯底边距地面高度不宜小于3m，且不宜大于6m。

3）采用吸顶或吊装式安装时，标志灯距安全出口或疏散门所在墙面的距离不宜大于50mm。

2. 方向标志灯的安装规定

（1）应保证标志灯的箭头指示方向与疏散指示方案一致。

（2）安装在疏散走道、通道两侧的墙面或柱面上时，标志灯底边距地面的高度应小于1m。

（3）安装在疏散走道、通道上方时，应遵守下列规定：

1）室内高度不大于3.5m的场所，标志灯底边距地面的高度宜为2.2～2.5m。

2）室内高度大于 3.5m 的场所，特大型、大型、中型标志灯底边距地面高度不宜小于 3m，且不宜大于 6m。

（4）当安装在疏散走道、通道转角处的上方或两侧时，标志灯与转角处边墙的距离不应大于 1m。

（5）当安全出口或疏散门在疏散走道侧边时，在疏散走道增设的方向标志灯应安装在疏散走道的顶部，且标志灯的标志面应与疏散方向垂直、箭头应指向安全出口或疏散门。

（6）当安装在疏散走道、通道的地面上时，应符合下列规定：

1）标志灯应安装在疏散走道、通道的中心位置。

2）标志灯的所有金属构件应采用耐腐蚀构件或做防腐处理，标志灯配电、通信线路的连接应采用密封胶密封。

3）标志灯表面应与地面平行，高于地面距离不应大于 3mm，标志灯边缘与地面垂直距离高度不应大于 1mm。

3. 楼层标志灯安装规定

（1）楼层标志灯应安装在楼梯间内朝向楼梯的正面墙上。

（2）标志灯底边距地面的高度宜为 2.2～2.5m。

4. 多信息复合标志灯安装规定

（1）在安全出口、疏散出口附近设置的标志灯，应安装在安全出口、疏散出口附近疏散走道、疏散通道的顶部。

（2）标志灯的标志面应与疏散方向垂直、指示疏散方向的箭头应指向安全出口、疏散出口。

第四节　消防应急照明和疏散指示系统调试

一、消防应急照明和疏散指示系统调试一般规定

（一）系统调试、工程检测、工程验收记录

施工结束后，建设单位应根据设计文件和调试规定，按照《消防应急照明和疏散指示系统技术标准》（GB 51309）规定的检查项目、检查内容和检查方法，组织施工单位或设备制造企业，对系统进行调试，并按规定填写记录；系统调试前，应编制调试方案。

调试人员、监理工程师检测或验收的主检工程师应按 GB 51309 的规定，对系统部件主要功能、性能及系统功能进行检查，逐项填写调试、工程检测、工程验收记录。根据系统部件主要功能、性能及系统功能的检查情况，调试人员、监理工程师、检测或验收的主检工程师应在对应记录框中勾选相应的记录项，对不符合规定的子项，应对不合格现象做出完整的描述。调试人员、施工单位项目负责人、监理工程师、检测或验收的主检工程师应对检查结果确认签章。

表 2-4-4-1 所示记录表格应作为附件一并归档；具有打印功能的控制器，调试、

工程检测、工程验收过程中打印机的打印记录应作为附件一并归档；调试过程中若用到其他表格、文件，应作为附件一并归档。

表2-4-4-1　　　消防应急照明和疏散指示系统部件现场设置情况记录

工程名称		监理单位	
调试单位		施工单位	

☆集中控制型系统部件

1　应急照明控制器

设备编号	规格、型号	配接集中电源、应急照明配电箱数量	配接灯具数量	现场设置部位	备注
		N	A	具体设置部位	

1.1应急照明控制器配接的供配电设备类型：☆集中电源、☆应急照明配电箱

设备编号	规格、型号	现场设置部位	配电、通信回路数量	配接灯具数量	地址注释信息	备注
1		具体设置部位	M_1	$A_1 = \sum A_1 + \cdots + A_{M1}$	控制器显示的地址信息	
⋮	⋮	⋮	⋮	⋮	⋮	
N		具体设置部位	M_N	$A_N = \sum A_1 + \cdots + A_{MN}$	控制器显示的地址信息	

1.2供配电设备（集中电源或应急照明配电箱）配接的灯具类型：☆照明灯、☆安全出口标志灯、☆方向标志灯、☆楼层标志灯、☆多信息复合标志

地址编号			灯具类型	现场设置部位	区域编号	地址注释信息	备注
设备编号	回路	编码					
1	1	1～A_1		具体设置部位	防火分区、隧道区间、楼层、地铁站台站厅编号	控制器显示的地址信息	
⋮	⋮	⋮	⋮	⋮	⋮	⋮	
1	M_1	1～A_{M1}		具体设置部位	防火分区、隧道区间、楼层、地铁站台站厅编号	控制器显示的地址信息	
⋮	⋮	⋮	⋮	⋮	⋮	⋮	
N	1	1～A_1		具体设置部位	防火分区、隧道区间、楼层、地铁站台站厅编号	控制器显示的地址信息	
⋮	⋮	⋮	⋮	⋮	⋮	⋮	
N	M_N	1～A_{MN}		具体设置部位	防火分区、隧道区间、楼层、地铁站台站厅编号	控制器显示的地址信息	

☆非集中控制型系统部件

续表

工程名称		监理单位	
调试单位		施工单位	

2　供配电设备类型：☆集中电源、☆应急照明配电箱

设备编号	规格、型号	现场设置部位	配电回路数量	配接灯具数量	备注
		具体设置部位	M	$A = \sum A_1 + \cdots + A_M$	

配接的灯具类型：☆照明灯、☆安全出口标志灯、☆方向标志灯、☆楼层标志灯

地址编号		现场部件类型	现场设置部位	区域编号	备注
配电回路编号	部件编号				
1	$1 \sim A_1$		具体设置部位	防火分区、隧道区间、楼层编号	
⋮	⋮	⋮	⋮	⋮	
M	$1 \sim A_M$		具体设置部位	防火分区、隧道区间、楼层编号	

调试单位	施工单位	监理单位
（公章）　　　　　　　　　　项目负责人　　（签章）　　　　　　年　月　日	（公章）　　　　　　　　　　项目负责人　　（签章）　　　　　　年　月　日	（公章）　　　　　　　　　　项目负责人　　（签章）　　　　　　年　月　日

注：表中带有"☆"标的项目为可选项，当系统部件类型或部件不涉及该项内容时，可不填写。

（二）消防应急照明和疏散指示系统功能调试规定

1. 系统部件的功能调试和系统功能调试基本规定

（1）对应急照明控制器、集中电源、应急照明配电箱、灯具的主要功能进行全数检查，应急照明控制器、集中电源、应急照明配电箱、灯具的主要功能、性能应符合现行国家标准《消防应急照明和疏散指示系统》（GB 17945）的规定。

（2）对系统功能进行检查，系统功能应符合设计文件的规定。

（3）主要功能、性能不符合现行国家标准《消防应急照明和疏散指示系统》（GB 17945）规定的系统部件应予以更换，系统功能不符合设计文件规定的项目应进行整改，并应重新进行调试。

2. 调试结束后工作内容

（1）系统部件功能调试或系统功能调试结束后，应恢复系统部件之间的正常连接，并使系统部件恢复正常工作状态。

（2）系统调试结束后，应编写调试报告；施工单位、设备制造企业应向建设单位提交系统竣工图，材料、系统部件及配件进场检查记录，安装质量检查记录，调试记录及产品检验报告，合格证明材料等相关材料。

二、消防应急照明和疏散指示系统调试准备

(一) 系统调试准备一般规定

1. 对系统的线路进行检查

系统调试前，应按设计文件的规定，对系统部件的规格、型号、数量、备品备件等进行查验，并按施工的有关规定，对系统的线路进行检查。

2. 对灯具、集中电源或应急照明配电箱进行地址设置及地址注释

集中控制型系统调试前，应对灯具、集中电源或应急照明配电箱进行地址设置及地址注释，并应符合下列规定：

(1) 应对应急照明控制器配接的灯具、集中电源或应急照明配电箱进行地址编码，每一台灯具、集中电源或应急照明配电箱应对应一个独立的识别地址。

(2) 应急照明控制器应对其配接的灯具、集中电源或应急照明配电箱进行地址注册，并录入地址注释信息。

(3) 应按表 2-4-4-1、表 2-4-4-2 的规定填写系统部件设置情况记录和应急照明控制器联动控制编程记录。

表 2-4-4-2　　　　　应急照明控制器控制逻辑编程记录

工程名称			监理单位		
调试单位			施工单位		
设备编号		规格、型号		现场设置部位	

受控设备类型：☆集中电源、☆应急照明配电箱、☆照明灯、☆安全出口标志灯、☆方向标志灯、☆楼层标志灯、☆多信息复合标志灯

受控设备名称	供配电设备编号、灯具地址	系统部件动作功能	逻辑关系指令语句
	B 型集中电源、B 型应急照明配电箱编号；非持续型照明灯地址编码、持续型照明灯地址编码、标志灯地址编码	设计文件规定的系统部件的动作功能	自动控制系统部件动作的触发条件和控制指令

调试单位	施工单位	监理单位
(公章) 　　　　项目负责人　(签章) 　　　　　年　　月　　日	(公章) 　　　　项目负责人　(签章) 　　　　　年　　月　　日	(公章) 　　　　项目负责人　(签章) 　　　　　年　　月　　日

注：表中带有"☆"标的项目为可选项，当系统部件类型或部件不涉及该项内容时，可不填写。

1) 施工单位、调试单位技术人员应按表 2-4-4-1 的规定，逐一对每个系统部件填写设置情况记录，应急照明控制器采用字母、数字显示时，可以用字母、数字表示现场部件的设置部位信息，在控制器附近的明显部位应设有现场部件具体设置部位对照表。

2) 选择集中控制型系统时，施工单位、调试单位技术人员应按表 2-4-4-2 的规定，逐一对每台应急照明控制器填写联动控制编程记录。

3. 对应急照明控制器进行控制逻辑编程

集中控制型系统调试前，应对应急照明控制器进行控制逻辑编程，并应符合下列规定：

（1）应按照系统控制逻辑设计文件的规定，进行系统自动应急启动、相关标志灯改变指示状态控制逻辑编程，并录入应急照明控制器中。

（2）应按表2-4-4-2的规定填写应急照明控制器控制逻辑编程记录。

（二）技术文件准备

（1）系统图。

（2）各防火分区、楼层、隧道区间、地铁站台和站厅的疏散指示方案和系统各工作模式设计文件。

（3）系统部件的现行国家标准、使用说明书、平面布置图和设置情况记录。

（4）系统控制逻辑设计文件等必要的技术文件。

（三）单机通电检查

应对系统中的应急照明控制器、集中电源和应急照明配电箱应分别进行单机通电检查。

三、应急照明控制器调试

（1）应将应急照明控制器与配接的集中电源、应急照明配电箱、灯具相连接后，接通电源，使控制器处于正常监视状态。

（2）应对控制器下列主要功能进行检查并记录，控制器的功能应符合现行国家标准《消防应急照明和疏散指示系统》（GB 17945）的规定：

1）自检功能。

2）操作级别。

3）主、备电源的自动转换功能。

4）故障报警功能。

5）消音功能。

6）一键检查功能。

四、集中电源调试

（1）应将集中电源与灯具相连接后，接通电源，集中电源应处于正常工作状态。

（2）应对集中电源下列主要功能进行检查并记录，集中电源的功能应符合现行国家标准《消防应急照明和疏散指示系统》（GB 17945）的规定：

1）操作级别。

2）故障报警功能。

3）消音功能。

4）电源分配输出功能。

5）集中控制型集中电源转换手动测试功能。

6）集中控制型集中电源通信故障连锁控制功能。

7）集中控制型集中电源灯具应急状态保持功能。

五、应急照明配电箱调试

（1）应接通应急照明配电箱的电源，使应急照明配电箱处于正常工作状态。

（2）应对应急照明配电箱进行下列主要功能检查并记录，应急照明配电箱的功能应符合现行国家标准《消防应急照明和疏散指示系统》（GB 17945）的规定：

1）主电源分配输出功能。

2）集中控制型应急照明配电箱主电源输出关断测试功能。

3）集中控制型应急照明配电箱通信故障连锁控制功能。

4）集中控制型应急照明配电箱灯具应急状态保持功能。

六、集中控制型系统的系统功能调试

（一）非火灾状态下的系统功能调试

（1）系统功能调试前，集中电源的蓄电池组、灯具自带的蓄电池应连续充电 24h。

（2）根据系统设计文件的规定，应对系统的正常工作模式进行检查并记录，系统的正常工作模式应符合下列规定：

1）灯具采用集中电源供电时，集中电源应保持主电源输出；灯具采用自带蓄电池供电时，应急照明配电箱应保持主电源输出。

2）系统内所有照明灯的工作状态应符合设计文件的规定。

3）系统内所有标志灯的工作状态应符合以下的规定：

a. 具有一种疏散指示方案的区域，区域内所有标志灯的光源应按该区域疏散指示方案保持节电点亮模式。

b. 需要借用相邻防火分区疏散的防火分区，区域内相关标志灯的光源应按该区域可借用相邻防火分区疏散工况条件对应的疏散指示方案保持节电点亮模式。

c. 需要采用不同疏散预案的交通隧道、地铁隧道、地铁站台和站厅等场所，区域内相关标志灯的光源应按该区域默认疏散指示方案保持节电点亮模式。

（3）切断集中电源、应急照明配电箱的主电源，根据系统设计文件的规定，对系统的主电源断电控制功能进行检查并记录，系统的主电源断电控制功能应符合下列规定：

1）集中电源应转入蓄电池电源输出、应急照明配电箱应切断主电源输出。

2）应急照明控制器应开始主电源断电持续应急时间计时。

3）集中电源、应急照明配电箱配接的非持续型照明灯的光源应应急点亮、持续型灯具的光源应由节电点亮模式转入应急点亮模式。

4）恢复集中电源、应急照明配电箱的主电源供电，集中电源、应急照明配电箱配接灯具的光源应恢复原工作状态。

5）使灯具持续应急点亮时间达到设计文件规定的时间，集中电源、应急照明配电箱配接灯具的光源应熄灭。

（4）切断防火分区、楼层、隧道区间、地铁站台和站厅正常照明配电箱的电源，根据系统设计文件的规定，对系统的正常照明断电控制功能进行检查并记录，系统的正常照明断电控制功能应符合下列规定：

1）该区域非持续型照明灯的光源应应急点亮、持续型灯具的光源应由节电点亮模式转入应急点亮模式。

2）恢复正常照明应急照明配电箱的电源供电，该区域所有灯具的光源应恢复原工作状态。

（二）火灾状态下的系统控制功能调试

（1）系统功能调试前，应将应急照明控制器与火灾报警控制器、消防联动控制器相连，使应急照明控制器处于正常监视状态。

（2）根据系统设计文件的规定，使火灾报警控制器发出火灾报警输出信号，对系统的自动应急启动功能进行检查并记录，系统的自动应急启动功能应符合下列规定：

1）应急照明控制器应发出系统自动应急启动信号，显示启动时间。

2）系统内所有的非持续型照明灯的光源应应急点亮、持续型灯具的光源应由节电点亮模式转入应急点亮模式，灯具光源应急点亮的响应时间应符合下列规定：

a.高危险场所灯具光源应急点亮的响应时间不应大于0.25s。

b.其他场所灯具光源应急点亮的响应时间不应大于5s。

c.具有两种及以上疏散指示方案的场所，标志灯光源点亮、熄灭的响应时间不应大于5s。

3）B型集中电源应转入蓄电池电源输出、B型应急照明配电箱应切断主电源输出。

4）A型集中电源、A型应急照明配电箱应保持主电源输出；切断集中电源的主电源，集中电源应自动转入蓄电池电源输出。

（3）根据系统设计文件的规定，使消防联动控制器发出被借用防火分区的火灾报警区域信号，对需要借用相邻防火分区疏散的防火分区中标志灯指示状态的改变功能进行检查并记录，标志灯具的指示状态改变功能应符合下列规定：

1）应急照明控制器应发出控制标志灯指示状态改变的启动信号，显示启动时间。

2）该防火分区内，按不可借用相邻防火分区疏散工况条件对应的疏散指示方案，需要变换指示方向的方向标志灯应改变箭头指示方向，通向被借用防火分区入口的出口标志灯的"出口指示标志"的光源应熄灭、"禁止入内"指示标志的光源应该应急点亮。灯具改变指示状态的响应时间应符合下列的规定：

a.高危险场所灯具光源应急点亮的响应时间不应大于0.25s。

b.其他场所灯具光源应急点亮的响应时间不应大于5s。

c.具有两种及以上疏散指示方案的场所，标志灯光源点亮、熄灭的响应时间不应大于5s。

3）该防火分区内其他标志灯的工作状态应保持不变。

（4）根据系统设计文件的规定，使消防联动控制器发出代表相应疏散预案的消防联动控制信号，对需要采用不同疏散预案的交通隧道、地铁隧道、地铁站台和站厅等场所中标志灯指示状态的改变功能进行检查并记录，标志灯具的指示状态改变功能应符合下列规定：

1）应急照明控制器应发出控制标志灯指示状态改变的启动信号，显示启动时间。

2）该区域内，按照对应的疏散指示方案需要变换指示方向的方向标志灯应改变箭头指示方向，通向需要关闭的疏散出口处设置的出口标志灯"出口指示标志"的光源应熄灭、"禁止入内"指示标志的光源应该应急点亮。灯具改变指示状态的响应时间应符合下列规定：

a. 高危险场所灯具光源应急点亮的响应时间不应大于 0.25s。

b. 其他场所灯具光源应急点亮的响应时间不应大于 5s。

c. 具有两种及以上疏散指示方案的场所，标志灯光源点亮、熄灭的响应时间不应大于 5s。

3）该区域内其他标志灯的工作状态应保持不变。

（5）手动操作应急照明控制器的一键启动按钮，对系统的手动应急启动功能进行检查并记录，系统的手动应急启动功能应符合下列规定：

1）应急照明控制器应发出手动应急启动信号，显示启动时间。

2）系统内所有的非持续型照明灯的光源应应急点亮、持续型灯具的光源应由节电点亮模式转入应急点亮模式。

3）集中电源应转入蓄电池电源输出、应急照明配电箱应切断主电源的输出。

4）照明灯设置部位地面水平最低照度应符合表 2-4-2-1 的规定。

5）灯具点亮的持续工作时间应符合下列的规定：

a. 建筑高度大于 100m 的民用建筑，不应小于 1.5h。

b. 医疗建筑、老年人照料设施、总建筑面积大于 100000m² 的公共建筑和总建筑面积大于 20000m² 的地下、半地下建筑，不应少于 1.0h。

c. 其他建筑，不应少于 0.5h。

d. 城市交通隧道应符合下列规定：一类、二类隧道不应小于 1.5h，隧道端口外接的站房不应小于 2.0h；三类、四类隧道不应小于 1.0h，隧道端口外接的站房不应小于 1.5h。

e. 本条第 a 款~第 d 款规定的场所中，当按照以下的规定设计时，持续工作时间应分别增加设计文件规定的灯具持续应急点亮时间。

在非火灾状态下，系统主电源断电后，系统的控制设计应符合下列规定：

（a）集中电源或应急照明配电箱应连锁控制其配接的非持续型照明灯的光源应急点亮、持续型灯具的光源由节电点亮模式转入应急点亮模式；灯具持续应急点亮时间应符合设计文件的规定，且不应超过 0.5h。

（b）系统主电源恢复后，集中电源或应急照明配电箱应连锁其配接灯具的光源恢复原工作状态；或灯具持续点亮时间达到设计文件规定的时间，且系统主电源仍未恢复供电时，集中电源或应急照明配电箱应连锁其配接灯具的光源熄灭。

f. 集中电源的蓄电池组和灯具自带蓄电池达到使用寿命周期后标称的剩余容量应保证放电时间满足本条第 a 款~第 e 款规定的持续工作时间。

七、非集中控制型系统的系统功能调试

（一）非火灾状态下的系统功能调试

（1）系统功能调试前，集中电源的蓄电池组、灯具自带的蓄电池应连续充电 24h。

（2）根据系统设计文件的规定，对系统的正常工作模式进行检查并记录，系统的正常

工作模式应符合下列规定：

1）集中电源应保持主电源输出、应急照明配电箱应保持主电源输出。

2）系统灯具的工作状态应符合设计文件的规定。

（3）非持续型照明灯具有人体、声控等感应方式点亮功能时，根据系统设计文件的规定，使灯具处于主电供电状态下，对非持续型灯具的感应点亮功能进行检查并记录，灯具的感应点亮功能应符合下列规定：

1）按照产品使用说明书的规定，使灯具的设置场所满足点亮所需的条件。

2）非持续型照明灯应点亮。

（二）火灾状态下的系统控制功能调试

（1）在设置区域火灾报警系统的场所，使集中电源或应急照明配电箱与火灾报警控制器相连，根据系统设计文件的规定，使火灾报警控制器发出火灾报警输出信号，对系统的自动应急启动功能进行检查并记录，系统的自动应急启动功能应符合下列规定。

1）灯具采用集中电源供电时，集中电源应转入蓄电池电源输出，其所配接的所有非持续型照明灯的光源应该应急点亮、持续型灯具的光源应由节电点亮模式转入应急点亮模式，灯具光源应急点亮的响应时间应符合以下的规定：

a. 高危险场所灯具光源应急点亮的响应时间不应大于 0.25s。

b. 其他场所灯具光源应急点亮的响应时间不应大于 5s。

c. 具有两种及以上疏散指示方案的场所，标志灯光源点亮、熄灭的响应时间不应大于 5s。

2）灯具采用自带蓄电池供电时，应急照明配电箱应切断主电源输出，其所配接的所有非持续型照明灯的光源应应急点亮、持续型灯具的光源应由节电点亮模式转入应急点亮模式，灯具光源应急点亮的响应时间应符合以下的规定：

a. 高危险场所灯具光源应急点亮的响应时间不应大于 0.25s。

b. 其他场所灯具光源应急点亮的响应时间不应大于 5s。

c. 具有两种及以上疏散指示方案的场所，标志灯光源点亮、熄灭的响应时间不应大于 5s。

（2）根据系统设计文件的规定，对系统的手动应急启动功能进行检查并记录，系统的手动应急启动功能应符合下列规定。

1）灯具采用集中电源供电时，手动操作集中电源的应急启动控制按钮，集中电源应转入蓄电池电源输出，其所配接的所有非持续型照明灯的光源应应急点亮、持续型灯具的光源应由节电点亮模式转入应急点亮模式，且灯具光源应急点亮的响应时间应符合以下规定：

a. 高危险场所灯具光源应急点亮的响应时间不应大于 0.25s。

b. 其他场所灯具光源应急点亮的响应时间不应大于 5s。

c. 具有两种及以上疏散指示方案的场所，标志灯光源点亮、熄灭的响应时间不应大于 5s。

2）灯具采用自带蓄电池供电时，手动操作应急照明配电箱的应急启动控制按钮，应急照明配电箱应切断主电源输出，其所配接的所有非持续型照明灯的光源应该应急点亮、持续型灯具的光源应由节电点亮模式转入应急点亮模式，且灯具光源应急点亮的响应时间应符合以下的规定：

  a. 高危险场所灯具光源应急点亮的响应时间不应大于 0.25s。

  b. 其他场所灯具光源应急点亮的响应时间不应大于 5s。

  c. 具有两种及以上疏散指示方案的场所，标志灯光源点亮、熄灭的响应时间不应大于 5s。

  3) 照明灯应采用多点、均匀布置方式，建、构筑物设置照明灯的部位或场所疏散路径地面水平最低照度应符合表 2-4-2-1 的规定。

  4) 系统应急启动后，在蓄电池电源供电时的持续工作时间应满足下列要求：

  a. 建筑高度大于 100m 的民用建筑，不应小于 1.5h。

  b. 医疗建筑、老年人照料设施、总建筑面积大于 100000m² 的公共建筑和总建筑面积大于 20000m² 的地下、半地下建筑，不应少于 1.0h。

  c. 其他建筑，不应少于 0.5h。

  d. 城市交通隧道应符合下列规定：一类、二类隧道不应小于 1.5h，隧道端口外接的站房不应小于 2.0h；三类、四类隧道不应小于 1.0h，隧道端口外接的站房不应小于 1.5h。

  e. 上述第 a 款～第 d 款规定的场所中，当按照以下的规定设计时，持续工作时间应分别增加设计文件规定的灯具持续应急点亮时间。

  在非火灾状态下，系统主电源断电后，系统的控制设计应符合下列规定：

  （a）集中电源或应急照明配电箱应连锁控制其配接的非持续型照明灯的光源应急点亮、持续型灯具的光源由节电点亮模式转入应急点亮模式；灯具持续应急点亮时间应符合设计文件的规定，且不应超过 0.5h。

  （b）系统主电源恢复后，集中电源或应急照明配电箱应连锁其配接灯具的光源恢复原工作状态；或灯具持续点亮时间达到设计文件规定的时间，且系统主电源仍未恢复供电时，集中电源或应急照明配电箱应连锁其配接灯具的光源熄灭。

  f. 集中电源的蓄电池组和灯具自带蓄电池达到使用寿命周期后标称的剩余容量应保证放电时间满足上述第 a 款～第 e 款规定的持续工作时间。

  （3）备用照明功能调试。根据设计文件的规定，对系统备用照明的功能进行检查并记录，系统备用照明的功能应符合下列规定：

  1) 切断为备用照明灯具供电的正常照明电源输出。

  2) 消防电源专用应急回路供电应能自动投入为备用照明灯具供电。

第五节　消防应急照明和疏散
指示系统检测与验收

  系统竣工后，建设单位应负责组织施工、设计、监理等单位进行系统验收，验收不合格不得投入使用。

一、系统的检测、验收要求

系统的检测、验收应按表2-4-5-1所列的检测验收对象、项目及数量，按系统设计及系统施工的规定和消防应急照明和疏散指示系统工程调试、工程检测、工程验收记录中规定的检查内容和方法进行，并按规定填写记录。

表 2 - 4 - 5 - 1　　消防应急照明和疏散指示系统检测验收对象、
项目及检测、验收数量

序号	检测、验收对象		检测、验收项目	检测数量	验收数量
1	文件资料		齐全性、符合性	全数	全数
2	系统形式和功能选择	Ⅰ集中控制型	符合性	全数	全数
		Ⅱ非集中控制型			
3	系统线路设计	Ⅰ灯具配电线路设计	符合性	全部防火分区、楼层、隧道区间、地铁站台和站厅	建、构筑物中含有5个及以下防火分区、楼层、隧道区间、地铁站台和站厅的，应全部检验；超过5个防火分区、楼层、隧道区间、地铁站台和站厅的应按实际区域数量20%的比例抽验，但抽验总数不应小于5个
		☆Ⅱ集中控制型系统的通信线路设计			
4	布线		(1) 线路的防护方式。 (2) 槽盒、管路安装质量。 (3) 系统线路选型。 (4) 电线电缆敷设质量		
5	灯具	Ⅰ照明灯	(1) 设备选型。 (2) 消防产品准入制度。 (3) 设备设置。 (4) 安装质量	实际安装数量	与抽查防火分区、楼层、隧道区间、地铁站台和站厅相关的设备数量
		Ⅱ标志灯			
6	供配电设备	☆集中电源	(1) 设备选型。 (2) 消防产品准入制度。 (3) 设备设置。 (4) 设备供配电。 (5) 安装质量。 (6) 基本功能		
		☆应急照明配电箱			
7	集中控制型系统	Ⅰ应急照明控制器	(1) 应急照明控制器设计。 (2) 设备选型。 (3) 消防产品准入制度。 (4) 设备设置。 (5) 设备供电。 (6) 安装质量。 (7) 基本功能	实际安装数量	与抽查防火分区、楼层、隧道区间、地铁站台和站厅相关的设备数量

续表

序号	检测、验收对象		检测、验收项目	检测数量	验收数量
7	集中控制型系统	Ⅱ系统功能	1. 非火灾状态下的系统功能 （1）系统正常工作模式。 （2）系统主电源断电控制功能。 （3）系统正常照明电源断电控制功能。 2. 火灾状态下的系统控制功能 （1）系统自动应急启动功能。 （2）系统手动应急启动功能： 1）照明灯设置部位地面的最低水平照度。 2）系统在蓄电池电源供电状态下的应急工作时间	实际安装数量	与抽查防火分区、楼层、隧道区间、地铁站台和站厅相关的设备数量
8	非集中控制型系统	☆未设置火灾自动报警系统的场所	1. 非火灾状态下的系统功能 （1）系统正常工作模式。 （2）灯具的感应点亮功能。 2. 火灾状态下的系统手动应急启动功能 （1）照明灯设置部位地面的最低水平照度。 （2）系统在蓄电池电源供电状态下的应急工作时间	全部防火分区、楼层、隧道区间、地铁站台和站厅	建、构筑物中含有5个及以下防火分区、楼层、隧道区间、站台和站厅的，应全部检验；超过5个防火分区、楼层、隧道区间、地铁站台和站厅的应按实际区域数量20%的比例抽验，但抽验总数不应小于5个
		☆设置区域火灾自动报警系统的场所	1. 非火灾状态下的系统功能 （1）系统正常工作模式。 （2）灯具的感应点亮功能。 2. 火灾状态下的系统应急启动功能 （1）系统自动应急启动功能。 （2）系统手动应急启动功能： 1）照明灯设置部位地面的最低水平照度。 2）系统在蓄电池电源供电状态下的应急工作时间		
9	系统备用照明		系统功能	全数	全数

注：1. 表中的抽检数量均为最低要求。

　　2. 每一项功能检验次数均为1次。

　　3. 带有"☆"标的项目内容为可选项，系统设置不涉及此项目时，检测、验收不包括此项目。

二、对施工单位提供的资料进行齐全性和符合性检查

系统检测、验收时，应对施工单位提供的下列资料进行齐全性和符合性检查，并按GB 51309 的规定填写记录：

（1）竣工验收申请报告、设计变更通知书、竣工图。

（2）工程质量事故处理报告。

（3）施工现场质量管理检查记录。

（4）系统安装过程质量检查记录。

（5）系统部件的现场设置情况记录。

（6）系统控制逻辑编程记录。

（7）系统调试记录。

（8）系统部件的检验报告、合格证明材料。

三、系统工程质量类别划分

根据各项目对系统工程质量影响严重程度的不同，将检测、验收的项目划分为 A、B、C 三个类别。

（一）A 类项目

（1）系统中的应急照明控制器、集中电源、应急照明配电箱和灯具的选型与设计文件的符合性。

（2）系统中的应急照明控制器、集中电源、应急照明配电箱和灯具消防产品准入制度的符合性。

（3）应急照明控制器的应急启动、标志灯指示状态改变控制功能。

（4）集中电源、应急照明配电箱的应急启动功能。

（5）集中电源、应急照明配电箱的连锁控制功能。

（6）灯具应急状态的保持功能。

（7）集中电源、应急照明配电箱的电源分配输出功能。

（二）B 类项目

（1）施工单位提供的八个方面的资料的齐全性、符合性。

（2）系统在蓄电池电源供电状态下的持续应急工作时间。

（三）C 类项目

其余项目应为 C 类项目。

四、系统检测、验收结果判定准则

（一）系统检测、验收结果应为合格的判定准则

（1）A 类项目不合格数量应为 0。

（2）B 类项目不合格数量应小于或等于 2。

（3）B 类项目不合格数量加上 C 类项目不合格数量应小于或等于检查项目数量的 5%。

（二）系统检测、验收结果应为不合格的判定准则

不符合合格判定准则的，系统检测、验收结果应为不合格。

五、不合格检测、验收项目的处理规定

（1）各项检测、验收项目中，当有不合格时，应修复或更换，并进行复验。

（2）复验时，对有抽验比例要求的，应加倍检验。

第六节 消防应急照明和疏散指示系统运行维护

一、系统投运前应具备文件和档案管理

（一）系统投入使用前应具备文件

（1）检测、验收合格资料。

（2）消防安全管理规章制度、灭火及应急疏散预案。

（3）建、构筑物竣工后的总平面图、系统图、系统设备平面布置图、重点部位位置图。

（4）各防火分区、楼层、隧道区间、地铁站厅或站台的疏散指示方案。

（5）系统部件现场设置情况记录。

（6）应急照明控制器控制逻辑编程记录。

（7）系统设备使用说明书、系统操作规程、系统设备维护保养制度。

（二）档案管理

系统的使用单位应建立上述规定的文件资料档案，并应有电子备份档案。

二、系统运行要求

应保持系统连续正常运行，不得随意中断。

三、系统维护要求

（一）巡查

系统应按表 2-4-6-1 规定的巡查项目和内容进行日常巡查，巡查的部位、频次应符合现行国家标准《建筑消防设施的维护管理》（GB 25201）的规定，并按表 2-4-6-1 的规定填写记录。巡查过程中发现设备外观破损、设备运行异常时应立即报修。

表 2-4-6-1　　　　　　　　　系统日常巡查记录

项目名称		使用单位			巡查类别	□每日　□每周	
巡查区域、部位	巡查项目	巡查内容		设备数量	正常	异常情况描述	当场处理情况	报修情况
	1. 应急照明控制器							
	（1）设备外观	控制器的外观应完好，无明显的机械损伤			□			
	（2）运行状况	控制器应处于正常监视状态，指示灯、显示器无异常显示			□			
	2. 集中电源							
	（1）设备外观	电源的外观应完好，无明显的机械损伤			□			

项目名称			使用单位				巡查类别	□每日 □每周
巡查区域、部位	巡查项目		巡查内容	设备数量	正常	异常情况描述	当场处理情况	报修情况
	(2) 运行状况		电源应处于主电输出状态，主电电压、电池电压、输出电压和输出电流显示正常		□			
	3. 应急照明配电箱							
	设备外观		设备的外观应完好，无明显的机械损伤		□			
	4. ☆照明灯、☆出口标志灯、☆方向标志灯、☆楼层标志灯							
	(1) 设备外观		灯具的外观应完好，无明显的机械损伤		□			
	(2) 运行状况		灯具周围应无遮挡，持续型标志灯具的光源均应处于点亮状态，灯具的指示灯显示正常		□			

巡查人： (签名)	消防安全责任人、消防安全管理人： (签名)
年 月 日	年 月 日

注：1. 表中带有"☆"标的项目和子项内容为可选项，当不涉及此项目或子项时，检测、验收试记录不包括此项目或子项。

2. 设备数量应为巡查区域设置的系统设备的数量。

3. 设备的外观、运行状况正常时，在对应正常记录表格框中勾选相应的记录项；设备的外观破损、设备运行异常时，描述故障现象，并填写现场处理情况及保修情况记录。

(二) 检查

每年应按表2-4-6-2规定的检查项目、数量对系统部件的功能、系统的功能进行检查。

表2-4-6-2　　**消防应急照明和疏散指示系统月检、季检的检查对象、项目及数量**

序号	检查对象	检查项目	检查数量
1	集中控制型系统	手动应急启动功能	应保证每月、季对系统进行一次手动应急启动功能检查
		火灾状态下自动应急启动功能	应保证每年对每一个防火分区至少进行一次火灾状态下自动应急启动功能检查
		持续应急工作时间	应保证每月对每一台灯具进行一次蓄电池电源供电状态下的应急工作持续时间检查

序号	检查对象	检查项目	检　查　数　量
2	非集中控制型系统	手动应急启动功能	应保证每月、季对系统进行一次手动应急启动功能检查
		持续应急工作时间	应保证每月对每一台灯具进行一次蓄电池电源供电状态下的应急工作持续时间检查

消防应急照明和疏散指示系统的检查应符合下列规定：

（1）系统的年度检查可根据检查计划，按月度、季度逐步进行。

（2）月度、季度的检查对象、项目及数量应符合表 2-4-6-2 的规定。

（3）系统部件的功能、系统的功能应符合相关的规定。

（4）系统在蓄电池电源供电状态下的应急工作持续时间不符合有关标准规定时，应更换相应系统设备或更换其蓄电池（组）。

系统应急启动后，在蓄电池电源供电时的持续工作时间应满足下列要求：

1）建筑高度大于 100m 的民用建筑，不应小于 1.5h。

2）医疗建筑、老年人照料设施、总建筑面积大于 100000m² 的公共建筑和总建筑面积大于 20000m² 的地下、半地下建筑，不应少于 1.0h。

3）其他建筑，不应少于 0.5h。

4）城市交通隧道应符合下列规定：①一类、二类隧道不应小于 1.5h，隧道端口外接的站房不应小于 2.0h；②三类、四类隧道不应小于 1.0h，隧道端口外接的站房不应小于 1.5h。

5）上述第 1）款～第 4）款规定的场所中，当按照下述规定设计时，持续工作时间应分别增加设计文件规定的灯具持续应急点亮时间。

在非火灾状态下，系统主电源断电后，系统的控制设计应符合下列规定：

1）集中电源或应急照明配电箱应连锁控制其配接的非持续型照明灯的光源应急点亮、持续型灯具的光源由节电点亮模式转入应急点亮模式；灯具持续应急点亮时间应符合设计文件的规定，且不应超过 0.5h。

2）系统主电源恢复后，集中电源或应急照明配电箱应连锁其配接灯具的光源恢复原工作状态；或灯具持续点亮时间达到设计文件规定的时间，且系统主电源仍未恢复供电时，集中电源或应急照明配电箱应连锁其配接灯具的光源熄灭。

第五章

无人值守变电站消防报警及处置系统

第一节　无人值守变电站火灾隐患

本节以永三变电站为例介绍无人值守变电站火灾隐患。

一、现场概况

永三变电站与辛安、永二等7座变电站组成辛安集控站，实现无人值守变电站集群。永三变电站由于建造时间早，安全防护措施少，站内原有的休息室（值班室）现已停用，是一所无人值守的变电站。室内面积约为100m²，有12台电气柜，电气柜之间排列较为紧密，如图2-5-1-1所示。

图2-5-1-1　永三变电站现场部分场景图片

二、火灾隐患

配电场站及设施中存在的火灾隐患如下：

（1）现场使用木质配电盘，且未经过防火处理。如果发生火灾配电盘可能会被点燃，且可能使火势迅速发展蔓延。

（2）配电盘布线凌乱，电器与仪表之间的接线接触不牢。这种情况可能造成接头处的接触电阻增大，增加发生火灾的可能性。

（3）所使用的开关、熔断器和仪表参数与配电盘的实际容量不匹配。现场存在长期超负荷运行的情况，且熔断器的熔丝选择与实际容量不匹配，有些地方甚至直接用铜、铁丝代替熔丝用，存在着严重的安全隐患。

（4）配电盘的开关不满足灭弧要求，在拉、合闸或熔丝熔断时容易产生电弧或火花。

（5）配电盘周围存放有可燃、易燃物。

（6）线缆间线缆众多，叠加层数及密集程度较高，散热能力差，且配电室耐温登记不达标等。

（7）永三变电站配电室长期处于大容量高负荷工作状态中，有些设备使用时间较久，磨损较为严重，极易发生短路、断路起火的情况，火灾隐患较大。

三、消防现状及不足

在现场踏勘过程中看到，变电站内曾设有消防摄像头监控，平时无人值守，建筑年代较为久远，设施陈旧，整个配电区域配电室、设备间未安装自动灭火装置，无法在无人状态下保证配电设施及用电设备防火能力。配电柜下方有线缆沟槽，线缆摆放杂乱且有部分浸泡水中，线缆沟内未安装任何自动灭火装置，无法第一时间灭火及救援。房间顶部安装传统烟感报警装置，消防设备仅有钢瓶灭火器，整体存在较大的消防安全隐患，对于预防和控制配电设施火灾远远不够。现场用于火灾探测和处置的消防设施也存在比较严重的问题和缺陷，主要表现在以下几点：

（1）当前配电房内配电间和电缆沟均无火灾探测设备，在出现火灾的情况下不能及时发出警报。

（2）当前灭火设备严重不足。配电柜内、电缆竖井均无任何防火设备及设备，火灾风险高，扑救难度大，且无任何灭火措施。

（3）配电室配电柜间仅有的消防设备为二氧化碳灭火器，这种灭火器属于气体灭火且出口温度低，适合在密封空间内使用，人为操作还具有一定的危险性，同时也存在保养困难和操作难度大等问题。

（4）电缆沟处于地坪之下，未安装任何灭火装置。

（5）缺乏有效的早期火灾扑救手段。无法在第一时间内将初起火灾遏止在萌芽状态，容易错失火灾未发或初发时的宝贵的扑救时机。

根据现场踏勘调研，可以判断该站目前采用的消防灭火装置，大多难以符合配电设施火灾消防的相应指标，也难以对变电站安全生产和生命财产安全提供必要的消防保障。

第二节　无人值守变电站消防
报警及处置系统设计

一、智慧消防

（一）消防控制室远方联动

在运维班组驻点所在地设置消防控制室。消防控制室是设有火灾自动报警控制设备和消防控制设备，用于接收、显示、处理火灾报警信号，控制相关消防设施的专门处所。

（1）消防控制室内设置的消防设备应包括火灾报警控制器、消防联动控制器、消防控制室图形显示装置、消防专用电话总机、消防应急广播控制装置、消防应急照明和疏散指示系统控制装置、消防电源监控器等设备或具有相应功能的组合设备。

（2）消防控制室应设有用于火灾报警的外线电话。

（二）火灾报警装置信号传送

火灾报警主机智能远程预警以电子信息为载体，可将分散在各地的变电站内的火灾报警主机实现远程联网，实时采集变电站内前端感知设备，包括：烟感探测器、温感探测器、手动报警装置等设备报警信息和运行状态信息，提前发现前端消防设施存在的各种故障隐患，降低火灾风险。远程预警系统在接收到来自消防报警主机的报警信息后，会将消防报警信息进行具体报文的抓取与分析，将分析后的火灾告警详细点位、类型、分区号、报警信号或是联动信号等第一手消防信息传送到系统后台，系统后台收到报警信息后，立即将这些具体的报警消息通过语音电话、手机短信、微信等方式通知单位消防管理人员。

（三）火灾告警信号与城市智慧消防报警系统联动

变电站火灾自动报警系统与当地城市智慧消防报警系统统一联网、集中监控，实时监控联网运维单位火灾报警系统及其相关消防设备的运行状态。一旦发现火灾告警、设备异常等状况，能通过城市智慧消防手机 APP 快速推送通知、手机短信等形式，通知相关消防管理人员及消控室值班人员，保证火灾事故异常的及时响应和快速决策处置。

（四）一键火灾报警

在变电站保安室和消防控制室内可设置一键火灾报警装置。

（1）在当地消防单位备案各变电站地址，一键火灾报警系统与变电站地址一一对应。

（2）一键火灾报警系统应为独立的专用电话线路。

（3）一键火灾报警系统可实现实时对讲通话功能。

（五）消防维保管控系统

由消防维保管理软件、智能维保 APP、维保标签（二维码或 RFID 码）、移动终端（或个人手机）等组成。利用移动互联网和近场感应技术，使用移动终端（手机）规范各类消防设施设备的维保工作，实现维保全过程管理、维保数据的无纸化、电子化，维保过程事后可追溯、可分析。智慧消防的相关数据自动进入大数据云平台进行管理，各级管理人员可通过软件调取维保的各类报告、报表、数据并开展不同维度的大数据分析，实现信息可追溯、可分析。

（六）大数据高级应用

变电站智慧消防系统应具备对各类消防数据和信息进行分析，为变电站消防设施设备管理、设施巡检及单位管理、消防监督、应急处置等提供决策建议的功能。

（1）对变电所各类消防设施设备信息进行分析，自动推送配置、检测、试验、更换等工作任务。

（2）对变电站视频监控系统图像识别、消防水系统水压水位、阀门启闭状态、防火门开关状态等状态数据进行自动分析和判断，并推送检修维护策略。

（3）对变电所消防告警和故障信号进行分析，自动推送缺陷处理、事故应急处置等工作任务。

（4）对变电所消防系统维保工作数据进行分析，自动推送维保检修工作评价、维保工作任务。

二、系统架构

（一）功能设想

无人值守变电站消防报警及处置系统应该是利用物联网技术和先进的消防处置产品，

对无人值守变电站设施进行火灾监控和早期处置的消防系统。系统能够实现对于设备机房和电缆沟槽等处的火灾探测、信息传输、分析预警、视频确认、灭火处置等功能。

（二）实现方法

在对无人值守变电站消防现状的调研和分析的基础上，设计适用于无人值守变电站设备机房和电缆沟槽的智慧消防系统。整体系统由探测层、传输层、服务层、操作层和处置层等部分组成，其总体架构如图2-5-2-1所示。

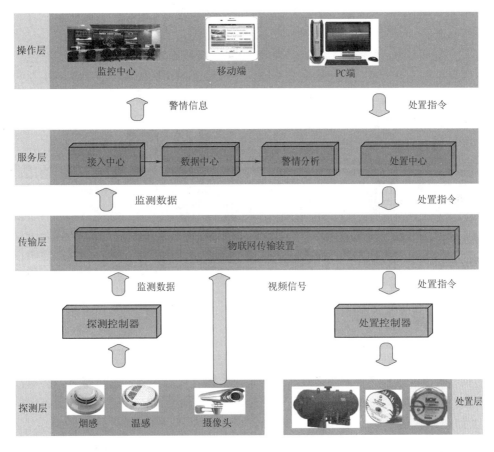

图2-5-2-1 无人值守变电站的智慧消防总体结构

（1）探测层。利用安装于电器柜内部的消防温度探测器、消防感烟探测器等探测设备对火灾报警数据进行采集。利用火焰探测仪对机房内的火焰特征进行探测。

（2）传输层。对探测层所采集的数据进行汇总和编码后，通过有线或无线网络传输到远程云平台服务器。并对从服务层接收到的火灾处置指令进行传输。

（3）服务层。由接入中心、数据中心、警情分析和处置中心四部分组成，各部分以服务的形式提供接口。

1）接入中心负责对各个区域传输来的数据进行接入和存储。

2）数据中心通过对接入中心数据库进行数据抽取、转换和加载，将所有接入数据保存在数据仓库中，并按不同的维度进行分析和处理。

3）警情分析中心通过预设的逻辑对报警数据进行判断和分析，并甄别出有效的火情信息向相关人员进行推送。

4）处置中心负责接收值班人员的灭火处置指令，并向相应区域的设备进行传送。

（4）操作层。由监控室大屏、PC端电脑和手机等移动端设备构成。分别为不同人员提供系统访问和操作。操作人员可以通过操作层查看经筛选后的火灾报警信息，并调取相应的现场摄像头传递的图像对现场情况进行确认。如果确认发生火灾，可以直接在操作层进行灭火指令的下达。为火灾的前期处置提供有效的手段。

（5）处置层。由各种现场火灾处置设备组成，由固定式感温自启动水基灭火装置（电启＋信号反馈）、微型超细干粉灭火装置（电启＋信号反馈）、声光报警器等部分组成。其中微型超细干粉灭火装置（电启＋信号反馈）为安装在配电柜内部的自动灭火设备，在其探测到火灾特征后会自动启动，它既可以现场遇明火后自动启动，也可根据远程处置指令进行手机端、PC端启动。

三、系统设计

（一）系统管理模块

系统管理模块由设备管理、运维管理、基础信息管理等功能组成。

1. 设备管理功能

对无人值守变电站内的消防设备进行统一管理，包括检测设备、灭火设备、网络摄像头等，支持对设备信息的增删查改。设备信息包括设备类型、编号、安装时间、维护周期等。

2. 运维管理功能

对设备维护信息进行管理，包括检修计划、设备检修、设备巡检及报损/报废管理等功能。

3. 基础信息管理功能

管理无人值守变电站的基本信息，包括变电站信息、机房信息、电器柜信息等，支持对信息的增删改查。系统管理还实现系统的用户管理、权限管理、角色管理、数据标准接口、日志以及系统参数设置等功能。

（二）火灾探测子系统

探测层的主要作用对无人值守变电站保护区域内的各类火灾易发部位进行火灾特征探测。以及时发现火灾隐患，便于及时报警和处置。根据无人值守变电站配电室进行实地调研后，确定系统对电器柜体内部、机房空间和电缆沟槽等部位进行火灾探测。

1. 电器柜体内部探测

电器柜内的火灾探测主要是通过自动灭火产品的反馈来实现。在每个电器柜柜体内部安装两枚灭火装置（电启＋信号反馈），该装置带有火灾探测功能，并在确定探测到火灾特征信号后自动启动。装置启动后不仅可以立即将柜体内部火灾有效扑灭，还可通过反馈接口发出反馈信号，该信号给无线输入输出模块发送给智能网关，智能网关会将信号转发给监控平台，并通过监控平台向各类接警终端发出报警信息。

2. 机房空间探测

配电室机房内部空间采用无线独立式感烟探测器和能量型火焰探测器进行火灾探测。

当房间内发生火灾时，感温探测器可以根据温度变化情况确定火灾特征，并通过无线方式向智能网关发送报警信号。机房空间内所使用的三种探测器都是采用无线方式进行工作的，因此具有安装时施工方便且便于进行维护保养的显著优点。

（1）感烟探测器可以根据室内烟雾浓度判断火灾特征，并在确定火灾发生通过无线方式向智能网关发送报警信号。

（2）能量型火焰探测器可以对室内的红外信号进行探测，并对不同频点的红外能量分配形态进行实时分析。当特定频点的红外能量发生异常时，设备就可以判断为火焰信号发生，从而发出报警信号，该信号也是通过无线方式发送到智能网关。

3. 电缆沟槽探测

电缆沟槽内安装固定式感温自启动水基灭火装置和微型超细干粉自动灭火装置，这些装置具有火灾探测功能，当探测到火灾温度时会自启动进行扑救，且在启动后会通过反馈接口发送出反馈信号至智能网关。

（三）火灾报警信息传输及处理子系统

当火灾探测子系统中的任意位置任意类型的探测器发出火灾报警信号后，这些信号都会被现场的智能网关设备所接收。智能网关会对接收到的火灾报警信号进行分析和处理，根据各类和数量等因素确定现场的警情级别，并根据不同级别警情分别按不同方案进行处理。

在接收到报警信号及确定警情级别后，智能网关设备会通过无线或有线网络（根据现场实际情况确定）将报警信息及报警位置、设备类型、报警内容等数据传送到监控平台，监控平台会将相应的信息发送到值班电脑、值班员手机、分管领导手机等预先设置的接警设备上。供不同类型的管理人员在不同的地方，通过不同的方式及时获取警情信息。

（四）接警及火情确认子系统

接警人员通过 PC 电脑或手机接收到警情信息后，可以根据不同的警情级别进行不同的操作。比如可以选择"看视频"按钮调取现场的视频信号进行查看，以确定是否发生了火灾。

当接警人员确定现场确实有火灾发生后，可以通过"一键灭火"功能远程启动火灾现场相应位置预先设置的灭火装置，在人员难以及时到达现场的情况下对现场火情进行第一时间处置，以达到救早灭小、阻止火情蔓延、减少火灾损失的目的。

（五）灭火处置子系统

根据无人值守变电站配电房的实际情况，系统配置了两种主要的灭火处置设备。一种灭火装置为电启＋信号反馈型微型超细干粉灭火器，它主要安装于电缆竖井及电器柜体内部，对柜体内的初发火灾进行处置。另一种是固定式感温自启动水基灭火装置和微型超细干粉灭火装置（电启＋信号反馈），用于对电缆沟槽内的火灾进行探测及处理。

这两种装置都带有自动启动、远程电控启动和启动反馈功能。

（六）系统功能特点

本系统具有即时预警、主动通知、分级判断、火灾定位、自动反馈等功能。

（1）即时预警。通过现场安装的消防探测器探测火情信号并及时发出信号通知和现场报警，多方面进行预警，保障人员能够在火情出现初期及时接收到报警信号并尽快做出处理，以防火势蔓延造成大的损失。

（2）主动通知。系统配有电话和短信通知功能。在出现火情时，可通过系统自动拨打对应人员电话，确保对应人员能够知晓现场报警情况。

（3）分级判断。自动报警系统内设报警级别分为一级报警和二级报警。每个探测区间由一个烟感、一个温感和一个火焰探测器组成，当有且仅有一个探测器报警时，系统判断为一级报警，通知对应一级管理人员；当两个探测器同时报警时，系统判断为现场发生火灾，自动通知所有人员（主管人员和领导等）。

（4）火灾定位。系统可根据探测器安装位置，将火灾报警信息定位到具体探测区间，通过系统通知可以让人员迅速确定火灾位置，提高火灾处置效率。

（5）自动反馈。为确保自动报警系统的正常运行，系统还具备了故障自动反馈功能。当设备出现故障时（如探测器出现通信问题），系统会发出故障报警，通知人员尽快处理，保障系统的正常运行。

第三节　消防设备选用和配置

一、固定式感温自启动水基灭火装置

针对某无人值守变电站的具体环境及其消防特殊性，选用的泡沫剂产品为：固定式感温自启动水基灭火装置（泡沫剂 4L 装）。

1. 固定式感温自启动水基灭火装置的灭火原理

火灾发生的三个基本因素为氧气、温度、可燃物，控制火灾必须控制其中一个因素，这种灭火装置是通过同时控制这三个基本因素实现灭火。

（1）窒息。通过灭火装置启动后产生的较大冲击力，实现窒息灭火。

（2）冷却。灭火装置启动后，灭火剂迅速扩散到可燃物表面及其四周，使温度降低从而达到冷却灭火。

（3）分离、抑制。通过物理和化学作用使可燃物分离，同时灭火剂使得可燃物性能发生变化，减少可燃面积，阻止继续燃烧。

2. 固定式感温自启动水基灭火装置的特点

（1）主动预防、自动灭火。一旦出现火情，只要该灭火装置接触到火源或者感应到高温，即刻启动灭火，达到实现无人值守变电站自动灭火的目的。

（2）启动迅速，灭火高效。该装置接触火源 3~5s 启动，5~8s 即可实现灭火。

（3）性能稳定，维护成本低。该灭火装置保质期内免维护。

（4）环保、节能、无毒、无污染。因为该泡沫剂灭火装置主要成分为多功能泡沫（植物中提取的植物蛋白），不含有毒有害及腐蚀成分且 24h 内自动降解，不会对设备造成二次污染。

（5）安装简单、使用方便。该灭火装置本身体积较小，体积仅 4L，帝一铭灭火装置针对于配电柜安装直接放置即可。

（6）抑烟效果显著。该灭火装置具有优异的吸附浓烟功能，在配电房等封闭场所，人员很容易因吸收浓烟过多导致昏厥甚至死亡，且浓烟还会影响人们逃生视线，会对周边环境带来影响。

（7）灭火空间大，灭火种类多。4L 泡沫剂灭火装置保护直径 1.6m，保护面积 2.2m²，微型超细干粉自动灭火装置保护空间达 1m³。泡沫剂灭火装置适用于扑救固体、液体及部分金属类火灾。

3. 固定式感温自启动水基灭火装置的规格参数和外形

固定式感温自启动水基灭火装置的规格参数见表 2-5-3-1。

表 2-5-3-1　　　　　固定式感温自启动水基灭火装置（4L 装）

（电启＋信号反馈）规格参数

项　目	参数数值	项　目	参数数值
充装量	4L	有效保护面积	2.19m²
灭火类型	A 类火/70B	保质期	3 年
有效保护半径	0.84m	适用温度	−10～＋55℃

固定式感温自启动水基灭火装置外形如图 2-5-3-1 所示。

二、微型超细干粉自动灭火装置

1. 灭火原理

微型超细干粉自动灭火装置是一款固定式新型自动灭火装置，采用最先进的固气转换原理，无需贮压，固体产气剂被激活后生产大量惰性气体并驱动灭火剂高速喷射，在最短时间内实现全淹没灭火，灭火迅速、高效，无毒无污染，灭火后灭火剂易清理，是一款绿色环保型灭火装置。该灭火装置具有较好主动预防作用，可广泛使用在诸多领域，且有安装方便，维护简单，使用寿命长等特点。某微型超细干粉自动灭火装置外形如图 2-5-3-2 所示。

图 2-5-3-1　固定式感温自
启动水基灭火装置外形

图 2-5-3-2　某微型超细干粉
自动灭火装置外形

在发生火灾时，微型超细干粉自动灭火装置的感温元件启动，实现固态气休发生剂迅速产生大量气体，迅速膨胀的气体压力将底部密封的铝箔冲破，并将超细干粉灭火剂迅速送入火场，在保护区范围内形成局部全淹没状态，火焰在气体的物理和超细干粉的化学作用下被扑灭。超细干粉灭火装置适用于扑救固体、液体、气体火灾。

2. 微型超细干粉自动灭火装置装置特点

（1）主动预防、自动灭火。一旦出现火情，微型超细干粉自动灭火装置热敏线接触火源或者感应高温灭火装置即刻启动实现灭火，实现无人值守自动灭火的目的。

（2）启动迅速，灭火高效。该装置接触火源3～5s启动，5～8s即可实现灭火。

（3）性能稳定，维护成本低。该装置保质期内维护简单，每隔1年检查外观即可。

（4）环保、节能、无毒、无污染。因为微型超细干粉自动灭火装置主要成分为ABC超细干粉，不含有毒有害及腐蚀成分且颗粒小多处于悬浮状态，不会对设备造成二次污染，残留超细干粉具有斥水性，易清理。

（5）安装简单、使用方便。该装置体积小，无需特定安装设备，微型超细干粉自动灭火装置针对于配电柜安装直接吸附即可。

（6）安全可靠、性能稳定。该装置五年质保，零压存储，性能稳定；装置启动无冲击力，安全可靠，部件保护有保障。

3. 微型超细干粉自动灭火装置产品规格参数

某微型超细干粉自动灭火装置产品规格参数见表2-5-3-2。

表2-5-3-2　　　　　某微型超细干粉自动灭火装置产品规格参数

项　　目	规格参数	项　　目	规格参数
型号	FFX-ACT0.15	外形尺寸	直径108mm，高63mm
灭火剂量	0.15kg	安装高度	0.1～0.5m
装置毛重	0.5kg	有效保护体积	1m³

三、探测器

1. 独立式光电感烟火灾探测报警器

报警器采用高品质元件，结合先进电子技术及精良工艺而制成。一旦烟雾浓度达到报警设定值，探测器将发出声光报警信号，提醒您立即采取有效措施；或启动联动装置，排除险情，有效避免火灾、爆炸、中毒等恶性事故的发生。采用微处理器控制，高可靠，低误报；现场声、光报警。某型号产品参数和外形如表2-5-3-3和图2-5-3-3所示。

表 2-5-3-3　　　　　　　某型号独立式光电感烟火灾探测报警器产品参数

项　目	产品参数	项　目	产品参数
型号	GS517L	报警音量	＞85dB@3m
工作湿度	≤95％	符合标准	见 GB 20517
电源	DC9V	工作温度	0～40℃
静态电流	＜10μA	外观尺寸	φ127mm×41.3mm
报警方式	声、光报警		

图 2-5-3-3　某型号独立式光电感烟火灾探测报警器外形

2. 独立式感温探测器

某型号感温报警器采用 NTC 温度传感器设计，用于检测火灾导致的异常热量，及时告知用户，以免火灾灾害的进一步扩大。本产品内置低功耗远距离全球开放免许可证的 RF 无线通信模块，既可以单独使用，也可以将多个感温报警器或者其他报警器组成互联互保系统。检测到异常热量时，除了其自身会发出高分贝的告警音，同时处于同一系统的智能网关也会发出告警音，并且还会将这一险情推送至智能终端如智能手机。独立式感温探测器的参数见表 2-4-3-4，其外形如图 2-5-3-4 所示。

表 2-5-3-4　　　　　　　　独立式感温探测器产品参数

项　目	参　数	项　目	参　数
型号	GS412	报警音量	＞85dB@3m
工作湿度	≤95％RH，不结露	报警电流	≤50mA
工作电压	DC3V	工作温度	-10～50℃
待机电流	≤15μA	外观尺寸	φ100mm×40mm
报警温度	54～70℃		

3. 火焰探测器

火焰探测器可应用于需要对火焰实施监控的场所，快速发现可能引起火灾的燃烧火焰，及时发出火灾警报，通过两个工作于不同波段的红外热释电传感器将火焰燃烧参数转换为电信号，之后将信号输入工业计算芯片进行比较、运算和处理，配合专用智能控制软件，可以及时发出火灾警报。采用铝压铸隔爆壳体具有良好的防爆和防护特性，耐腐蚀、抗老化，可以长期工作于各种工业、商业场所。

图 2-5-3-4　独立式感温探测器外形

双波段红外火焰探测器产品参数见表2-5-3-5，其外形如图2-5-3-5所示。

表 2-5-3-5　　　　　　双波段红外火焰探测器产品参数

项　　目	产品参数	项　　目	产品参数
型号	A705/IR2	重量	≤1kg
监视状态电流	≤15mA	工作温度	−10～55℃
报警状态电流	≤35mA	工作湿度	≤95%
防护等级	IP66	供电电源	DC24V，脉动电压

四、智能网关

智能网关是火灾探测预警及处置的集中控制装置，当火灾探测子系统中的任意位置任意类型的探测器发出火灾报警信号后，这些信号都会被现场的智能网关设备所接收，智能网关会对接收到的火灾报警信号进行分析和处理，显示火警信息并提供处置功能。智能网关产品参数见表2-5-3-6，其外形如图2-5-3-6所示。

图 2-5-3-5　双波段红外火焰探测器外形

表 2-5-3-6　　　　　　智能网关产品参数

项　　目	产品参数	项　　目	产品参数
供电电源	适配器 DC12V/500mA	报警音量	＞85dB@3m
静态电流	≤70mA	工作温度	−10～50℃
最大电流	≤260mA	工作湿度	≤90%
GSM 频率	900/1800/850/1900MHz		

图 2-5-3-6　智能网关外形

第四节 智慧消防应用配置及安装

一、防火保护部位

本研究设计方案分为消防预警和自动处置两个部分。消防预警采用物联网技术智慧消防预警系统，通过在配电室吊顶上安装火灾探测器和在消防监控室安装智能网关设备以及用户端软件平台，实现对配电室整体的消防预警功能。自动处置采用泡沫剂灭火装置和微型超细干粉自动灭火装置，通过安装在配电柜内部的微型超细干粉自动灭火装置和安装在线缆附近的泡沫剂灭火装置实现对这两种部位发生火灾时的自动处置功能，并发出反馈信号，也可远程手机端、PC端远程电启产品。

本设计方案主要将配电室的配电柜、线缆沟、电缆竖井作为防火保护对象。物联网技术智慧消防预警系统探测器、智能网关等设备采用无线信号传输技术，实现无管线式，安装简单，使用方便。自动灭火装置响应迅速、误报率低（必须接触明火启动）、安装简单、灭火性能强，有良好的抑烟作用，可预防、可投掷灭火，可以有效针对电气火灾。

二、应用配置

1. 智慧消防预警系统配置

根据多年现场实地调研和资料查阅及考察，某无人值守变电站适合物联网技术消防安全预警管理平台，管理区域为配电间，探测设备采用烟感、温感和红外火焰探测器组合使用，每组探测设备包含一个独立式感烟探测器、一个独立式感温探测器和一个红外火焰探测器。两组探测器链接同一台物联网智能消防网关。

2. 配电间探测设备设置

配电柜间有两排配电柜，初步设计在每排配电柜上方天花板上安装一组探测器，整个配电间安装2组探测器。

3. 自动灭火装置配置

针对某无人值守变电站实地考察和技术论证，结合《建筑灭火器设计规范》（GB 50140）、《火灾自动报警系统设计规范》（GB 50166）、《MCW水（泡沫）剂灭火装置技术规程》（DB34/T 1406）、《干粉灭火装置》（GA 602）、《泡沫剂灭火剂》（GB 15308）、《电力设备典型消防规程》（DL 5027），将某无人值守变电站配电设施定义为中度危险等级，根据其布局分布，将防火区域划分为3个防火单位，配电间共10个配电柜。其中8个配电柜各装2枚微型超细干粉自动灭火装置（电启＋信号反馈）产品，1个配电柜（电池屏）装5枚，1个数据远传屏装1枚，共安装22枚微型超细干粉自动灭火装置（电启＋信号反馈）。电缆竖井安装2枚微型超细干粉自动灭火装置（电启＋信号反馈），线缆沟按照其走向，安装5枚MCW/PT4型装置，使用4L-1型支架吊装，吊装高度为20~30cm使用丝杆连接。智慧消防预警及处置系统具体配置见表2-5-4-1，安装示意图如图2-5-4-1所示。

表 2－5－4－1　　　　　　　　智慧消防预警及处理系统具体配置

序号	名　称	型号/规格	单位	数量	备注
火灾探测子系统					
1	火焰探测器	安誉 A71513	只	2	三波段红外
2	无线温感	GS51	只	2	含底座
3	无线烟感	GS51	只	2	含底座
信息传输及处理子系统					
1	智能网关	成威定制	台	1	含智能网关、声光报警
2	无线输入输出模块	成威定制	只	15	
3	网络交换机	8 口 100M	只	1	
火灾处置子系统					
1	固定式感温自启动水基灭火装置（电启＋信号反馈）	MCW/PT4	个	5	带电启动和信号反馈，电缆沟内部
2	微型超细干粉自动灭火装置（电启＋信号反馈）	FFX－ACT0.15	个	24	带电启动和信号反馈，配电柜体内部
3	支架	CW－4L－1	套	5	
4	丝杆	$\phi 6$	根	5	30cm
平台及软件					
1	平台使用		年	1	年使用费
2	安装调试		人/d	4	每个场站
施工及辅材					
1	电源线		m	30	
2	屏蔽双绞线		m	100	
3	施工		人/d	6	

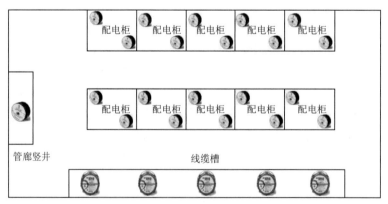

（a）配电间俯视图

图 2－5－4－1（一）　智慧消防预警及处置系统安装示意图

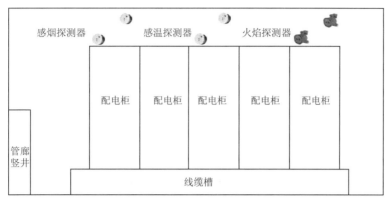

（b）配电间主视图

图 2-5-4-1（二） 智慧消防预警及处置系统安装示意图

三、安装施工

具体安装施工如图 2-5-4-2～图 2-5-4-5 所示。

图 2-5-4-2 配电柜间火灾探测器安装（进行火灾探测预警）

图 2-5-4-3 线缆沟上方吊装 MCW/PT4 产品（主动预防线缆火灾）

图 2-5-4-4 配电间配电柜内侧及电池屏柜隔层顶部安装
（主动预防电气火灾）

图 2-5-4-5 在配电间电缆竖井内安装微型超细干粉自动灭火装置
（每隔 1.5m 装置一枚，热敏线顺着线缆走向从上往下布置）

　　本着以防为主、防消结合的消防理念，结合 MCW 灭火装置、超细干粉系列（微型超细干粉自动灭火装置）灭火装置及物联网技术智慧消防预警处置平台，根据灭火装置均具有主动预防、自动灭火的特点，专为无人值守变电站初起火灾量身定制，将火灾扼杀在萌芽阶段。物联网预警处置平台借助手机 APP 客户端，实现对维保消防设施状态的实时监测与异常信息报送及报警信息的快速反应。

　　本着以人为本、防消结合的消防安全理念，研究、探寻、定制出了无毒、无害、无污染、无腐蚀的安全灭火装置和信息化、物联网化和智能化的预警处置平台，在保护人员安全及设备无害的情况下实现灭火。对灭火装置相对经济性好，安装简便，安全可靠，灭火效率高，智慧消防预警处置系统利用物联网、云计算、大数据等现代信息技术，通过有线、无线、移动互联网等通信手段，将单位消防设施进行互联，获取消防设施状态信息和相关建筑信息，实现消防信息共享的智慧消防物联网数据平台系统，真正做到智慧消防，智能消防。

第五节 消防远程信号输送及智能控制系统

一、系统组成

随着电力事业的发展，发电厂和变电站的容量及自动化水平越来越高，电力设备的防火安全越来越重要，对各种电力设备的消防及管理提出了更高的要求，由于无人值守变电站的增多，对消防远程信号输送及智能控制也提出了新的要求，即可靠、安全、智能。为了执行国家电网有限公司文件《国网设备部关于加快推进变电站消防隐患治理工作的通知》（设备变电〔2018〕16 号）的有关规定，×××消防器材有限公司开发了消防远程信号输送及智能控制系统。消防远程信号输送及智能控制系统的组成如图 2-5-5-1 所示。

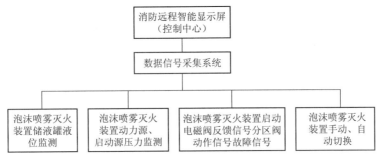

图 2-5-5-1 消防远程信号输送及智能控制系统的组成

二、系统原理

消防远程信号输送及智能控制系统的原理如图 2-5-5-2 所示。

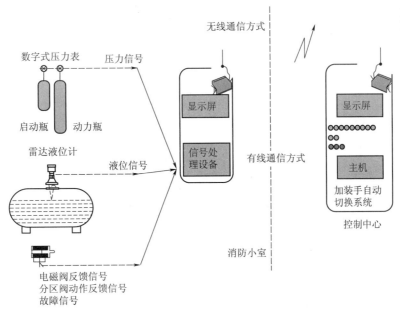

图 2-5-5-2 消防远程信号输送及智能控制系统的原理

（1）采用数字式压力表（每个启动瓶和动力瓶各配一个），负责将动力源、启动源压力信号转换为 485 通信协议信号。

（2）采用液位计（泡沫储液罐配一个），利用 GHZ 无线信号通过泡沫罐视镜入口泡沫液面测量液体的高度，精度达到毫米级。液位计采用抗压设计，不受罐内压力和液体性质影响（如黏稠度、腐蚀性等），储液罐无需改造，安装简单，无需维护，是液位检查的首选。

（3）泡沫喷雾灭火装置启动电磁阀开启反馈、分区阀动作反馈、故障信号。

（4）具有有线、无线两种信号传输方式，可根据用户要求选择。

（5）消防小室数据信号采集系统负责采集压力信号（支持 24 个瓶）、液位信号（支持 3 个泡沫罐）和电磁阀反馈信号（支持 9 个反馈），将信号通过有线传输或无线传输方式，发送到控制中心的主机。采集系统设置在消防小室，平时被动接受来自主控设备的查询命令，一旦发生漏液、漏气或电磁阀反馈闭合，则自动将这些状态发送给控制中心主机。

（6）控制中心主机负责处理查询到的状态信号，面板上可发出相应警示音，指示灯会亮，同时触摸屏也会显示这些状态，具有声光报警、报警记录、查询功能。控制中心可整合两种以上报警信号，启动信号集成了手自动切换系统，从而实现泡沫灭火装置"手动""自动"状态自由切换。泡沫喷雾灭火装置具备单独投"手动"的功能，且不会影响其他变压器的正常运行。

三、主要部件

1. 液位计

液位计采用微波雷达连续测量泡沫灭火剂液位，盲区小，抗干扰强，信号传输稳定，适应高温、高压环境，量程高达 20m，测量误差仅为 3mm。

2. 数字式压力表

数字式压力表结合了智能微处理技术和高精度的 A/D 转换技术，采用了先进的插值理论和逼近算法，保证了仪表精度；采用可靠成熟的 LED 数码管显示，亮度高，清晰可见；外壳采用不锈钢及合成材料制作，耐腐蚀，抗机械压力强，芯体采用密封技术，可应用多种复杂环境。

3. 消防远程智能显示屏（控制中心）

智能显示屏采用模块化设计，安装、调试、维修便利；具有数字显示功能，设备状态变化一目了然；通过 485 通信协议转换，支持系统扩展。消防信号可全部接入消防控制室，并具备接入调控中心功能。

四、系统特点

（1）安全性高，采用多重措施隔绝与周边设备干扰。

（2）本系统立足于现有设备研发，安装施工便利，可在现有泡沫喷雾灭火系统上直接安装。

（3）系统采用集成化、模块化设计，抗干扰性强，可安装在变电站、发电厂消防小室、主控室、主控机房等场所。

（4）系统具备有线、无线双重传输方式，可根据客户需要选择传输方式。

第六章

变电站消防标准化

第一节　变电站消防标准化建设基本要求

一、火灾自动报警系统基本要求

（一）火灾自动报警系统的组成

变电站火灾自动报警系统由火灾报警控制器（联动型）、火灾探测器、手动火灾报警按钮、声光报警器、消防模块、消防电话和应急广播、消防应急照明和疏散指示系统等部件组成。

（1）火灾报警控制器是火灾自动报警系统中的核心组成部分。

（2）火灾探测器是能够对火灾参数（如烟、温、光、火辐射）响应并自动产生火灾报警信号的器件。变电站内火灾探测器主要包括点型光电感烟探测器、线型光束感烟探测器、缆式线型感温火灾探测器（感温电缆）、点型感温探测器、紫外火焰探测器等。

（3）手动火灾报警按钮是手动产生火灾报警信号的触发器件。

（4）声光报警器是用以发出区别于环境声光的火灾警报信号的装置，以声光音响方式向报警区域发出火灾警报信号，警示人员采取安全疏散、灭火救灾措施。

（5）各类消防模块主要包括输入模块、输入/输出模块、短路隔离模块等。

（6）消防电话和应急广播。

（7）消防应急照明和疏散指示系统。

（二）火灾报警控制器配置标准

（1）火灾报警控制器应设置在有专人值班的值班室。

（2）火灾报警控制器主电源采用220V交流供电，并有明显的永久性标志，有条件的接入UPS电源，严禁使用电源插头和漏电开关。

（3）控制器应配有蓄电池，电池供电时间不少于8h，具备主备电源自动切换功能。

（4）火灾报警主机应安装牢固、平稳、无倾斜；配电线路清晰、整齐、美观、避免交叉，并牢固固定，专用导线或电缆应采用阻燃型屏蔽电缆，传输线路应采用穿金属管、经阻燃处理的硬质塑料管或封闭式线槽保护方式布线。配电线路宜与其他配电线路分开敷设在不同电缆井、沟内；确有困难时，消防配电线路应采用矿物绝缘类不燃性电缆，且分两侧敷设。

（5）消防装置故障信号、消防装置总告警信号或消防火灾总告警信号应接入本地监控后台和调控中心，具备条件的应接入智能辅控一体化平台。

（6）火灾报警控制器应有保护接地，并具备明显接地标志。采用专用接地装置，接地电阻不应大于4Ω。

（三）火灾探测器设置原则和配置标准

1. 火灾探测器的设置原则

（1）主控制室、通信机房、继保室、配电装置室应设置点式感烟火灾探测器或吸气式感烟火灾探测器。

（2）220kV 及以上变电站和无人值班变电站的电缆层、电缆竖井和电缆隧道应设置缆式线型感温火灾探测器、分布式光纤火灾探测器、点式感烟火灾探测器或吸气式感烟火灾探测器。

（3）电抗器室、电容器室应设置点式感烟或吸气式感烟火灾探测器（如有含油设备，应采用感温火灾探测器）。

（4）换流站阀厅应设置点式感烟或吸气式感烟火灾探测器＋其他早期火灾探测报警装置（如紫外弧光探测器）组合。

（5）蓄电池室应设置防爆感烟火灾探测器和可燃气体探测器。

（6）油浸式变压器（单台容量 125MV·A 及以上）应设置缆式线型感温火灾探测器＋缆式线型感温火灾探测器或缆式线型感温火灾探测器＋火焰探测器组合。油浸式变压器（单台容量 125MV·A 以下）应设置缆式线型感温火灾探测器或火焰探测器。

2. 火灾探测器配置标准

（1）室内安装的烟感探测器、温感探测器按面积大小进行适当配置，安装位置应便于日常维护。

（2）主变室、开关室、电容器室、电抗器室等层高较高场所或正下方有带电设备的房间，采用便于更换的火灾探测装置。

（3）感温电缆应在被探测物上呈 S 形紧贴敷设，并采用固定卡具进行固定，感温电缆宜采用具有抗机械损伤能力的带金属结构层产品。

（四）手动火灾报警按钮配置标准

（1）手动火灾报警按钮如图 2-6-1-1 所示，应设置在室外出入口处或走廊通道，安装高度应为 1.3~1.5m。

（2）安装应牢固，无明显松动，不倾斜，其标识应粘贴在按钮正下方。

（3）手动报警按钮的复归钥匙应按照生产类钥匙进行管理。

（五）声光报警器配置标准

（1）声光报警器如图 2-6-1-2 所示，应设置在室外出入口处或走廊通道，一般建议安装在手动火灾报警按钮正上方，安装高度应大于 2.2m。

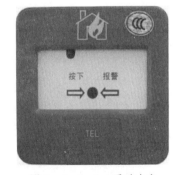

图 2-6-1-1 手动火灾报警按钮实物图

（2）安装应牢固，无明显松动，不倾斜，其标识应粘贴在报警器正下方。

（3）声光报警器安装高度适宜，四周无遮挡物，易观察识别。

（六）消防模块配置标准

（1）每个报警区域内的模块宜相对集中设置在本报警区域内的金属模块箱中，本报警区域内的模块不应控制其他报警区域的设备。

（2）消防模块应安装牢固、无倾斜，配线清晰、整齐、美观，并牢固固定。

（3）消防模块严禁设置在配电（控制）柜（箱）内。

（4）消防模块如图2-6-1-3所示，应命名准确，标识清晰。

图2-6-1-2　声光报警器实物图

图2-6-1-3　消防模块实物图

（七）消防电话和应急广播配置标准

（1）变电站内配置有消防电话和应急广播的，广播的控制装置、消防电话总机应设置在专人值班场所。

（2）变电站配有消防电话总机的，各生产设备房间（区域）应设置消防专用电话分机，分机应固定安装在明显且便于使用的部位。消防专用电话网络应为独立的消防通信系统。

（3）消防电话和消防应急广播如图2-6-1-4所示，其正下方应有标识，消防电话的标识应有别于普通电话。

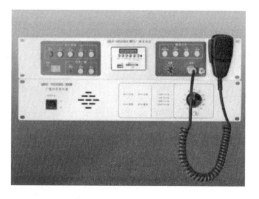

图2-6-1-4　消防电话和消防应急广播实物图

（八）消防应急照明和疏散指示系统配置标准

（1）消防应急照明和消防安全疏散指示标志如图2-6-1-5所示，应设置在疏散通道、安全出口处。

（2）消防应急照明的自带蓄电池应满足不少于20min照明时间。

（3）疏散指示应设置在疏散走道及其转角处距地面高度1.0m以下的墙面或地面上。

（4）消防应急照明和疏散指示系统的联动控制设计，应由消防联动控制器联动消防应急照明配电箱实现。

（5）当确认火灾后，由发生火灾的报警区域开始，顺序启动全楼疏散通道的消防应急照明和疏散指示系统。

图2-6-1-5 消防应急照明和消防安全疏散指示实物图

（九）消防点位布置图配置标准

（1）变电站火灾报警控制器旁应配置消防点位布置图。

（2）消防点位布置图应体现功能房间布局、点位编号、点位类型等信息，布置图中的信息应准确、直观，可采用塑封图、泡沫板、亚克力板等形式。

（3）变电站消防点位有更新时，布置图应同步更新。

二、变压器固定灭火系统建设基本要求

变电站单台容量为125MVA及以上的油浸式变压器应设置合成型泡沫喷雾系统、水喷雾灭火系统或其他固定式灭火装置。

（一）主变泡沫喷淋灭火系统配置标准

主变泡沫喷淋灭火系统如图2-6-1-6所示，由开式喷头、管道系统、火灾探测器（感温电缆）、报警控制组件和泡沫罐（图2-6-1-7）等组成。

（1）泡沫喷淋灭火系统应同时具备自动、手动和应急机械手动启动方式。在自动控制状态下，系统自接到火灾信号至开始喷放泡沫的延时不宜超过60s。

（2）喷头的设置应使泡沫覆盖变压器油箱顶面和变压器进出绝缘套管升高座孔口。

（3）灭火系统的储液罐、启动源、氮气动力源应安装在专用房间内，专用房间的室内温度应保持在0℃以上。

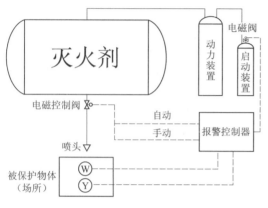

图 2-6-1-6 主变泡沫喷淋灭火系统示意图　　图 2-6-1-7 SP 泡沫罐喷淋装置

（4）供液管道管材，湿式部分宜采用不锈钢管，干式部分宜采用热镀锌钢管。

（5）合成型泡沫喷淋灭火系统灭火剂用量应按扑救一次火灾计算，具体用量按有关设计规范计算。

（6）应加装主变消防设备开关防误连锁箱如图 2-6-1-8 所示，实现火灾报警信号与主变压器断路器位置接点进行连锁控制，保证其动作可靠性。

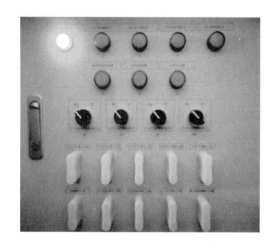

图 2-6-1-8 主变消防喷淋系统开关连锁箱

（7）每台主变的消防火灾告警信号应独立上传至本地后台和调控中心。安装了主变防误连锁控制箱的，主变固定灭火装置启动信号与控制回路异常信号原则上应接入公用测控装置，若公用测控屏点位不能满足全部信号接入时，可接入对应主变测控屏，并同时上送本地后台与调控中心。如上送点位不足，异常信号可分类合并上送，但启动信号应按主变台数分别上送。

（二）主变水喷淋灭火系统配置标准

主变水喷淋灭火系统由水源、供水设备、供水管网、雨淋报警阀组、洒水喷头等组成，如图2-6-1-9所示，能在被保护对象发生火灾时喷水的自动灭火系统。

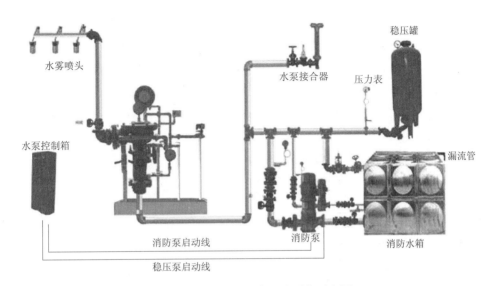

图2-6-1-9 水喷淋灭火系统示意图

（1）消防水池的容量应符合当地实际要求，合用水池应采取确保消防用水量不作他用的技术措施，消防水池应有补水措施，满足消防给水及消火栓系统技术规范的要求。补水时间不宜超过48h，消防水池有效总容积大于2000m³时，不应大于96h。

（2）使用的水泵（包括备用泵、稳压泵）应完整、无损坏，铭牌清晰；消防水泵设主、备电源，且能自动切换；消防给水系统在主泵停止运行时，备用泵能切换运行；一组消防泵吸水管应单独设置且不应少于两条；水泵出水管管径及数量应符合设计要求；水泵出水管上设试验和检查用的压力表、放水阀门和泄压阀，压力表经检验合格；放水阀、泄压阀状态指示标识清楚。

（3）消防水系统管道上应标明清晰的水流方向指示。

三、消防给水系统建设基本要求和消火栓配置标准

（一）消防给水系统建设基本要求

（1）变电站、换流站和开关站应设置消防给水系统和消火栓。消防水源应有可靠保证，同一时间按一次火灾考虑，供水水量和水压应符合有关标准。变电站、换流站和开关站内的建筑物耐火等级不低于二级。体积不超过3000m³，且火灾危险性为戊类时，可不设消火给水。

（2）向环状管网输水的进水管不应少于两条，当其中一条发生故障或检修时，其余的进水管应能满足消防用水总量的供给要求。

（3）消防给水系统应按二级负荷供电。

（4）消防给水系统的阀门应有明显的启闭和日常工作状态标志。

（5）消防用水可由城市给水管网、天然水源或消防水池供给。利用天然水源时，其保证率应不小于97％，且应设置可靠的取水设施。

（6）配有消防水池的变电站，由两台消防泵（一用一备）通过水管从消防水池抽水，经气压罐加压后输送到消防管网，最终送至室外、室内的消火栓。除消防泵外，可装设两台稳压水泵作为管网的稳压装置，使管网压力保持在0.3～0.5MPa。

（7）主变压器设水喷雾灭火时，消防水池的容量应满足水喷雾灭火和消火栓的用水总量。室外消火栓用水量不应小于10L/s。消防水池的补水时间不宜超过48h，对于缺水地区不应超过96h。

（8）独立建造的消防水泵房，其耐火等级不应低于二级。消防水泵房设置在首层时，其疏散门宜直通室外；设置在地下层时，其疏散门应靠近安全出口。消防水泵应保证在火警后30s内启动。消防水泵与动力机械应直接连接。消防水泵按一运一备或二运一备比例设置备用泵，备用泵的流量和扬程应符合标准。应有备用电源和自动切换装置，工作正常。

（9）带电设施附近的消火栓应配置喷雾水枪。

（二）室内消火栓配置标准

（1）室内消火栓给水管网与自动喷水灭火系统、水喷雾灭火系统的管网应在报警阀或雨淋阀前分开设置。

（2）室内消火栓应设置在明显易于取用的地点，保证每一个防火分区同层有两支水枪的充实水柱同时到达任何部位；栓口离地面或操作基面高度宜为1.1m，其出水方向宜向下或与设置消火栓的墙面成90°角；栓口与消火栓箱内边缘的距离不应影响消防水带的连接；每个室内消火栓处设置直接启动消防水泵的按钮，并应有保护设施。

（3）同一建筑物内应采用统一规格的消火栓、水枪和水带，每条水带的长度不应大于25.0m。

（三）室外消火栓配置标准

（1）室外消火栓应沿道路设置，距路边不应大于2.0m，距房屋外墙不宜小于5.0m，并设有保护设施。

（2）室外消火栓间距不应大于120.0m，保护半径不应大于150.0m。

（3）室外消火栓宜采用地上式消火栓。地上式消火栓应有1个$DN150$或$DN100$和2个$DN65$的栓口。

（4）室外消火栓、阀门、消防水泵接合器等设置地点应设置相应的永久性固定标识。

四、场地消防小室和防火门建设基本要求

（一）场地消防小室配置标准

室外油浸式主变压器、电容器或油浸式电抗器附近设应设有场地消防小室。场地消防小室应包含消防砂箱和灭火器小室。

1. 消防砂箱配置标准

（1）消防砂箱如图 2－6－1－10 所示，容积应不小于为 1.0m³，内装干燥的细黄砂，并配置 3～5 把消防铲，消防砂桶内应装满干燥黄砂。

（2）消防砂箱、消防砂桶和消防铲均应为大红色，砂箱的上部应有白色的"消防砂箱"字样，箱门正中应有白色的"火警 119"字样，箱体侧面应标注使用说明。消防砂箱的放置位置应与带电设备保持足够的安全距离。

2. 灭火器小室配置标准

灭火器小室内应配置足量的推车式干粉灭火器、手提式灭火器、消防桶、消防铲、消防水带、消防水枪以及消防扳手等消防设施，如图 2－6－1－11 所示。

图 2－6－1－10　消防砂箱

图 2－6－1－11　灭火器小室

（二）防火门配置标准

（1）变压器室、电容器室、蓄电池室、电缆夹层、配电装置室的门应向疏散方向开启，且当门外为公共走道或其他房间时，该门应采用乙级防火门。

（2）配电装置室的中间隔墙上的门应采用由不燃材料制作的双向弹簧门。

五、灭火器配置标准和灭火器种类

（一）灭火器配置标准

（1）变电站内建（构）筑物、设备应按照其火灾类别及危险等级配置移动式灭火器，灭火器的选择应考虑配置场所的火灾种类和危险等级、灭火器的灭火效能和通用性、灭火剂对保护物品的污损程度、设置点的环境条件等因素。

（2）在同一灭火器配置场所，宜选用相同类型和操作方法的灭火器，当选用两种或两种以上类型灭火器时，应采用灭火剂相容的灭火器。当同一场所存在不同种类火灾时，应选用通用型灭火器。

（3）灭火器应设置在人行通道、楼梯间和出入口等处，位置明显和便于取用的地点，且不得影响安全疏散。对有视线障碍的灭火器设置点，应设置指示其位置的发光标志。露天设置的灭火器应有遮阳挡水和保温隔热措施，灭火器的摆放应稳固，其铭牌应朝外，定期检查，确保有效。

（4）E类火灾（带电火灾）应选择磷酸铵盐干粉灭火器、碳酸氢钠干粉灭火器、卤代烷灭火器或二氧化碳灭火器，不得选用装有金属喇叭喷筒的二氧化碳灭火器。干粉灭火器从出厂日期算起的使用期限为10年，灭火器过期、损坏或检验不合格者，应及时报废、更换。

（二）灭火器种类

（1）手提式干粉灭火器如图2-6-1-12所示，其总质量不应大于20kg，手提式灭火器应设置在专用灭火器箱内或挂钩、托架上，其顶部离地面高度不应大于1.50m，底部离地面高度不宜小于0.08m。灭火器箱不得上锁，上侧应悬挂灭火器标志牌；灭火器摆放应稳固，其铭牌应朝外。

（2）油浸式变压器区域应设推车式干粉灭火器如图2-6-1-13所示，推车式干粉灭火器应配有喷射软管，其长度不小于4.0m。

（3）以水为基础灭火剂的水基型灭火器如图2-6-1-14所示，以氮气或二氧化碳为驱动气体，能够在液体燃料表面形成一层抑制可燃液体蒸发的水膜，并加速泡沫的流动，是一种高效的灭火剂，可用于扑灭低压电气火灾。从出厂日期算起的使用期限为6年，灭火器过期、损坏或检验不合格者，应及时报废、更换。

图2-6-1-12 手提式　　　　图2-6-1-13 推车式　　　　图2-6-1-14 水基
干粉灭火器　　　　　　　干粉灭火器　　　　　　　型灭火器

六、正压式消防空气呼吸器配置标准

（1）在空气流通不畅或可能产生有毒气体的场所灭火时，应使用正压式消防空气呼吸器，如图2-6-1-15所示。正压式消防空气呼吸器应放置在有人值班场所，应按每站2套配置，存放正压式消防空气呼吸器的柜体应为红色并固定设置标志牌。

（2）正压式消防空气呼吸器的公称容积宜不小于6.8L并至少能维持使用30min。

（3）正压式消防空气呼吸器应定期检查，确保有效。

图 2 - 6 - 1 - 15 正压式消防空气呼吸器

第二节 变电设备防火建设基本要求

一、变压器防火配置基本要求

（1）容量 125MVA 以上的变压器应设置固定自动灭火系统及火灾自动报警系统。

（2）室外油浸式变压器之间距离小于 10m 时必须设置防火墙，应符合下列要求：

1）防火墙的高度应高于变压器储油柜，防火墙的长度不应小于变压器的贮油池两侧各 1.0m。

2）防火墙与变压器散热器外廓距离不应小于 1.0m。

3）防火墙应达到一级耐火等级。

（3）变压器防爆筒的出口端应向下，并防止产生阻力。

（4）变压器附近应设置场地消防小室。

（5）变压器应设置防火重点部位标识标牌。

（6）应编制变压器火灾事故处理预案，存放在消防档案中。

二、电缆防火配置基本要求

1. 防止电缆火灾蔓延的阻燃或分隔措施

电缆从室外进入室内的入口处、电缆竖井的出入口处、电缆接头处、主控制室与电缆夹层之间、靠近充油设备的电缆沟、电缆主沟和支沟交界处、电缆交叉密集处、长度超过 60m 的电缆沟或电缆隧道均应采取防止电缆火灾蔓延的阻燃或分隔措施，并应根据变电站的规模及重要性采取下列一种或数种措施：

（1）采用防火隔墙或隔板，并用防火材料封堵电缆通过的空洞。电缆局部涂料或局部采用防火胶带，并宜全程设置防火槽盒。

（2）220kV 及以上变电站，当动力电缆与控制电缆或通信电缆敷设在同一电缆沟或电缆隧道内时，宜采用防火槽盒或防火隔板进行分隔。

（3）交直流电缆同沟敷设，应做好防火隔离。采用防火胶带包裹或防火槽盒隔离。

2. 电缆沟防火措施标准

（1）在电缆沟进出口处应进行防火封堵，在封堵两侧刷不少于 1.5m 防火涂料。

（2）在电缆沟中的下列部位，应按设计设置防火墙：

1）公用沟道的分支处。

2）多段配电装置对应的沟道分段处。

3）沟道中每间距约 60m 处。

4）至控制室或配电装置的沟道入口、厂区围墙处。

5）暗式电缆沟应在防火墙处设置防火门。

（3）动力电缆与控制电缆不应混放、分布不均及堆积乱放。

（4）缆应分层布置，并采用防火隔板、防火槽盒等防火措施进行隔离。

（5）充油设备的电缆沟，应设有防火延燃措施，盖板应采用高强度材料并加以封堵，能有效防止油渗漏至电缆沟内。

（6）电缆沟应保持整洁，不得堆放杂物。

（7）电缆沟严禁积油。

3. 电缆层防火措施标准

（1）在电缆进入电缆层处应涂刷不少于 1.5m 的防火涂料。

（2）电缆层内应设置满足电缆火灾探测要求的火灾探测器。

（3）电缆层应保持整洁，不得堆放杂物。

4. 电缆竖井防火措施标准

（1）在竖井中，宜每隔约 7m 设置阻火隔层；在通向控制室、继电保护室的竖井中均应进行防火封堵；电缆贯穿隔墙、楼板的孔洞处，电缆引至电气柜、盘或控制屏、合的开孔部位，也均应进行封堵。

（2）按照 100m² 保护面积配置 3kg 以上自爆式干粉灭火器 2 组。

（3）电缆竖井应保持整洁，不得堆放杂物。

三、开关柜和二次屏柜防火配置基本要求

1. 开关柜防火配置基本要求

（1）未配置母差保护的开关柜，重点是大电流柜及重负荷柜应配置一定数量的合格的自动灭火产品，如图 2-6-2-1 所示。

（2）开关柜上方的二次电缆桥架应采用防火材料包裹，如图 2-6-2-2 所示。

图 2-6-2-1　自动灭火产品安装图　　图 2-6-2-2　二次电缆桥架防火隔离

2. 二次屏柜防火配置基本要求

（1）保护屏柜孔洞应做好防火封堵。

（2）进入配电装置室电缆防火涂料不少于 1.5m。

四、蓄电池室防火配置基本要求

（1）蓄电池室每组宜布置在单独的室内，如确有困难，应在每组蓄电池之间设置防火墙、防火隔断。蓄电池室门应向外开。

（2）蓄电池室应装有通风装置，通风道应单独设置。

（3）蓄电池室应使用防爆型照明和防爆型排风机，开关、熔断器、插座等应装在蓄电池室外。蓄电池室的照明线应采用暗线敷设。

（4）直流蓄电池输出电缆应独立敷设。

五、电容器、电抗器防火配置基本要求

（1）电容器组日常巡视时应加强红外测温，电容器室门应向疏散方向开启。

（2）对于户外干式空芯电抗器、阻波器，日常巡查时注意设备外表是否有绝缘脱落、龟裂、爬电、表层环氧粉化现象，同时加强红外测温，观察是否存在鸟窝，干式空芯电抗器周围禁止堆放杂物。

（3）户内布置电抗器应根据电抗器的损耗发热量设计有效的散热措施，保持电抗器运行温度在允许范围内。电抗器室风机宜与电抗器开关联动，确保设备投入后风机能相应启动。

（4）干式铁芯电抗器宜设温控装置，并提供超温报警以及跳闸触点。

（5）油浸铁芯电抗器在户内布置时应充分考虑防火、防油泄漏和散热措施，宜布置在房屋底层。

（6）干式电抗器本体出现冒烟、起火、沿面放电等情况，应先断开电源侧开关，拉开电抗器闸刀，隔离故障设备后方可灭火。

第三节　变电站消防设备建设提升措施

一、火灾自动报警系统提升措施

1. 火灾自动报警系统电源供电

有条件时，火灾自动报警装置可直接连接 UPS 电源供电。

2. 消防点位显示屏（显示装置）

（1）可在火灾报警控制器旁安装消防点位显示屏或显示装置如图 2-6-3-1 所示。

（2）装置应该具备用声、光等信号提示的功能，直观、正确地显示对应火灾报警点位。

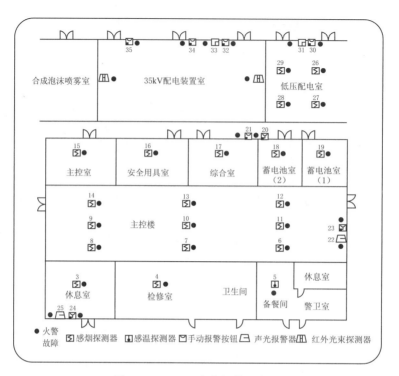

图 2-6-3-1 火灾报警点位图

3. 消防信号与智能辅助平台的联动

（1）消防火灾告警信号宜与智能辅助一体化平台进行联动，如图 2-6-3-2 所示。当变电站有火灾告警信息时，变电站内的工业视频应自动将相应设备（功能房间）区域的视频画面推送至智能辅助一体化平台的主界面上。

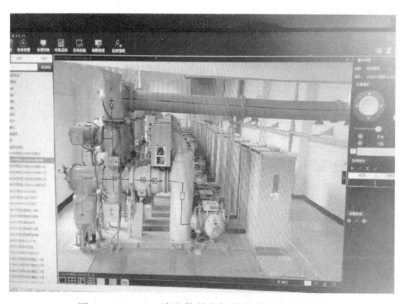

图 2-6-3-2 消防信号与智能辅助平台的联动

（2）智能辅助一体化平台应实现消防声、光报警功能。

4.消防信号上送完善

应将主变固定灭火装置启动信号与控制回路异常信号上送本地监控后台和调控中心，有条件的接入智能辅助监控平台，如图2-6-3-3所示。

5.防火门监控器

（1）有条件的可考虑设置防火门监控器，将变电站内各防火门的状态进行实时监视。

（2）防火门监控器应设置在有人值守场所。

（3）防火门监控器可实时监视常闭式防火门的启闭状态，当开启时，给出报警信息，提醒人员防火门为打开状态。

图2-6-3-3 主变火灾告警信号示意图

（4）防火门监控器可控制常开式防火门关闭，如图2-6-3-4所示。当常开防火门所在防火分区内两只独立的火灾探测器或一只火灾探测器与一只手动火灾报警按钮的报警信号后，防火门监控器可以联动控制防火门关闭。

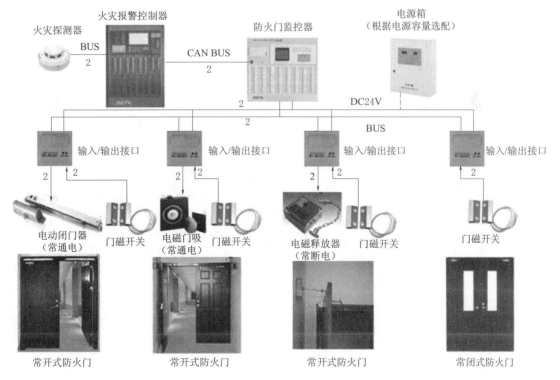

图2-6-3-4 防火门监控器示意图

二、变压器固定灭火系统和消防水系统提升措施

1. 变压器固定灭火系统提升措施

（1）配置固定灭火系统的主变宜单独设置火灾自动报警系统。

（2）变电器固定灭火系统的"重动继电器失电告警""交流 220V 失电告警""直流 24V 失电告警""电磁启动阀启动""主变电动控制阀启动"信号应分开上送当地后台，如点位不足，异常信号可视情况合并上送调控中心，但启动信号应按主变台数分别上送。

2. 消防水系统提升措施

增设消防水系统数字智能消防巡检控制器。消防给水设备是固定消防供水系统的基本组成部分，消防给水设备的特点是平时不用，甚至长期不用，一旦使用必须要发挥作用。目前由于消防设备长期不用造成的水泵锈蚀、锈死现象十分普遍。针对这种现象，可使用数字智能消防巡检控制器组成的消防给水专用控制设备，数字智能消防巡检控制器可实现如下功能：水泵设备巡检、电源回路巡检、控制回路巡检、主备泵自动互换及主备电源自动互投等。

第四节　变电站设备防火提升措施

一、电缆防火提升措施

（1）在电缆主沟和支沟交界处、电缆交叉密集处、电缆室内外进出口处可采用局部密闭小空间型防火封堵，增设自动灭火装置。安装灭火装置时应根据灭火装置的性能要求，对增设部位进行必要的改造，保证自动灭火装置的有效性。

（2）在电缆室内外进出口处、开关柜及其他屏柜箱电缆进出底部、电缆沟的防火隔断可采用防凝露防火封堵，如图 2-6-4-1、图 2-6-4-2 所示。

图 2-6-4-1　电缆进出口处
防火封堵现场图

图 2-6-4-2　电缆沟防火隔断现场图

（3）电缆层、电缆竖井可设置自动灭火装置，自动灭火装置的数量应根据现场环境计算。

二、蓄电池室防火提升措施

在蓄电池室可加装自动灭火装置，自动灭火装置的数量应根据蓄电池室的体积进行计算。进出蓄电池室的电缆、电线，在穿墙处应用耐酸瓷管或聚氯乙烯硬管穿线，并在其进出口端用耐酸材料将管口封堵。

三、二次屏柜防火提升措施

在不间断电源屏柜、充电屏、所用电屏等重要屏柜内可考虑安装自动灭火装置，图 2-6-4-3 所示为不间断电源屏防火提升措施。

图 2-6-4-3　不间断电源屏防火提升措施

第五节　消防管理标准化建设要求

一、消防法规与规程标准

变电站消防管理工作应遵循以下法规和规程标准：

（1）《中华人民共和国消防法》（中华人民共和国主席令第 6 号）。

（2）《消防安全责任制实施办法》（国办发〔2017〕87 号）。

（3）《电力设备典型消防规程》（DL 5027）。

（4）《火力发电厂与变电站设计防火标准》（GB 50229）。

（5）《关于印发交通、消防安全监督检查工作规范（试行）的通知》（国家电网公司安质二〔2014〕59 号）。

（6）《国家电网有限公司十八项电网重大反事故措施（修订版）》（防止火灾事故和交通事故）。

二、消防标识标牌标准化配置

变电站内生产活动所涉及的场所，设备（设施）、检修施工等特定区域以及其他有必要提醒人们注意危险有害因素的地点，应配置标准化的标识标牌。

（1）标识标牌应清晰醒目、规范统一、安装可靠、便于维护，适应使用环境要求。

（2）标识标牌所用的颜色应符合《安全色》（GB 2893）的规定。消防安全标识标牌都应自带衬底色。用其边框颜色的对比色将边框周围勾一窄边即为标志的衬底色。没有边框的标志，则用外缘颜色的对比色。除警告标志用黄色勾边外，其他标志用白色。衬底色最少宽 2mm，最多宽 10mm。

（3）变电设备（设施）本体或附近醒目位置应装设设备标志牌，涂刷相色标志或装设相位标志牌。

（4）标志牌标高可视现场情况自行确定，但对于同一变电站、同类设备（设施）的标志牌标高应统一。

（5）标志牌规格、尺寸、安装位置可视现场情况进行调整，但对于同一变电站、同类设备（设备）的标志牌规格、尺寸及安装位置应统一。

（6）消防安全标识标牌应用坚固耐用的材料制作，如金属板、塑料板、木板等。用于室内的消防安全标识标牌可以用粘贴力强的不干胶材料制作。对于照明条件差的场合，标识标牌可以用荧光材料制作，还可以加上适当照明。

（7）标识标牌应定期检查，如发现破损、变形、褪色等不符合要求时，应及时修整或更换。修整或更换时，应有临时的标志替换，以避免发生意外伤害。

（8）消防安全标识标牌应无毛刺和孔洞，有触电危险场所的标识标牌应当使用绝缘材料制作。

常用消防标识标牌图形标志、名称、设置范围和地点见表2-6-5-1。

表2-6-5-1　　　常用消防标识标牌图形标志、名称、设置范围和地点

序号	图形标志示例	名　称	设置范围和地点
1		禁止烟火	主控制室、继电器室、蓄电池室、通信室、自动装置室、变压器室、配电装置室，检修、试验工作场所，电缆夹层、隧道入口、危险品存放点等处
2		禁止吸烟	主控制室、配电装置室、继电器室、通信室、自动装置室等处
3		地上消火栓	固定在距离消火栓1m的范围内，不得影响消火栓的使用
4		发声警报器	贴于报警器正上方
5		消防水箱	贴于消防水箱附近

续表

序号	图形标志示例	名　称	设置范围和地点
6	消防控制柜	消防控制柜	贴于消防控制柜附近
7	水泵接合器	水泵接合器	贴于水泵接合处
8	灭火器	灭火器	悬挂在灭火器、灭火器箱的上方或存放灭火器、灭火器箱的通道上。泡沫灭火器器身上应标注"不适用电火"字样
9	灭火器使用方法	灭火器使用方法	贴于灭火器正上方
10	消防水带使用方法	消防水带使用方法	消防水带旁
11	火灾危险，严禁火种入内	火灾危险，严禁火种入内	蓄电池室门外侧
12	防火重点部位	防火重点部位	主控室门外侧、安全用具室门外侧、综合室门外侧、蓄电池室门外侧
13	1# 阻火墙	阻火墙	在变电站的电缆沟（槽）进入主控制室、继电器室处和分接处、电缆沟每间隔约 60m 处应设防火墙，将盖板涂成红色，标明"阻火墙"字样，并应编号
14	消防重地，未经许可不得入内	消防重地，未经许可不得入内	场地消防室门外侧、SP 泡沫室门外侧
15	场地消防室	场地消防室	场地消防室门外侧
16	消防砂箱	消防砂箱	场地消防室门外侧

序号	图形标志示例	名　称	设置范围和地点
17	火警119	火警119	场地消防小室门上
18	1号消防水池	消防水池	装设在消防水池附近醒目位置，并应编号
19		泡沫喷雾灭火系统操作及维护说明	SP 泡沫室内
20		泡沫喷雾灭火系统电动应急启动操作说明	SP 泡沫室内
21		火灾报警控制器操作说明	火灾报警控制器旁
22	#1主变泡沫管道	泡沫管道	1号主变泡沫管道
23		发生火灾报警内容	依据现场环境，设置在适宜、醒目的位置
24		消防手动启动器	配电装置室、走廊、过道

三、变电站消防档案

建立完整的消防档案并及时更新，变电站消防档案目录见表 2 - 6 - 5 - 2。

表 2 - 6 - 5 - 2　　　　　　　　　变电站消防档案目录

序号	名　称	页码	建档时间	备注
1	基本状况			
2	总平面图			
3	消防验收意见书			
4	消防法规、单位标准和操作制度			
5	第一防火责任人消防登记情况			
6	消防工作领导小组人员名单			
7	防火责任人名单			
8	消防安全责任书			
9	志愿消防队队员名单			
10	消防设施图			
11	消防设施台账表（参照五通）			
12	消防设施检查登记表			
13	消防器材登记表			
14	消防器材检查记录表			
15	消防安全疏散图			
16	电缆沟封堵图			
17	电缆封堵、检查表			
18	消防设施年检报告			
19	隐患整改登记表			
20	消防活动登记表			
21	发生火灾登记表			
22	防火重点部位概况			
23	火灾事故处理预案			
24	消防应急处理流程程序			

第六节　变电站消防措施配置和灭火器黄砂配置

一、变电站消防措施配置

表 2-6-6-1～表 2-6-6-3 所示为变电站消防设施配置指导意见。该指导意见是根据国家消防法规、国家电力行业标准规程、设计规范及国家电网公司相关要求，由×××电力公司运检部、×××省电力经研院共同起草编制的。该指导意见中的指导价格是指设备及材料的平均价格，是省电力经研院综合多个厂家报价及以往中标价格估算出的平均价格，仅用于规范、指导各单位变电站消防大修工程立项前期的概算，设备及材料的最终采购价格应以实际中标价格为准。变电站消防大修工程应以站为单位上报，工程涉及设计、施工等，费用可按正常定额套取。

二、典型工程现场灭火器和黄砂配置规定

1. 工程现场灭火器和黄砂配置原则

（1）发电厂同一场所存在不同种类火灾的情况较多，危险性较大，宜采用通用、高效、无毒的磷酸铵盐干粉灭火器，所需配置的灭火器数量少、重量相对较轻，便于人员操作。由于干粉灭火器使用后存在残留污染，对电气、热控设备可配合使用洁净气体灭火器或二氧化碳灭火器，但需注意所选用灭火器的灭火级别应满足火力发电厂与变电站设计防火规范等标准规定的有关场所火灾类别和危险等级所对应的最小配置级别。

（2）由于现行《建筑灭火器配置设计规范》（GB 50140）中仅列出了卤代烷 1211 这一种洁净气体灭火器，而实际上国内已基本不再生产卤代烷灭火器，相关国家标准也未提出新的洁净气体灭火器种类，因此本书未列出洁净气体灭火器示例。

（3）油箱、油罐容器附近宜配置磷铵盐干粉灭火器和水成膜泡沫灭火器，避免容器壁的高温造成灭火后再复燃的现象。

（4）油浸式变压器、油箱、油罐等有场地条件的场所，以及严重危险级场所宜设置推车式灭火器。

（5）同一场所尽量采用相同类型和操作方法的灭火器。

2. 灭火器和黄砂典型配置表

为简化变电站灭火器和黄砂的配置计算，主要采用磷酸铵盐干粉灭火器进行选用示例，在条件相符时，典型变电站现场灭火器和黄砂配置见表 2-6-6-4～表 2-6-6-9 的规定，实际工程应根据相关规定进行计算、调整。

典型 1000kV 变电站现场灭火器和黄砂配置表见表 2-6-6-4，典型±800kV 换流站现场灭火器和黄砂配置表见表 2-6-6-5，典型 500kV 变电站现场灭火器和黄砂配置表见表 2-6-6-6，典型 220kV 变电站现场灭火器和黄砂配置表见表 2-6-6-7，典型 110kV 变电站现场灭火器和黄砂配置表见表 2-6-6-8，典型 35kV 变电站现场灭火器和黄砂配置表见表 2-6-6-9。

表 2-6-1　66（35）kV 变电站消防措施配置指导意见

变电站消防配备	具体要求	分布位置	消防设施名称	配置数量	指导价格	备注	参考规程
灭火器	1. 灭火器 （1）在同一灭火器配置场所，宜选用相同类型和操作方法的灭火器，当选用两种或两种以上类型灭火器时，应采用灭火剂相容的灭火器。当同一场所存在不同类别火灾时，应选用通用型灭火器。 （2）灭火器应设置在位置明显和便于取用的地点，且不得影响安全疏散。 （3）露天设置的灭火器应有遮阳挡水和保卫隔热措施。 （4）手提式灭火器宜设置在灭火器箱内或挂钩、托架上，其顶部离地面高度不宜大于 1.5m，底部离地面高度不宜小于 0.08m。 （5）灭火器的摆放应稳固，其铭牌应朝外。 （6）灭火器箱不得上锁，箱前部应标注"灭火器"编号，箱体正面上应设置灭火器标志。	控制室	5kg 手提式磷酸铵盐（ABC 干粉）灭火器	2 具	125 元/具		1.《火力发电厂与变电站设计防火标准》（GB 50229—2019）。 2.《建筑灭火器配置设计规范》（GB 50140—2005）。 3.《电力设备典型消防规程》（DL 5027—2015）。 4.《建筑设计防火规范》（GB 50016—2014）
		继电保护	4kg 手提式磷酸铵盐（ABC 干粉）灭火器	2 具	110 元/具		
		配电装置	4kg 手提式磷酸铵盐（ABC 干粉）灭火器	4 具	110 元/具		
		室内油浸式主变压器	4kg 手提式磷酸铵盐（ABC 干粉）灭火器	4 具	110 元/具		
			50kg 手提式磷酸铵盐（ABC 干粉）灭火器	2 具	890 元/具		
		电容器室	4kg 手提式磷酸铵盐（ABC 干粉）灭火器	2 具	110 元/具		
		接地变及消弧线圈	4kg 手提式磷酸铵盐（ABC 干粉）灭火器	2 具	110 元/具		
消防器材	2. 消防砂箱 （1）箱子容量为 1m³，内装干燥细黄砂并配置消防锹，每处 3～5 把。 （2）消防砂箱应为大红色，砂箱上部应有白色的"消防砂箱"字样。箱门正中应有白色的"火警 119"字样。 （3）消防砂箱的放置位置应与带电设备保持足够的安全距离。 3. 消防黄砂桶 （1）砂桶应为大红色，内装干燥细黄砂。 （2）砂桶容量为 25L，应采用铝桶。 （3）每两桶配备 1 把消防锹，每四桶配备 1 把消防斧。	室外油浸式主变压器	50kg 推车式磷酸铵盐（ABC 干粉）灭火器	2 具	890 元/具		
			1m³ 消防砂箱	1 个	1800 元/个		
			消防锹	3 把	25 元/把		
		站内公用设施	4kg 手提式磷酸铵盐（ABC 干粉）灭火器	2 具	110 元/具		
			25L 黄砂桶	10 个	106 元/个		
			消防锹	5 把	25 元/把		
			消防斧	3 把	23 元/把		
		室内其他区域	4kg 手提式磷酸铵盐（ABC 干粉）灭火器	2 具	110 元/具	办公室、资料室、会议室、安全用具室、备品间等	

续表

变电站消防配备	具体要求	分布位置	消防设施名称	配置数量	指导价格	备注	参考规程
火灾报警系统	1. 火灾报警控制器 （1）火灾报警控制器主电源为交流 AC220V，取自变电站不同断电源，备用电源由报警控制器提供 DC24V，可自动切换。 （2）火灾报警控制器安装在墙上时，其主显示屏高度宜为 1.5～1.8m，其靠近门轴的侧面距墙不应小于 0.5m，正面操作距离不应小于 1.2m。 2. 点型感烟探测器 房间高度不应大于 12m，均可安装点型感烟探测器。 3. 手动报警按钮 安装于主控制室的入口处，手动报警按钮应明显设置在便于操作的部位，当采用壁挂方式安装时，其底边高度宜为 1.3～1.5m。 4. 声光报警器 每个楼层应配置一个声光报警器，与手报按钮设置在一起。采用壁挂方式安装时，其底面距地面高度应大于 2.2m。 5. 线型感温探测器（不可恢复感温电缆）应配置线型感温探测器。电缆隧道、电缆竖井、S形敷设在电缆上，用扎带固定。 6. 户外型线型感温探测器（可恢复感温电缆）室外油浸式变压器应配置户外型线型感温探测器，每 150m 应配置信号解码模块和终端处理器，如变压器室、消防线圈室。相邻两组探测器的水平距离不应大于 7m，且不应小于 0.5m。通过输入模块联动到火灾报警控制器。探测器至输入模块和终端处理器之间的弧长不应超过 100m。线型光束动到火灾报警控制器 7. 线型光束式感烟探测器应设置在高度相对高的房间内，如变压器室，探测器至侧端墙的水平距离不应大于 14m，探测器至侧墙距离不应小于 0.5m。线型光束感烟探测器由输入模块联动到火灾报警控制器	主控制室	壁挂式火灾报警控制器	1 台	30000 元/台		1.《火力发电厂与变电站设计防火标准》（GB 50229—2019）。 2.《电力设备典型消防规程》（DL 5027—2015）。 3.《建筑设计防火规范》（GB 50016—2014）。 4.《火灾自动报警系统设计规范》（GB 50116—2013）。 5.《火灾自动报警系统施工及验收规范》（GB 50166—2007）。 6.《线型感温火灾探测器》（GB 16280—2014）。
		主控制室	点型感烟火灾探测器	根据实际面积计算	50 元/只	一般感烟探测器按 0.0167 只/m² 配置	
		主控制室	手动报警按钮	1 只	50 元/只		
		主控制室	声光报警器	1 只	20 元/只		
		电缆竖井	线型感温探测器（不可恢复式感温电缆）	根据实际情况计算	23 元/m	测量出要铺设的电缆的电缆长度，在此长度基础加量 60%。如 100m 电温电缆应铺设 160m 感温电缆	
		电缆竖井	输入模块	根据实际情况计算	210 元/只	每 120m 感温电缆配置 1 只输入模块	
		电缆隧道	线型感温探测器	根据实际情况计算	23 元/m		
		电缆隧道	输入模块	根据实际情况计算	210 元/只		
		继电器室	点型感温火灾探测器	根据实际情况计算	50 元/只		
		电容器室	点型感烟火灾探测器	根据实际情况计算	50 元/只		
		配电装置室	点型感烟火灾探测器	根据实际情况计算	50 元/只	一般感烟探测器按 0.0167 只/m² 配置	

续表

变电站消防配备	具体要求	分布位置	消防设施名称	配置数量	指导价格	备注	参考规程
火灾报警系统	1. 火灾报警控制器 (1) 火灾报警控制器主电源为交流AC220V，取自变电站不同断电电源，备用电源由报警控制器提供DC24V，可自动切换。 (2) 火灾报警控制器安装在墙上时，其主显示屏高度宜为1.5～1.8m。其靠近门轴的侧面距离墙不应小于0.5m。正面操作距离不应小于1.2m。 2. 点型感烟探测器 房间高度小于12m，均可安装点型感烟探测器。 3. 手动报警按钮 安装于控制室的入口处和便于操作的部位。手动报警按钮设置在明显和便于手动操作的部位。当采用壁挂方式安装时，其底边距地高度宜为1.3～1.5m。 4. 声光报警器 每个楼层应配置一个声光报警器，与手动报警器设置在一起。采用壁挂方式安装时，其底边距地面高度应大于2.2m。 5. 线型感温探测器（不可恢复感温电缆） 电缆隧道、电缆竖井、室内油变压器室，S形敷设在电缆上。 6. 户外线型感温探测器（可恢复感温电缆） 室外油浸式变压器应配置户外线型感温探测器、室外油浸式变压器信号解码器和终端处理器各一台，通过150m应配置信号解码器和终端处理器一台，每150m应配置信号解码器和终端处理器一台，通过150m应配置信号解码器和终端处理器一台。线型光束感烟探测器间距不宜超过100m。 7. 线型光束感烟探测器应设置在相对高度相同的房间内，如变压器室、消弧线圈室。探测器至侧端水平距离不应大于7m，且不应小于0.5m。探测器的发射器和接收器之间的距离不宜超过100m。线型光束感烟探测器由输入模块联动到火灾报警控制器	室内油浸式变压器室	线型感温探测器（不可恢复式感温电缆）	根据实际情况计算	23 元/m	感温电缆缠绕在变压器身外圈，一般缠绕20圈，储油柜及冷却系统不宜缠绕。经计算，当变压器外宽尺寸为1m时，应缠绕感温电缆62.5m。每绕一圈感温电缆长束62.5m。	1.《火力发电厂与变电站设计防火标准》(GB 50229—2019)。 2.《电力设备典型消防规程》(DL 5027—2015)。 3.《建筑设计防火规范》(GB 50016—2014)。 4.《火灾自动报警系统设计规范》(GB 50116—2013)。 5.《火灾自动报警系统施工及验收规范》(GB 50166—2007)。 6.《线型感温火灾探测器》(GB 16280—2014)
			输入模块	根据实际情况计算	210 元/只		
		消弧线圈室	线型光束感烟探测器	根据实际情况计算	1800 元/对	每对线型光束感烟探测器应配置1只输入模块	
			输入模块	根据实际情况计算	210 元/只		
			线型光束感烟探测器	根据实际情况计算	1800 元/对	每对线型光束感烟探测器应配置1只输入模块	
		室外油浸式变压器室	户外线型感温探测器（可恢复式感温电缆）	根据实际情况计算	80 元/m	感温电缆缠绕在变压器身外圈，一般缠绕20圈，储油柜及冷却系统不宜缠绕。经计算，当变压器外宽尺寸为1m时，应缠绕感温电缆62.5m。每150m应配置	
			信号解码器	根据实际情况计算	2400 元/只	1台信号解码器和1台终端处理器，且必须通过1只输入模块上传信号至火灾报警控制器	
			终端处理器	根据实际情况计算	2200 元/只		
			输入模块	根据实际情况计算	210 元/只		
		室内其他区域	点型感烟火灾探测器	根据实际情况计算	50 元/只	办公室、资料室、会议室等安全用具室、备品等。一般感烟探测器品按0.0167只/m²配置	

续表

变电站消防配备	具　体　要　求	分布位置	消防设施名称	配置数量	指导价格	备注	参考规程
防火封堵	1. 封堵要求 （1）防止电缆火灾延燃的措施应包括封、堵、涂、隔、包、水喷雾、悬挂式干粉等措施。 （2）凡穿越墙壁、楼板及仪表盘、保护盘、开关室、所用变室、蓄电池室、电容器室、消弧线圈室（接地变）室、电缆夹层、端子箱、机构箱、电源箱等处的电缆孔、洞、竖井和进入油区的电缆入口处必须采用防火堵料严密封堵。 （3）在已完成电缆防火措施的电缆孔洞上新敷设或拆除电缆，必须重新做好相应的防火封堵。 （4）电缆夹层、隧道、竖井、电缆沟内应保持整洁，不得堆放杂物。 （5）施工中动力电缆与控制电缆不应混放，分布不均及堆积乱放。 （6）在动力电缆沟洞严禁积油。 （7）电缆从室外进入室内的入口处、电缆竖井的出入口处、电缆接头处、主控室与电缆夹层、电缆沟道或电缆隧道，均应采取防止电缆火灾蔓延的阻燃或分隔措施，并应根据变电站的规模及重要性采取防护墙或防火涂料，局部采用防火涂料的电缆集中部位应有适当的阻火分隔措施。 （8）电缆贯穿墙、洞，竖井的孔洞处，电缆引至控制设施处，堵料应密实无气孔，堵料的长度不得小于100mm，堵材料应密实无气孔。 （9）可能着火导致严重事故或易受外部影响波及火灾的电缆集中部位应有适当的阻火分隔措施。 2. 需刷防火涂料部位 电缆穿越墙、洞，楼板两端应刷涂料，涂料的长度距建筑物的距离不得小于1m，涂料要整齐。 3. 需密封部位 靠近充油设备附近的电缆沟，应有防火延燃措施、盖板，应密封。 4. 防火包带或复合式防火阻燃槽盒 厂区内动力电缆应根据防火包带整缠绕防火包带	电气柜、室内外端子箱、机构箱、电源箱、楼板及墙体	防火隔板、有机防火堵料等	根据实际情况计算	防火泥5000元/t；防火包3500元/t；有机隔板90元/m²；无机堵料2800元/t	防火板、有机防火胶泥，辅料可选用白钢护角条、铝合金护角条、玻纤布铝箔胶带等。电缆预留孔及电缆护管两端口封堵厚度不小于100mm，有机堵料均匀密实，外形规则，表面平整、与其他防火材料配合使用时，应高于隔板20mm	1.《火力发电厂与变电站设计防火标准》（GB 50229—2019） 2.《电力设备典型消防规程》（DL 5027—2015） 3.《建筑设计防火规范》（GB 50016—2014） 4. 国家电网公司关于印发停电站全停十六项措施（试行）的通知（国家电网运检〔2015〕376号）
			电缆防火涂料	根据实际情况计算	11000元/t	电缆穿越墙、洞、楼板两端涂刷涂料的距离的长度不得小于1m，涂刷前应清除锈蚀及赃物。采用涂刷或喷涂方式，涂料要充分搅拌均匀，涂层要均匀整齐，涂层厚度不宜小于1mm	
			电缆防火涂料	根据实际情况计算	11000元/t		
		电缆竖井、电缆沟等	防火包带或复合式防火阻燃槽盒	根据实际情况计算	防火包带25元/m；复合式防火阻燃槽盒200元/m	无固定灭火设施处的变交流380V电缆应全部防火包带或绕包防火包带或防火槽盒	
			防火墙	根据实际情况计算	防火包3500元/t；防火隔板90元/m²；有机堵料4000元/t	主沟与分支沟交汇处，室外电缆沟每间距60m处，变电站通向站外电缆沟入口处	
		大型充油设备附近电缆沟	卡槽式盖板或硅胶板玻璃丝防火布	根据实际情况计算	卡槽式盖板460元/m²；硅胶玻璃丝（双面厚度3.0mm）防火布290元/m²	更换卡槽式盖板或采用硅胶盖板玻璃丝布覆盖于电缆沟盖板上	

表2-6-2　220kV变电站消防措施配置指导意见

变电站消防配备	具体要求	分布位置	消防设施名称	配置数量	指导价格	备注	参考规程
灭火器	1. 灭火器 （1）在同一灭火器配置场所，宜选用相同类型和操作方法的灭火器。当采用两种或两种以上类型灭火器时，应采用灭火剂相容的灭火器。当同一场所存在不同类火灾时，应选用通用型灭火器。 （2）灭火器应设置在位置明显和便于取用的地点，且不得影响安全疏散。 （3）露天设置的灭火器应有遮阳挡雨和保卫隔热措施。 （4）手提式灭火器宜设置在灭火器箱内或挂钩、托架上，其顶部离地面高度不应大于1.5m，底部离地面高度不宜小于0.08m。 （5）灭火器的摆放应稳固，其铭牌应朝外。 （6）灭火器箱不得上锁，箱前部应标注"灭火器"、火警、火警电话、厂内火警电话、编号，箱体正面和灭火器设置点附近的固定设置只是灭火器位置的标识牌，并宜选用发光标志。	控制室	5kg手提式磷酸铵盐（ABC干粉）灭火器	2具	125元/具		1.《火力发电厂与变电站设计防火标准》（GB 50229—2019）。 2.《建筑灭火器配置设计规范》（GB 50140—2005）。 3.《电力设备典型消防规范》（DL 5027—2015）。 4.《建筑设计防火规范》（GB 50016—2014）
		通信机房	4kg手提式磷酸铵盐（ABC干粉）灭火器	3具	110元/具		
		继电保护室（保护小室）	4kg手提式磷酸铵盐（ABC干粉）灭火器	3具	110元/具		
		配电装置	4kg手提式磷酸铵盐（ABC干粉）灭火器	5具	110元/具		
		室内油浸主变压器	4kg手提式磷酸铵盐（ABC干粉）灭火器	6具	110元/具		
			50kg推车式磷酸铵盐（ABC干粉）灭火器	2具	890元/具		
		电容器室	4kg手提式磷酸铵盐（ABC干粉）灭火器	2具	110元/具		
		电抗器室	4kg手提式磷酸铵盐（ABC干粉）灭火器	2具	110元/具		
		蓄电池室	4kg手提式磷酸铵盐（ABC干粉）灭火器	2具	110元/具		
		站用变压器室、接地变压器	4kg手提式磷酸铵盐（ABC干粉）灭火器	2具	110元/具		
		消弧线圈	4kg手提式磷酸铵盐（ABC干粉）灭火器	2具	110元/具		
		电缆竖井	4kg手提式磷酸铵盐（ABC干粉）灭火器	2具	110元/具		
		室外油浸主变压器	50kg推车式磷酸铵盐（ABC干粉）灭火器	4具	890元/具		
消防器材	2. 消防砂箱 （1）箱子容量为1m³，内装干燥细黄砂，配置消防铲，每处3~5把。 （2）消防砂箱应为大红色，砂箱上部应有白色"消防砂箱"字样，箱门正中应有白色"火警119"字样。 （3）消防砂箱的放置位置应与带电设备保持足够的安全距离。 （4）砂箱数量应与主变台数一致。 3. 消防黄砂桶 （1）砂桶应为大红色，内装干燥细黄砂。 （2）砂桶容量为25L，应采用铝桶。 （3）每两桶配备1把消防铲、1把消防斧，每四桶配备1把消防斧。	站内公用设施	1m³消防砂箱	1个	1800元/个		
			消防铲	12把	25元/把		
			25L黄砂桶	6具	110元/只		
			消防铲	15个	106元/只		
			消防斧	8把	25元/把		
			消防斧	4把	23元/把		
		室内其他区域	4kg手提式磷酸铵盐（ABC干粉）灭火器	2具	110元/具	办公室、资料室、会议室、安全用具室、备品室同等	

续表

变电站消防配备	具体要求	分布位置	消防设施名称	配置数量	指导价格	备注	参考规程
火灾报警系统	1. 火灾报警控制器 （1）火灾报警控制器主电源为交流AC220V，取自变电站不间断电源，备用电源由报警控制器提供DC24V，可自动切换。 （2）火灾报警控制器内置多线控制盘，可与站内的消防联动。 2. 点型感烟探测器 房间高度小于12m，均可安装点型感烟探测器。 3. 手动报警按钮 安装于控制室的入口处、变压器室的入口处，设置在明显和便于操作的部位。当采用壁挂方式安装时，其底边距地高度宜为1.3~1.5m。 4. 声光报警器 每个楼层应设置一个声光报警器，与手报按钮设置在一起。采用壁挂方式安装时，其底边距地面高度应大于2.2m。 5. 线型感温探测器（不可恢复式感温电缆） 电缆隧道、电缆竖井、之字形敷设在电缆上，用扎带固定。每120m应配置一只输入模块。 6. 户外型线型感温探测器（可恢复复式感温电缆） 室外油浸式变压器配置信号解码器和终端感烟探测器各一台。每150m应配置输入模块和终端报警器。通过输入模块联动到火灾报警控制器。 7. 线型光束式感烟探测器 应设置在高度相对高的房间内，如变压器室，相邻两组探测器的水平距离不应大于14m，探测器至侧墙水平距离不应大于7m，且不应小于0.5m，探测器的发射器和接收器之间的距离不宜超过100m。线型光束感烟探测器由输入模块联动到火灾报警控制器	控制室	火灾报警控制器	1台	30000元/台	一般感烟探测器按0.0167只/m²配置	1.《火力发电厂与变电站设计防火标准》（GB 50229—2019）。 2.《电力设备典型消防规程》（DL 5027—2015）。 3.《建筑设计防火规范》（GB 50016—2014）。 4.《火灾自动报警系统设计规范》（GB 50116—2013）。 5.《火灾自动报警系统施工及验收规范》（G3 50166—2007）。 6.《线型感温火灾探测器》（GB 16280—2014）
		控制室	点型感烟火灾探测器	根据实际情况计算	50元/只		
		通信机房	手动报警按钮	1只	50元/只		
			声光报警器	1只	20元/只		
		电缆夹层室	点型感烟火灾探测器	根据实际情况计算	50元/只		
			线型感温探测器	根据实际情况计算	23元/m	测量出要铺设感温电缆的电缆长度，在此长度基础加量60%。每100m感温电缆设160m；120m感温电缆配置1只输入模块	
			输入模块	根据实际情况计算	210元/m		
		继电保护室（保护小室）	点型感烟火灾探测器	根据实际情况计算	50元/只		
		电容器室	点型感烟火灾探测器	根据实际情况计算	50元/只		
		电抗器室	点型感烟火灾探测器	根据实际情况计算	50元/只	一般感烟探测器按0.0167只/m²配置	
		配电装置室	点型感烟火灾探测器	根据实际情况计算	50元/只		
		蓄电池室	点型感烟火灾探测器	根据实际情况计算	50元/只		

续表

变电站消防配备	具体要求	分布位置	消防设施名称	配置数量	指导价格	备注	参考规程
火灾报警系统	1. 火灾报警控制器 （1）火灾报警控制器主电源为交流 AC220V，取自变电站不同断电源，备用电源由报警控制器提供 DC24V，可自动切换。 （2）火灾报警控制器内置多线控制盘，可与站内的消火栓系统联动。 2. 点型感烟探测器 房间高度小于 12m，均可安装点型感烟探测器。 3. 手动报警按钮 安装于控制室的入口处，变压器室的入口部位。手动报警按钮应设置在明显和便于操作的部位。当采用壁挂方式安装时，其底边高度宜为 1.3～1.5m。 4. 声光报警器 每个楼层应配置一个声光报警器，与手动报警按钮设置在一起。采用壁挂方式安装时，其底边高度应大于 2.2m。 5. 线型感温探测器（不可恢复式感温电缆） 室内变压器应配置线型感温探测器。电缆竖井、电缆隧道、之字形敷设在电缆上，用扎带带固定。每 120m 应配置一只输入模块。 6. 户外型线型感温探测器（可恢复式感温电缆） 室外油浸式变压器应配置户外型线型感温探测器和终端处理器各一台。通过信号解码器和终端接入报警控制器。每 150m 应配置信号解码器和终端处理器各一台。 7. 线型光束感烟探测器 应设置在高度相对高的房间内，如变压器室、消弧线圈室。相邻两组探测器的水平距离不应大于 14m。探测器至侧两侧墙的水平距离不应大于 7m，且不应小于 0.5m。探测器的发射器和接收端之间的距离不宜超过 100m。线型光束感烟探测器由输入模块联动到火灾报警控制器	室内油浸式变压器室	线型感温探测器	根据实际情况计算	23 元/m	感温电缆绕在变压器身外圈，一般缠绕 20 圈，储油柜及冷却系统不宜缠绕。宽尺寸为 1m 时，应缠绕感温电缆 62.5m。	1.《火力发电厂与变电站设计防火标准》（GB 50229—2019）。 2.《电力设备典型消防规程》（DL 5027—2015）。 3.《建筑设计防火规范》（GB 50016—2014）。 4.《火灾自动报警系统设计规范》（GB 50116—2013）。 5.《火灾自动报警系统施工及验收规范》（GB 50166—2007）。 6.《线型感温火灾探测器》（GB 16280—2014）
			输入模块	根据实际情况计算	210 元/只		
		消弧线圈室	线型光束感烟探测器	根据实际情况计算	1800 元/对	每对线型光束感烟探测器配置 1 只输入模块	
			线型光束感烟探测器	根据实际情况计算	1800 元/对		
			输入模块	根据实际情况计算	210 元/只		
		室外油浸式变压器室	户外型线型感温探测器	根据实际情况计算	80 元/m	感温电缆绕在变压器身外圈，一般缠绕 20 圈，储油柜及冷却系统不宜缠绕。宽尺寸为 1m 时，应缠绕感温电缆 62.5m。	
			信号解码器	根据实际情况计算	2400 元/只	每 150m 应配置 1 信号解码器和 1 台终端处理器	
			终端处理器	根据实际情况计算	2200 元/只		
			输入模块	根据实际情况计算	210 元/只	只输入模块上传信号至火灾报警控制器	
		室内其他区域	点型感烟火灾探测器	根据实际情况计算	50 元/只	办公室、资料室、会议室、安全用具室、备品间等	

续表

变电站消防配备	具体要求	分布位置	消防设施名称	配置数量	指导价格	备注	参考规程
防火封堵	1. 封堵要求 (1) 防止电缆火灾延燃的措施应包括封、堵、涂、隔、包、水喷雾、悬挂式干粉等措施。 (2) 凡穿越墙壁、楼板和电缆沟道而进入控制室、电缆夹层、控制柜及仪表盘、保护盘、开关室、蓄电池室、电容器室、所用变（接地变）室、消弧线圈室、变压器室、端子箱、机构箱等处的电缆孔、洞、竖井和进入油区的电缆入口处必须采用防火堵料严密封堵。 (3) 在已完成电缆防火措施的电缆孔洞等处新敷设或拆除电缆后，必须及时重新做好相应处的防火封堵。 (4) 电缆夹层、隧道、竖井、电缆沟内应保持整洁，不得堆放杂物，电缆沟洞严禁积油。 (5) 施工中动力电缆与控制电缆之间，以及长度超过100m的电缆夹层、主控室至电缆竖井、电缆隧道均应采取防火分隔措施。 (6) 在动力电缆接头处，主控室内或至电缆夹层、竖井的出入口处，电缆从室外进入室内或至主控室的电缆沟或电缆隧道，均应采取阻燃或防止延燃措施。并应根据变电站的规模及重要性，局部采用防火涂料、防火隔墙。 (7) 在动力电缆与控制电缆之间应采取防火分隔措施。局部涂刷防火涂料，涂料的长度距建筑物的距离不得小于1m，涂刷要整齐。 (8) 电缆引至主控室处、电缆贯穿墙、洞、竖井的孔洞处，竖井封堵的孔洞处的防火封堵，防火封堵具有足够机械强度且密实无气孔。堵料厚度不得小于100mm。 (9) 可能着火导致严重火灾事故或易受外部影响的部位，应当适当加强防火分隔措施。 2. 需刷防火电缆涂料处 电缆穿越墙、洞、楼板两端涂刷防火涂料，涂料的长度距建筑物的距离不得小于1m，涂刷要整齐。 3. 需密封堵部位 靠近充油设备的电缆沟，应有防火延燃措施，盖板应密封。 4. 防火包带或复合式电缆整缠绕防火包带 厂区内动力电缆整缠绕防火包带	电气柜、室内外端子箱、机构箱、电源箱、楼板及墙体	防火封堵	根据实际情况计算	防火泥5000元/t；防火包3500元/t；防火隔板90元/m²；有机隔料4000元/t；无机堵料2800元/t	防火包、防火板、辅料可选用白钢护角条、铝合金护角条、玻纤布包胶带等。电缆预留孔及电缆护管两端管口封堵厚度不小于100mm。有机堵料均匀密实，表面平整、外形规则。与其他防火材料配合使用时，应高于隔料20mm。	1.《火力发电厂与变电站设计防火标准》(GB 50229-2019)。 2.《电力设备典型消防规程》(DL 5027-2015)。 3.《建筑设计防火规范》(GB 50016-2014)。 4. 国家电网公司印发防止变电站全停十六项措施的通知(试行)(国家电网运检〔2015〕376号)
			电缆防火涂料	根据实际情况计算	11000元/t	电缆穿越墙、洞、楼板两端涂刷涂料的长度距建筑物的距离不得小于1m，涂刷前应清除电缆表面锈蚀及赃物。采用涂刷或喷涂方式，涂料要充分搅拌均匀。涂刷要整齐。涂层厚度不宜小于1mm	
			电缆防火涂料	根据实际情况计算	11000元/t		
		电缆竖井、电缆沟等	防火墙	根据实际情况计算	防火包3500元/t；防火隔板90元/m²；有机堵料4000元/t	主沟与分支沟交汇处、室外电缆沟每间距60m处、变电站通向站外电缆沟入口处	
			防火包带或复合式防火阻燃槽盒	根据实际情况计算	防火包带25元/m；复合式防火阻燃槽盒200元/m	无固定灭火设施处，采用交流380V电缆应全部缠绕防火包带或缠绕防火包	
		大型充油设备附近电缆沟	卡槽式盖板或硅胶玻璃丝防火布	根据实际情况计算	卡槽式盖板500元/m²；硅胶玻璃丝布防火布(双面厚度3.0mm) 290元/m²	更换卡槽式盖板或采用硅胶盖板、防火布覆盖于电缆沟盖板上	

续表

变电站消防配备	具体要求	分布位置	消防设施名称	配置数量	指导价格	备注	参考规程
固定灭火装置	1. 电缆夹层室应配置超细干粉灭火装置。 2. 电缆密集且不易采取动力、控制电缆分隔的区域，应配置超细干粉灭火装置。 3. 多电压等级混合区域应配置超细干粉灭火装置。 4. 单台容量为125MVA及以上的油浸式变压器应设置固定灭火系统及火灾报警系统。 5. 以上产品需具备消防产品3C认证	电缆夹层室	悬挂式2kg超细干粉灭火装置	根据实际情况计算	3255元/具	1. 2kg超细干粉灭火装置在电缆桥架内侧每隔3m设置1具，外侧每个5m设置1具。 2. 0.8kg超细干粉灭火装置设置在四周围墙正对电缆穿越处，每隔2m设置1具。 3. 火探管长度应与所保护电缆长度一致。	1. 《火力发电厂与变电站设计防火标准》（GB 50229—2019）。 2. 《电力设备典型消防规程》（DL 5027—2015）。 3. 《建筑设计防火规范》（GB 50016—2014）。 4. 《贮压式超细干粉灭火装置》（DB 53/T 448—2012）。 5. 《超细干粉灭火系统设计、施工及验收规范》（GA 602—2013）。 6. 《超细干粉灭火剂》（GA 578—2005）。
			壁挂式0.8kg超细干粉灭火装置	根据实际情况计算	2380元/具		
			火探管（无源自启动）	根据实际情况计算	38元/m		
		电缆密集处	4kg悬挂式超细干粉灭火装置	根据实际情况计算	3855元/具	1. 电缆密集处应配置2具4kg超细干粉灭火装置。 2. 火探管长度应与所保护电缆长度一致。	
			火探管（无源自启动）	根据实际情况计算	38元/m		
		多电压等级混合区域	4kg悬挂式超细干粉灭火装置	根据实际情况计算	3855元/具	1. 4kg超细干粉灭火装置每隔3m配置1具。 2. 火探管长度应与所保护电缆长度一致。	
			火探管（无源自启动）	根据实际情况计算	38元/m		
		油浸式变压器	SP泡沫灭火装置或排油注氮灭火装置	1套	SP泡沫灭火系统50万元/套；排油注氮灭火装置20万元/套		

表2-6-3 500kV变电站消防措施配置指导意见

变电站消防配备	具体要求	分布位置	消防设施名称	配置数量	指导价格	备注	参考规程
灭火器	1. 灭火器 （1）在同一灭火器配置场所，宜选用相同类型和操作方法的灭火器。当采用两种或两种以上类型灭火器时，应采用灭火剂相容的灭火器。当同一场所存在不同种类火灾时，应选用通用型灭火器。 （2）灭火器应设置在位置明显和便于取用的地点，且不得影响安全疏散。 （3）露天设置的灭火器应有遮阳挡雨和保卫热措施。 （4）手提式灭火器宜设置在灭火器箱内或挂钩、托架上，其顶部离地面高度不宜大于1.5m，底部离地面高度不宜小于0.08m。 （5）灭火器的摆放应稳固，其名牌应朝外。 "灭火器箱、火警电话、厂内火警电话、编号"，箱前面和灭火器设置点附近的前面上应设置只是灭火器位置的固定标志，并宜选用发光标志。	控制室	5kg手提式磷酸铵盐（ABC干粉）灭火器	1具	125元/具		1.《火力发电厂与变电站设计防火标准》（GB 50229—2019）。 2.《建筑灭火器配置设计规范》（GB 50140—2005）。 3.《电力设备典型消防规程》（DL 5027—2015）。 4.《建筑设计防火规范》（GB 50016—2014）
		通信机房	5kg手提式磷酸铵盐（ABC干粉）灭火器	1具	125元/具		
		继电保护室（保护小室）	3kg手提式磷酸铵盐（ABC干粉）灭火器	4具	97元/具		
		蓄电池室	4kg手提式磷酸铵盐（ABC干粉）灭火器	2具	110元/具		
		配电装置	3kg手提式磷酸铵盐（ABC干粉）灭火器	4具	97元/具		
		站用电小室	3kg手提式磷酸铵盐（ABC干粉）灭火器	2具	97元/具		
		备品间	3kg手提式磷酸铵盐（ABC干粉）灭火器	2具	97元/具		
		消防水泵	4kg手提式磷酸铵盐（ABC干粉）灭火器	2具	110元/具		
		警卫传达	2kg手提式磷酸铵盐（ABC干粉）灭火器	2具	85元/具		
消防器材	2. 消防砂箱 （1）箱子容量为1m³，内装干燥细黄砂并配置消防铲。每处3~5把。 （2）消防砂箱应为大红色，砂箱上部有白色的"消防砂箱"字样，箱门正中应有白色的"火警119"字样。 （3）消防砂箱的放置位置应与带电设备保持足够的安全距离。 （4）砂箱配置数量应与主变台数一致。 3. 消防黄砂桶 （1）砂桶应为大红色，内装干燥细黄砂。 （2）砂桶容量为25L，应采用铅桶。 （3）每两桶配备1把消防铲、每四桶配备1把消防斧。	主变压器	50kg推车式磷酸铵盐（ABC干粉）灭火器	8具	890元/具		
			1m³消防砂箱	12个	1800元/个		
			消防铲	36把	25元/把		
		室外配电装置	4kg手提式磷酸铵盐（ABC干粉）灭火器	6具	110元/具		
			25L黄砂桶	40个	106元/个		
			消防铲	20把	25元/把		
			消防斧	10把	23元/把		
		站内其他区域	3kg手提式磷酸铵盐（ABC干粉）灭火器	2具	97元/具	值班室、会议室、资料室、工具间、门厅、走廊等	

续表

变电站消防配备	具体要求	分布位置	消防设施名称	配置数量	指导价格	备注	参考规程
	1. 火灾报警控制器 （1）火灾报警控制器主电源为交流 AC220V，取自变电站不同断电源，备用电源由报警控制器提供 DC24V，可自动切换。 （2）火灾报警控制器内置多线控制盘，可与站内的消火栓系统联动。 2. 点型感烟探测器 房间高度小于 12m 均可安装点型感烟探测器。 3. 手动报警按钮 安装于控制室的入口处、变压器室的明显和便于操作的部位。当采用壁挂方式安装时，其底边距地面高度宜为 1.3～1.5m。 4. 声光报警器 每个楼层应配置一个声光报警器、与手报按钮设置在一起。采用壁挂方式安装时，其底边挂高地面高度应大于 2.2m。	控制室	火灾报警控制器	1 台	30000 元/台		1.《火力发电厂与变电站设计防火标准》（GB 50229—2019）。 2.《电力设备典型消防规程》（DL 5027—2015）。 3.《建筑设计防火规范》（GB 50016—2014）。 4.《火灾自动报警系统设计规范》（GB 50116—2013）。 5.《火灾自动报警系统施工及验收规范》（GB 50166—2007）。 6.《线型感温火灾探测器》（GB 16280—2014）。
		控制室	点型感烟火灾探测器	根据实际情况计算	50 元/只		
		控制室	手动报警按钮	1 只	50 元/只		
		控制室	声光报警器	1 只	20 元/只		
		通信机房	点型感烟火灾探测器	根据实际情况计算	50 元/只		
		继电保护室（保护小室）	点型感烟火灾探测器	根据实际情况计算	50 元/只	一般感烟探测器按 0.0167 只/m² 配置。火灾报警系统整套省公司招标价 8.1 万元（含烟感）	
火灾报警系统	5. 线型感温探测器（不可恢复式感温电缆） 电缆隧道、电缆竖井、之字形敷设在电缆上，用扎带固定，每 120m 应配置一只输入模块。 6. 户外型线型感温探测器（可恢复式线型感温探测器，室外油浸式变压器应配置线型感温探测器，每 150m 应配置信号解调器和终端处理器各一台，通过信号解调器和接收器终端配置一只输入模块。 7. 线型光束感烟探测器 应设置在高度相对高的房间内，如变压器室间内、消弧线圈室。相邻两组探测器的水平距离不应大于 14m，且不应小于 7m，探测器至侧墙水平距离不应大于 7m，且不宜超过 0.5m。探测器的发射器和接收器之间的距离不宜小于 100m。线型光束感烟探测器由输入模块联动到火灾报警控制器	蓄电池室	点型感烟火灾探测器	根据实际情况计算	50 元/只		
		配电装置室	点型感烟火灾探测器	根据实际情况计算	50 元/只		
		站用电小室	点型感烟火灾探测器	根据实际情况计算	50 元/只		
		检修间	点型感烟火灾探测器	根据实际情况计算	50 元/只		
		备品间	点型感烟火灾探测器	根据实际情况计算	50 元/只		
		警卫传达室	点型感烟火灾探测器	根据实际情况计算	50 元/只		

续表

变电站消防配备	具体要求	分布位置	消防设施名称	配置数量	指导价格	备注	参考规程
火灾报警系统	1. 火灾报警控制器 (1) 火灾报警控制器主电源为交流AC220V，取自变电站不间断电源，备用电源由报警控制盘提供DC24V，可自动切换。 (2) 火灾报警控制器内置多线控制器，可与站内的消防栓系统联动。 2. 点型感烟探测器 房间高度小于12m均可安装点型感烟探测器。 3. 手动报警按钮 安装于控制室的入口处，变压器的入口处，变电所控制室应设置在明显和便于操作的部位，其底边高度宜为1.3~1.5m。 4. 声光报警器 每个楼层应配置一个声光报警器，与手动报警按钮设置在一起。采用壁挂方式安装时，其底边距地面高度应大于2.2m。 5. 线型感温探测器 室内油浸式变压器应配置户外型线型感温探测器（不可恢复式感温电缆）电缆隧道、室内电缆竖井、之字形敷设在电缆上，用扎带固定。每150m应配置一只输入模块。 6. 户外型线型感温探测器（可恢复式感温电缆） 室外油浸式变压器应配置户外型线型感温探测器各一台，通过输入模块联动到火灾报警控制器。每150m配置信号解码器和终端处理器各一台。 7. 线型光束感烟探测器 应设置在高度相对高的房间内，如变压器、消弧线圈室。相邻两组探测器之间的水平距离不应大于14m，探测器至侧墙水平距离不应大于7m，且不应小于0.5m。探测器的发射器和接收器之间的距离不宜超过100m。线型光束感烟火灾探测器由输入模块联动到火灾报警控制器	消防水泵房	点型感温火灾探测器	根据实际情况计算	165元/只	一般感温探测器0.033只/m²配置	1.《火力发电厂与变电站设计防火标准》(GB 50229—2019)。 2.《电力设备典型消防规程》(DL 5027—2015)。 3.《建筑设计防火规范》(GB 50016—2014)。 4.《火灾自动报警系统设计规范》(GB 50116—2013)。 5.《火灾自动报警系统施工及验收规范》(GB 50166—2007)。 6.《线型感温火灾探测器》(GB 16280—2014)
		主变压器	户外型线型感温探测器	根据实际情况计算	80元/m	感温电缆缠绕在变压器身外圈，一般缠绕20圈，随油柜及冷却系统不宜缠绕，当变压器外经计算尺寸为1m时，应缠绕感温电缆62.5m。	
			信号解码器	根据实际情况计算	2400元/只	每150m应配置1台信号解码器和1台终端处理器，且必须通过1只输入模块上传信号至火灾报警控制器。	
			终端处理器	根据实际情况计算	2200元/只		
			输入模块	根据实际情况计算	210元/只		
		电缆夹层室	线型感温探测器	根据实际情况计算	23元/m	测量出要辅设感温电缆的电缆长度，在此长度基础加量60%。如100m电缆设160m感温电缆。每120m感温电缆应配置1只输入模块	
			输入模块	根据实际情况计算	210元/只		
		站内其他区域	点型感烟火灾探测器	根据实际情况计算	50元/只	值班室、会议室、资料室、工具室、门厅、走廊等	

续表

变电站消防配备	具体要求	分布位置	消防设施名称	配置数量	指导价格	备注	参考规程
防火封堵	1. 封堵要求 (1) 防止电缆火灾蔓延的措施应包括封、堵、涂、隔、包、水喷雾、悬挂式干粉等措施。 (2) 凡穿越墙壁、楼板和电缆沟道而进入控制室、电缆夹层、控制柜及仪表盘、保护盘、开关室、所用变室、蓄电池室、电容器室、消弧线圈室、接地变、变压器室、端子箱、机构箱等处的电缆孔、洞、竖井和进入油区的电缆入口处必须用防火堵料严密封堵。 (3) 在已完成电缆防火措施的防火墙孔洞等处新敷设或拆除电缆时，必须及时重新做好相应的防火封堵。 (4) 电缆夹层、隧道、竖井、电缆沟内应保持整洁，不得堆放杂物，电缆沟洞严禁积油。 (5) 施工中动力电缆与控制电缆不应混放。 (6) 在动力电缆与控制电缆之间应采取防火隔离措施。 (7) 电缆从室外进入室内的入口处、电缆竖井的出入口处、电缆接头处、主控室与电缆夹层之间以及长度超过100m的电缆沟或电缆隧道，均应采取防止电缆火灾蔓延的阻燃或分隔措施，并应根据变电站的规模及重要性采取防火涂料、防火包、防火墙、防火隔墙、盖板等措施。 (8) 电缆贯穿隔墙、楼板的孔洞处，电缆引至控制设施处的孔洞，应采取防火封堵、防火涂料等措施。 (9) 可能着火导致严重事故或易受外部影响及火灾的电缆密集场所应有适当的防火分隔部位 2. 需刷防火涂料部位 电缆穿越墙、洞、楼板两端涂刷涂料、涂料的长度、堵料的距离不得小于1m，涂刷要整齐。 3. 需密封部位 靠近充油设备的电缆沟，防火包带或复合式电缆整根绳缠绕防火包带 4. 防火包带或电缆整根绳缠绕防火包带 厂区内动力电缆沟根据防火阻燃盒配置	电气柜、室内外端子箱、机构箱、电源箱、楼板及端墙体	防火封堵	根据实际情况计算	防火泥5000元/t；防火包3500元/m²；防火隔板90元/m²；有机堵料4000元/t；无机堵料2800元/t	防火包、防火板、有机防火胶泥。辅料可选用白铝护角条、铝合金护角条、玻璃纤维布及电缆护管两端预留孔及电缆缝护管口封堵厚度不得小于100mm，有机堵料均应密实，表面平整、外形规则、与其他防火材料配合使用时，应高于隔板20mm	1.《火力发电厂与变电站设计防火标准》(GB 50229—2019)。 2.《电力设备典型消防规程》(DL 5027—2015)。 3.《建筑设计防火规范》(GB 50016—2014)。 4. 国家电网公司关于印发停止十六项措施(试行)的通知(国家电网运检[2015]376号)
			电缆防火涂料	根据实际情况计算	11000元/t	电缆穿越墙、洞、楼板两端涂刷涂料。涂料表面锈蚀或清除前应脏物。采用表面涂刷或喷涂方式，涂料要充分搅拌均匀，涂刷厚度不宜小于1mm	
		电缆竖井、电缆沟等	电缆防火涂料	根据实际情况计算	11000元/t	主沟与分支电缆汇合处、室外电缆沟每间距60m处，变电站通向室外电缆沟入口处	
			防火墙	根据实际情况计算	防火包3500元/m²；防火隔板90元/m²；有机堵料4000元/t	无固定灭火设施的站应采用交流380V电缆应全部缠绕防火包带或包防火槽盒	
			防火包带或复合式防火阻燃槽盒	根据实际情况计算	防火包带25元/m；复合式防火槽盒200元/m		
		大型充油设备附近电缆沟	卡槽式盖板或硅胶玻璃丝布覆盖干火布电缆沟盖板	根据实际情况计算	卡槽式盖板500元/m²；硅胶玻璃丝防火布(双面厚度3.0mm)290元/m²	更换卡槽式盖板或采用硅胶盖板或玻璃丝布覆盖防火布上	

续表

变电站消防配备	具体要求	分布位置	消防设施名称	配置数量	指导价格	备注	参考规程
固定灭火装置	1. 电缆夹层室应配置超细干粉灭火装置。 2. 电缆密集的区域不易采取动力、控制电缆分隔的区域，应配置超细干粉灭火装置。 3. 多电压等级混合区域应配置超细干粉灭火装置。 4. 单台容量为125MVA及以上的油浸式变压器应设置固定灭火系统及火灾报警系统。 5. 以上产品需具备消防产品3C认证	电缆夹层室	悬挂式2kg超细干粉灭火装置	根据实际情况计算	3255元/具	1. 2kg超细干粉灭火装置在电缆桥架内侧每隔3m设置1具，外侧每个5m设置1具。	1. 《火力发电厂与变电站设计防火标准》（GB 50229—2019）。 2. 《电力设备典型消防规程》（DL 5027—2015）。 3. 《建筑设计防火规范》（GB 50016—2014）。 4. 《贮压式超细干粉灭火系统设计、施工及验收规范》（DB53/T 448—2012）。 5. 《干粉灭火装置》（GA 602—2013）。 6. 《超细干粉灭火剂》（GA 578—2005）
			壁挂式0.8kg超细干粉灭火装置	根据实际情况计算	2380元/具	2. 0.8kg超细干粉灭火装置设置在四周围墙正对电缆穿越处，每隔2m设置1具。	
			火探管（无源自启动）	根据实际情况计算	38元/m	火探管长度应与所保护电缆长度一致	
		电缆密集处	4kg悬挂式超细干粉灭火装置	根据实际情况计算	3855元/具	1. 电缆密集处配置2具4kg超细干粉灭火装置。	
			火探管（无源自启动）	根据实际情况计算	38元/m	2. 火探管长度应与所保护电缆长度一致	
		多电压等级混合区域	4kg悬挂式超细干粉灭火装置	根据实际情况计算	3855元/具	1. 4kg超细干粉灭火装置每3m配置1具。	
			火探管（无源自启动）	根据实际情况计算	38元/m	2. 火探管长度应与所保护电缆长度一致	
		油浸式变压器	SP泡沫灭火装置或排油注氮灭火装置	1套	SP泡沫灭火系统50万元～60万元/套；排油注氮灭火装置20万元/套		

表2-6-6-4　　典型1000kV变电站现场灭火器和黄砂配置表

配置部位	水成膜泡沫 9L	水成膜泡沫 45L	磷酸铵盐干粉 2kg	磷酸铵盐干粉 3kg	磷酸铵盐干粉 4kg	磷酸铵盐干粉 5kg	磷酸铵盐干粉 50kg	黄砂 桶(25L)	黄砂 箱(1.0m³)	灭火级别	保护面积/m²	危险等级	备注
一、主控通信楼	—	—	—	—	—	—	—	—	—				共3层
1. 办公休息区	—	—	5	—	—	—	—	—	—	A	430	轻	三层
2. 控制室	—	—	—	—	—	2	—	—	—	E（A）	80	严重	二层
3. 通信计算机房	—	—	—	—	—	2	—	—	—	E（A）	160	严重	二层
4. 二层其他区域	—	—	4	—	2	—	—	—	—	A	360	轻	办公室、会议室、资料室
5. 蓄电池室	—	—	—	—	2	—	—	—	—	C（A）	50	中	一层
6. 一层其他区域	—	—	7	—	—	—	—	—	—	A	650	轻	工具间、办公室、食堂、走廊
二、1000kV继电器室	—	—	—	2	—	—	—	—	—	E（A）	200	中	—
三、主变压器继电器室	—	—	—	2×2	—	—	—	—	—	E（A）	2×150	中	2座
四、站用电室	—	—	—	2	—	—	—	—	—	E（A）	230	中	—
五、检修备品备件库	—	—	—	6	—	—	—	—	—	混合（A）	750	中	—
六、消防水泵房	—	—	—	—	2	—	—	—	—	B	108	中	—
七、警卫传达室	—	—	2	—	—	—	—	—	—	A	50	轻	—
八、主变压器	—	—	—	—	—	—	4×2	40	4×3	B	120×270	中	12只变压器共用
九、室外配电装置													

表2-6-6-5　　典型±800kV换流站现场灭火器和黄砂配置表

配置部位	水成膜泡沫 9L	水成膜泡沫 45L	磷酸铵盐干粉 2kg	磷酸铵盐干粉 3kg	磷酸铵盐干粉 4kg	磷酸铵盐干粉 5kg	磷酸铵盐干粉 50kg	黄砂 桶(25L)	黄砂 箱(1.0m³)	灭火级别	保护面积/m²	危险等级	备注
一、主控楼	—	—	—	—	—	—	—	—	—				3层
1. 控制室	—	—	—	—	—	2	—	—	—	E（A）	120	严重	12.0m层
2. 通信机房	—	—	—	—	—	2	—	—	—	E（A）	100	严重	12.0m层

续表

灭火器材 配置部位	水成膜泡沫 9L	水成膜泡沫 45L	磷酸铵盐干粉 2kg	磷酸铵盐干粉 3kg	磷酸铵盐干粉 4kg	磷酸铵盐干粉 5kg	磷酸铵盐干粉 50kg	黄砂 桶(25L)	黄砂 箱(1.0m³)	灭火级别	保护面积/m²	危险等级	备注
3. 控制保护设备室	—	—	—	2	—	—	—	—	—	E（A）	240	中	12.0m层
4. 配电装置室	—	—	—	2	—	—	—	—	—	E（A）	40	中	12.0m层
5. 12.0m层其他区域	—	—	—	2	—	—	—	—	—	A	300	轻	值班室、休息室、走廊
6. 5.70层区域	—	—	12	—	—	—	—	—	—	A	1160	轻	办公室、备品间、空调机房
7. 电气辅助设备室	—	—	—	4	—	—	—	—	—	E（A）	3×100	中	0m层
8. 400V配电间	—	—	—	4	—	—	—	—	—	E（A）	2×100	中	0m层
9. 蓄电池室	—	—	—	—	4	—	—	—	—	C（A）	120	中	0m层
10. 0m层其他区域	—	—	—	4	—	—	—	—	—	A	540	轻	阀冷却设备室、工具间、走廊
二、辅控楼													2座，每座3层
1. 阀组控制保护设备室	—	—	—	2×2	—	—	—	—	—	E（A）	2×130	中	12.0m层
2. 蓄电池室	—	—	—	—	2×2	—	—	—	—	C（A）	2×30	中	12.0m层
3. 空调设备间	—	—	2×4	—	—	—	—	—	—	A	2×360	轻	5.4m层
4. 400V配电间	—	—	—	2×2	—	—	—	—	—	E（A）	2×210	中	0m层
5. 阀厅冷却设备室	—	—	—	2×2	—	—	—	—	—	A	2×150	轻	0m层
三、阀厅													
1. 极1高端阀厅	—	—	—	20	—	—	—	—	—	E（A）	2840	中	—
2. 极2高端阀厅	—	—	—	20	—	—	—	—	—	E（A）	2840	中	—
3. 极1低端阀厅	—	—	—	12	—	—	—	—	—	E（A）	1780	中	—
4. 极2低端阀厅	—	—	—	12	—	—	—	—	—	E（A）	1780	中	—
四、阀外冷却设备间													
1. 极1高端阀外冷却设备间	—	—	4	—	—	—	—	—	—	A	240	轻	—
2. 极2高端阀外冷却设备间	—	—	4	—	—	—	—	—	—	A	240	轻	—
3. 极1低端阀外冷却设备间	—	—	4	—	—	—	—	—	—	A	240	轻	—

续表

配置部位	水成膜泡沫 9L	水成膜泡沫 45L	磷酸铵盐干粉 2kg	磷酸铵盐干粉 3kg	磷酸铵盐干粉 4kg	磷酸铵盐干粉 5kg	磷酸铵盐干粉 50kg	黄砂 桶(25L)	黄砂 箱(1.0m³)	灭火级别	保护面积/m²	危险等级	备注
4. 极2低端阀外冷设备间	—	—	4	—	—	—	—	—	—	A	240	轻	—
五、继电器室													
1. RB1继电器室	—	—	—	2×2	—	—	—	—	—	E（A）	2×185	中	2层
2. RB2继电器室	—	—	—	2×2	—	—	—	—	—	E（A）	2×185	中	2层
六、500kV GIS室	—	—	—	16	—	—	—	—	—	E（A）	2400	中	—
七、35kV及400V配电室	—	—	—	4	—	—	—	—	—	E（A）	250	中	—
八、10kV配电室	—	—	—	2	—	—	—	—	—	E（A）	120	中	—
九、综合楼													
1. 0m层区域	—	—	—	—	16	—	—	—	—	A（B）	980	中	含汽车库
2. 3.6m/7.2m/10.2m层	—	—	—	3×8	—	—	—	—	—	A	3×980	中	3层
十、检修备品库													
1. 检修间	—	—	—	6	—	—	—	—	—	混合（A）	760	轻	—
2. 特种材料库	—	—	—	2×4	—	—	—	—	—	混合（A）	2×380	中	2层
十一、备品库	—	—	—	—	—	2	—	—	1	混合（B）	20	严重	—
十二、警卫室	—	—	2	—	—	—	—	—	—	A	30	轻	—
十三、消防水泵房	—	—	4	—	—	—	—	—	—	A	385	轻	—
十四、综合变压器	—	—	—	—	4	—	—	—	—	B	180	中	—
十五、1. 极1高端换流变压器	—	—	—	—	—	—	2×2	—	2×3	B	6×120	中	6只变压器共用，放在两端
2. 极2高端换流变压器	—	—	—	—	—	—	2×2	—	2×3	B	6×120	中	6只变压器共用，放在两端
3. 极1低端换流变压器	—	—	—	—	—	—	2×2	—	2×3	B	6×120	中	6只变压器共用，放在两端
4. 极2低端换流变压器	—	—	—	—	—	—	2×2	—	2×3	B	6×120	中	6只变压器共用，放在两端
十六、500kV站用变压器	—	—	—	—	4	—	—	40	4	B	2×190	中	2只变压器共用
十七、室外配电装置	—	—	—	—	—	—	—	—	—	—	—	中	—

表 2 - 6 - 6　　典型 500kV 变电站现场灭火器和黄砂配置表

配置部位	水成膜泡沫 9L	水成膜泡沫 45L	磷酸铵盐干粉 2kg	磷酸铵盐干粉 3kg	磷酸铵盐干粉 4kg	磷酸铵盐干粉 5kg	磷酸铵盐干粉 50kg	黄砂 桶(25L)	黄砂 箱(1.0m³)	灭火级别	保护面积/m²	危险等级	备注
一、主控通信楼	—	—	—	—	—	—	—	—	—				共3层
1. 控制器	—	—	—	—	—	1	—	—	—	E（A）	70	严重	三层
2. 通信机房	—	—	—	—	—	1	—	—	—	E（A）	70	严重	三层
3. 三层其他区域	—	—	—	2	—	—	—	—	—	A	200	轻	值班室、会议室、资料室
4. 控制保护设备室	—	—	—	4	—	—	—	—	—	E（A）	400	中	二层
5. 蓄电池室	—	—	—	—	2	—	—	—	—	C（A）	70	中	二层
6. 配电装置室	—	—	—	4	—	—	—	—	—	E（A）	400	中	二层
7. 一层其他区域	—	—	—	2	—	—	—	—	—	A	140	轻	备品间、工具间、门厅、走廊
二、继电器室	—	—	—	4×2	—	—	—	—	—	E（A）	4×240	中	4座
三、站用电室	—	—	—	2	—	—	—	—	—	E（A）	144	中	—
四、检修间	—	—	2	—	—	—	—	—	—	混合（A）	160	轻	—
五、备品间	—	—	—	2	—	—	—	—	—	混合（A）	120	中	—
六、消防水泵房	—	—	—	—	2	—	—	—	—	B	108	中	—
七、警卫传达室	—	—	2	—	—	—	—	—	—	A	50	轻	—
八、主变压器	—	—	—	—	—	—	4×2	—	4×3	B	12×120	中	12只变压器共用
九、室外配电装置	—	—	—	—	—	—	—	40	—	—	—	—	—

表 2-6-7　　　　　　　　　　　　　　　典型 220kV 变电站现场灭火器和黄砂配置表

配置部位	磷酸铵盐干粉			黄砂		灭火级别	保护面积/m²	危险等级	备注
	4kg	5kg	50kg	桶(25L)	箱(1.0m³)				
控制室	—	2	—	—	—	E (A)	150	严重	—
通信机房	3	—	—	—	—	E (A)	150	中	—
继电器室、继保室	3	—	—	—	—	E (A)	150	中	—
配电装置室	5	—	—	—	—	E (A)	250	中	—
室内油浸式主变压器室	6	—	2	—	—	混合	150	中	—
室内油浸式主变压器散热器室	4	—	—	—	—	混合	100	中	—
电容器室	2	—	—	—	—	混合	100	中	—
电抗器室	2	—	—	—	—	C	100	中	—
蓄电池室	2	—	—	—	—	混合	100	中	—
站用变压器室、接地变压器室	2	—	—	—	—	E	100	中	—
电缆　夹层	16	—	—	—	—	E	800	中	—
电缆　竖井	2	—	—	—	—	E	100	中	—
室内其他区域	2	—	—	—	—	A	100	轻	办公室、资料室、会议室、安全用具室、备品间等
室外油浸式主变压器	—	—	4	—	1	B、E	—	中	砂箱为每台主变压器数，每只砂箱配备 3~5 把消防铲
站内公用设施	6	—	—	15	—	—	—	—	消防黄砂桶应采用铝桶，每两桶配备 1 把消防铲、每四桶配备 1 把消防斧

表 2－6－6－8

典型 110kV 变电站现场灭火器和黄砂配置表

配置部位	灭火器材					灭火级别	保护面积/m²	危险等级	备注
	磷酸铵盐干粉			黄砂					
	4kg	5kg	50kg	桶（25L）	箱（1.0m³）				
控制室	—	2	—	—	—	E（A）	100	严重	—
继电器室、继保室	2	—	—	—	—	E（A）	100	中	—
配电装置室、二级设备室	4	—	—	—	—	E（A）	200	中	—
室内油浸式主变压器室	4	—	2	—	—	混合	100	中	—
室内油浸式主变压器散热器室	2	—	—	—	—	混合	50	中	—
电容器室	2	—	—	—	—	混合	100	中	—
电抗器室	2	—	—	—	—	C	100	中	—
蓄电池室	2	—	—	—	—	混合	100	中	—
站用变压器室、接地变压器室	2	—	—	—	—	E	100	中	—
消弧线圈室	2	—	—	—	—	E	500	中	—
电缆 夹层	10	—	—	—	—	E	500	中	—
电缆 竖井	2	—	—	—	—	E	100	中	—
站内其他区域	2	—	—	—	—	A	100	轻	办公室、资料室、会议室、安全用具室、备品间等
室外油浸式主变压器	—	—	2	—	1	B、E	—	中	砂箱为每台主变压器数，每只砂箱配备 2 把消防铲
站内公用设施	4	—	—	10	—	—	—	—	消防黄砂桶应采用铝桶，每两桶配备 1 把消防铲、每四桶配备 1 把消防斧

表 2 - 6 - 6 - 9　　　　　　　　　**典型 35kV 变电站现场灭火器和黄砂配置表**

灭火器材 配置部位	磷酸铵盐干粉			黄砂			灭火 级别	保护 面积/m²	危险 等级	备注
	4kg	5kg	50kg	桶 (25L)	箱 (1.0m³)					
控制室	—	2	—	—	—		E (A)	100	严重	—
配电装置室、二级设备室	3	—	—	—	—		E (A)	150	中	—
室内油浸式主变压器室	4	—	2	—	—		混合	100	中	—
室内油浸式主变压器散热器室	2	—	—	—	—		混合	50	中	—
电容器室	2	—	—	—	—		混合	100	中	—
电抗器室	2	—	—	—	—		混合	100	中	—
蓄电池室	2	—	—	—	—		C	100	中	—
消弧线圈室	2	—	—	—	—		E	100	—	—
站用变压器室、接地变压器室	2	—	—	—	—		混合	100	中	—
电缆	夹层	8	—	—	—	—		E	400	中	—
	竖井	2	—	—	—	—		E	100	中	—
室内其他区域	2	—	—	—	—		A	100	轻	办公室、资料室、会议室、安全用具室、备品间等
室外油浸式主变压器	—	—	1	—	1		B、E	—	中	砂箱为每台主变压器数。每只砂箱配备3~5把消防铲
站内公用设施	3	—	—	5	—		—	—	—	消防黄砂桶应采用铝桶。每两桶配备1把消防铲，每四桶配备1把消防锹

参 考 文 献

[1] 钱家庆. 漫画安全系列漫画电力消防 [M]. 北京：中国电力出版社，2014.

[2] 本书编写组. 图说电力常识系列画册图说消防安全常识（口袋书）[M]. 北京：中国电力出版社，2015.

[3] 刘宏新. 消防安全一本通 [M]. 北京：中国电力出版社，2017.

[4] 黄国义. 电力消防安全与火灾案例分析 [M]. 北京：中国电力出版社，2016.

[5] 张日新，张威. 建筑电气工程常用技能丛书工程消防 [M]. 北京：中国电力出版社，2014.

[6] 罗晓梅. 消防电气技术 [M]. 北京：中国电力出版社，2005.

[7] 曹吉春. 消防安全与管理200问 [M]. 北京：中国电力出版社，2017.

[8] 罗晓梅，孟宪章. 消防电气技术 [M]. 2版. 北京：中国电力出版社，2013.

[9] 国网浙江省电力有限公司. 供电企业消防安全管理 [M]. 北京：中国电力出版社，2019.

[10] 孟宪章，冯强. 消防电气技术1000问 [M]. 北京：中国电力出版社，2015.

[11] 内蒙古电力（集团）有限责任公司. 供电企业消防安全评价 [M]. 北京：中国电力出版社，2018.

[12] 郭树林. 电气消防技术手册 [M]. 北京：中国电力出版社，2018.

[13] 电力行业输配电技术协作网，电力电缆及附件专业技术委员会. 电力电缆防火技术与案例分析 [M]. 北京：中国电力出版社，2018.

[14] 国家能源局. 电力设备典型消防规程：DL 5027—2015 [S]. 北京：中国电力出版社，2015.

[15] 《社会消防安全教育培训系列教材》编委会. 消防安全管理 [M]. 北京：中国环境科学出版社，2014.

[16] 《大型购物中心建筑消防设计与安全管理》编委会. 大型购物中心建筑消防设计与安全管理 [M]. 北京：中国建筑工业出版社，2015.

[17] 余源鹏. 物业安全管理——治安、交通、车辆、消防、应急管理与培训手册 [M]. 北京：机械工业出版社，2014.

[18] 唐朝纲. 危险化学品安全管理基础 [M]. 北京：机械工业出版社，2014.

[19] 黄金印. 消防安全管理学 [M]. 北京：机械工业出版社，2014.

[20] 国家森林防火指挥部办公室，中国人民武装警察部队警种学院. 森林防火工作指南：森林消防专业队实用手册 [M]. 北京：中国林业出版社，2015.

[21] 孙景芝. 电气消防技术（建筑电气工程技术类专业适用）[M]. 3版. 北京：中国建筑工业出版社，2015.

[22] 中华人民共和国住房和城乡建设部，国家市场监督管理总局. 火力发电厂与变电站设计防火标准：GB 50229—2019 [S]. 北京：中国计划出版社，2019.